"十三五"国家重点出版物出版规划项目
第二次青藏高原综合科学考察研究项目（2019QZKK0105）
中国工程院咨询项目（2017-XY-21）

气候变化与青藏高原大气水分循环

主　编：徐祥德
副主编：马耀明　李跃清　魏凤英

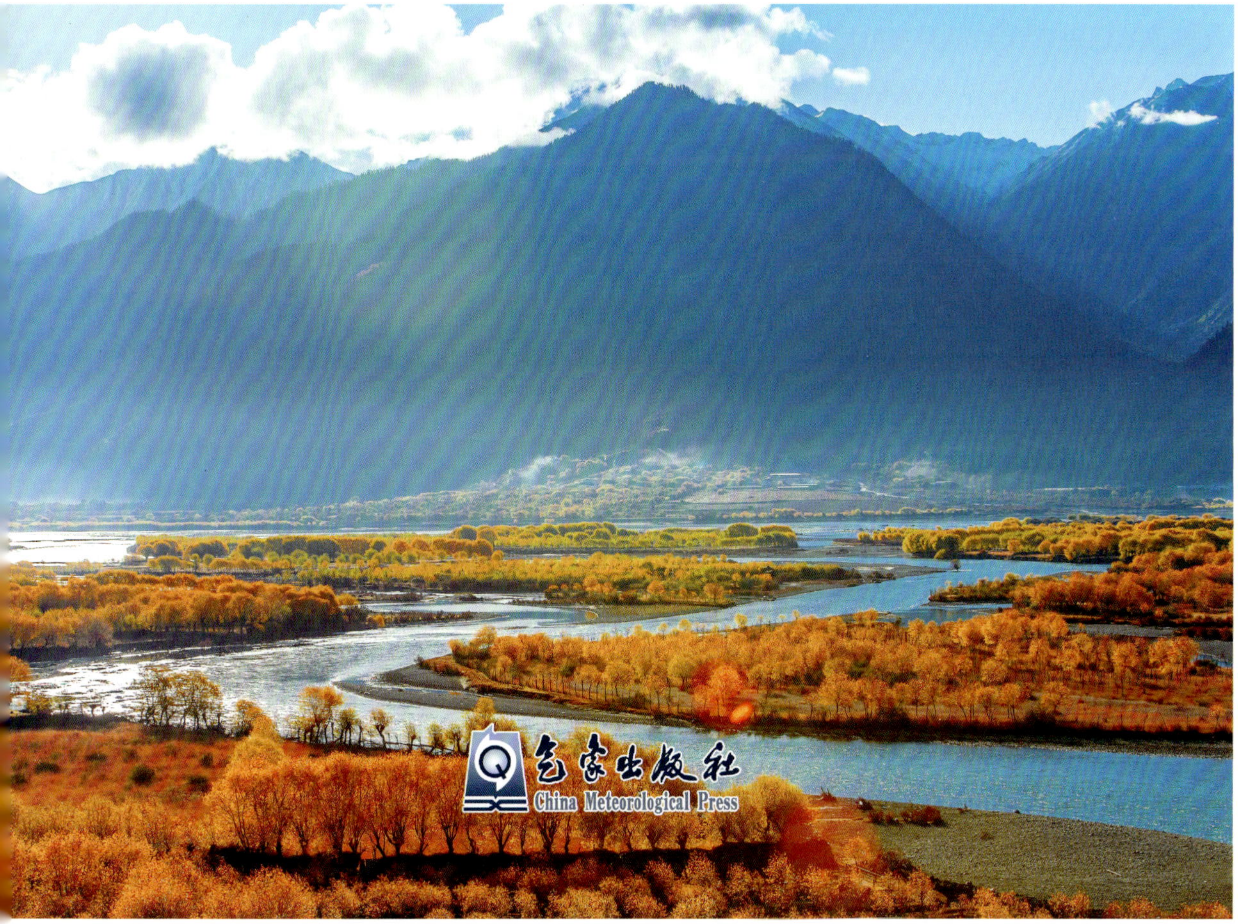

气象出版社

内 容 简 介

本书从青藏高原气候变化趋于暖湿化的视角出发,综合论述了气候变化对青藏高原大气水分循环机制产生的重要影响;提出了青藏高原特殊的大气水分循环结构及其概念模型;分析了影响青藏高原大气水分循环变化的驱动和调制因素;剖析了青藏高原水汽输送的变化特征及其对气候变化产生的响应;归纳总结出在气候变暖背景下,青藏高原冰川、湖泊、冻土、湿地对气候变化的响应及其对该地区水环境与生态系统的影响;提出了进行青藏高原多圈层综合观测的设计思路和实施方案,为系统地认识和理解多圈层过程总体效应提供了科学数据。另外,本书还给出了气候变暖背景下青藏高原区域气候和水资源未来趋势预估。在上述综合分析基础上,提出了一系列具有战略性意义的青藏高原气候变化应对决策建议。本书可为青藏高原科学考察和研究提供理论依据,可供大气科学工作者及相关院校师生参考。

图书在版编目(CIP)数据

气候变化与青藏高原大气水分循环 / 徐祥德主编. --北京：气象出版社，2020.11
ISBN 978-7-5029-7159-5

Ⅰ.①气… Ⅱ.①徐… Ⅲ.①气候变化－影响－青藏高原－水文循环－研究 Ⅳ.①P339

中国版本图书馆 CIP 数据核字(2020)第 235704 号

审图号:GS(2020)6312 号

气候变化与青藏高原大气水分循环
QIHOU BIANHUA YU QINGZANG GAOYUAN DAQI SHUIFEN XUNHUAN

出版发行：气象出版社
地　　址：北京市海淀区中关村南大街 46 号　　邮政编码：100081
电　　话：010-68407112(总编室)　　010-68408042(发行部)
网　　址：http://www.qxcbs.com　　E - m a i l：qxcbs@cma.gov.cn
责任编辑：黄红丽　　　　　　　　　　　　　　终　　审：吴晓鹏
特邀编辑：周黎明
责任校对：张硕杰　　　　　　　　　　　　　　责任技编：赵相宁
封面设计：博雅锦
印　　刷：北京地大彩印有限公司
开　　本：787 mm×1092 mm　1/16　　　　　印　　张：25
字　　数：520 千字
版　　次：2020 年 11 月第 1 版　　　　　　　印　　次：2020 年 11 月第 1 次印刷
定　　价：180.00 元

本书如存在文字不清、漏印以及缺页、倒页、脱页等，请与本社发行部联系调换。

编委会

主　　编：徐祥德

副 主 编：马耀明　李跃清　魏凤英

编 委 会：赵天良　周秉荣　李耀辉　胡泽勇
　　　　　徐　影　孙绩华　张万诚　崔春光
　　　　　王培娟　陈　斌　边　多　柳艳菊
　　　　　马伟强　刘瑞霞　张东启　毛　飞
　　　　　张宏昇　杨　浩　假　拉　齐冬梅
　　　　　王芝兰　汪小康　丁国安　张胜军
　　　　　于淑秋　任菊章　周德丽

技术编辑：滑　桃　蔡雪冰

前 言

　　青藏高原是世界屋脊、"亚洲水塔"和地球第三极，是我国重要的生态安全屏障，在调节区域乃至全球气候及占中国近四分之一面积的水源涵养与水土保持、生物多样性保护等方面发挥着不可替代的核心作用。正像习近平总书记给青藏高原第二次科考队的贺信中指出"守护好世界上最后一方净土，为建设美丽的青藏高原作出新贡献，让青藏高原各族群众生活更加幸福安康"。聚焦水、生态、人类活动，揭示青藏高原环境变化机理，是目前着力解决的科学问题。青藏高原分布着数量众多的湖泊、大量冰川、冻土与积雪，它们的变化涉及复杂的大气—水文过程，同时也反映了气候变暖背景下水循环的变化。青藏高原是全球气候变化的敏感区域，其气候变化具有超前性，它不仅是中国气候变化的"启动区"，也是全球气候变化的"驱动机"和"放大器"。近年来，青藏高原变暖幅度远超过北半球及同纬度的其他地区，冰川退却、冻土融化、湖泊扩张，而且青藏高原正趋于暖湿化。因此，在气候变暖背景下，高原变暖的异常趋势对青藏高原"亚洲水塔"大气水分循环影响及其全球气候效应是目前前沿研究的科学热点问题。

　　研究发现，全球变暖导致青藏高原大气水汽供应呈增加趋势，这一发现意味着，一方面，由于全球变暖引起的冰川退缩、冻土融化、积雪减少，以及青藏高原的水汽含量和降水的区域性增加趋势的非均匀性特征，可能缓解气候变暖影响冰雪圈的区域效应；另一方面，可能会导致青藏高原地区的生态系统发生变异，同时会使高原及下游地区极端天气气候事件频发，尤其会导致严重的洪涝、泥石流、冰崩及多类灾害链的风险增加。在气候变暖背景下，青藏高原气候有什么新变化特征？气候变化对青藏高原"亚洲水塔"大气水分循环机制产生了怎样的影响？是何类驱动因素发生变异，并调制青藏高原特殊的大气水分循环机制及其变化的？青藏高原水汽输送结构变化特征及其对区域气候变化产生怎样的响应？在气候变暖背景下，青藏高原冰川、湖泊、冻土、湿地对气候变化有怎样的响应？这些要素变化会对该地区的水资源与生态系统产生怎样的改变？未来青藏高原区域气候和水资源变化趋势如何？如何应对青藏高原暖湿化对水资源和生态系统的影响？

面对上述青藏高原特殊的大气水分循环结构变化及其产生的影响这一科学难题，在中国工程院咨询研究项目"气候变化对青藏高原大气水分循环的影响和应对策略"、国家出版基金项目、第二次青藏高原综合科学考察研究项目和国家自然科学基金相关项目的资助下，本书编著者综合分析了青藏高原气候变化暖湿化趋势背景下大气水分循环结构、水汽输送特征及气候变化对青藏高原水资源和生态系统的影响，提出了驱动暖湿气流爬升动力模型及其高低层配置的环流结构形成的"自激反馈"机制，并证实了阿拉伯海及孟拉加湾区域是青藏高原地区的持续水汽源区；归纳总结出青藏高原气候变化和水资源的现状，得出青藏高原气候呈现暖湿化趋势、冰川退缩加剧、冻土和湿地面积持续减少、湖泊普遍扩张、河流径流量有不同程度的增加及水资源总体呈增加趋势等研究结论；提出了进行青藏高原多圈层综合观测的设计思路等，为系统地认识和理解多圈层过程总体效应提供了科学数据。另外，还给出了气候变暖背景下青藏高原区域气候和水资源未来趋势预估，为制定应对气候变化决策提供了科学依据。在上述综合分析基础上，提出了一系列具有战略性意义的青藏高原气候变化应对决策建议。

本书由徐祥德策划，徐祥德和魏凤英统稿。全书共分为13章：第1章，青藏高原气候变化事实，由周秉荣、张万诚、李跃清主笔；第2章，青藏高原大气水分循环及影响，由徐祥德、赵天良、陈斌主笔；第3章，影响青藏高原大气水分循环过程各分量特征，由马耀明、胡泽勇、马伟强、魏凤英主笔；第4章，青藏高原水汽输送及其响应，由李跃清、崔春光、杨浩、齐冬梅、汪小康主笔；第5章，三江源气候变化特征，由周秉荣、孙绩华、张万诚、李耀辉主笔；第6章，青藏高原流域水资源变化现状，由李耀辉、孙绩华、魏凤英、王芝兰主笔；第7章，青藏高原湖泊和湿地对气候变化的响应，由马耀明、马伟强主笔；第8章，青藏高原冰川和冻土对气候变化的响应，由胡泽勇、张东启主笔；第9章，气候变暖背景下青藏高原区域气候和水资源未来趋势预估，由徐影、柳艳菊、张东启、胡泽勇主笔；第10章，青藏高原暖湿化及其影响监测，由徐祥德、崔春光、边多、假拉、周秉荣主笔；第11章，青藏高原大气-陆面-生态多圈层过程综合观测，由徐祥德、马耀明、刘瑞霞、马伟强主笔；第12章，青藏高原暖湿化对水资源与生态系统的影响，由王培娟、毛飞、徐祥德主笔；第13章，青藏高原水资源和生态系统保护的气候变化应对战略建议，由徐祥德、李跃清、魏凤英主笔。滑桃参与核对本书中的参考文献。于淑秋、滑桃、丁国安、张胜军等协助组织本书的撰稿和相关工作。

在本书撰写过程中，得到黄红丽副编审及不少专家学者的支持和帮助，在此表示衷心的感谢。

本书涉及多种学科、大量文献和资料，难免出现错误与疏漏，诚请读者赐教。

编著者

2019年12月

目 录

前言

第1章 青藏高原气候变化事实/1
    1.1 西藏气候变化事实/3
    1.2 青海气候变化事实/5
    1.3 青藏高原东南缘气候变化事实/8
    1.4 本章小结/13
    参考文献/13

第2章 青藏高原大气水分循环及影响/17
    2.1 青藏高原在区域、全球大气水分循环中的重要作用/18
    2.2 青藏高原热力驱动大气水分循环的认知/21
    2.3 青藏高原大气水分循环结构/26
    2.4 青藏高原与低纬海洋"大三角扇形"水汽输送影响域/37
    2.5 本章小结/58
    参考文献/59

第3章 影响青藏高原大气水分循环过程各分量特征/65
    3.1 青藏高原气温变化特征/66

3.2 青藏高原降水变化特征/69
3.3 青藏高原土壤温湿度变化特征/74
3.4 青藏高原云和辐射变化特征/79
3.5 青藏高原蒸发变化特征/81
3.6 青藏高原蒸散量变化特征/84
3.7 青藏高原地气能量交换/86
3.8 青藏高原冻融过程及其影响/87
3.9 本章小结/89

参考文献/90

第4章 青藏高原水汽输送及其响应/95

4.1 青藏高原水汽分布特征/96
4.2 青藏高原水汽输送的变化特征/98
4.3 气候变暖背景下青藏高原大气可降水量变化特征/103
4.4 青藏高原主体及东南缘水汽输送/106
4.5 青藏高原整体水分循环对气候变化的响应/108
4.6 青藏高原对外部水汽输送的响应/111
4.7 青藏高原水汽输送的观测与模拟/118
4.8 本章小结/120

参考文献/124

第5章 三江源气候变化特征/131

5.1 三江源气候变化总体特征/132
5.2 长江源气候变化及其响应/137
5.3 黄河源气候变化及其响应/144
5.4 澜沧江源气候变化及其响应/147
5.5 三江源区湖泊沼泽湿地对气候变化响应的总体特征/152
5.6 本章小结/152

参考文献/154

第 6 章 青藏高原流域水资源变化现状/157
    6.1 青藏高原径流量变化特征/158
    6.2 不同流域的水文过程及其水资源变化特征/163
    6.3 三江源水系区域特征/170
    6.4 三江源水资源及水能资源现状/176
    6.5 三江源区域地下水储量和降水的变化特征/183
    6.6 本章小结/186
    参考文献/187

第 7 章 青藏高原湖泊和湿地对气候变化的响应/193
    7.1 青藏高原湖泊分布/194
    7.2 青藏高原湖泊水量变化/196
    7.3 青海湖水资源变化/202
    7.4 青藏高原湖泊对区域气候变化的影响/206
    7.5 青藏高原湿地对气候变化的响应/210
    7.6 本章小结/213
    参考文献/214

第 8 章 青藏高原冰川和冻土对气候变化的响应/219
    8.1 青藏高原现代冰川变化概况/220
    8.2 青藏高原冻土分布及其宏观变化/221
    8.3 青藏高原冰川和冻土对气候变化响应的"强信号"特征/223
    8.4 本章小结/233
    参考文献/234

第 9 章 气候变暖背景下青藏高原区域气候和水资源未来趋势预估/239
    9.1 气温变化/240

9.2 降水变化 /245

9.3 极端事件变化 /251

9.4 积雪变化 /253

9.5 冰川变化 /254

9.6 径流变化 /257

9.7 冻土变化 /258

9.8 干湿状况和植被变化 /262

9.9 长江源区冰川及冰川年径流量预估 /264

9.10 青海湖水位变化预估 /265

9.11 本章小结 /267

参考文献 /268

第10章 青藏高原暖湿化及其影响监测 /273

10.1 青藏高原生态系统特征与地面综合观测 /275

10.2 开展青藏高原多圈层观测的必要性 /277

10.3 青藏高原暖湿化特征 /279

10.4 青藏高原生态影响监测 /281

10.5 青藏高原湖泊影响监测 /285

10.6 青藏高原冰川影响监测 /287

10.7 青藏高原冻土影响监测 /290

10.8 青藏高原土壤温湿度自动组网观测 /292

10.9 本章小结 /294

参考文献 /295

第11章 青藏高原大气-陆面-生态多圈层过程综合观测 /299

11.1 综合观测系统的目标 /300

11.2 研究背景与需求 /301

11.3 综合观测系统的设计思路 /307

11.4　综合观测系统的技术途径/311

11.5　多圈层综合观测系统/316

11.6　本章小结/327

参考文献/328

第12章　青藏高原暖湿化对水资源与生态系统的影响/331

12.1　青藏高原水环境与生态环境对生物多样性和水土保持的
保护作用/332

12.2　暖湿化对青藏高原水资源的影响/333

12.3　暖湿化对青藏高原生态系统的影响/340

12.4　本章小结/356

参考文献/357

第13章　青藏高原水资源和生态系统保护的气候变化应对战略建议/365

13.1　青藏高原气候变化应对问题的战略思考/366

13.2　加强重大工程的安全保障，采取避让、预警和防御性
工程等综合策略/369

13.3　青藏高原水资源和生态系统保护的气候变化应对建议/371

13.4　青藏高原气候变化应对策略与建议/377

13.5　本章小结/380

参考文献/383

第1章 青藏高原气候变化事实

1.1 西藏气候变化事实
1.2 青海气候变化事实
1.3 青藏高原东南缘气候变化事实
1.4 本章小结

气候变化与青藏高原大气水分循环

青藏高原被称为地球的"第三极"(Qiu,2008;姚檀栋等,2017a),是世界上平均海拔最高的高原,东西横跨 31 个经度,长约 2945 km;南自喜马拉雅山脉南缘,北迄昆仑山—祁连山北侧,纵贯约 13 个纬度,南北宽达 1532 km。独特的地形、强烈的海陆作用、复杂的大气环流等造就了青藏高原地区特殊的大气水分循环过程(张兰生等,2000;马耀明,2012),且影响大气水分循环变化的因素众多(图 1.1)。Soroochian 等(2005)认为全球大气水分循环主要分为四个部分,包括云和辐射、蒸发、降水、通量和陆面过程,其他还有雪冰、地下水储存、河流径流等。云通过改变地球辐射收支控制着气候,云中凝结潜热的释放能提供驱动大气环流所需能量的 30%,约 50% 的地表冷却是由蒸发引起(Chahine,1992)。空气中的水蒸气是一种重要的温室气体,其温室效应几乎是 CO_2 等温室气体的两倍(Manabe and Wetherald,1967;Raval and Ramanathan,1989)。地气之间的水热交换对气候系统的动力和热力机制具有重要影响,理解地气之间的能量水分交换是预测气候变化和演化的重要条件(Douville,1998)。

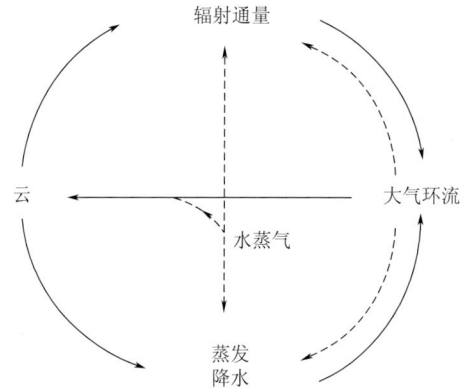

图 1.1 全球能量水分循环主要过程的联系(张兰生等,2000)

青藏高原是"亚洲水塔",是我国重要的生态安全屏障、战略资源储备基地(郑度和姚檀栋,2004)。青藏高原是全球气候变暖最强烈的地区,其变化幅度甚至超过了北半球和同纬度的其他地区(姚檀栋和朱立平,2006)。同时青藏高原也是未来全球气候变化影响不确定性最大的地区(张人禾和周顺武,2008;陈德亮等,2015)。青藏高原具有地球上最独特的地理、地质、生态单元,是开展多圈层相互作用研究的天然实验室(Yao et al.,2015),在我国气候系统稳定、水资源供应、生物多样性保护等多方面具有重要的生态安全屏障作用(Yao et al.,2012)。青藏高原另一突出特点是这一地区分布着数量众多的湖泊、大量冰川、冻土与积雪,它们的变化涉及复杂的水文过程,同时也反映了气候变暖背景下水循环的变化(姚檀栋等,2017b)。

第1章 青藏高原气候变化事实

最新正式发布的《中国气候变化蓝皮书(2019)》(中国气象局气候变化中心,2019)表明,青藏高原暖湿化特征显著,1961—2018 年青藏地区增温速率是全国最快的,平均每 10 a 升高 0.37 ℃,降水呈显著增多趋势。为了更系统地了解青藏高原气候变化的特征,本章对青藏高原的主体西藏、青海地区及其东南缘地区近 50 a 来的气候变化事实进行分析汇总。

1.1 西藏气候变化事实

1.1.1 气温时空变化

1961—2010 年,西藏多年平均气温为 3.9 ℃,年平均气温倾向率为 0.58 ℃ · (10 a)$^{-1}$,远高于中国及全球的年平均气温倾向率。青藏高原年平均气温倾向率为 0.37 ℃ · (10 a)$^{-1}$(李林等,2010),1951—2018 年中国年平均气温倾向率为 0.24 ℃ · (10 a)$^{-1}$(中国气象局气候变化中心,2019),全球年平均气温倾向率为 0.03~0.06 ℃ · (10 a)$^{-1}$(丁一汇和戴晓苏,1994)。西藏年平均气温在空间分布上呈现东南高、西北低的态势,0 ℃以下区域的分布范围逐渐缩小,气温的高值区逐渐北扩、西伸,气温表现出明显升高趋势。藏南山原湖盆谷地区多年平均气温最高,藏北高原多年平均气温最低,持续在 0 ℃以下。1961—2010 年,整个区域年平均气温呈上升趋势,藏北高原区升温速率最快,藏南山原湖盆谷地区、藏东高山深谷区相对较慢,表明藏北高原区是西藏升温幅度最大的地区,其余两个区域升温幅度较小,可能是由于此区域下垫面以森林、水域为主,对气候有一定的调节作用(杨春艳等,2014)。

王忠彦等(2013)指出珠峰北坡地区由于高海拔和冰川覆盖等特殊地貌单元,年平均温度低,气温日较差大,气温呈显著上升趋势,与杨续超等(2016)和张东启等(2012)的研究结果一致。此外,也有学者对雅鲁藏布江流域增温效应开展了研究,宋敏红等(2011)指出,雅鲁藏布江流域对全球变暖的响应程度较整个高原更为显著,尤其进入 21 世纪以来增温明显,其升温率为 0.3 ℃ · (10 a)$^{-1}$。青藏高原气温升高趋势的时间及其持续有着区域差异,最早进入暖期的地区是藏东南的波密、林芝、察隅一带,其后是雅鲁藏布江河谷及其周围地区,最晚开始出现气温偏高现象的是西藏西部的狮泉河、改则等地区。

1.1.2 降水时空变化

西藏高原处于干旱地区,总体降水量偏少,1961—2010 年,多年平均降水量为 448.1 mm,降水量呈现波动态势,总体表现为增加趋势,年降水量倾向率为 12.48 mm·$(10 a)^{-1}$,高于近 50 a(1961—2010 年)中国干旱半干旱地区降水倾向率 5.8 mm·$(10 a)^{-1}$,但与中国年降水量在 20 世纪 50 年代以后逐渐减少趋势相反。年降水量空间分布呈现出由以林芝、波密地区为中心的高值区向东西两个方向逐渐递减的态势,最高区域的年降水量可达 600 mm 以上,而西部区域的年降水量不足 200 mm,降水量的高值区有向西扩展的趋势。杜军和马玉才(2004)利用 1971—2000 年的降水数据分析发现,西藏大部分地区年降水量变化为正趋势,降水倾向率为 1.4~66.6 mm·$(10 a)^{-1}$,而阿里地区呈较为明显的减少趋势。同时,年降水日数变化在阿里地区、林芝地区东部为负趋势,正趋势以那曲地区中西部、昌都地区北部最为明显。

1.1.3 年平均风速变化趋势

1961—2010 年,西藏高原多年平均风速为 2.5 m·s^{-1},年平均风速倾向率为 -0.13 m·s^{-1}·$(10 a)^{-1}$,这与国家气候中心的研究,即 50 a 来我国大部分地区的风速越来越慢,年平均风速每 10 a 减小 0.12 m·s^{-1} 的结论基本一致;也与田莉(2012)的研究——中国北方地区的平均风速呈显著减小趋势且平均每 10 a 减少 0.15 m·s^{-1} 基本相似。空间分布上,藏北高原区风速最大,达 3.52 m·s^{-1},东部高山深谷区平均风速最小,仅 1.65 m·s^{-1},所有区域的风速倾向率均为负值,呈现风速减小趋势,其中藏南山原湖盆谷地区减小最明显。各年代的年平均风速在空间分布上均呈西北大、东南小的态势,2 m·s^{-1} 以下区域的分布范围逐渐扩大,平均风速的高值区范围逐渐缩小,表现出平均风速整体下降的趋势。除藏南山原湖盆谷地区平均风速累积距平曲线呈现以 1989 年为界先波动上升后下降外,西藏及其他各分区年平均风速累积距平曲线呈 1961—1969 年下降、1970—1990 年上升、1990 年之后下降的趋势,对应着年平均风速偏小期—偏大期—偏小期的更替模式。

1.1.4 年日照时数变化趋势

1961—2010 年,西藏年日照时数呈略增长态势,平均每 10 a 增加 3.04 h,但 1971—2010 年却呈显著减少趋势,平均每 10 a 减少 25.1 h,减少速度较西北地区 1961—2007 年的 19.92 h·$(10 a)^{-1}$ 更快(陈少勇等,2010)。年日照时数在空间分布上呈现从西北向东南减少趋势,藏北高原区年日照时数最长,达 3042 h,藏东高山深谷区最短,达 2262 h,50 a 来,藏东高山深谷区年日照时数增加趋势明显,喜马拉雅高山区呈减少趋势。

1.2 青海气候变化事实

1.2.1 气温时空变化

1961—2014 年,青海省年平均气温呈升高趋势,升温率为 0.44 ℃·(10 a)$^{-1}$(图 1.2a)。年平均气温的阶段性变化明显,20 世纪 60—80 年代中期为冷期,80 年代后期至 21 世纪初为暖期,20 世纪 90 年代末期以来增温尤为明显。从空间分布看,各地升温速率在 0.23~1.10 ℃·(10 a)$^{-1}$ 之间,柴达木盆地及环湖地区升温最为明显,其中乌兰为升温率最大的地区,达 1.10 ℃·(10 a)$^{-1}$(图 1.2b)。2014 年全省平均气温为 3.15 ℃,与 1971—2000 年平均值相比偏高 1.32 ℃。

1961—2014 年,青海省年平均最高气温、最低气温均显著升高,升温率分别为 0.34 ℃·(10 a)$^{-1}$、0.48 ℃·(10 a)$^{-1}$。从空间分布看,各地最高气温升温速率在 0.17~0.93 ℃·(10 a)$^{-1}$ 之间;最低气温升温速率为 0.11~1.04 ℃·(10 a)$^{-1}$,其中柴达木盆地及环湖地区升温幅度最大。

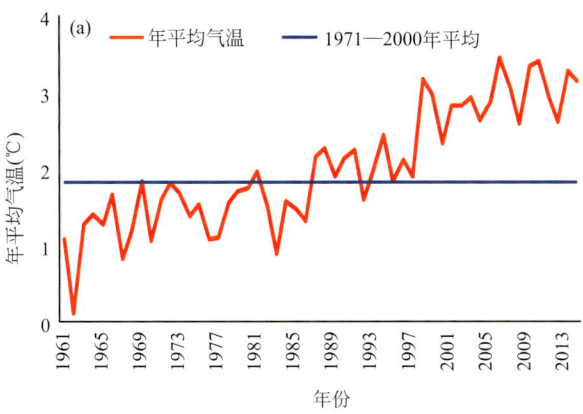

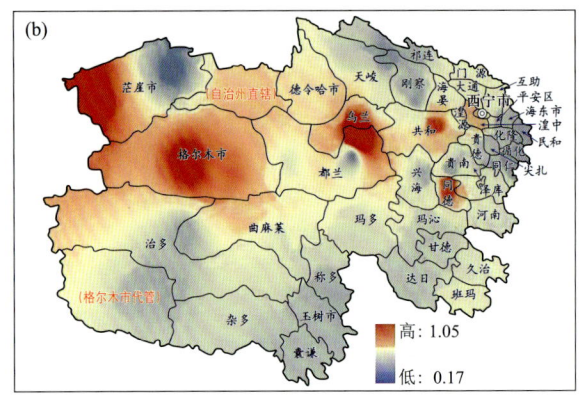

图 1.2　1961—2014 年平均气温的时间变化（a）及其变率的空间分布（b）
（青海省气候变化监测公报①，2016）

1.2.2　降水时空变化

1961—2014 年，青海省年降水量呈微弱增加趋势，增加速率为 5.9 mm·(10 a)$^{-1}$，其中 2003 年以后降水增加尤为明显（图 1.3a）。从空间分布看，除青海省东部边缘部分站点降水呈减少趋势外，其余地区降水量均呈增加趋势，增加速率在 0.5～21.2 mm·(10 a)$^{-1}$ 之间，其中柴达木盆地东部及环湖部分地区降水增加最明显，德令哈为降水增加最多的地区（图 1.3b）。

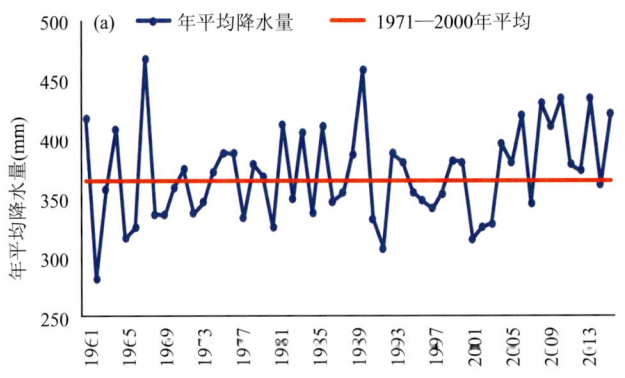

---

① 青海省气象局，2016. 青海省气候变化监测公报。下同。

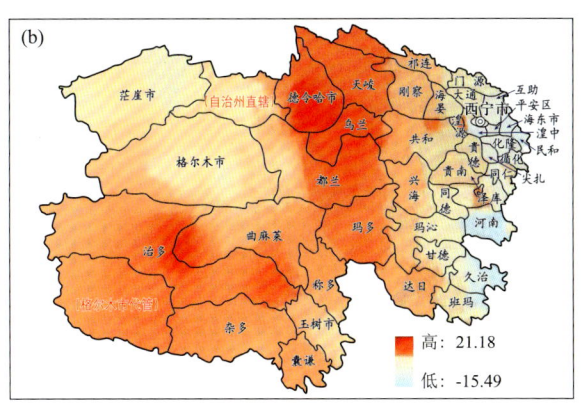

图 1.3 1961—2014 年降水量的时间变化（a）及其变率的空间分布（b）
（青海省气候变化监测公报，2016）

1.2.3 地表温度变化

1961—2014 年，青海省年平均地表温度呈微弱的升高趋势，升温速率为 0.20 ℃·$(10\ a)^{-1}$，1961—1974 年和 1998—2014 年年平均地温为两个升高阶段，其中 2010 年为年平均地温最高年。从空间分布看，除玛沁和达日年平均地温降低外，其他地区地温升温速率在 0.01～2.00 ℃·$(10\ a)^{-1}$ 之间，柴达木盆地地区及东部农业区升温幅度较高，其中尖扎为升温幅度最高的站点，达到 2.00 ℃·$(10\ a)^{-1}$。

1.2.4 日照时数变化

1961—2014 年，青海省年平均日照时数显著减少，减少速率为 11.4 h·$(10\ a)^{-1}$，2003 年后减少尤为明显。从空间分布看，除青南牧区大部日照时数呈增加趋势外，其他地区日照时数减少，减少速率在 0.1～71.9 h·$(10\ a)^{-1}$ 之间，其中柴达木盆地大部及东部农业区局部日照时数减少最为明显，冷湖为日照减少最大的地区。

1.2.5 风速变化

1961—2014 年，青海省年平均风速呈降低趋势，降低速率为 0.19 m·s^{-1}·$(10\ a)^{-1}$。年平均风速的阶段性变化明显，20 世纪 60—90 年代平均风速下降趋势比较明显，下降速率达到 0.31 m·s^{-1}·$(10\ a)^{-1}$，从 1998 年开始平均风速下降趋势趋于平缓，并有略微增大的趋势，增大速率为 0.06 m·s^{-1}·$(10\ a)^{-1}$。从空间分布看，海晏、玉树、托勒平均风速呈略微增加趋势,其他各地平均风速降低速率在 0.02～0.91 m·s^{-1}·(10 a)$^{-1}$ 之间,柴达木盆地及环湖地区平均风速减小速率最为明显,其中茫崖为平均风速下降速率最大的站点,达到 0.91 m·s^{-1}·(10 a)$^{-1}$。1961—2014 年,青海省年平均大风日数呈减少趋势,阶段性变化明显,20 世纪 60—90 年代平均大风日数下降趋势明显,为 8.7 d·(10 a)$^{-1}$,从 1998 年开始平均大风日数下降趋势有所降低,减少速率为 5.6 d·(10 a)$^{-1}$。从空间分布看,各地平均大风日数降低速率在 0.2～26.1 d·(10 a)$^{-1}$ 之间,柴达木盆地及环湖地区平均大风日数减小速率最为明显,其中茫崖为平均大风日数下降速率最大的站点,达到 26.1 d·(10 a)$^{-1}$。

1.2.6 极端气候变化

1961—2014 年,青海霜冻日数呈明显减少趋势,平均每 10 a 减少 4.0 d,尤其是 1997 年以后下降最为明显。青海西部地区减少趋势较东部明显,茫崖、格尔木等地减少幅度可达 10.2 d·(10 a)$^{-1}$,青海中部地区减少幅度相对较小。1961—2014 年,青海冷夜日数呈明显减少趋势,平均每 10 a 减少 6.3 d。其中德令哈、格尔木、茫崖等地减少幅度较大,平均每 10 a 减少 13.9 d,玉树、称多、达日、都兰等地减少不明显。1961—2014 年,青海暖昼日数呈明显增多趋势,平均每 10 a 增多 3.9 d,1994 年以前暖昼日数变化较为平稳,1994 年以后暖昼日数迅速增加。各地变化趋势为:茫崖、格尔木、都兰、门源、互助等地暖昼日数增加明显,其余地区变化相对较小。

1961—2014 年,青海持续干期呈增加趋势,平均每 10 a 增加 1.6 d,2005 年以前呈略微增加趋势,2005 年以后持续干期迅速增加。持续干期在柴达木盆地以及环湖区呈减少趋势,而三江源区呈增加趋势。

1.3 青藏高原东南缘气候变化事实

1.3.1 云南气候变化事实

气温:

1961—2012 年,云南平均气温升温速率为 0.16 ℃·(10 a)$^{-1}$,略低于全国平均升温速率(0.23 ℃·(10 a)$^{-1}$)。气温变化在空间分布和季节上存在差异,北部金沙江河谷地带气温呈下降趋势,降温速率为 0.02~0.15 ℃·(10 a)$^{-1}$,其余大部地区气温呈上升趋势,升温速率为 0.01~0.44 ℃·(10 a)$^{-1}$;冬季和秋季升温速率较高,分别为 0.26 ℃·(10 a)$^{-1}$ 和 0.16 ℃·(10 a)$^{-1}$,春季和夏季升温速率相对较低。

降水:

1961—2012 年,云南降水量变化呈减少趋势,减少速率为 16.1 mm·(10 a)$^{-1}$,全省年降水量变化呈现西部略增、中东部减少的分布,东部地区年降水量减少速率较大,在 30 mm·(10 a)$^{-1}$ 以上。季节变化上,春季降水量呈增加趋势,其余季节均呈减少趋势,其中秋季减少趋势最强。同期云南年平均降水日数也呈减少趋势,减少速率为 4.1 d·(10 a)$^{-1}$。全省除北部局部地区年降水日数呈增加趋势外,其余大部地区降水日数呈减少趋势,南部地区年降水日数减少速率较快,可达 4.0 d·(10 a)$^{-1}$ 以上。从季节变化上分析,春季降水日数呈略增趋势,夏、秋、冬季降水日数呈减少趋势,其中夏秋季减少速率较冬季显著。

日照时数:

整体上云南日照时数具有西边多、东边相对较少,而南部比北部多的特点,主要在金沙江流域的河谷地区呈现出最大中心。云南大部分地区年日照时数都在 2000 h 以上,其中又以大理宾川县的年日照时间最长,可达 2600 h,这一地区平均每天日照时间为 7.1 h 左右;滇东地区是日照时间最短的区域,最少中心位于滇东北以北地区,该区域日照时间每年 1000 h 左右,平均每天日照时间为 2.7 h 左右,这与该区域主要受昆明静止锋影响有关(张万诚等,2014)。春季的日照时数在四季最长,冬季次之,秋季大于夏季。

从图 1.4 中可以看出,1961—2010 年,云南年日照时数的变化大致表现为北部减少、南部增加的趋势,并基本上以哀牢山为界,哀牢山以西以南呈增加趋势,而以东以北为减少趋势。整体来看,日照时数减少趋势最多的区域位于昆明及其以北、楚雄北部等,日照时间每年减少 9 h 以上,其中昆明的日照时间减少趋势最大,每年日照时间减少 12 h 左右;而日照时间增加最大的区域位于腾冲、普洱,每年增加 6 h 以上,并通过 0.05 的显著性水平。昆明的日照时间减少趋势最大,与近年来昆明城市化进程有一定关系。另外,云南日照时数的分布及变化与降水的分布及变化趋势基本一致。云南四季日照时数总体呈减少趋势,但减少的速率并不一致,其中春季减少最快,夏季次之,且明显高于秋、冬季;四季日照时数减少最大的区域主要集中在滇中以北金沙江流域一带,增加趋势明显区域主要在滇西南、滇西北(张万诚等,2014)。

大气可降水量:

云南大气可降水量的区域分布总体上呈"U"字形,大气可降水量大致在 150~350 mm(如果按年累计则为 4500~12000 mm),表现为北少南多的特点;在季节分布上,夏季、秋季的可降水量是一年中最多的,秋季比春季多,而冬季是全年可降水量最

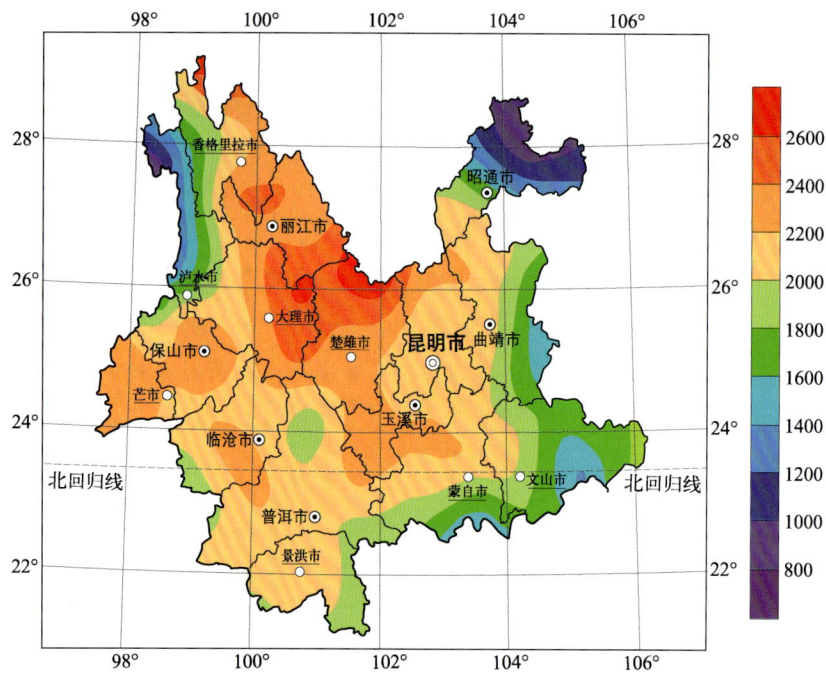

图 1.4　1961—2010 年云南省平均日照时数分布（单位：h）（张万诚等，2014）

少的季节。1961—2012 年,云南年及四季可降水量有着明显的年际及年代际变化特征(《云南未来 10~30 年气候变化预估及其影响评估报告》编写委员会,2014)。

　　云南春季可降水量总体呈明显的上升趋势,平均每年增加 0.4 mm。20 世纪 90 年代后期至 2007 年为一个相对偏多期,其增加的趋势非常明显。这主要是由于云南这个时段春季自然降水量增加明显,其增加幅度远远大于蒸发的增加幅度。2008 年后春季可降水偏少比较明显,这主要是因为这几年春季降水减少比较明显所致,平均每年约减少 11.6 mm。夏季可降水量总体明显下降,平均每年减少约 1.6 mm,夏季可降水量的变化与降水非常相似,但减少幅度大于降水量。云南夏季蒸发量增加(平均每年增加约 0.1 mm),而降水每年减少(平均每年减少约 1.5 mm),这使得夏季可降水量减少的趋势加剧。秋季可降水量总体变化趋势与夏季一样,为下降,但减少幅度明显小于夏季。冬季可降水量整体上略微减少,变化幅度较小。

1.3.2　四川气候变化事实

气温：

　　1961—2010 年,四川省年平均气温升高了 0.44 ℃,其增温速率为 0.09 ℃·(10 a)$^{-1}$,2006 年和 2007 年为有记录以来最暖的两年,分别高达 15.9 ℃ 和 15.7 ℃；50 a 来,秋、冬季气温升高幅度最大,均升高了 0.74 ℃,春季次之,升高了 0.20 ℃,夏季气温升高幅度最小,仅升高 0.10 ℃(《西南区域气候变化评估报告》编写委员会,2013)。

1961—2010 年,四川省年高温日数总体呈增多趋势,50 a 来增多了 4.3 d。20 世纪 80 年代中期之前呈日数减少、初日推后、终日提前的变化趋势,之后则呈相反的变化趋势,2006 年高温日数最多,为 30.9 d(《西南区域气候变化评估报告》编写委员会,2013)。

1961—2010 年,四川省低温日数和年低温持续天数均呈显著减少趋势,50 a 来分别减少了 10.3 d 和 3.7 d,1985 年之后多数年份低于平均值。而最大降温幅度则呈增大趋势,20 世纪 90 年代以后降温幅度增大趋势更为明显(《西南区域气候变化评估报告》编写委员会,2013)。

降水：

1961—2010 年,四川省年降水量呈减少趋势,减少了 87.8 mm,其减少速率为 16.9 mm·$(10\ a)^{-1}$。降水量阶段性变化明显,分为两个偏多时段和两个偏少时段：20 世纪 60 年代和 80 年代以偏多为主,其余年代以偏少为主；全省年降水量变化略有不同,川西北高原和川西南山地大部地区略有增加,盆地大部地区呈减少趋势,特别是盆地西部减少率在 40.0 mm·$(10\ a)^{-1}$ 以上。50 a 来,全省年降水日数呈波动下降趋势,减少了 23 d(《西南区域气候变化评估报告》编写委员会,2013)。

1961—2010 年,四川省年强降水日数呈略微减少趋势,空间分布上,川西高原以及盆地东部呈增多趋势,而盆地中西部则呈减少趋势；年弱降水日数 50 a 来减少了 26.4 d,呈明显的下降趋势,下降幅度大,特别是近十几年,下降趋势加剧(《西南区域气候变化评估报告》编写委员会,2013)。

平均风速：

1961—2010 年,四川省年平均风速呈减小趋势,减小速率为 0.077 m·s^{-1}·$(10\ a)^{-1}$,20 世纪 80 年代末以来明显减小。川西北高原、川西南山地和盆地三地区的历年变化都有明显的下降趋势,50 a 来分别减少了 0.28 m·s^{-1}、0.27 m·s^{-1} 和 0.42 m·s^{-1}(《西南区域气候变化评估报告》编写委员会,2013)。

日照时数：

1961—2010 年,四川省年日照时数呈减少趋势,50 a 来减少了 175.4 h,减少速率为 35.8 h·$(10\ a)^{-1}$。川西北高原、川西南山地和盆地地区呈明显的下降趋势,50 a 来分别减少了 115.6 h、79.9 h 和 228.3 h(《西南区域气候变化评估报告》编写委员会,2013)。

1.3.3 贵州气候变化事实

气温：

1961—2010 年,贵州省年平均升温速率为 0.11 ℃ · (10 a)$^{-1}$,增温主要从 20 世纪 80 年代中期开始,并且有加快趋势(0.26 ℃ · (10 a)$^{-1}$);四季平均气温变化总体上呈增加趋势,春、夏、秋、冬的上升速率分别为 0.05 ℃ · (10 a)$^{-1}$、0.07 ℃ · (10 a)$^{-1}$、0.15 ℃ · (10 a)$^{-1}$、0.20 ℃ · (10 a)$^{-1}$;从区域看,年平均温度西部上升速率大于东部地区,夏季、秋季和冬季气温变化趋势的空间分布与年平均气温呈一致性,春季气温变化趋势的空间分布与年平均气温不同,是东部大于西部(《西南区域气候变化评估报告》编写委员会,2013)。

降水量：

1961—2010 年,贵州省年降水量呈下降趋势,年降水量的下降速率为 2.6 mm · (10 a)$^{-1}$。四季降水有不同特征,春季和秋季降水呈减少趋势,冬季和夏季降水略有增加。年降水日数呈下降趋势,下降速率为 0.37 d · (10 a)$^{-1}$(《西南区域气候变化评估报告》编写委员会,2013;吴战平等,2016)。

贵州省主汛期极端降水事件存在着明显的年际、年代际变化特征。20 世纪 60 年代中后期、90 年代到 21 世纪初,极端降水事件相对偏多,在 20 世纪 60 年代前期、70 年代到整个 80 年代以及进入 21 世纪以来,极端降水事件明显偏少。主汛期极端降水阈值自北向南逐渐增大,极端降水事件发生频繁的区域在贵州西部和北部地区(吴战平等,2016)。

1961—2010 年,贵州暴雨站次呈上升趋势,上升速率为 5.58 站次 · (10 a)$^{-1}$。夏季暴雨站次与年暴雨站次一样呈上升趋势,上升速率为 9.97 站次 · (10 a)$^{-1}$。春季和秋季暴雨站次均呈下降趋势,下降速率分别为 2.24、0.39 站次 · (10 a)$^{-1}$(《西南区域气候变化评估报告》编写委员会,2013)。

日照时数：

1961—2010 年,贵州省年日照时数呈明显的下降趋势,下降速率为 38.84 h · (10 a)$^{-1}$,尤其从 20 世纪 90 年代初以来下降最为迅速。1961—2010 年期间,日照时数最多的年份是 1963 年,为 1581 h,最少的年份是 1997 年,为 1083 h(《西南区域气候变化评估报告》编写委员会,2013)。

平均风速：

1961—2010 年,贵州省年平均风速呈明显的线性下降趋势,下降速率为 0.08 m · s^{-1} · (10 a)$^{-1}$,20 世纪 90 年代之前为正距平,之后为负距平(《西南区域气候变化评估报告》编写委员会,2013)。

1.4 本章小结

青藏高原(包括西藏、青海及东南缘地区)的气温呈明显升高趋势,但气温升高开始时间和升高幅度存在区域差别。西藏区域最早进入暖区的是藏东南的波密、林芝、察隅一带,其后是雅鲁藏布江河谷及其周围地区,最晚出现气温偏高的地区是西藏西部的狮泉河、改则等。高原东部及南部增温速率较慢,柴达木盆地增温速率最快。

青藏高原年降水量总体呈增加趋势。1961—2010 年,西藏地区多年平均降水量为 448.1 mm,降水量呈现波动态势,总体表现为增加趋势,降水量倾向率为 12.48 mm·$(10\ a)^{-1}$。1961—2014 年,青海省年降水量呈微弱增加趋势,增加速率为 5.9 mm·$(10\ a)^{-1}$,其中 2003 年以后降水增加尤为明显。青藏高原东南缘年降水量变化趋势不显著,但各个季节降水趋势存在差异。

青藏高原大部分区域日照时数呈明显的下降趋势。其中,高原东部柴达木盆地大部及东部农业区局部日照时数减少最为明显,冷湖为日照减少最大的地区。藏东高山深谷区及青海南部三江源区域年日照时数增加趋势明显。

青藏高原风速变化与全国变化趋势一致,总体呈现下降趋势。1961—2010 年,西藏高原多年平均风速为 2.5 m·s^{-1},气候倾向率为 -0.13 m·s^{-1}·$(10\ a)^{-1}$。青海省年平均风速呈降低趋势,气候倾向率为 -0.19 m·s^{-1}·$(10\ a)^{-1}$。高原东南缘风速下降速率明显低于高原主体。

参考文献

陈德亮,徐柏青,姚檀栋,等,2015.青藏高原环境变化科学评估:过去、现在与未来[J].科学通报,60

(32):3025-3035.

陈少勇,张康林,邢晓宾,等,2010.中国西北地区近47 a 日照时数的气候变化特征[J].自然资源学报,25(7):1142-1152.

丁一汇,戴晓苏,1994.中国近百年来的温度变化[J].气象,20(12):19-26.

杜军,马玉才,2004.西藏高原降水变化趋势的气候分析[J].地理学报,59(3):375-382.

李林,陈晓光,王振宇,等,2010.青藏高原区域气候变化及其差异性研究[J].气候变化研究进展,6(3):181-186.

马耀明,2012.青藏高原多圈层相互作用观测工程及其应用[J].中国工程科学,14(9):28-34.

宋敏红,马耀明,张宇,等,2011.雅鲁藏布江流域气温变化特征及趋势分析[J].气候与环境研究,16(6):760-766.

田莉,2012.中国北方地区地面风速变化特征及其影响因子研究[D].兰州:兰州大学.

王忠彦,马耀明,刘景时,等,2013.珠穆朗玛峰北坡水文及其相关气象要素的特征分析[J].高原气象,32(1):31-37.

吴战平,严小冬,帅士章,等,2016.贵州省气候变化影响评估研究[M].北京:气象出版社.

《西南区域气候变化评估报告》编写委员会,2013.西南区域气候变化评估报告[M].北京:气象出版社.

杨春艳,沈渭寿,林乃峰,2014.西藏高原气候变化及其差异性[J].干旱区地理,37(2):290-298.

杨续超,张镱锂,张玮,等,2016.珠穆朗玛峰地区近34年来气候变化[J].地理学报,61(7):687-696.

姚檀栋,陈发虎,崔鹏,等,2017a.从青藏高原到第三极和泛第三极[J].中国科学院院刊,32(9):924-931.

姚檀栋,朴世龙,沈妙根,等,2017b.印度季风与西风相互作用在现代青藏高原产生连锁式环境效应[J].中国科学院院刊,32(9):976-984.

姚檀栋,朱立平,2006.青藏高原环境变化对全球变化的响应及其适应对策[J].地球科学进展,21(5):459-464.

《云南未来10～30年气候变化预估及其影响评估报告》编写委员会,2014.云南未来10～30年气候变化预估及其影响评估报告[M].北京:气象出版社.

张东启,效存德,刘伟刚,2012.喜马拉雅山区1951—2010年气候变化事实分析[J].气候变化研究进展,8(2):110-118.

张兰生,方修琦,任国玉,2000.全球变化[M].北京:高等教育出版社.

张人禾,周顺武,2008.青藏高原气温变化趋势与同纬度带其他地区的差异以及臭氧的可能作用[J].气象学报,66(6):916-925.

张万诚,郑建萌,万云霞,等,2014.气候变化背景下低纬高原地区水资源的分布及其变化[M].北京:气象出版社.

郑度,姚檀栋,2004.青藏高原形成演化及其环境资源效应研究进展[J].中国基础科学,6(2):17-23.

中国气象局气候变化中心,2019.中国气候变化蓝皮书(2019)[R].北京:中国气象局.

CHAHINE M T,1992. The hydrological cycle and its influence on climate[J]. Nature,359:373-379.

DOUVILLE H,1998. Validation and sensitivity of the global hydrologic budget in stand-alone simulations with the ISBA land-surface scheme[J]. Climate Dynamics,14(3):151-172.

MANABE S,WETHERALD R J,1967. Thermal equilibrium of the atmosphere with a given distribution of relative humidity[J]. J Atmos Sci,24(3):241-259.

QIU J,2008. The third pole[J]. Nature,454(7203):393-396.

RAVAL A,RAMANATHAN V,1989. Observational determination of the greenhouse effect[J]. Nature,342(6251):758-761.

SOROOCHIAN S,LAWFORD R G,TRY P,et al,2005. Water and energy cycles:investigating the links[J]. WMO Bulletin,54:1-7.

YAO T D,THOMPSON L,YANG W,et al,2012. Different glacier status with atmospheric circulations in Tibetan Plateau and surroundings[J]. Nature Climate Change,2(9):663-667.

YAO T D,WU F Y,DING L,et al,2015. Multispherical interactions and their effects on the Tibetan Plateau's earth system:A review of the recent researches[J]. National Science Review,2:468-488.

第2章
青藏高原大气水分循环及影响

2.1 青藏高原在区域、全球大气水分循环中的重要作用
2.2 青藏高原热力驱动大气水分循环的认知
2.3 青藏高原大气水分循环结构
2.4 青藏高原与低纬海洋"大三角扇形"水汽输送影响域
2.5 本章小结

大气水分循环在地球上海洋、陆地和大气之间的相互作用中扮演关键角色(徐祥德等,2019a)。青藏高原及其周边地区被称为"亚洲水塔"(郑度和姚檀栋,2004;Yao et al.,2012),是亚洲许多大江大河的发源地,如长江、黄河、印度河、湄公河和恒河等,这类似青藏高原维持着一个庞大的中空"蓄水池",其河流水资源为40%的世界人口供给生活、农业和工业用水。青藏高原不仅是亚洲与世界著名大江大河的源头,而且是亚洲的湖泊、湿地聚集地。在西风气流与东亚季风和印度季风影响下,中低纬海洋暖湿气流水汽来源使青藏高原拥有冰川、积雪、冻土,被誉为地球中低纬度高海拔永久"冻土和山地冰川王国",构成了与南极、北极并列的地球"第三极"(Qiu,2008)。青藏高原是东亚海陆气相互作用最敏感的地区之一。其大气水分循环结构不仅反映了西风气流与水汽输送"大三角扇形"影响域季风水汽流的相互作用特征,而且凸现出该区域为全球能量、水汽的交换关键区,是"亚洲水塔"形成的重要背景(徐祥德等,2019a,b)。隆升的高原地形和强大的表面辐射加热形成了局地上升对流和高耸入对流层中部中空"热源柱"。徐祥德等(2019a,b)研究指出,在"热力驱动"下青藏高原高、低层互为反环流类似台风的自激反馈机制,其提供了"亚洲水塔"水汽"汇流"与抽吸动力效应。"亚洲水塔"热源驱动机制有助于"世界屋脊"大气"热岛""湿岛"的形成和维持,使暖湿气流从低纬海洋向高原输送、汇聚。徐祥德等(2019a)分析表明,低纬热带海洋成为"亚洲水塔"大气水分循环的重要水汽源区,水汽源区可跨越赤道追踪到南半球。徐祥德等(2019a,b)以东亚、全球水循环的视角,提出了青藏高原作为全球性大气"水塔"的观念,认为在高原地区一个水塔的"供水"和"蓄水"的循环体系建立,特别是高原地表冰川,积雪和湖泊作为"蓄水池"系统使得所有的河流可作为"输水管道",将"水塔"的水向周边区域输送出去,高层大气也提供向外输送的渠道。青藏高原特殊的跨半球大气水分循环构建了"世界水塔"与其周边地区独特的水文功能概念,综合描绘了青藏高原"世界水塔"及其地球上一个完整的行星尺度陆地-海洋-大气水分循环物理图像。

2.1 青藏高原在区域、全球大气水分循环中的重要作用

徐祥德等(2002)指出,青藏高原作为全球最大与最高的大地形,其南侧有来自印度洋、中国南海等大三角区的异常显著的暖湿气流,在其东侧构成了水汽异常的辐合

特征，且高原中东部强对流区亦构成了东亚季风活跃期内青藏高原及周边地区的特殊水循环过程。因此，高原是东亚陆气相互作用的最敏感区之一，也是大气对流活动和灾害性天气系统的多发区。图2.1描述了低纬海洋与青藏高原冰川、湖泊、河流系统的相互影响，构成了青藏高原特殊的跨半球大气水分循环模型（Xu et al.，2008a）。Xu等（2008a）认为青藏高原大气热源的热力驱动在高原水分循环过程中扮演着重要的角色，与热带气旋第二类条件不稳定机制类似，通过高原上空的热源，高层辐散、低层辐合的耦合，以及垂直强对流，共同实现了高原水汽爬升以及远距离的多尺度强"抽吸"效应，并形成了青藏高原热力驱动及其自激反馈的动力系统，从而与全球尺度的大气水分循环共同构成一个持续的青藏高原"供水源"与"存储池"。此外，青藏高原本身存在着大量冰川、积雪与湖泊，起到了"存储池"的效应，高原上的河流可作为高原水循环的"输水管"，通过高原上空大气水汽输送通道，进而影响到全球的水环境。

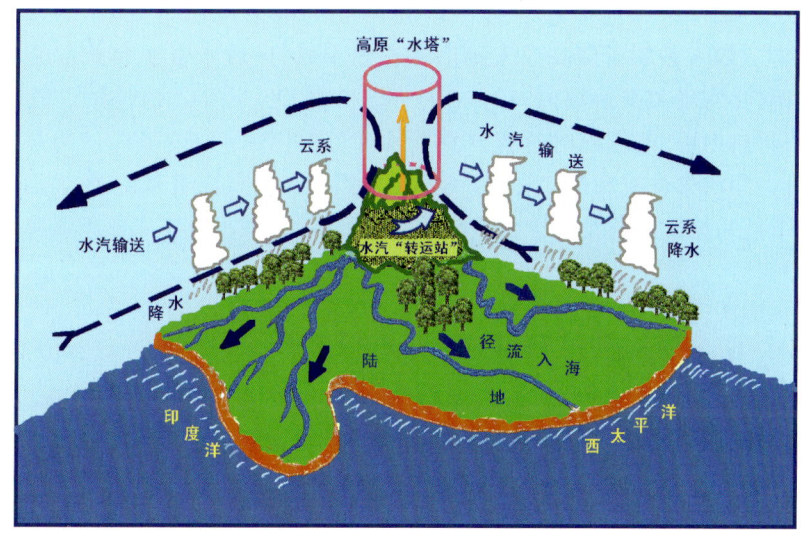

图2.1 青藏高原大气陆地海洋相互作用和水文循环示意图（Xu et al.，2008a）

青藏高原被称为"世界屋脊"，数以千计的湖泊和冰川遍布在这一高原"台地"上，是拥有冰川、积雪、冰冻的土地和高原植被的天然博物馆。青藏高原是大江大河发源地，冰川、湖泊的集中地，尤其中国的主要湖泊集中并长年保持在青藏高原与长江中下游两个区域，且湖泊最多区域亦在青藏高原（图2.2）。在东亚和印度季风驱动下的暖湿气流是高原中空主要水汽来源，青藏高原不仅是亚洲与世界著名大江大河源头，而且是中国与亚洲的湖泊、湿地聚集地。

梅雨锋是亚洲夏季季风的一部分，梅雨锋的时空变化反映了季节转换过程中海陆热力差异和青藏高原大地形的共同作用，亚洲季风与梅雨时空变化对海陆热力差异的

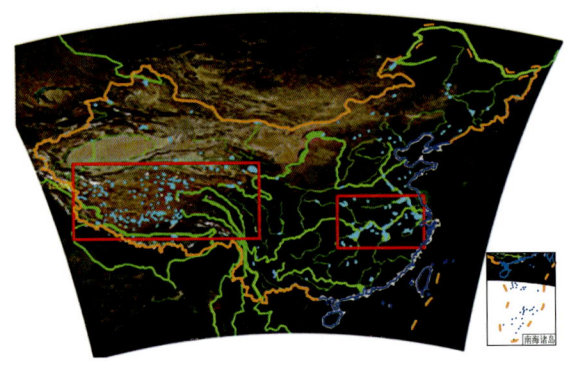

图 2.2 中国及周边水源资源地理分布：冰川积雪（白色）、河流（绿色）和湖泊（浅蓝）

（两个红色矩形标志青藏高原和长江中下游的两个主要湖泊区）

响应，尤其青藏高原大地形影响理论问题已取得很多成果（Ding,1994；Ding and Chan,2005）。研究表明青藏高原大地形在亚洲季风、区域水资源和能量循环方面具有重要作用（叶笃正和高由禧，1979；Lu et al.,2005；Xu et al.,2008b）。青藏高原的动力作用与"热力泵"效应同时对亚洲夏季风有影响（Wu and Zhang,1998）。模拟研究（朱抱真，1990；朱乾根和胡江林，1993）指出，如果青藏高原不存在，季风雨带将被抑制在亚热带低纬地区。正是由于青藏高原的地形作用，才形成了东亚季风降雨独特的时空分布特征。

三江源地区位于青藏高原腹地，是孕育中华民族悠久文明历史的长江、黄河和澜沧江的源头。青藏高原拥有冰川、积雪、冻土，被誉为地球中低纬度高海拔永久"冻土和山地冰川王国"，构成了可以与南、北极相提并论的"地球第三极"（Qiu,2008）。青藏高原现代冰川条数占我国现代冰川总条数的 80%，冰川面积占我国冰川总面积的 84%，冰川冰储量占我国冰川总储量的 80%（秦大河等，2005）。数以千计的湖泊和冰川遍布在这一高原"台地"上。伴随着高原隆起演化形成的大量冰川和积雪，融化的冰川和大气降水源源不断形成径流持续供应给湖泊与河流（Davis et al.,2005；Duan and Wu,2006）。Lu 等（2005）研究表明，冰川融水构成中国青藏高原总径流量的 7.2%。我国七大沼泽湿地集中分布区，青藏高原就占了三大沼泽地区（若尔盖、长江源、黄河源）。青藏高原现有湖泊占全国湖泊总面积的 52%，是地球上海拔最高的湖泊群（李炳元，1998；赵魁义，1999）。对流云和降水的频繁发生表明青藏高原水汽含量非常丰富，反映了高原亦是一个全球大气水分循环关键"供水源"之一。青藏高原冬半年降水（约占全年总降水量的 40%）以积雪形式存储，提供夏季河流径流的潜在水源；夏半年降水占全年总降水量的 60% 左右，为下游大型河流流量特别是中国长江和黄河等的河流流量提供了重要保障。

2.2 青藏高原热力驱动大气水分循环的认知

2.2.1 青藏高原动力结构与跨半球垂直环流圈

Xu 等(2008b)从跨半球尺度大气能量、水汽交换的视角研究了高原区域相关联的纬向、经向垂直环流结构。由图 2.3a 和图 2.3b 可发现,夏季南北半球跨赤道气流低层(850 hPa)强偏南气流出现在东亚地区及北美区域,高层(200 hPa)强偏北气流亦出现在东亚与北美洲地区,且此两个跨赤道极值区,均与青藏-伊朗高原、落基山两者分别处于亚洲与北美高原位置相关。

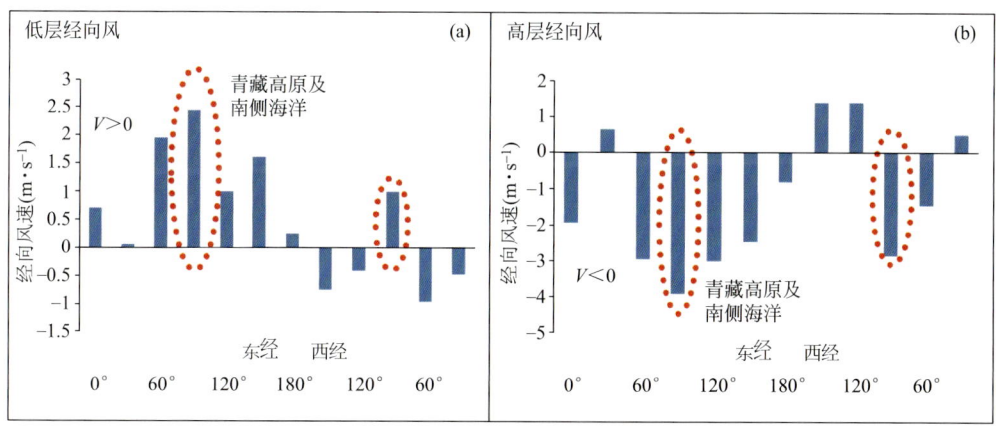

图 2.3 1948—2010 年 30°S~30°N 平均 850 hPa(a)和 200 hPa(b)的不同经度夏季经向风速(单位:m·s^{-1})(Xu et al.,2008b)

从热力强迫的观点出发,夏季高原可称为热源、冬季则为冷源。计算表明,高原的大地形构成了庞大的热力、动力强迫源,构造了跨半球尺度的平均垂直经圈和纬圈环流。如图 2.4a 所示,沿 90°E 南北向风场垂直剖面图上高原南侧低层(850 hPa)呈跨赤道强偏南气流,高原区域为强上升支,高层(300~100 hPa)则呈显著的偏北气流,且该支气流下沉区位于沿 20°S 南印度洋。高原及南侧形成了显著的南北向跨半球尺度经圈环流,在跨半球尺度能量、水分循环的交换、输送过程中起着关键的作用。由于其升高的陆地表面及其强大的辐射加热构成了高原对流云发展的理想条件,高原不仅具有水汽汇流特征,而且也呈现出上空水汽凝结形成对流,释放潜热的"CISK"效应。如图 2.4b 所示,沿 30°N 的东西向风场垂直剖面图上高原与落基山东侧均有一显著的纬圈环流,青藏高原大地形东侧环流圈中高原为上升支,高原 300～100 hPa 偏西气流显著,且下沉区位于落基山西侧,其东侧环流结构亦类似青藏高原特征,但上述两纬圈环流尺度大不相同,其中青藏高原东侧环流圈呈显著的跨半球尺度特征,落基山东侧环流尺度相对小得多(Xu et al.,2008b)。图 2.4c、d 亦揭示出高原 500、300 hPa 存在由青藏高原与东亚中纬区域指向北美洲显著的东西向水汽输送通量带状高值区。此整层水汽输送通道反映了青藏高原的半球尺度能量、水分循环交换作用及其全球效应。上述与高原影响相关的季风海-陆-气过程活跃区,亦是中国、东亚暴雨洪涝与雪灾水汽输送的关键区。

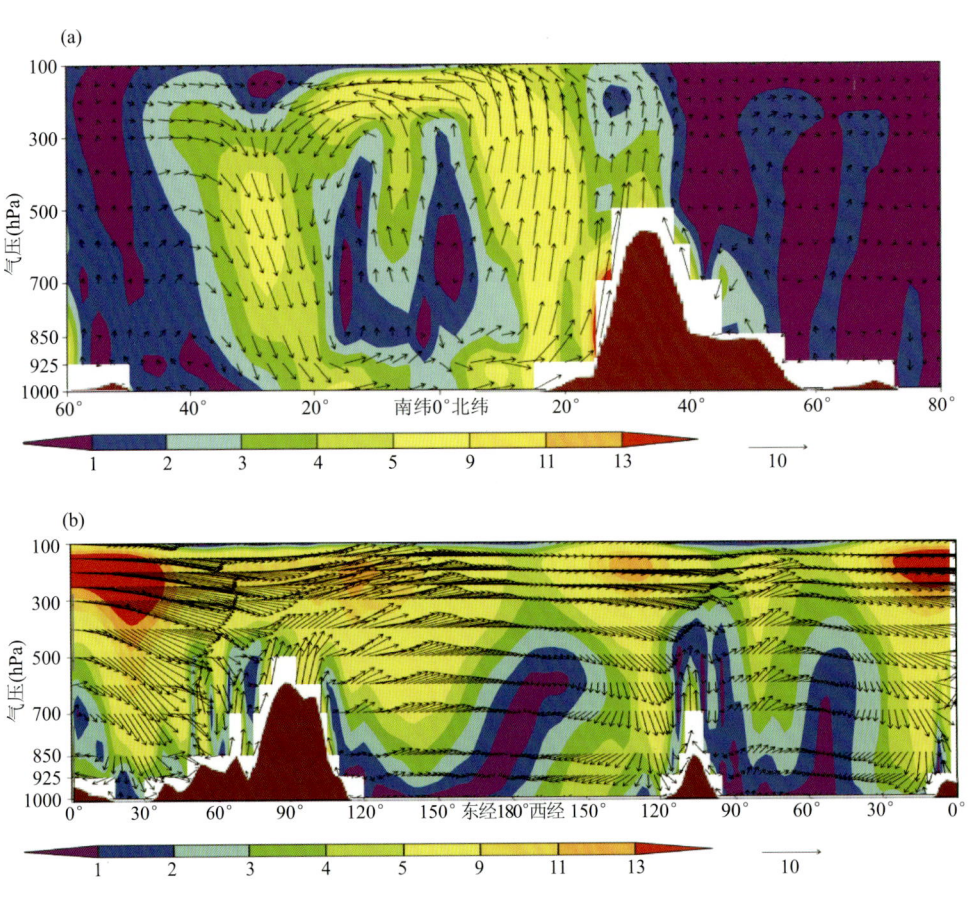

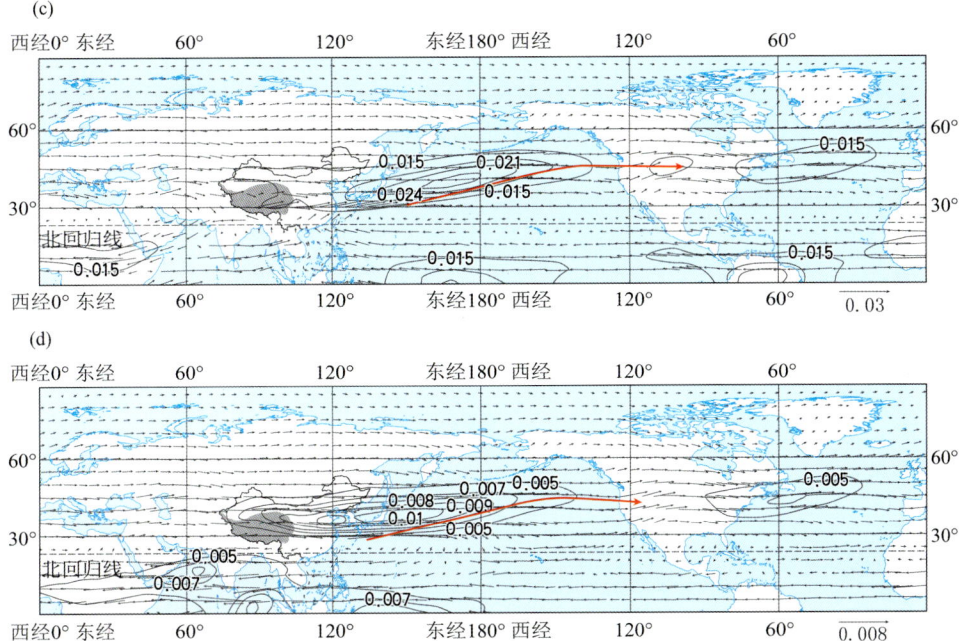

图 2.4　1948—2006 年 6—8 月 80°～110°E 经度带平均经向风速和垂直速度的高度-纬度剖面图（a；单位：m·s^{-1}；彩色阴影为经向风速和垂直速度的矢量模）、27.5°～35°N 纬度带平均纬向风速和垂直速度的高度-经度剖面图（b；单位：m·s^{-1}；彩色阴影为纬向风速和垂直速度的矢量模）、北半球 500 hPa 水平水汽传输方向及量级（等值线）（c；单位：kg·m^{-2}；红色实线和箭头表示主要水汽传输路径和方向）以及北半球 300 hPa 水平水汽传输方向及量级（等值线）（d；单位：kg·m^{-2}；红色实线和箭头表示主要水汽传输路径和方向）（Xu et al.，2008b）

2.2.2　青藏高原大气湿结构与跨半球水分循环系统

研究表明，青藏高原南北垂直剖面上经向平均比湿由 20°S 至青藏高原南坡随高原南坡上升而升高；青藏高原东西垂直剖面上纬向平均比湿亦呈比湿高值随高原东坡高度下降而变低特征，且落基山东坡存在类似比湿与地形结构相关特征，这表明北半球两大地形存在比湿结构随高度类似大气"水塔抬升"现象（图 2.5a、b）。计算分析（Xu et al.，2008a）亦表明大地形比湿分布与地形结构相关特征，北半球两大大地形（青藏高原、落基山）存在比湿结构随坡面高度"抬升"现象。青藏高原表现出"南湿北干"，且其与落基山均表现出"东湿西干"的非对称"湿岛"结构。夏半年北半球亚洲青藏高原与北美洲落基山大地形均为显著上升运动，且青藏高原东侧至落基山西侧呈显著的跨半球尺度纬向垂直环流，落基山东侧至北非亦呈尺度较小的类似纬向垂直环流，但其空间尺度远不如青藏高原大地形东侧的纬向垂直环流。全球大地形间热力驱动的跨半球垂直环流可能导致亚洲与北美洲热量与水汽的输送与交换过程。另外,夏季 OLR 分布表现出自低纬海洋向青藏高原延伸的高原-海洋"连体"大范围季风"三角区"对流云区域特征,构成来自低纬海洋水汽输送背景下青藏高原降水对流云团高频区(图 2.5c)。

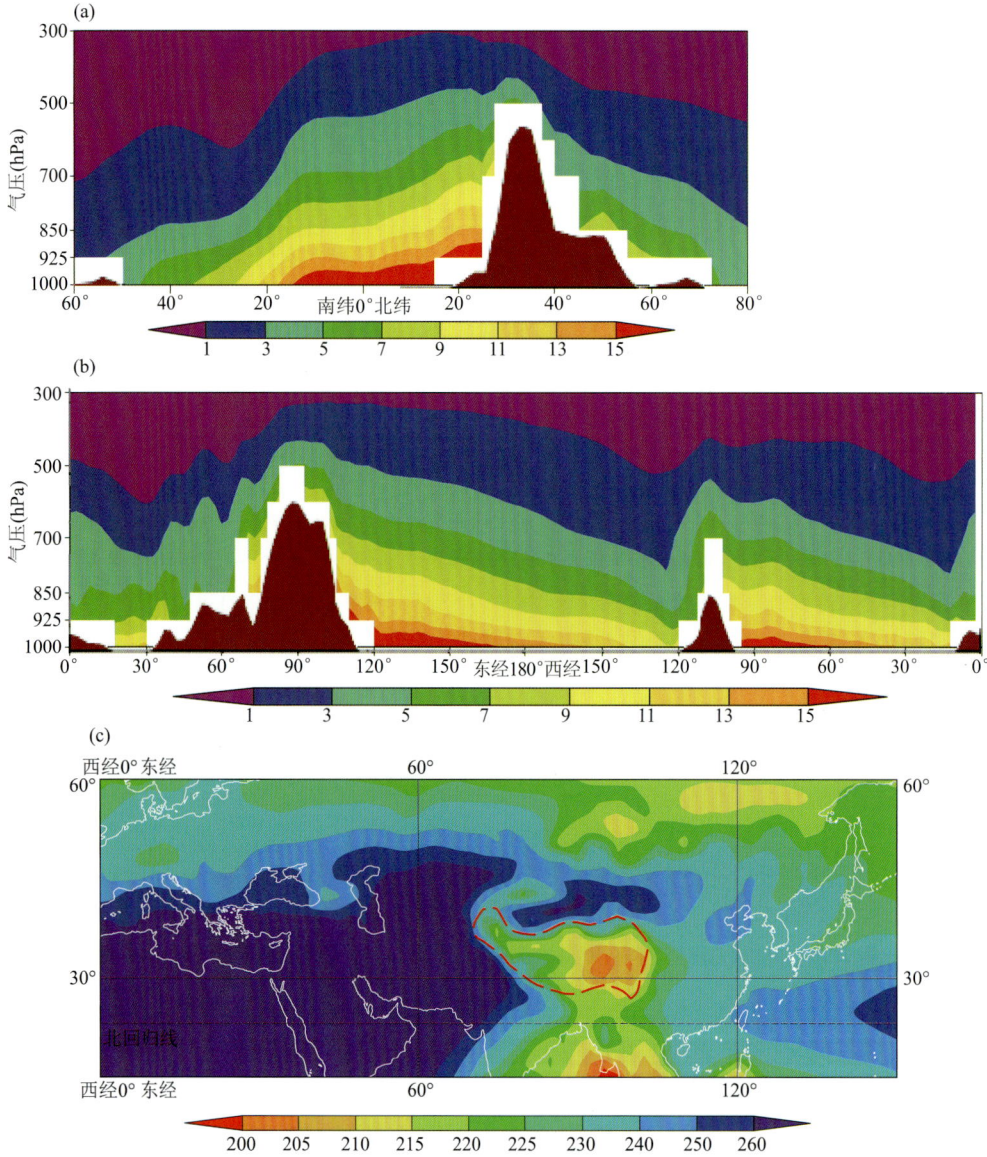

图 2.5 1948—2006 年夏季 80°~110°E 经度带平均比湿(单位:g·kg^{-1})的高度-纬度剖面图(a),平均场和 27.5°~35°N 纬度带平均比湿(单位:g·kg^{-1})的高度-经度剖面图(b)以及 1975—2006 年夏季亚欧区域长波射出辐射 OLR 平均分布特征(c;单位:W·m^{-2};低值代表对流云,强对流云(低中心极值区)位于高原南侧和东缘低纬孟加拉湾海洋区域)(Xu et al.,2008a)

2.2.3 青藏高原大气水分结构概念模型

Xu 等(2008a)从青藏高原与全球海洋-大气-陆地-水文过程特殊的相互作用视角，提出了青藏高原大气水分循环结构类似全球性大气"水塔"的观点，认为高原大气通过全球尺度水分循环可维持一个持续"供水源"与"存储水"的水循环系统。"世界屋脊"上星罗棋布的冰川、积雪和湖泊储存着大量"水资源"，某种程度可起到"水塔存储池"效应；高原上河流水网亦可作为连接高原水塔功能的"输水管道"，高原上河流水通过高原上层大气中水分输送的渠道等影响整个世界的水环境。但从水文角度认识青藏高原作为"水塔"对下游水资源的供应效果与作用存在着很多不确定性，仍然有很多值得探讨的科学问题。

夏半年，青藏高原不断吸引着来自中低纬度的海洋暖湿气流，并作为一个强大的"动力泵"(Wu and Zhang，1998)，构建了跨半球的大气水分循环结构。高原南、东侧对应跨南、北与东、西半球的行星尺度环流，当海洋暖湿气流到达高原，这些气流部分沿高原南坡爬升，并导致频繁的对流活动(徐祥德等，2003)。在爬升过程中大气降水通过地表河流返回大海。高原大地形机械动力效应，阻挡了大部分海洋水汽流北上，并偏转到大地形东侧。这支偏西南气流源源不断将丰沛的水汽输送到中国东部和东亚区域。计算分析(Xu et al.，2008a)表明大地形比湿分布与地形结构具有较好的相关性，北半球两大地形(青藏高原、落基山)存在比湿结构随坡面高度"抬升"现象。青藏高原"南湿北干""东湿西干"的非对称"湿岛"结构伴随北半球的极值大气降水。跨南北半球经向环流和跨东西半球纬向环流与高原的热力泵和机械动力阻挡息息相关。进一步分析卫星资料 OLR 场与高空站网水汽总量、地面站降水数据可发现，西藏地区夏季 OLR 与水汽含量之间呈负相关关系，而水汽含量与降水呈正相关关系(图2.6)。积雨云在青藏高原的平均发生率约为 345 次·a^{-1}，比其周边地区高出约 2.5 倍。对流云和降水的频繁发生表明青藏高原水汽含量是一个持续性变化的气候强信号，亦与高原水分循环过程"供水"机制相一致。隆升的高原地形和强大的表面辐射加热形成的局地上升对流，往往导致降水。频繁的降水作为"不断补充"世界水塔的关键机制之一，有助于"世界屋脊"大气"湿池"的形成和维持，使低纬暖湿气流从热带海洋向高原输送。这一陆地-海洋-大气相互作用描绘了一个完整的地球大气水分循环图像。高原特殊水汽三维结构分布与跨半球的纬向和经向大气垂直环流对全球尺度大气环流变化，尤其是对全球水分循环具有重要的反馈作用，支持了"世界水塔"的概念。也就是说，高原地区一个水塔的"供水"和"蓄水"循环体系的建立，特别是高原地表冰川、积雪和湖泊作为"蓄水池"系统使得所有的河流可作为"输水管道"，将水塔的水向周边区域输送出去，高层大气也可提供向外输送的渠道。低纬海洋与高原冰川、湖泊、河流系统，以及青藏高原特殊的跨半球大气水分循环可构建"世界水塔"及其周边地区独特的水文功能体系。

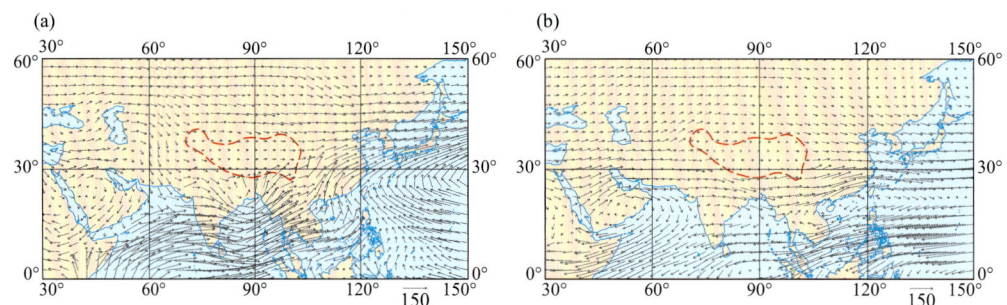

图 2.6 1948—2006 年平均整层水汽通量矢量场的水平分布（单位：$g \cdot s^{-1} \cdot hPa^{-1} \cdot cm^{-1}$）
(a)夏季；(b)冬季

青藏高原作为"世界水塔",其陆地-海洋-大气相互作用,对全球自然和气候环境产生了深远的影响。全球变暖导致"世界水塔"大气水汽供应呈增加的趋势。这意味着,一方面,青藏高原的水汽含量和降水的增加可能缓解由于全球变暖引起的冰川和积雪的迅速减少和枯竭;另一方面,它可能会改变青藏高原地区的生态系统,也可能会增加下游地区严重的洪涝灾害和相关气候环境改变。

2.3 青藏高原大气水分循环结构

2.3.1 青藏高原"热源柱"的水分循环驱动效应

一些文献曾提出青藏高原作为"热岛",其热力强迫影响大气环流结构的观点(黄荣辉和严邦良,1987;Xu et al.,2002;Wang et al.,2011),因此,从大气"热岛"的视角认识高原热力强迫,可以从其对大气环流异常变化的影响得到重要的启示。由于青藏高原是全球超太阳常数的极值区域之一,亦是太阳总辐射值最大的区域之一,所以,高原气温较周边同高度自由大气高出 4~6 ℃,甚至 10 ℃(叶笃正和陈泮勤,1992)。占亚洲 1/6 面积的青藏高原是强太阳辐射异常区,高原储存了巨大太阳辐射热量,因而对全球与区域大气环流系统变化的动力"驱动"效应是非常大的。由青藏高原热力和大地形动力作用产生的经圈环流不仅破坏了该地区的哈得来(Hadley)环流,造成亚洲季风区副热带和中高纬地区不断从赤道和热带捕获水汽,使得热带海洋成为高原及周边大气水分循环的重要水汽源区,与大地形热源相联系的南亚高压环流则起着高层大气强动力辐散功能,上述大地形热源可构成类似"城市热岛"现象的巨大热岛环流。因此,青藏高原作为全球最大与最高的大地形,可通过"热泵"效应持续吸引南侧来自印度洋、南海低纬西太平洋等地区的异常暖湿气流,亦是东亚降水以及长江流域梅雨带时空分布的关键影响因子。高原雪盖"强信号"以及青藏高原冬季大面积雪盖(冷源)并可作为中国及与梅雨影响相关的东亚国家(韩国、日本等)夏季降水的关键影响因子之一。Xu 等(2008a)基于高原观测和 NCEP 资料分析,将驱动海洋上空水汽的青藏高原热源结构影响作为切入点,探讨形成青藏高原这一世界"水塔"的动力与热力三维结构,揭示出青藏高原二阶梯式水汽爬升"热驱动力",以及高层潜热释放的类似台风"CISK"的自激反馈机制。

2.3.2 青藏高原特殊的"中空热岛"与"中空湿岛"特征

1978 年和 1998 年青藏高原大气科学外场观测试验表明,高原存在总辐射超过太阳常数的异常高频区。1992 年夏季在珠穆朗玛峰地区记录到的瞬时总辐射量达到 1688 W·m^{-2},超过了太阳常数的 23%(陆龙骅等,1995)。高原总辐射量为世界之最,远大于北半球热带和副热带沙漠地区太阳总辐射量极值(章基嘉等,1988;周明煜等,2000;秦大河等,2005)。夏季占亚洲近 1/6 面积的高原异常太阳常数高频区的强辐射导致了位于高原大气对流层中部的庞大的"中空热岛"现象。图 2.7a 为 500 hPa 纬向偏差温度场,与同纬度相比,青藏高原低层呈显著的"热岛"现象,1957—2009 年青藏高原"热岛"(高温中心区域)气温多年平均纬向偏差值可达 4.5 ℃以上。无疑占中国约 1/4 面积持续存在如此强度的热岛已超越了世界上任何超级城市群落所产生的热力效应。另外,图 2.7b 为北半球 500 hPa 以上整层水汽含量场,表明前述的高原"中空热岛"现象还伴随着明显的"中空湿岛"现象。

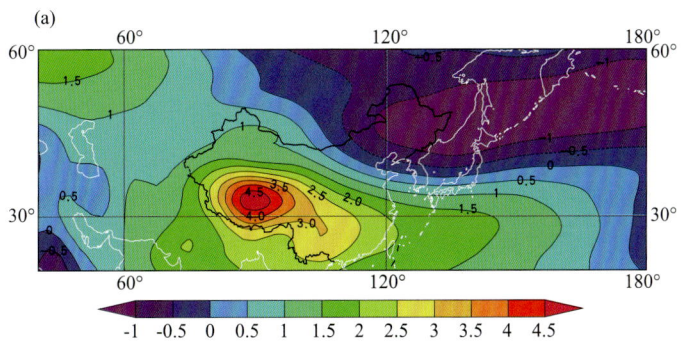

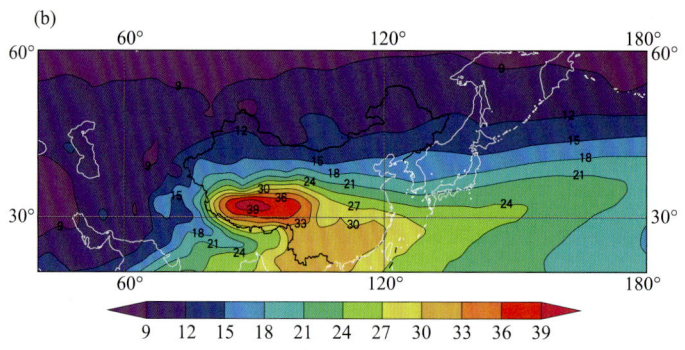

图 2.7 1957—2009 年夏半年（3—8 月）东亚区域

(a)500 hPa 气温纬度偏差场分布(单位：℃)；(b)500 hPa 以上比湿分布(单位：g·kg^{-1})

2.3.3 青藏高原局地热力对流及其云水效应

夏季青藏高原是一个强大的热源，其上空的对流活动非常频繁。夏半年高原上空大气的物理属性与赤道低纬地区有许多相似之处。青藏高原东部夏季主要以凝结潜热为主，该地旺盛的中尺度对流活动和巨大的积雨云的"烟囱效应"向上层大气持续地输送热量和水汽(Flohn,1968)。第二次青藏高原科学试验那曲地区雷达观测发现，高原中部对流云呈水平尺度小、垂直厚度高的柱状单体。长江流域洪涝过程云团可追溯到青藏高原中、东部，发现下游暴雨云系与上游高原区域"爆米花"状对流云高频突发现象有关。针对此类高原异常云结构特征，Xu 等(2002)归纳为"爆米花"状云系，事实上青藏高原中小尺度湍流-对流发展十分强盛，其与"世界屋脊"高原地区的地面异常强总辐射有关。

图 2.8a 为夏半年北半球气温纬向偏差东西向垂直剖面，由此看到，青藏高原与落基山出现了不同尺度的柱状暖区，高原高层"蘑菇云"状暖心结构对应着强烈垂直上升运动纬向偏差特征，且上升偏差特征亦呈柱状向高层延伸，值得注意的现象是上升偏差显著区随高度亦呈"蘑菇云"状向外辐散，描述出类似台风 CISK 机制高层暖心辐散动力效应。图 2.8b 表明，高原除了暖心结构，还存在"湿岛"结构。

研究表明，"中空热源"与高原区域上升运动也有很好的相关关系。由于亚洲夏季风是世界上最大和最显著的季风，其强度变化可能会对全球气候和气候系统产生深远的影响，特别是对南亚和东亚的降水型。另外，作为占中国国土面积约 1/4 的一个巨大的高架陆地"平台"，青藏高原形成了一个"嵌入"对流层中部大气的巨大的柱状热源，可以伸展到自由大气。由于高原中部地面强热源及其复杂地形造成的下垫面热力非均匀性，构成了复杂的陆面水热过程及其强感热、强湍流特征。为考察青藏高原异

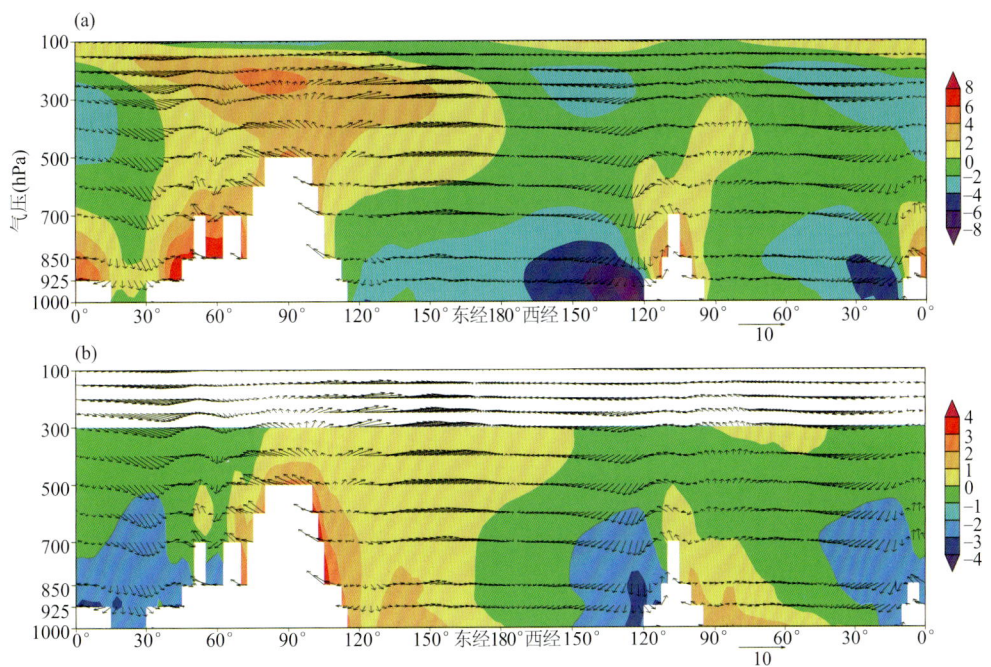

图 2.8　1957—2009 年夏半年（3—8 月）30°～35°N 北半球东西向垂直剖面图
(a)气温(单位:℃)、风场纬向偏差；(b)比湿(单位:g·kg^{-1})、风场纬向偏差

常感热是否与大气对流活动及其潜热释放存在关联,采用 NCEP 再分析资料与高原站点资料,计算感热与视热源、水汽汇两者相关关系,分析发现夏季青藏高原地面异常感热与该区域中空大气视热源(Q_1)、视水汽汇(Q_2)存在重要的关联。另外,由图 2.9 可见,1961—2010 年夏半年青藏高原垂直速度与整层视热源、视水汽汇呈同位相年际变化特征,两者相关系数 R^2 均可达 0.05 显著性水平(R^2 分别为 0.181,0.411),其中青藏高原上空垂直速度与视水汽汇(Q_2)的相关特征更为显著。描述出青藏高原的垂直运动与该区域异常活跃的对流活动联系密切,且低层持续水汽辐合引起的上空凝结潜热释放可进一步激发高原局地高频对流云活动；高原低层往往形成如声雷达观测到的窄长"柱状热泡",从频谱分析,热对流泡表现出了显著的有组织的中小尺度湍流运动结构。分析 1998 年科学试验中当雄边界层加强观测期声雷达资料亦发现窄长的对流热泡特征,且热泡结构上升气流速度异常,垂直速度可达 1 m·s^{-1} 左右,呈窄长上升热泡状,其两侧为对称细长的下沉带。通过当雄声雷达观测亦可计算出热对流泡的时间尺度为 1.2～1.5 h,这表明高原中部地区中小尺度对流泡活动十分活跃。对应着窄长上冲热泡,在高原地区往往可观测到与"爆米花云"相关的边界层存在具有显著湍流特征的中小尺度对流泡(图 2.9)(Xu et al.,2002)。

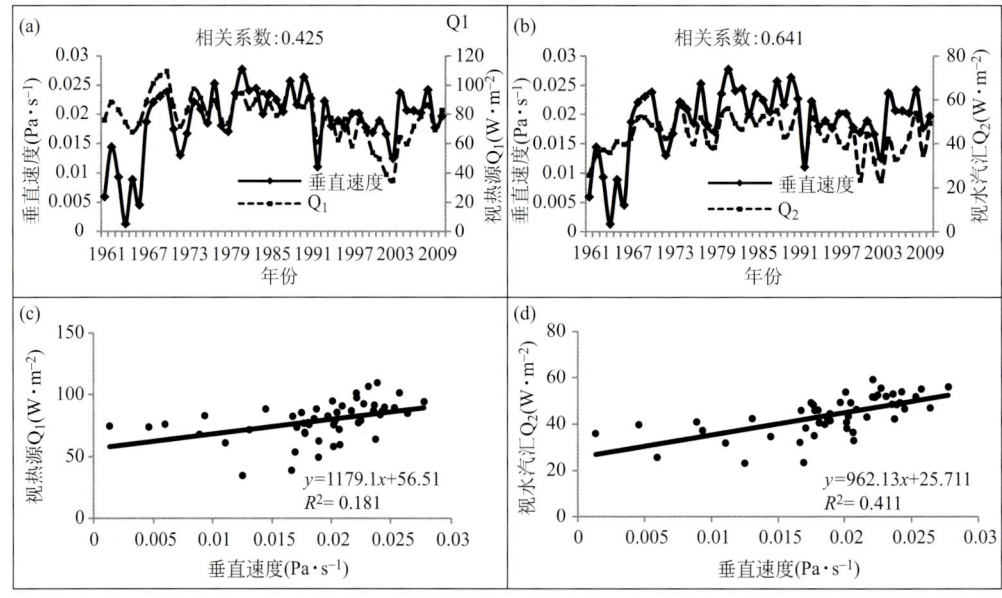

图 2.9　1961—2010 年夏半年（3—8 月）高原垂直速度与整层视热源 Q_1 及整层视水汽汇 Q_2 的相关系数和相关散点图（取值范围：80°～100°E，25°～37.5°N）

(a)垂直速度与视热源 Q_1 的变化曲线；(b)垂直速度与视水汽汇 Q_2 的变化曲线；
(c)垂直速度与视热源 Q_1 的相关散点；(d)垂直速度与视水汽汇 Q_2 的相关散点

青藏高原不仅存在"中空热岛"现象，而且在南北或东西向垂直剖面上春夏季亦可表现出中空强"热源"，且其与经向、纬向跨半球尺度水分循环呈显著相关。高耸对流层中部中空"热柱"存在"汇流"抽吸功能，使低纬海洋水汽源与高原"湿岛"之间构成了暖湿水汽流通道，以获取低纬强热量、水汽持续供应，使高原"中空湿岛"形成了亚洲大江大河发源地，湖泊集中区。

为探讨青藏高原大气热源对东亚水汽输送的调控作用，Xu 等（2014）计算了 1948—2009 年 3—8 月青藏高原大气视热源与区域整层水汽通量的相关矢量分布（图 2.10）。黄色区域向北的相关矢量在青藏高原南侧，特别是源自孟加拉湾、阿拉伯海及南海水汽通量相关矢场呈三支主体流方向（如图 2.10 粗流线箭头所示），它们描述出青藏高原热源对水汽流"驱动"相关作用；另外，青藏高原北侧亦呈显著的偏北水汽相关矢流。图 2.10 中周边向高原呈现汇合的水汽相关矢量流特征，南支相关矢量流输送方向在高原南侧转向东，成为东亚夏季风区域经典的西南向水汽通量。从这个分布可以清楚地看到，青藏高原的视热源（Q_1）与水汽流相关点矢亚洲夏季季风水汽输送场相关特征显著。值得注意的是，高原热源与区域或跨半球水汽流的相关矢场亦反映了季风水汽输送的"大三角扇形"（虚线梯形结构）影响域特征（徐祥德等，2002）。

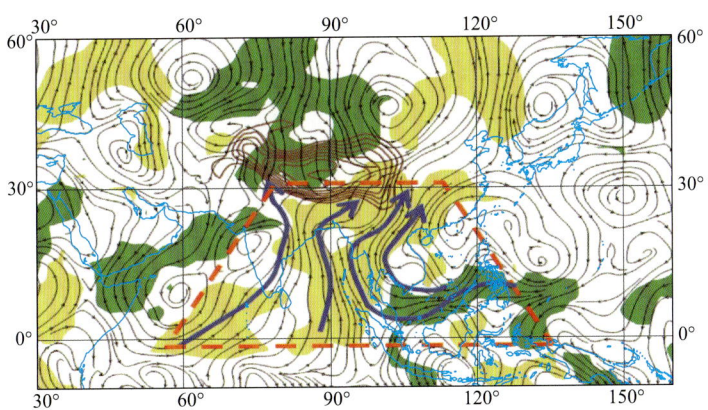

图 2.10　1948—2009 年 3—8 月青藏高原大气视热源与整层水汽通量的相关矢量分布
（黄色或绿色区域表示正或负的通过 90% 的置信度的相关检验区域）(Xu et al., 2014)

由 1957—2009 年气温、比湿与风场 30°～35°N 东西向垂直剖面图（图略）可发现，无论 7 月或夏半年青藏高原东西向剖面图上，高原随着高度抬升大地形热岛特征不仅未削弱，反而某些高度趋于显著。亚洲青藏高原与北美落基山均为北半球的中空热岛显著区，尤其令人惊奇的是青藏高原"中空热岛"300～100 hPa 呈类似台风维持 CISK 机制中的"暖心"结构（气温纬向偏差高值区），高层"暖心"呈柱状，且顶层可描述出"蘑菇云"暖心结构。这一结构对低层水汽汇合辐合机制维持具有关键作用。青藏高原与落基山均表现出"东湿西干"的非对称"湿岛"结构。全球大地形间热力驱动跨半球垂直环流可能导致亚洲与北美间热量与水汽的输送与交换过程。

2.3.4　高原涡旋结构与"热源柱"驱动效应

观测发现，当高原低涡生成东移达那曲以后，常常有季风云带卷入，或者将高原东半部的众多对流云团组织起来，形成绕低涡的巨大涡旋云系，使高原低涡得到相当的发展。并且，在高原主体地区，当地面最高气温出现时，都可能在 500 hPa 以下出现超干绝热递减率现象，例如高原西部地面至 500 hPa 干绝热递减率达 1.39 ℃·(100 m)$^{-1}$，持续时间可超过 10 h。不少研究都指出 CISK 对高原低涡发生发展的作用（乔全明和张雅高，1994），高原西部的暖涡能够得到较大的发展一般是在超干绝热条件下，存在着类似于台风发生第二类条件性层结不稳定大气中的 CISK 机制，高原低层强超绝热背景下暖气块上升加速，高层气柱释热、增暖，辐散加强，引起低层辐合也进一步加强。这是一种正反馈的互激过程，使低涡、暖气块和上升运动同时加强，发展成深厚暖气柱低涡。根据观测资料统计，青藏高原主体上每年低涡（生命期在 36 h 以上）过程达

22.4次,其中7月最多(乔全明和张雅高,1994)。另外,观测资料统计分析亦发现一些中尺度对流系统围绕高原做顺时针旋转,并与高原高层反气旋环流系统相联系(Xu et al.,2002)。通过1°×1°细网格资料分析上述低层低温、高层反气旋垂直结构,计算了夏季东亚地区高、低层散度场,发现高原低层为辐合中心(低涡辐散场负中心)(图2.11a),高层200 hPa明显为辐散中心(反气旋辐散场正中心)(图2.11b)。表明,高原区域高(200 hPa)、低层(500 hPa)散度亦呈高、低层互为反向环流与反位相辐散结构,且此特殊环流系统可能与夏季高原特殊"中空热岛"的驱动环流效应相关。

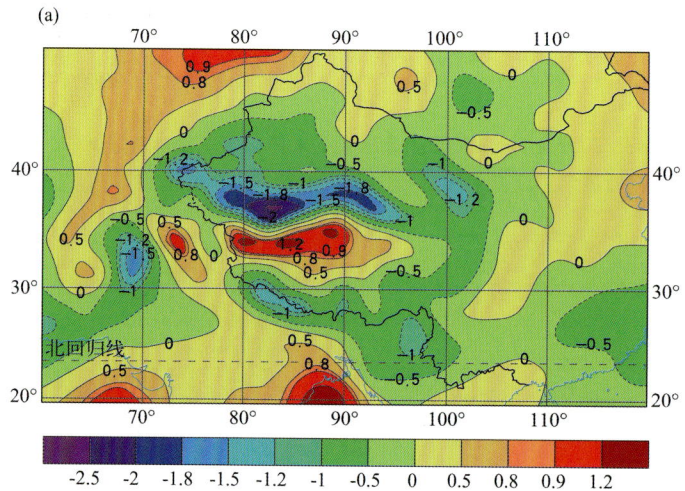

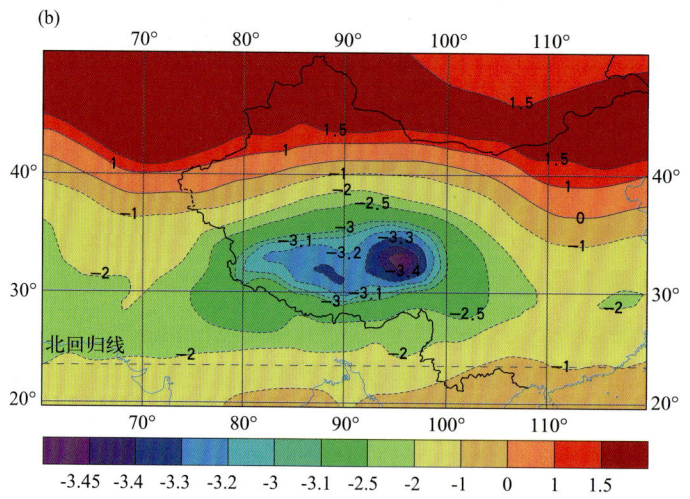

图2.11 由2000—2009年夏季(6—8月)逐日样本计算的东亚区域及其高原区域涡度场(单位:s^{-1})

(a)500 hPa;(b)200 hPa

徐祥德等(2014)提出夏季青藏高原整层视热源(热源柱)导致高层辐散驱动低层水汽流辐合,形成高、低层互为反向环流结构的自激反馈"CISK"模型,这是一个大尺度的类似于热带气旋 CISK 的机制,即高原上空的热源柱、垂直对流和水汽汇流之间自激反馈的相互作用(图 2.12)。这一 CISK 过程呈现两阶梯以接力的方式将暖湿气流传上高原,不同高度两阶梯低层辐合-高层辐散分别位于高原南坡和高原主体平台上空。CISK 的第一阶梯存在于南亚季风的经向环流中的陡峭高原南坡并受动力和热力共同作用,而其第二阶梯位于高原主体平台上并无大地形障碍阻挡水汽传输,主要受控于对流层中上部的"中空热岛"的热力强迫。这样一个两阶梯动力结构建立起了水汽爬升高原的经圈环流,高原南坡上空的辐散中心和高原平台上的低空辐合中心之间的水平位置相邻且动力相互支持,将这两阶梯的 CISK 过程连成一体系,共同驱动水汽的高原爬升供给"世界水塔"。与高原热源相关的高层辐散、低层辐合的垂直环流结构和跨半球水汽流存在着反馈关系。高原对流云结构可起到类似台风 CISK 机制中高层潜热释放,其促进低层水汽流的辐合,以构成驱动跨半球低纬海洋水汽流在高原爬升、汇合现象。由于高原热源效应,促进了低纬海洋暖湿水汽流输送。高原类似水汽抽吸功能是依靠高原南坡及台地动力-热力过程耦合的"中空热岛"效应来实现的。陡峭南坡的动力效应显著而热力效应有限;大面积高原主体平台感热和对流层的云降水释放的潜热的热力效应占主导而动力效应有限。高原南坡强迫抬升和平台之间存在辐散-辐合效应。占中国近 1/4 面积高原主体的"中空热源"效应对低纬水汽远距离汇流起到了加强南坡动力抬升的作用。此类两阶梯接力的 CISK 过程可能是吸引跨半球海洋水汽越过南亚季风区爬升到构成高原"大气水塔"的主要驱动与维持机制。

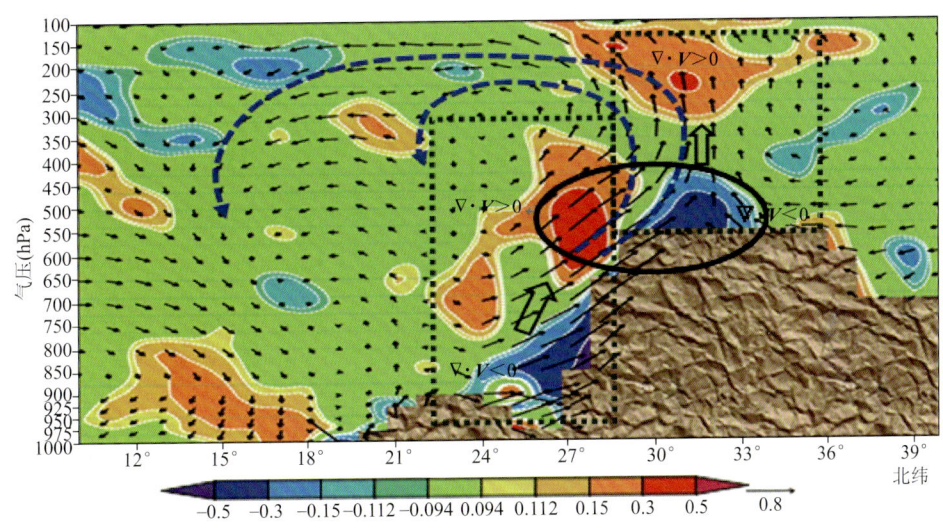

图 2.12　沿 80°~100°E 平均的夏季青藏高原整层视热源(Q_1)与散度相关及经圈环流的垂直剖面分布

1979年青藏高原科学试验资料证实,有一条从印度沿雅鲁藏布河谷深入高原主体的水汽通道。高原东部水汽通量辐合层厚度可达到 400 hPa 以上。据此可推断水汽辐合引起的潜热释放十分可观,这与西部低涡到达高原中部发展,由于水汽供应对流云团卷入的观测事实相吻合。采用 2000—2009 年 7 月 NCEP($1°\times 1°$)逐日温度、湿度和风场资料,分析计算结果发现,在青藏高原描述出 $29°\sim38°$N 500 hPa 西部低涡气旋式环流系统图像,且强偏南水汽流向高原中东部汇合,其与北部偏西气流构成切变线,此结果与 1979 年青藏高原科学试验分析结论有所吻合,历史资料综合分析以及高原现场科学试验亦表明多数高原低涡的初始胚胎都在高原西部生成(图 2.13a)。计算整层视热源与低层 500 hPa 水汽通量相关矢量场(图 2.13b)亦可发现,整层视热源与水汽输送相关矢亦可描述上述 10 a 7 月逐日资料分析的环流系统图像,即西部"高原涡"、中东部切变线及南侧对流云高频区水汽汇合特征。此研究结果揭示出高原"热源柱"对低层高原涡及其切变线形成显著效应。

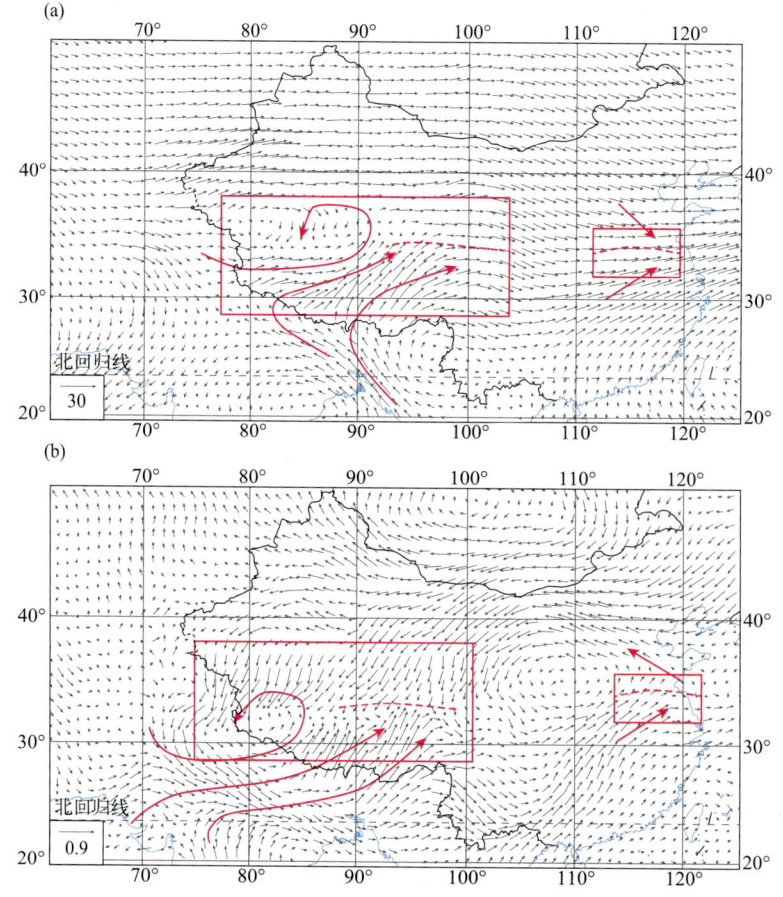

图 2.13　2000—2009 年 7 月 500 hPa 东亚区域 NCEP（$1°\times 1°$）水汽通量矢量场（a）、青藏高原整层视热源（Q_1）与水汽通量相关矢量场（b）

2.3.5 高原热源柱强迫与高原-海洋水分循环结构

根据1998年6—7月长江流域特大暴雨过程卫星云图的动态资料集的分析可发现,长江洪涝过程主体云系轨迹可追踪到青藏高原中部或东部,该区域频繁发生"爆米花"状对流云突发现象(Xu et al.,2002)。统计分析了1957—2009年中国区域夏季总云量与低云量分布状况,结果表明,青藏高原是中国区域低云量极值区,且高原区域低云量显著高于同纬带区。另外,由高原上辐射亮温时空分布分析表明,1980—1998年辐射亮温TBB夏季低值中心区(对流云高频区)亦位于孟加拉湾与青藏高原中南部连成南北向片状区域。从高原低涡伴随着大量积雨云事实可知,高原对流云潜热的释放对这种低涡的产生和维持也起着十分重要的作用。计算了整层视热源(Q_1)与整层水汽输送q_u、q_v的相关矢量场以及2000年至2009年7月东亚区域TBB对流层活动与整层视热源的相关系数分布(图2.14),可描述出两者负相关极值区恰与高原低云量极值区吻合。另外,整层视热源与TBB低值区对流云运动活跃区两者高相关区恰位于整层水汽输送相关矢量的辐合区或切变线南侧区域。图2.14中整层视热源与水汽输送相关矢量场描述出高原区域"热源柱"引起水汽输送关键通道,包括来自南侧孟加拉湾、南海以及西边阿拉伯海等水汽输送通量。在亚洲水分循环过程中,从热带海洋水汽源区到"世界屋脊"大气之间的水汽传输主要由南亚和东亚夏季风对流层环流驱动。

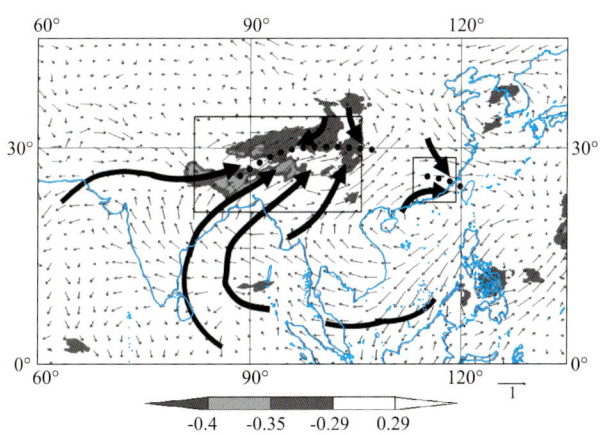

图2.14 2000—2009年高原整层视热源与东亚区域辐射亮温(TBB)相关系数场(阴影区)以及高原整层视热源与水汽输送通量分量(q_u、q_v)相关矢量场(箭矢)

下文从青藏高原与同高度周边大气热状况差异的视角,揭示高原"中空热岛"形成垂直热力结构及其"热力驱动"效应,描述高原"中空热岛"的三维立体热力结构特征。图2.15描述了高原区域存在互为反向气旋、反气旋流场配置,其整层热源与高、低层亦呈互为反向的相关矢环流系统,即低层为气旋式整层热源相关环流,且在高原南部(30°N左右)为南北水汽辐合与切变线,高层则为反气旋式整层热源相关环流。

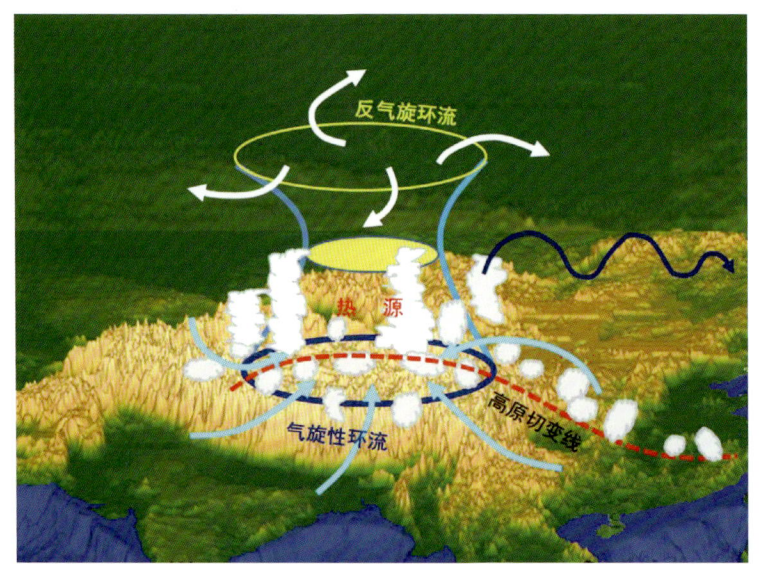

图 2.15 高原热源影响区域的三维主体环流结构模型示意图(Xu et al.,2014)

与高原整层热源密切相联系的东亚区域流场相关矢量以及散度相关分布垂直剖面等综合分析结果,可揭示夏季青藏高原"世界屋脊""热源柱"动力效应与来自低纬海洋的暖湿气流高原爬升及其南坡经圈环流的相关机制。尤为引人注目的是,研究发现在青藏高原南坡与主体平台存在两对阶梯式低层辐合-高层辐散相互耦合的共同驱动湿气流爬升或高原水汽抽吸的完整物理图像(图 2.16),并提出夏季高原"热源柱"及其潜热作用起着类似台风热力驱动的低层辐合-高层辐散自激反馈的 CISK 机制(Xu et al.,2014)。

青藏高原的冰川、雪盖、湖泊和河流的大量水资源给亚洲水循环提供了主要来源(Xu et al.,2008a)。然而,青藏高原为什么能吸引大量的水汽供给"世界水塔",海洋水汽又如何被驱动爬上青藏高原等诸多问题仍缺少完整的认识。徐祥德等(2014)通过分析北半球夏季空气温度和湿度的观测数据及其在青藏高原和相邻非抬升地区同一海拔高度的差异发现,青藏高原作为一个巨大的抬升热岛和湿岛,在其上空大气中形成了"热源柱"和对流层中上部的"中空热岛"。徐祥德等(2014)提出了青藏高原热力驱动如同一个大尺度的类似于热带气旋 CISK 的机制,这一 CISK 过程呈现两阶梯以"接力"的方式将暖湿气流传上高原,两阶梯分别位于高原南坡和高原主体平台上空。此类两阶梯的 CISK 过程被确定是吸引海洋水汽越过南亚季风区爬升到高原大气中的主要驱动机制。

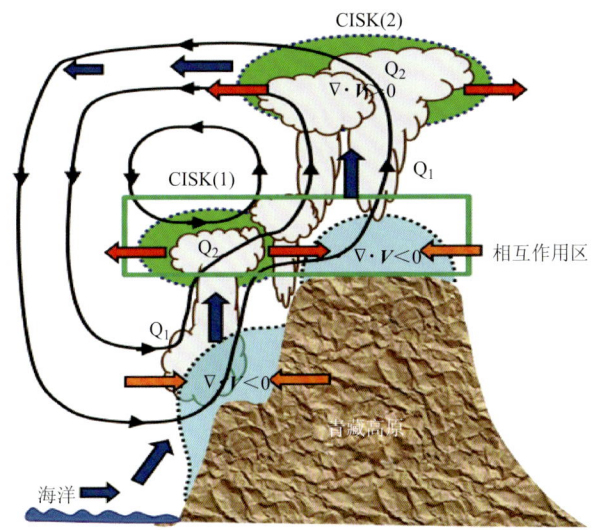

图 2.16 驱动湿气流高原爬升的两对阶梯式低层辐合-高层辐散相互耦合的 CISK 机制示意图
（徐祥德等，2014）

2.4 青藏高原与低纬海洋"大三角扇形"水汽输送影响域

青藏高原大气水分循环过程的水汽源及其水汽"供应区"亦是亚洲区域水分循环过程的关键影响因素。徐祥德等（2002）提出了青藏高原与低纬海洋季风活跃区水汽输送"大三角扇形"关键影响域的概念模型。青藏高原水循环及其强对流活动与亚洲季风系统相互作用，对东亚地区旱涝异常，尤其高原与周边广域地区的水分循环及其生态气候分布特征存在显著影响。根据 1979—2018 年的多年平均夏季整层水汽通量矢量场分析提出，夏季东亚季风活跃区水汽流东起菲律宾以东洋面，经过南中国海，西至东非索马里、阿拉伯海、印度洋，并从孟加拉湾经青藏高原东部转向中国长江流域和日本列岛"大三角扇形"水汽输送影响域（图 2.17 中阴影区域），该地区是中国区域及其东亚区域降水异常水汽输送的关键区（徐祥德等，2019a），也是亚洲季风过程高原-海洋水分循环相互作用的主体敏感区，即"大三角扇形"水汽输送影响域构成了"亚洲水塔"的关键"水汽供应区"。

有关研究表明:大地形热力驱动与动力强迫导致高原周边水汽输送在高原南侧与东侧存在经向或纬向不同分量的水汽流型,是影响长江流域梅雨期水汽收支的一个关键因子,可构成了亚洲季风活动及其中国区域旱涝的强信号区。高原动力、热力强迫是"大三角扇形"水汽输送影响域形成的重要原因之一。高登义(2008)指出,从印度沿雅鲁藏布江河谷存在深入高原主体的水汽通道,1979年青藏高原科学试验研究进一步证实此认知。分析卫星遥感 GMSTBB 云结构演变特征,采用细网格地形尺度效应模拟试验,研究结果可描述出高原复杂山谷群小尺度地形(30 km)对水汽输送结构影响显著,数值试验亦揭示出从雅鲁藏布江河谷进入高原—高原东南部的水汽通道(施小英和徐祥德,2006),如图 2.17b 所示,计算分析的整层水汽输送"大三角扇形"影响域可描述出高原雅鲁藏布江河谷区亦为源自低纬海洋偏南暖湿水汽流进入高原的主要通道(图中箭头所示)。

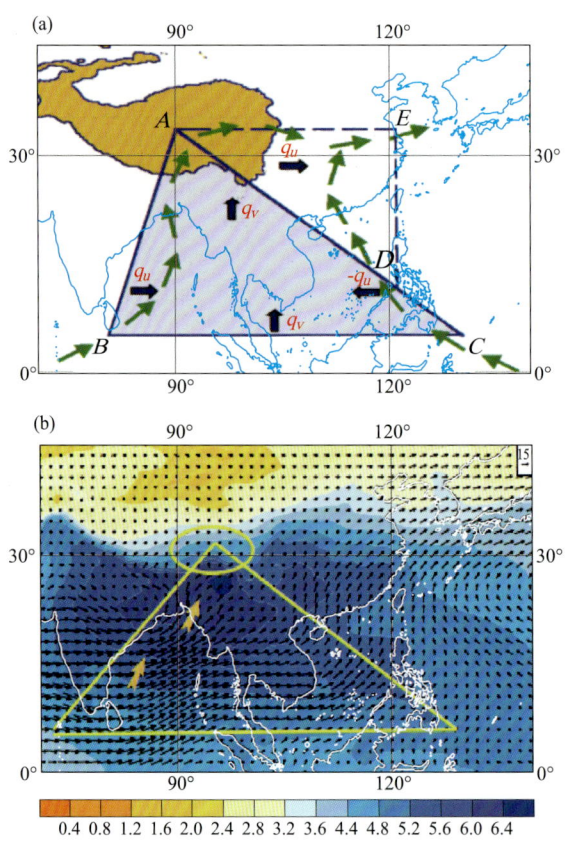

图 2.17 高原-季风水汽输送"大三角扇形"影响关键区:(a)高原"大三角扇形"水汽输送概念模型示意图;(b)1979—2018 年高原-季风水汽输送"大三角扇形"整层水汽输送关键区与影响域,填色为夏季整层水汽含量,矢量为整层水汽输送通量(徐祥德等,2019a)

图 2.17a 中三角形△ABC 构成了以印度洋—南海(南边界,5°N 或 10°N)为底边($\overline{BC}$),高原(A)为端点的"大三角"影响内的水汽输送源区,而另一三角形△ADE 为高原以东夏季水汽流入中国南方区域的影响域及长江流域涝年"汇区"。夏季青藏高原周边地区是中国东部长江流域梅雨带西边界的重要水汽源,其中高原地形动力强迫使上述来自南海与孟加拉湾南边界季风水汽流转向,构成了自高原向东至长江流域强水汽输送,而来自低纬南边界和中纬西边界的水汽输送构成了夏季长江流域"水汽流"的主体,其中包括西太平洋副热带高压西缘东南水汽流。上述特征说明了青藏高原对来自低纬海洋远距离输送水汽具有"转运站"作用。

采用 NCEP/NCAR 再分析资料,计算上述"大三角扇形"南边界(图 2.17a 中△ABC 的底边 $\overline{BC}$)与东边界(图 2.17a 中△ADE 的边 $\overline{AD}$)整层水汽通量距平,进一步认识中国长江流域水汽源及其远距离输送模型。由图 2.18 可发现,由地面至 300 hPa 厚度层水汽通量"大三角扇形"南侧边界(5°N)与东侧边界年际距平呈显著正相关。

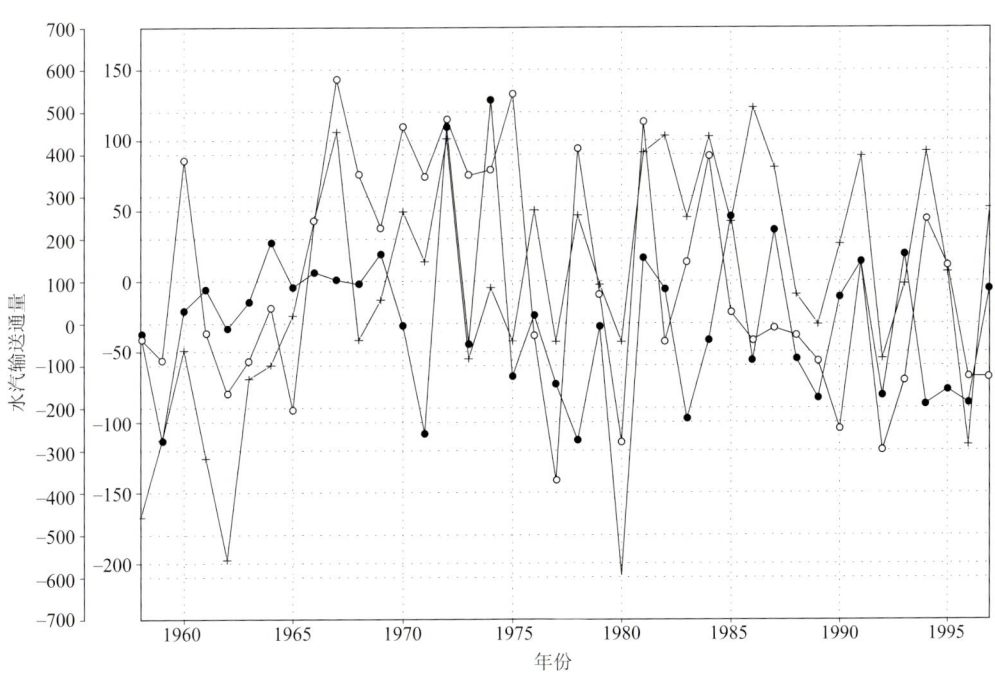

图 2.18 △ABC 底边($\overline{BC}$)整层水汽输送通量 q_v 分量距平(5°N(+),10°N(○))与 △ADE 侧边界斜边($\overline{AD}$)整层水汽输送通量 q_u 分量距平(●)年际变化曲线

(单位:$g \cdot cm^{-1} \cdot s^{-1}$)

上述"大三角扇形"不同底边(5°N,10°N)与侧边整层水汽输送的相关性及其收支效应,进一步揭示出青藏高原、印度洋和南海以及低纬西太平洋是影响长江流域洪涝异常水汽输送的关键敏感区。

柏晶榆和徐祥德(1999)、徐祥德等(2003)研究还表明,青藏高原、印度洋、孟加拉湾和南海影响中国干旱、洪涝异常气候的季风水汽输送源地,其综合相关特征揭示出高原与南亚季风等多因素具有显著相互作用。高原特殊大地形"热力驱动"及其水汽汇流构成了长江流域季风水汽输送或"转运站",长江流域的旱、涝年,高原与季风区水汽分布特征也出现相应异常。图 2.19 给出了 1958—1995 年多年平均水汽通量矢量场。由图可见,东起菲律宾以东洋面,经过南中国海,西至东非索马里、阿拉伯海、印度洋,并从孟加拉湾经青藏高原东部转向中国长江流域和日本列岛(阴影区域),是影响中国区域及其下游相关区域洪涝偏南水汽输送的关键区,是亚洲季风与高原相互作用的主要影响区;并揭示出亚洲季风爆发相关的水汽通道,高原及其周边水汽源,东亚季风水汽源中低纬海洋潜热源的相互作用都突出表现在这一区域。

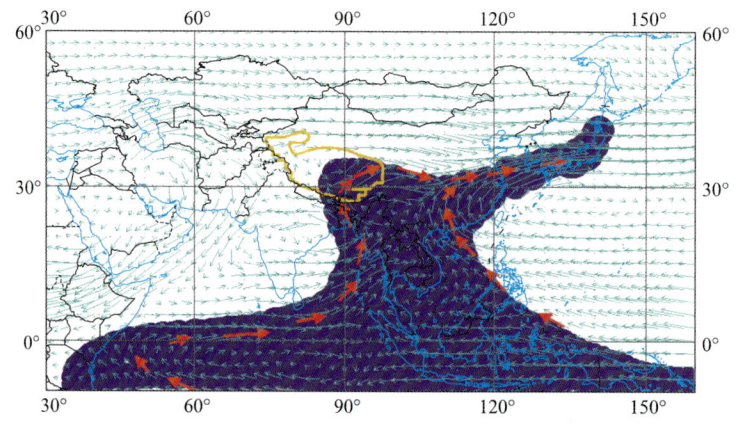

图 2.19　高原-季风水汽输送"大三角扇形"水汽通量分布特征(夏季 500 hPa)

由上述分析可知,夏季青藏高原地区是长江流域梅雨区西边界的重要水汽源或"转运站",高原地形动力效应与南边界季风水汽流的相互影响作用,构成了自高原指向长江流域的强水汽流的输送。来自南边界和西边界的水汽输送带构成了夏季长江流域上空"水汽流"流入主体,而中国东部沿海则为水汽流流出主体。上述"大三角扇形"区域内水汽输送特征可描述为如图 2.20 的概念模型:在研究区域内,来自西边界高原"转运"与南边界的水汽输送在长江流域暴雨过程中起到极为重要的水汽贡献。另外,西边界与南边界为流入、东边界为流出的特征亦描述了图 2.17 中高原与亚洲季风影响区的"大三角扇形"水汽向长江流域输送的主体通道特征。

针对高原的影响问题,特别是对北半球夏季青藏高原机械屏障和抬升热源的作用有

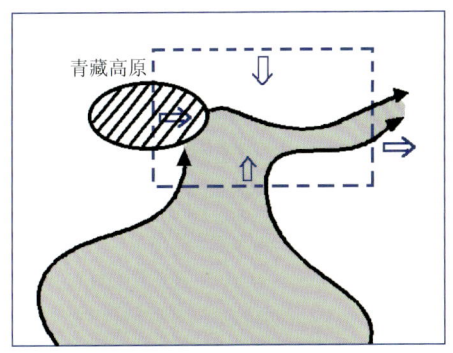

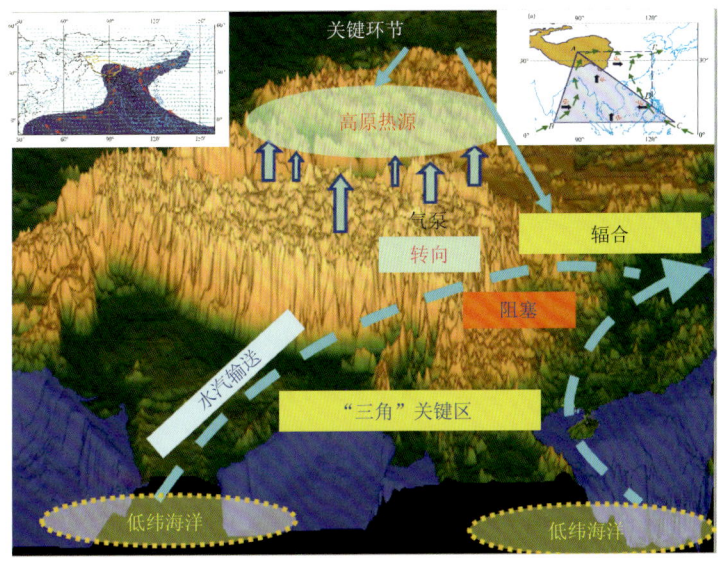

图 2.20 高原动力、热力结构与"大三角扇形"水汽输入区域边界水汽输送概念模型
（徐祥德等，2002）

了更深刻的认识,如青藏高原的"感热气泵"（sensible heat driven air pump,SHAP）效应,不仅对 ASM 的维持有重要作用,也通过激发罗斯贝（Rossby）波列对全球气候产生影响（Wu and Zhang,1998;Duan and Wu,2006;Liu et al.,2007;Yang et al.,2010）。

有关研究表明:高原动力、热力强迫是周边水汽输送特征流型形成的重要原因之一,大地形动力强迫导致高原周边水汽输送在高原南侧与东侧存在经向或纬向不同分量的水汽流型,是影响长江流域梅雨期水汽收支的一个关键因子,可构成亚洲季风活动及其中国区域旱涝的强信号区（Liu and Yin,2001;Xu et al.,2002;Wang et al.,2008）。更具体地说,夏季在高原上空的低层大气是一个低压系统,吸引低纬度海洋的暖湿空气向亚洲大陆地区输送。暖湿气流在青藏高原东南部辐合,然后转向东部的下游地区。高原地区水汽输送对亚洲季风区降水有深刻影响,该区域水汽输送异常往往会造成降水的异常，从而给我国带来严重的旱涝灾害。徐祥德等(2002)研究指出，高原-季风水汽输送"大三角扇形"影响域(以高原为顶点，以南海季风和印度季风涉及的低纬活动源区为底边)的水分时空演变是认识中国及东亚旱、涝异常成因的重要科学问题，并指出夏季高原地形动力效应与南亚及东亚季风水汽流的相互影响作用构成了自高原向我国东部的强水汽流输送；水汽流向东的"转运"效应对长江梅雨期洪涝形成甚为重要，水汽输送异常大值年份，往往导致其长江中下游地区、淮河流域、中国南部和东亚其他国家形成洪涝灾害(Xu et al.，2002，2003；Dong et al.，2007；Sato and Kimura，2007；Wang et al.，2008)。

2.4.1 "亚洲水塔"跨半球-全球尺度大气能量、水汽交换

针对高原水汽汇合的影响问题，特别是对北半球夏季青藏高原大地形机械屏障和抬升热源的作用有了更深刻的认识，如青藏高原的"感热气泵"效应，不仅对东亚夏季风的维持有重要作用，也通过激发 Rossby 波列对全球气候产生影响。计算纬向平均比湿垂直剖面图特征，分析研究表明，北半球东—西垂直剖面上两大地形(青藏高原与落基山)均表现出与地形坡面高度相关"东湿西干"的"水塔抬升"非对称"湿岛"结构现象。计算分析亦表明青藏高原表现出随地形坡面高度相关"南湿北干""水塔抬升"现象。

Xu 等(2008a)从跨半球尺度大气能量、水汽交换的视角研究了高原区域相关联的纬向、经向垂直环流结构。研究发现，夏季南北半球跨赤道气流低层(850 hPa)强偏南气流出现在东亚地区及北美区域，高层(200 hPa)强偏北气流亦出现在东亚与北美洲地区，且此两个跨赤道极值区，均与青藏—伊朗高原、落基山两者分别处于亚洲与北美高原位置相关。从行星尺度垂直环流特征的视角，计算表明，青藏高原大地形构造了跨半球尺度的平均垂直经圈和纬圈环流，如图 2.21a 所示，沿 80°～110°E 南—北向风场垂直剖面图上高原南侧低层(850 hPa)呈跨赤道强偏南气流，高原区域为强上升支，高层(300～100 hPa)则呈显著的偏北气流，且该支气流下沉区位于沿 20°S 南印度洋。高原及南侧形成了显著的南—北向跨半球尺度经圈环流，在跨半球尺度能量、水分循环的交换、输送过程中起着关键的作用；如图 2.21b 所示，沿 27.5°～35°N 的东—西向风场垂直剖面图上高原与落基山东侧均有一显著的纬圈环流，青藏高原大地形东侧环流圈中高原为上升支，高原 300～100 hPa 偏西气流显著，且下沉区位于落基山西侧，落基山东侧环流结构亦类似青藏高原特征，但上述两纬圈环流尺度大不相同，其中青藏高原东侧环流圈呈显著的跨半球尺度特征，落基山东侧环流尺度相对小得多。

青藏高原 500 hPa 水汽通量矢量分布研究表明，青藏高原中部亦呈显著的偏西水汽流，显示出西风与偏南季风向高原汇合的水汽流显著特征，西风与季风(西南与东南水汽流)在高原汇合后主体输出方向转向东，且与东亚夏季风西南向协同影响下游区域水汽流，即青藏高原与东亚中纬区域指向北美洲显著的东—西向水汽输送通量带状

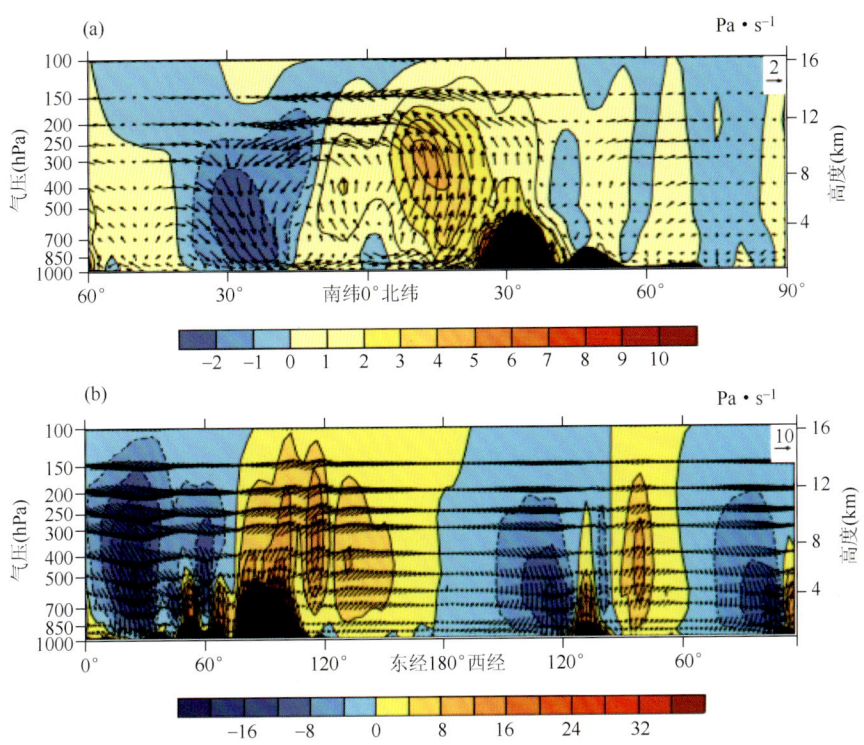

图 2.21 青藏高原大气水分循环三维结构：1948—2018 年 6—8 月青藏高原平均（a）80°~110°E 经度带平均经向风速和垂直速度的高度-纬度剖面图（单位：m·s^{-1}，彩色阴影为垂直速度）；（b）夏季 27.5°~35°N 纬度带平均纬向风速和垂直速度的高度-经度剖面图（单位：m·s^{-1}，彩色阴影为垂直速度）（徐祥德等，2019a）

高值区。从这个分布可以清楚地看到，青藏高原大气水分循环过程不仅反映了西风与"大三角扇形"影响域季风水汽输送的相互作用特征，而且描述了南北半球能量、水汽的交换效应。由夏季 OLR 分布表现出自低纬海洋向青藏高原延伸的高原-海洋"连体"大范围季风"三角区"对流云区域特征，构成来自低纬海洋水汽输送背景下青藏高原降水对流云团高频区，青藏高原水汽输送通道及其对流云团亦是影响中国区域旱涝形成的重要因子。

通过对青藏高原低云量与全球低云量相关场（图 2.22）的分析可以发现夏季青藏高原低云活动与北极、太平洋中部，跨洋至北美洲南部低云量呈显著相关区空间分布。研究描述出青藏高原对流活动与全球大气云降水活动存在显著关联性，这进一步揭示出青藏高原纬向与经向环流圈结构与区域-全球大气环流相关机制，印证了"世界屋脊"隆起大地形的"热驱动"及其对流活动在全球能量、水分循环中的作用。高层"世界屋脊"特殊跨半球的纬向、经向大气垂直环流图亦描述了"亚洲水塔"通过高层将能量、水汽向外部周边及全球区域输送渠道,其反映青藏高原对全球能量、水分循环亦具有强反馈及其重要影响作用,从而支持了"世界水塔"的概念。正如图2.1综合描述了青藏高原"世界水塔"及其地球上一个完整的行星尺度陆地-海洋-大气水分循环物理图像。青藏高原与全球大气水分循环过程具有重要的互反馈作用。青藏高原作为"世界水塔",其大气-水文过程对亚洲乃至全球自然和气候环境将会产生深远的影响。

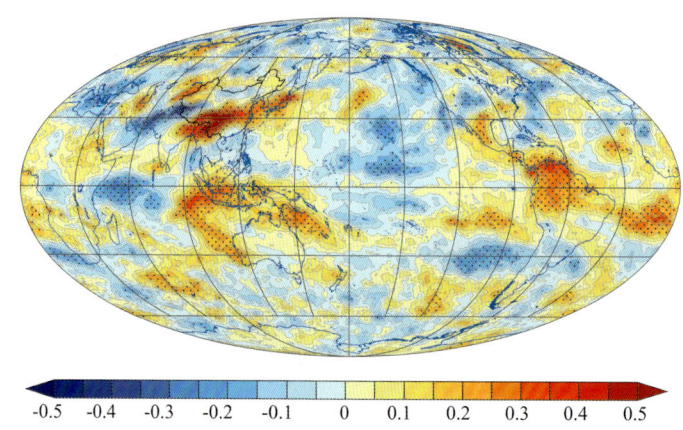

图 2.22　1979—2014 年夏季青藏高原站点平均低云量与全球低云量相关系数场
(徐祥德等,2019b)

2.4.2　"亚洲水塔"水分循环"热驱动"效应

青藏高原是世界上总辐射量最大的地区,也是全球超太阳常数的极值区域之一。巨大太阳辐射热量储存的高原,对全球与区域大气环流系统变化的动力"驱动"效应可以说难以估计。值得探讨的是,青藏高原异常感热及其特殊的大气热源结构与亚洲水塔水分循环特征是否存在显著的关联性? 图 2.23a 为 500 hPa 纬向偏差温度场,与同纬度相比,青藏高原低层呈显著的全球唯一的"热岛"特征,1948—2018 年青藏高原"热岛"(高温中心区域)气温多年平均纬向偏差值可达 4.5 ℃以上。如此强度的热岛已超越了世界上任何超级城市群落所产生的热力效应。从 1979—2018 年气温纬向偏差 27.5°~35°N 东—西向垂直剖面图(图 2.24a)可发现,夏季青藏高原东—西向剖面图上,高原随着高度抬升大地形热岛特征不仅未削弱,在某些高度却趋于显著。尤其令人惊奇的是青藏高原"中空热岛"300—100 hPa 呈类似台风 CISK 机制中的高层"蘑菇云""暖心"结构(气温纬向偏差高值区)。亚洲青藏高原为北半球的中空热岛显著区,这一结构对低层水汽汇合辐合机制维持具有关键作用。另外,全球 500 hPa 以上整层水汽含量场(图 2.23b)亦可描述出青藏高原为全球唯一的"湿岛"特征,这反映青藏高原亦是全球对流层云降水核心区。

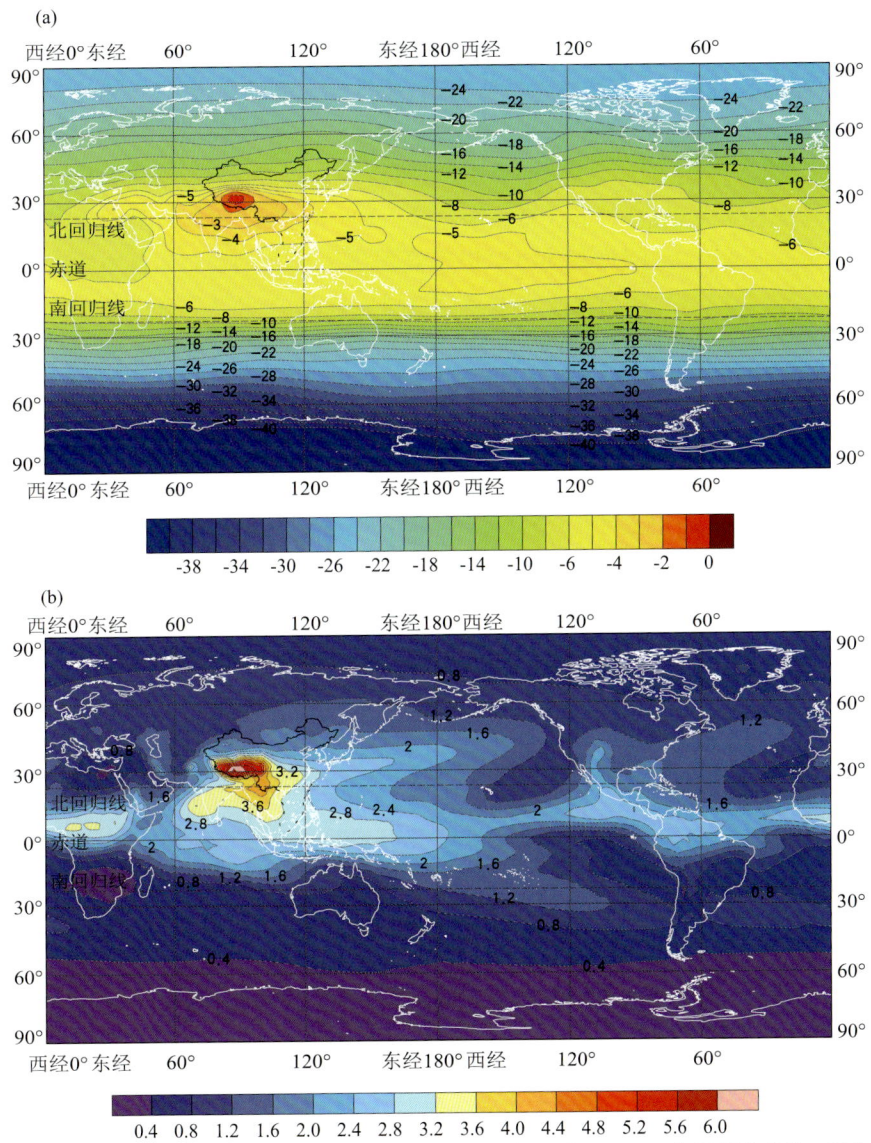

图 2.23 青藏高原温湿结构特征：(a) 1948—2018 年夏季 500 hPa 气温场（单位：℃）；
(b) 500 hPa 比湿场（单位：g·kg^{-1}）(徐祥德等，2019a)

卫星遥感动态图像往往发现上层对流云团通常围绕高原中心做顺时针旋转，显然其与高原区域高层反气旋环流系统相关联。通过 EC 细网格资料获取 200、500 hPa 流函数解析风场，分析可发现，与视热源相关的低层 500 hPa 涡度场高原区域，呈逆时针旋转气旋环流，高层 200 hPa 则明显为顺时针旋转反气旋环流（图 2.24b）。上述分析结果揭示出高、低层互为反向环流结构,其类似台风"CISK""热泵"效应,显然此类似台风结构三维立体的环流系统与夏季高原特殊"空中热岛"的驱动效应密切相关。由此,青藏高原热力驱动产生的经圈环流不仅破坏了该地区的哈得来环流,造成青藏高原"亚洲水塔"不断从赤道和热带捕获水汽,使得热带海洋成为"亚洲水塔"大气水分循环的重要水汽源区。

Xu 等(2008a)基于高原观测和 NCEP 资料,将驱动海洋上空水汽的青藏高原热源结构影响作为切入点,探讨形成青藏高原这一"世界水塔"的动力与热力三维结构,揭示出青藏高原水汽爬升"热驱动力",以及高层潜力释放的类似台风"CISK"的自激反馈机制。Xu 等(2014)提出夏季青藏高原整层视热源,导致高层辐散驱动低层水汽

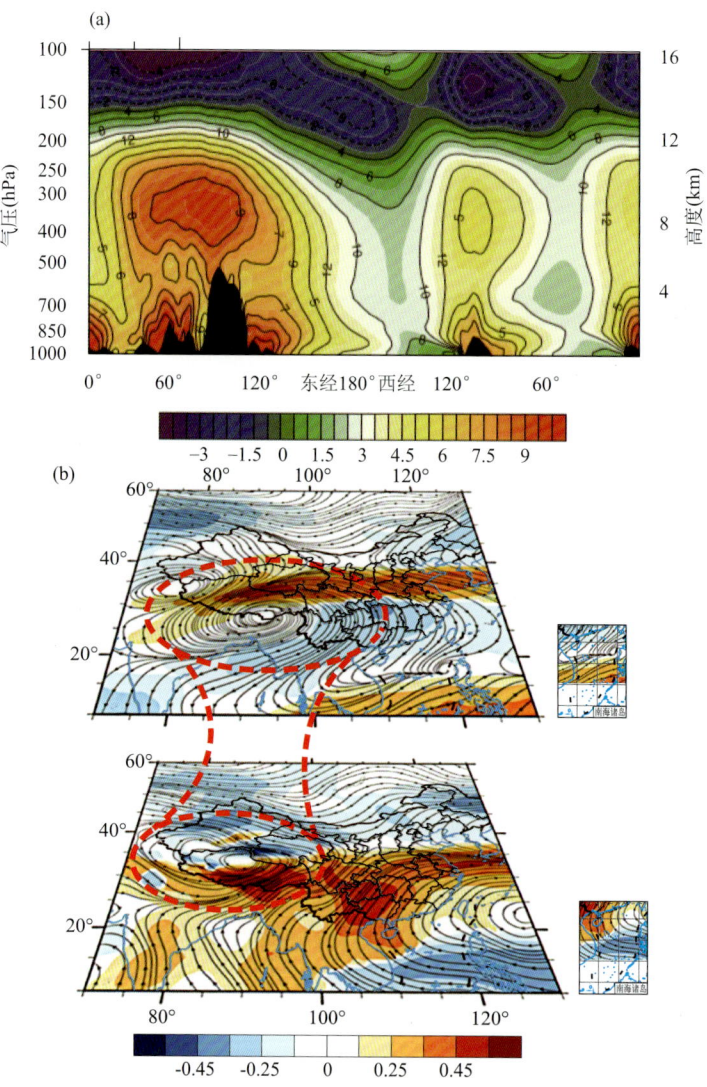

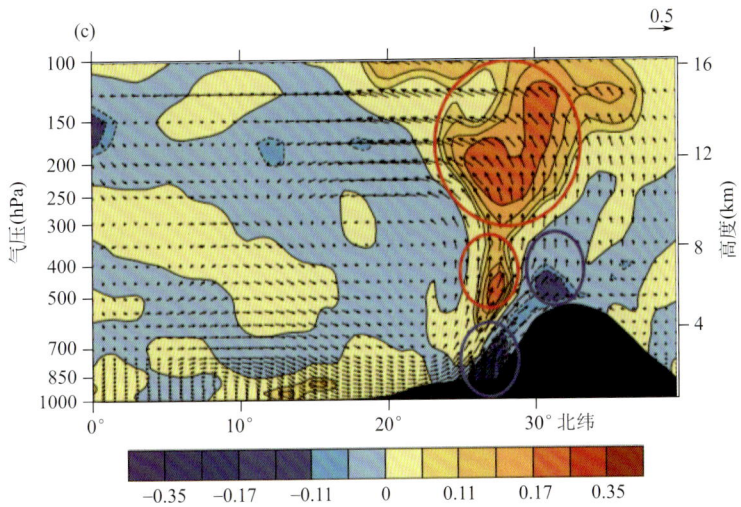

图 2.24 青藏高原热源结构影响及其动力效应：(a) 1979—2018 年夏季 27.5°~35°N 东—西向气温纬向偏差垂直剖面图；(b) 1979—2018 年夏季青藏高原视热源与东亚地区水汽输送通量高层（200 hPa）、低层（500 hPa）相关矢量场；(c) 2009—2018 年 7 月逐日样本沿 80°~100°E 平均夏季青藏高原整层视热源（Q_1）与散度相关及经圈环流相关的垂直剖面分布

（徐祥德等，2019a）

流辐合，形成高、低层互为反向环流结构自激反馈的"两阶梯爬升模型"，高原南坡顶的辐散中心和高原平台上的低空辐合中心之间的水平位置相邻且动力相互支持，将这两阶梯的 CISK 过程连成一体系，研究发现在青藏高原南坡与主体平台存在低层辐合-高层辐散相互两对阶梯式"耦合"结构，可构成两者协同驱动暖湿气流在南坡爬升及其高原主体水汽"抽吸"的综合物理特征（图 2.24c）。在亚洲水分循环过程中从热带海洋水汽源区到"世界屋脊"大气之间的水汽传输主要由南亚和东亚夏季风对流层环流引导，共同驱动水汽的高原爬升供给"世界水塔"。

2.4.3 "亚洲水塔"影响效应与下游区域云降水时空分布特征

青藏高原地区作为中国区域积云高频发生地（极值区）之一，通过第二次青藏高原综合科学考察大气科学试验（TIPEX）中对当雄边界层加强观测期声雷达资料分析发现窄长的对流热泡特征。从对流云发展动力学视角，在对流边界层中浮力是驱动湍流的主要机制，这种湍流不是完全无规则的，而往往是有组织形成热泡和卷流之类可识别的结构。"世界屋脊"高频对流云发展的机制与低空气密度伴随的湍流驱动机制亦存在某种联系。夏季雅鲁藏布江、三江源与高原东南缘区域是中国区域低云量的极值区。通过大涡模拟可揭示出低空气密度条件有助于强热力湍流、热泡强上升气流，使得积云更易发展。"世界屋脊"青藏高原强太阳辐射与空气密度异常区夏季旺盛的对流活动向高层大气持续地输送着热量和水汽,其构成了影响东亚区域乃至全球的重要能量与水汽源(徐祥德等,2019b)。

值得探讨的是,卫星遥感动态图像发现上层对流云团往往围绕青藏高原中心做顺时针旋转,显然青藏高原"亚洲水塔"云降水特征与高原区域此卫星遥感动态图像反气旋环流(高层辐散结构)密切相关联(图2.25a)。从视热源纬向偏差东—西向垂直剖面图可发现,夏季青藏高原东—西向剖面图上,高原随着高度抬升大地形热源特征不仅未削弱,在某些高度还趋于显著。尤其令人惊奇的是青藏高原"中空热岛"300~100 hPa呈类似台风"自激反馈"机制图像、高层"蘑菇云""暖区"结构(视热源纬向偏差高值区)显著区。青藏高原为全球唯一视热源"中空热岛"极值区,这一热源结构对高层水汽辐散-低层水汽汇合辐合动力机制维持具有关键作用。另外,全球500 hPa以上整层水汽含量场亦可描述出青藏高原为全球唯一的"湿岛"特征,这反映青藏高原亦是全球对流层云降水核心区(徐祥德等,2019b)。

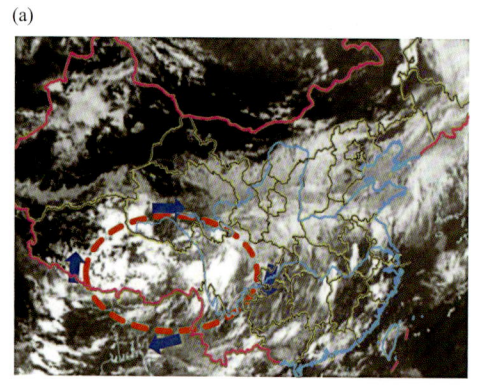 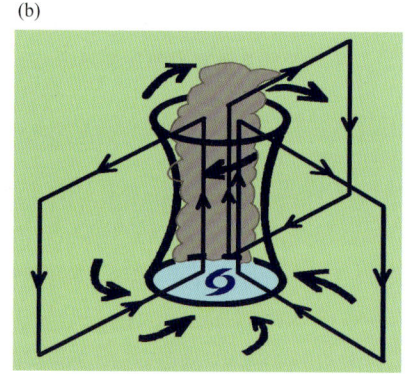

图2.25 青藏高原"热泵"效应:(a)风云卫星动态图;
(b)台风涡旋三维环流结构示意图(徐祥德等,2019b)

Xu等(2008a)通过欧洲中心细网格(ERA-Interim)资料分析发现,视热源与水汽输送通量的相关场低层呈逆时针旋转气旋环流,高层则明显为顺时针旋转反气旋环流(图2.24b)。上述分析结果揭示出高、低层互为反向环流结构,其类似高层潜热释放的台风"自激反馈""热泵"效应(图2.25b)。热源与高、低层水汽流相关特征不仅印证了青藏高原这一热驱动形成的三维特殊的涡旋结构对"亚洲水塔"大气水分循环起着核心作用,而且可揭示出这种特殊的涡旋结构对"亚洲水塔"下游云降水活动起着关键影响效应。图2.24b所示高层此反气旋相关环流系统向东延展,在长江流域上空高层呈东—西向反气旋型辐散带;中低层则为东—西向辐合带,此类三维环流相关结构有助于在长江流域产生降水雨带。

Yasunari 和 Miwa（2006）发现夏季在高原热力作用下对流层低层形成了辐合带,随后辐合带在青藏高原东部边缘激发出气旋性涡旋,伴随着充足的水汽输送,气旋性涡旋东移发展在长江中下游上空演变成为中尺度强对流云系统。Zhao 等（2019）研究表明青藏高原大气热源对局地与下游区域云降水过程水汽输送流型等均呈显著影响。研究统计了 1979—2016 年夏季青藏高原对流源东移轨迹,发现东移至下游长江流域对流系统可源于青藏高原。研究统计长江流域暴雨与特大暴雨（23.4%）发生前期青藏高原上空水汽通量涡旋位移特征,结果发现存在明显的水汽通量涡旋结构东移影响到长江流域异常降水事件。另外,Zhao 等（2016）计算亦可发现长江流域降水与全国低云量存在从青藏高原延伸至长江下游地区的带状高相关结构。上述研究可综合描述出高原热源驱动相关环流涡旋,尤其高层带状向下游延伸的反气旋型辐散结构亦是"激发"下游和其周边东亚区域云降水及其异常天气灾害事件的关键动力机制之一。

2.4.4 青藏高原水汽汇-源结构

综合以上分析可见,揭示青藏高原水汽输送及其相关的大气环流和降水变化特征是一个极为重要的问题。特别是在全球变暖背景下,强降水、旱涝等极端天气气候事件发生更为频繁,而且青藏高原地区自身就存在较为明显的干湿变化（Q. Zhang et al.,2011;Z. Zhang et al.,2011）。最近研究表明,青藏高原降水变化和大尺度的环流形势有关（Bornstein and Lin,2000;Fan and Sailor,2005）。因此,研究青藏高原地区的水汽输送过程、"源-汇"特征及相关输送机理,对认识该青藏高原及其下游区域夏季旱涝的特征,提升旱涝预测水平具有重要的意义。

实际上,过去针对高原水汽输送过程及"源-汇"特征的相关研究已有很多。如Simmonds 等（1999）已经揭示出输送到青藏高原的水汽主要来源于三个源区:①阿拉伯海和孟加拉湾;②中国南海;③中纬度西风环流所控制区域。Xu 等（2008b）认为,在低纬大气环流控制下,青藏高原的水汽主要源于中国南海、孟加拉湾地区,在高原及其周边区域辐合,然后在青藏高原转向其下游地区（长江流域）。需要特别指出的是,严格意义的水汽输送应是水分子的输送,然而,过去针对青藏高原地区的水汽输送过程研究一般基于整层水汽通量方法,该方法对认识水汽输送路径具有较好效果,但在识别确切的水汽源和水汽汇方面存在较大的不足,水汽输送相关过程的研究还局限于和环流形势相关联的大尺度水汽场的平流、辐合和辐散运动分析上。总体而言,虽然青藏高原作为"世界水塔"在区域乃至全球大气水分循环中扮演重要角色,但是就目前现状而言,该地区精确水汽"源-汇"结构仍不清楚。

此外,高原作为一个巨大的隆起陆块,除了对对流层大气水分循环过程有影响外,其影响还可以伸展到平流层中。这在夏季更为突出,在频繁而活跃的对流活动及大地形加热影响下,青藏高原为对流层向平流层输送提供了一个重要的"窗口"(Fu et al.,2006;Tian et al.,2008;Park et al.,2009;陈斌等,2010)。以往的研究表明,由于南亚夏季风对流活动输送的影响(Dessler and Sherwood,2004;Devasthale and Fueglistaler,2010),大气污染物从该区域对流层进入平流层,导致高原上空吸光性气溶胶增多(Huang et al.,2007),由于气溶胶的气候效应,这可进一步改变亚洲和印度夏季风的强度(Lau and Kim,2006;Lau et al.,2006)以及相关的大尺度水文循环(Jin et al.,2008)。同样的诊断结果还表明,青藏高原的大气热源效应是导致亚洲季风区对流层与平流层水汽交换的年代际变化的关键因子之一(Zhan and Li,2008)。因此,确定高原地区大气质量(物质)的"源-汇"特征及其相关的输送过程,对于评估区域和全球尺度上人类活动导致的污染排放对大气质量影响,甚至对将来的亚洲区和全球气候变化的影响都有一定参考意义。

青藏高原及周边地区夏季受到热带季风、副热带季风以及高原季风的共同影响,其水汽既有来自南侧孟加拉湾、西南侧阿拉伯海、东南侧南海和西太平洋地区的输送,还有来自中纬度的偏西风输送,是一个水汽输送的复杂区、敏感区(周长艳等,2005,2012;鲁亚斌等,2008;施小英和施晓晖,2008)。青藏高原的水汽源-汇结构时空变化特征以及低纬度海洋经由中国南海到青藏高原东侧的水汽输送通道结构是影响中国区域旱涝形成的重要因子(Xu et al.,2008b;徐祥德等,2014)。

Chen等(2012)研究指出,青藏高原的水汽源区在短时间内(1 d)分别来自高原西北侧和孟加拉湾、印度次大陆,这与徐祥德等(2002)提出的季风水汽输送"大三角扇形"影响域分布特征相似;而较长时间(10 d)的水汽源区从阿拉伯海地区向低纬度海洋区域扩展,可以跨越赤道追踪到南半球,说明阿拉伯海及其向南区域是青藏高原地区的持续水汽输送的源区。这也证实了Xu等(2008a,b)提出的"青藏高原跨半球大气水分循环结构"这一观点。

2.4.5 青藏高原水汽源

对2005—2009年夏季所有到达青藏高原的气块进行后向追踪,根据气块每6 h一次的空间位置及比湿的变化,计算($E-P$)并确定其空间分布特征。图2.26给出了第2、4、6、8、10 d以及10 d平均的($E-P$)分布情况。这里($E-P$)>0的区域表示气块在到达青藏高原地区之前,在该区域获得水汽,为水汽的"蒸发"源区。从图2.26中可以清晰地看到,气块在到达青藏高原之前的水汽增加(红、黄色)和减少(蓝色)的区域及其随时空变化特征。到达高原2 d前水汽源的分布(图2.26a中($E-P$)>0的区域),水汽源区被20°N大致分为南、北两部分:①青藏高原的西北侧;②孟加拉湾、印度次大陆以及部分阿拉伯海北缘。这意味着,高原地区的水汽在短时间内主要来自于这两个区域,因而推断高原西北侧的水汽源可能和夏季高原西北侧地表较强的感

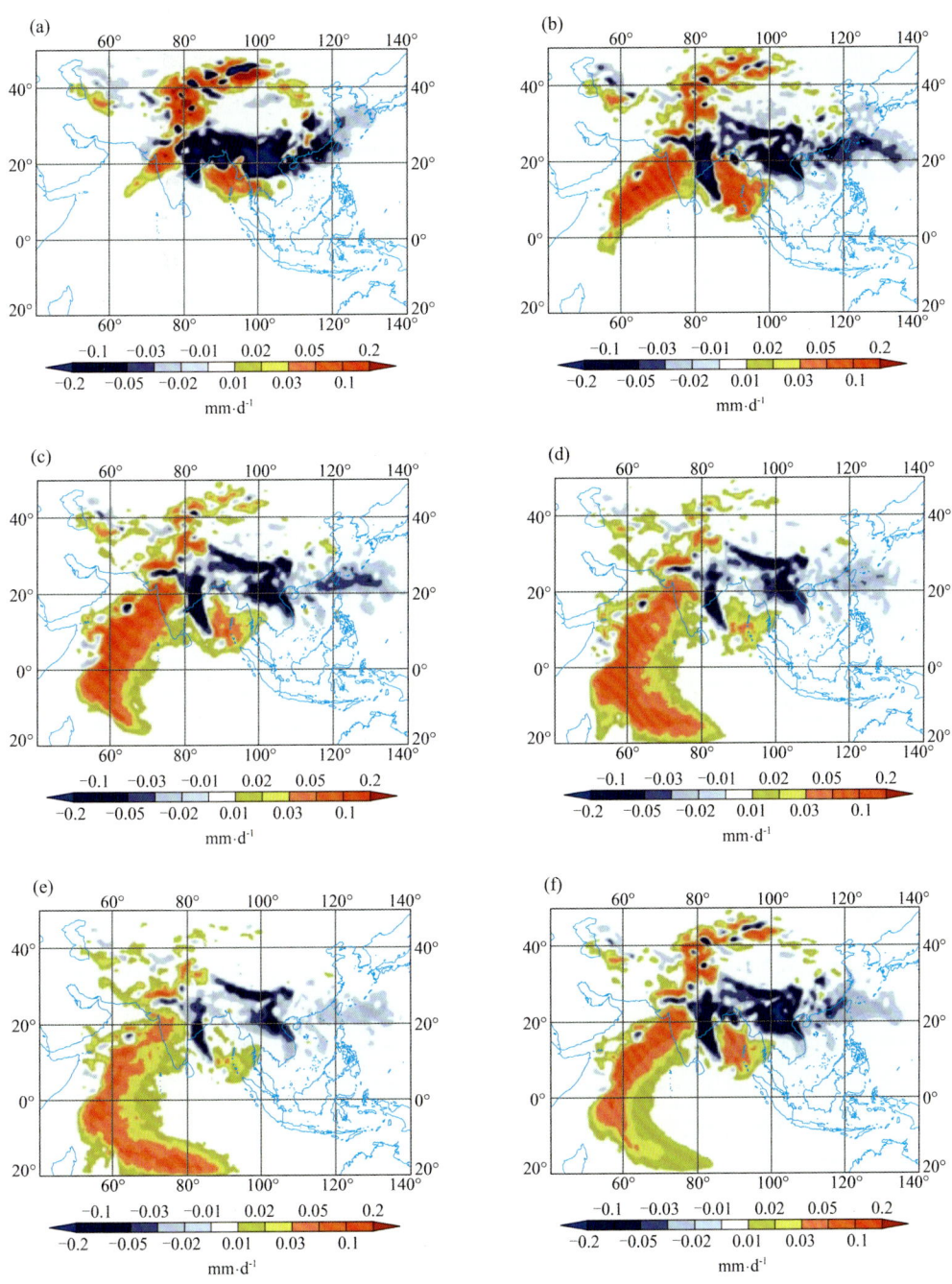

图 2.26 根据所有到达青藏高原地区气块（2005—2009 年夏季，JJA）后向追踪计算的 $(E-P)_n$ 夏季平均分布（其中（a）、（b）、（c）、（d）、（e）和（f）分别表示第 2、4、6、8、10 d 以及 10 d 平均的 $(E-P)$ 分布）

热、潜热有关(吴国雄和刘屹岷,2005)。第 4 天的后向轨迹分析结果(图 2.26b)也表现出同样的分布型,但是,在第 4 d 的后向轨迹中,水汽源区有一个从孟加拉湾向阿拉伯海南低纬海洋的显著扩展,同时也伴随着高原西北侧水汽源区的减弱。第 6、8 和 10 d 的后向轨迹分析的水汽源区(图 2.26c、d、e)显示,虽然孟加拉湾、青藏高原的西北侧水汽源区依旧存在,但是,比较而言,可以明显看出阿拉伯海地区的水汽源向低纬海洋区域扩展越来越显著,在第 6 d 的时候水汽源区可以跨越赤道追踪到南半球,而在第 8 d 和 10 d 的时候,水汽源主要分布在南半球。这一方面说明阿拉伯海及其向南的区域是青藏高原地区的持续水汽源区,另一方面也进一步证实了青藏高原"世界水塔"的作用(Xu et al.,2008b),即高原地区的水汽可以来自于跨越南北半球的水汽输送,并可能对全球其他区域的大气水分循环产生影响。

图 2.26f 给出了基于 10 d 后向追踪平均的 $(E-P)$ 空间分布,它表示了高原大气在前 10 d 内获得或者损失水汽的分布。从图中可以看到,水汽的源区($(E-P)>0$ 的区域)主要是以阿拉伯海为主导,南北向的一个狭窄的水汽"走廊",从亚热带的印度次大陆向南伸展到热带地区的孟加拉湾,甚至到南半球。同时,亦存在两个相对较弱的源区:青藏高原西北部以及孟加拉湾。需要注意的是,过去的很多研究都认为中国南海、菲律宾群岛以及热带西太平洋等区域对中国区域的降水具有重要贡献,这里的结果却显示,这些区域对高原地区的水汽贡献可以忽略不计。

为进一步了解 $(E-P)>0$ 分布的时空演化特征,图 2.27 给出了 NCAR/NCEP 再分析数据计算的多年夏季季节平均(JJA,2004—2009 年)整层水汽通量矢量及其散度。可见,受到夏季风的影响,在西南气流的引导下,从印度洋、阿拉伯海及其南部的赤道地区向中国东部的水汽输送明显,而高原正好位于这个水汽输送通道上。这在过去的研究中已经被指出(He et al.,2007;Chow et al.,2008;Xu et al.,2008b;Li et al.,2009)。综合以上分析,我们可以推断,高原地区的水汽,除了来自青藏高原及其周边区域蒸发以外,其水汽主要来自于热带印度洋和孟加拉湾。这个水汽源区诊断和 Simmonds 等(1999)以及 Drumond 等(2011)的研究结果相吻合。

为了量化夏季青藏高原大气的不同水汽源区相对重要性,对三个主要水汽源区,即阿拉伯海(AS)、孟加拉湾(BOB)、青藏高原西北部(NWTP)进行分析(图 2.28a)。结果表明,AS 地区 1~10 d 的 $(E-P)$ 总和约为 $9.7×10^2$ mm·d^{-1},而 NWTP 和 BOB 的水汽 $(E-P)$ 分别为 $1.1×10^2$ mm·d^{-1} 和 $1.44×10^2$ mm·d^{-1}。也就是说,广义的 AS 区域水汽源贡献约为 NWTP 与 BOB 之和的 9 倍。这进一步说明,青藏高原的水汽主要源于阿拉伯海为主体的低纬热带印度洋地区,而其他区域水汽源贡献相对较小。

图 2.28b 给出了三个不同源区面积平均的 $(E-P)_{1-n}$ 值随着后向天数的变化。从图中可见,三个不同的区域对高原水汽的贡献随着后向时间的变化而呈现出显著不同的变化趋势。对 NWTP 地区而言,其贡献的最大值在后向追踪的 1~2 d,其后的时

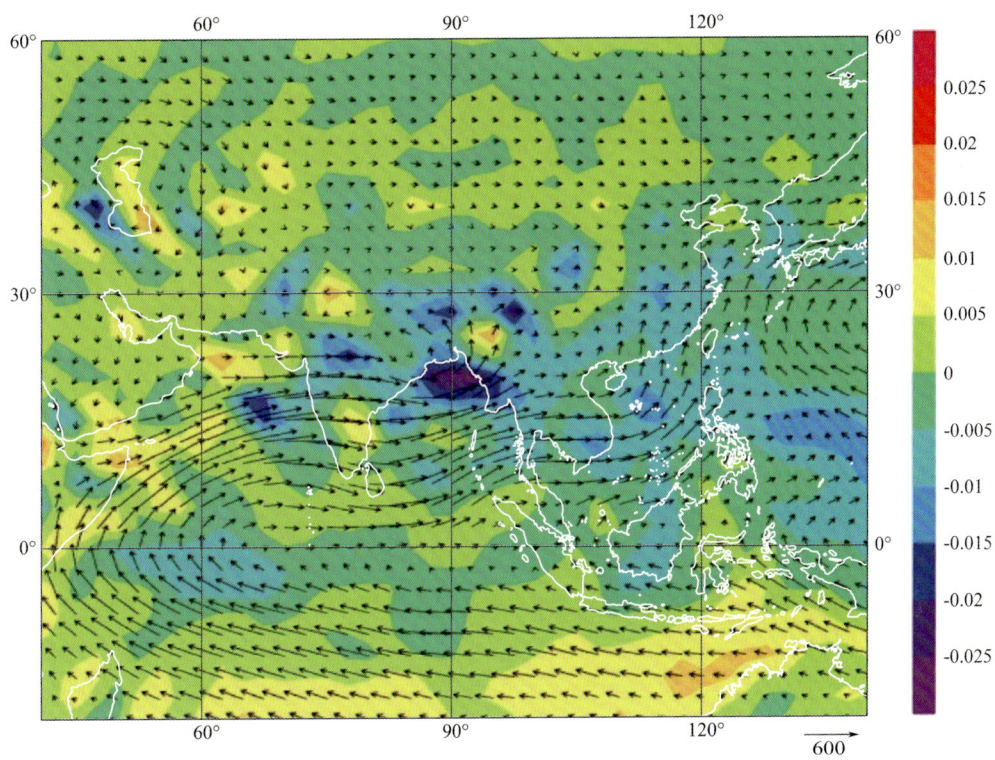

图 2.27　NCAR/NCEP 再分析资料计算的多年夏季平均的
（JJA，2004—2009 年）的整层水汽通量（矢量；单位：g·m^{-1}·s^{-1}）及其
散度（彩色阴影区；单位：g·m^{-2}·s^{-1}）

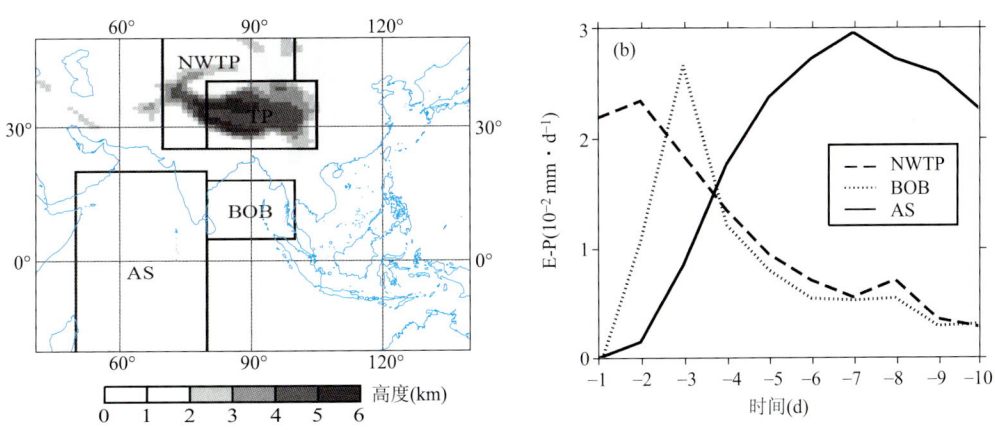

图 2.28　（a）青藏高原地区的主要水汽源区的范围（阴影表示地形高度）：广义阿拉伯海
（AS）、孟加拉湾（BOB）以及高原西北侧（NWTP）；（b）季节平均 $(E-P)_n$ 的时间序列

间里,该区域的水汽源区贡献显著减小,也意味着该区域大部分的水汽"蒸发"在1~2 d内就可以输送到高原地区。BOB地区的水汽源在后向第1 d的贡献几乎可以忽略不计,而在第3 d的时候达到最大值,其后网格平均的($E-P$)也是显著减小。而对AS区域而言,主要的水汽源贡献在后向5~10 d,其中后向第7 d的贡献最大,此后虽然慢慢减弱,但和其他两个区域相比,其贡献一直相对较大。当然,这里图2.28b给出的源区贡献的时间变化特征可能会因为区域选取范围的不同而略有差异,但是其水汽贡献的时间变化主要和源区的地理位置有关。如图2.28a所示,NWTP紧邻青藏高原地区,这里的水汽可以很快就进入高原,所以主要表现为后向1~2 d的贡献,而BOB和AS距离高原相对较远,这两个区域的水汽"蒸发"在大尺度环流的输送作用下,需要相对较长的时间才能到达高原上空,尤其是AS区域,这里我们设定的范围较大,且该区域距离高原最远,所以其水汽源的贡献主要在一周左右出现最大值。

2.4.6 青藏高原水汽汇

图2.29中($E-P$)<0的区域表示源自于高原地区的气块在向前输送过程中水汽减少,即为水汽高原的水汽"汇"。从图2.29中可以看出,和高原地区气块后向轨迹诊断的结果不同,源于高原的气块在向下游地区输送过程中,大部分水汽减少($E-P$)<0,这意味着源于高原的大气对其下游的影响主要表现为降水过程。在很短的时间内(如2 d内,图2.29a),($E-P$)<0区域就覆盖了很大面积,包括长江流域、中国东北地区、东亚其他亚洲国家(如日本和韩国),甚至东太平洋。这种短时间的($E-P$)<0分布意味着源于高原地区的水汽,可以很快地向下游地区输送,并在其下游地区产生降水。随着时间的变化,无论空间分布还是量级上($E-P$)<0都发生显著变化。特别是,降水($E-P$)<0区域主要呈现在前4 d(图2.29a和图2.29b)。随时前向轨迹时间变化,虽然($E-P$)<0的分布型大体一致,但是其值明显减小。此结果表明,北半球夏季源于高原的水汽对其下游的降水确实存在较大影响,并且是一个相对较短的天气尺度过程。从10 d平均的($E-P$)分布(图2.29f)可以看出,水汽减少最大的区域位于20°N和30°N之间,且在中国区域整体呈现出西南—东北走向。

当然,需要注意的是,从($E-P$)的分布上看,也还存在($E-P$)>0的区域,尤其是高原自身区域。这表明,高原地区自身的水分循环过程(局地"蒸发")可能对其上空大气水汽含量亦有贡献。气块输送轨迹分析发现,在高原环流系统的作用下,一部分气块先向西输送,然后再向东,最后到达其下游地区。

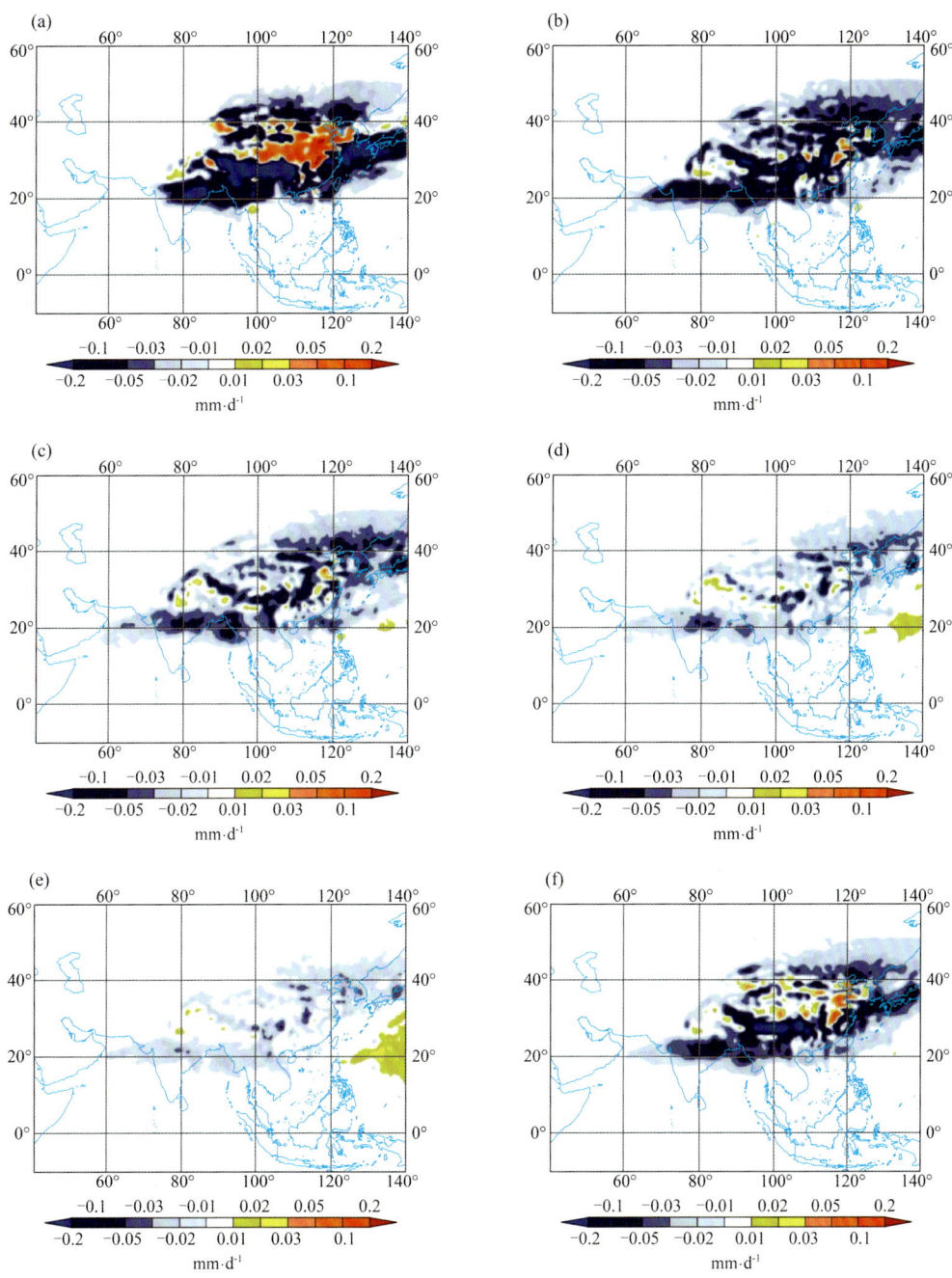

图 2.29 根据所有青藏高原地区上空的整层气块（2005—2009 年夏季，JJA）前向追踪计算的 $(E-P)_n$ 夏季平均分布（其中（a）、（b）、（c）、（d）、（e）和（f）分别表示第 2、4、6、8、10 d 以及 10 d 平均的 $(E-P)$ 分布）

2.4.7 黄河源区降水异常的水汽输送路径与源地

朱丽等(2019)基于2007—2016年黄河源区11个气象台站的降水观测资料,利用拉格朗日轨迹模式粒子扩散模式(Flexible Particle Dispersion Model,FLEXPART),针对目标时段开展大气粒子群(气块)的后向轨迹追踪和湿度模拟,分析流域内降水正负异常状态下的水汽输送特征及其差异,并评估不同水汽源地对黄河源区流域特征类型降水的贡献特征。

对于夏季降水极强年,黄河源区水汽输送路径可以概括为南北两支。南支起主导作用,输送路径包括:索马里急流携带印度洋/阿拉伯海的水汽,途径印度半岛—孟加拉湾等地,从青藏高原西南侧进入黄河源区的"S"形跨赤道输送路径,以及始于太平洋/南海,途经长江中下游平原—四川盆地,由青藏高原东侧进入黄河源区的"几"型输送路径;北支输送为在西风急流的控制下,始于大西洋/非洲北部/欧洲平原等地,从青藏高原西侧和北侧进入黄河源区。

对于夏季降水极弱年,黄河源区的水汽以北支输送为主,包括西风急流控制下的输送路径,以及在热带东风急流作用下由西太平洋和南中国海出发,途径孟加拉湾—阿拉伯海—印度半岛东北部,最后从青藏高原西侧或北侧进入黄河源区的水汽输送路径。为了便于讨论,将日降水量根据观测到降水的站点数划分为小型(S)、中型(M)、大型(L)三种类型。S、M型降水对应青藏高原北侧的轨迹尤为密集,南侧少有气块经过,仅当L型降水时存在微弱的南支输送。

如图2.30所示,在夏季降水极强年,黄河源区S型降水对应的潜在水汽源地主要为喜马拉雅山南麓、恒河平原、四川盆地至秦岭一线,以及青藏高原北侧的阿尔金山、昆仑山、柴达木盆地的部分地区和帕米尔高原西北部的小片区域。M型降水对应水汽蒸发的高中心在喜马拉雅山南麓以及四川盆地东部;L型降水对应的潜在水汽源地主要分布在喜马拉雅山—横断山以及四川盆地—秦岭一线,高原上的水汽源地主要集中在其东部的柴达木盆地、唐古拉山以及昆仑山和阿尔金山的东段,恒河三角洲也是其潜在水汽源地之一,黄河源区的局地蒸发同样明显可见。三种降水对应的水汽蒸发高值区均位于喜马拉雅山南麓和四川盆地与横断山交界处。随着降水类型的变化(从S型至L型),水汽源地的位置由外向内逐渐靠拢,蒸发高值区的强度和面积增大。

对于夏季降水极弱年,青藏高原西南侧对三类降水的贡献率差别较大,其对L型降水的贡献率高达21.1%,对S型和M型降水的贡献率仅分别为3.6%和1.9%;四川盆地对M型降水的贡献率最高,约为S、L型降水的2.4倍;而青藏高原北侧地区以及黄河源区自身对三类降水的贡献率较为接近。对于夏季降水极强年,青藏高原西南侧的贡献率相差较大,其中,对M型降水的贡献率最大,四川盆地对三类降水的贡献率基本持平,而青藏高原北侧地区以及黄河源区的贡献率类似,对S型降水贡献率最大,L型次之,M型最小。

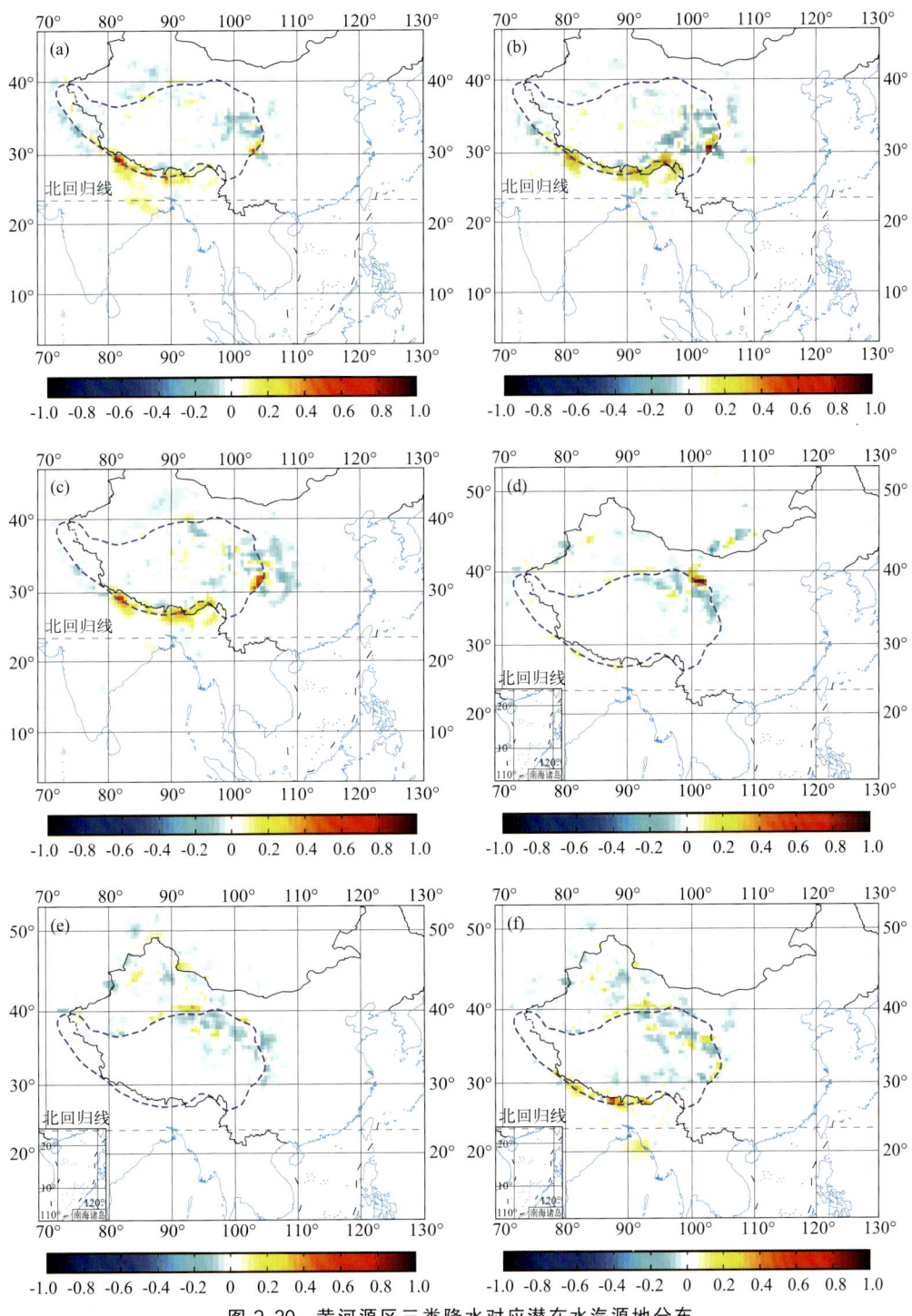

图 2.30 黄河源区三类降水对应潜在水汽源地分布

（a、c、e 分别为 S、M、L 型降水极强年；b、d、f 分别为 S、M、L 型降水极弱年）

2.5 本章小结

(1)青藏高原拥有4万多条冰川、面积大于 $1\ km^2$ 的湖泊1000多个,形成了一座"世界水塔",在东亚和印度季风驱动下,暖湿气流是高原中空主要水汽来源。高原大气通过全球尺度水分循环可维持一个持续"供水源"与"存储水"的水循环系统。隆升的高原地形和强大的表面辐射加热形成的局地上升对流,往往导致降水发生。频繁的降水作为一个"不断补充"水塔的关键机制之一,有助于"世界屋脊"大气"湿池"的形成与维持,使低纬暖湿气流从热带海洋向高原输送。这一陆地-海洋-大气相互作用描绘了一个全球大气水分循环的完整图像。高原特殊水汽三维结构分布和跨半球的纬向和经向大气垂直环流对全球尺度大气环流变化,尤其全球水分循环具有重要的反馈作用,支持了"世界水塔"的概念。

(2)夏季青藏高原是一个强大的热源,其上空的对流活动非常频繁。青藏高原东部夏季主要以凝结潜热为主,该地旺盛的中尺度对流活动和巨大的积雨云"烟囱效应"向上层大气持续地输送热量和水汽。高原异常的太阳常数高频区,其强辐射导致了高耸于大气对流层中部庞大的"中空热岛"现象。青藏高原不仅存在"中空热岛"现象,而且在南北或东西向垂直剖面上春夏季亦可表现出中空强"热源",并与经向、纬向跨半球尺度水分循环呈显著相关。高耸对流层中部中空"热柱"存在"汇流"抽吸功能,使低纬海洋水汽源与高原"湿岛"间构成了暖湿水汽流通道,以获取低纬强热量、水汽持续供应;使高原"中空湿岛"形成了亚洲大江大河发源地、湖泊集中区。基于上述基础,提出了青藏高原具有类似于热带气旋CISK的大尺度的热力驱动机制,这一CISK过程呈现出两阶梯以"接力"的方式将暖湿气流传上高原,两阶梯分别位于高原南坡和高原主体平台上空。此类两阶梯的CISK过程是吸引海洋水汽越过南亚季风区爬升到高原上空的主要驱动机制。高原南坡上空的辐散中心和高原平台上的低空辐合中心之间的水平位置相邻且动力相互支持,将两阶梯的CISK过程连成一体系,共同驱动水汽的高原爬升供给"亚洲水塔"。

(3)高原与全球大气水分循环过程具有重要的互反馈作用。这一陆地-海洋-大气能量与水分交换机制可描绘出一个完整的地球大气水分循环图像。青藏高原作为"世界水塔",其陆地-海洋-大气水分循环过程对全球自然和气候环境会产生深远的影响。

由于全球变暖背景下西风与季风协同作用下高原"亚洲水塔"热力驱动机制发生变化，进而改变了高原大气水汽输送结构及其区域水汽供应状况，青藏高原"亚洲水塔"的水汽含量和降水变化趋势的空间非均性可能缓解或加剧高原不同区域水资源失衡；全球变暖背景下西风与季风协同作用变化亦可导致高原不同区域冰川和积雪变化趋势的差异；另外，它可能会改变青藏高原地区的生态系统空间格局，也可能会引发下游地区极端天气灾害事件和相关气候环境的变异。

(4) 夏季青藏高原地区是长江流域梅雨区西边界的重要水汽源或"转运站"，高原地形动力效应与南边界季风水汽流的相互影响作用，构成了自高原指向长江流域的强水汽流的输送。来自南边界和西边界的水汽输送带构成了夏季长江流域上空"水汽流"流入主体，而中国东部沿海则为水汽流流出主体。高原动力、热力强迫是周边水汽输送特征流型形成的重要原因之一，大地形动力强迫导致高原周边水汽输送在高原南侧与东侧存在经向或纬向不同分量的水汽流型，是影响长江流域梅雨期水汽收支的关键因子。

(5) 青藏高原及周边地区夏季受到热带季风、副热带季风以及高原季风的共同影响，其水汽既有来自南侧孟加拉湾、西南侧阿拉伯海、东南侧南海和西太平洋地区的，还有来自中纬度的偏西风输送。高原地区的水汽，在短时间内主要来自于青藏高原的西北侧和孟加拉湾、印度次大陆以及部分阿拉伯海北缘两个区域。高原西北侧的水汽源可能和夏季高原西北侧地表较强的感热、潜热有关。阿拉伯海及其向南的区域是青藏高原地区的持续水汽源区，证实了青藏高原"亚洲水塔"的作用，即高原地区的水汽可以来自于跨越南北半球的水汽输送，并可能对全球其他区域的大气水分循环产生影响。受到夏季风的影响，在西南气流的引导下，从印度洋、阿拉伯海及其南部的赤道地区向中国东部的水汽输送明显，而高原正好位于这个水汽输送通道上。高原地区的水汽，除了来自青藏高原及其周边区域蒸发以外，主要来自于热带印度洋和孟加拉湾等。

参考文献

柏晶瑜，徐祥德，1999.1998年青藏高原春季地温异常对长江中下游夏季暴雨影响的研究[J].应用气象学报，10(4):478-485.

陈斌，徐祥德，卞建春，等，2010.夏季亚洲季风区对流层-平流层不可逆质量交换特征分析[J].地球物理学报，53(5):1050-1059.

高登义,2008.雅鲁藏布江水汽通道考察研究[J].自然杂志,30:301-303.

黄荣辉,严邦良,1987.地形与热源强迫在亚洲夏季风形成与维持中的物理作用[J].气象学报,45(5):394-407.

李炳元,1998.青藏高原湖泊演化[C]//青藏高原晚新生代隆升与环境变化.广州:广东科技出版社:331-347.

鲁亚斌,解明恩,范菠,等,2008.春季高原东南角多雨中心的气候特征及水汽输送分析[J].高原气象,27(6):1189-1194.

陆龙骅,周国贤,张正秋,1995.1992年夏季珠穆朗玛峰地区的太阳直接辐射和总辐射[J].太阳能学报,16(3):229-233.

乔全明,张雅高,1994.青藏高原天气学[M].北京:气象出版社:33-34;95-101;247-248.

秦大河,丁一汇,苏纪兰,等,2005.中国气候与环境演变(上卷):气候与环境的演变及预测[M].北京:气象出版社.

施小英,施晓晖,2008.夏季青藏高原东南部水汽收支气候特征及其影响[J].应用气象学报,19(1):41-46.

施小英,徐祥德,2006.夏季青藏高原及周边中尺度地形强迫相关的水汽通道"下游效应"[C].中国气象学会2006年年会论文集.

吴国雄,刘屹岷,2005.青藏高原加热如何影响亚洲夏季的气候格局[J].大气科学,29(1):47-56.

徐祥德,陈联寿,王秀荣,等,2003.长江流域梅雨带水汽输送源-汇结构[J].科学通报,48(21):2288-2294.

徐祥德,董李丽,赵阳,等.2019a.青藏高原"亚洲水塔"效应和大气水分循环特征[J].科学通报,64(27):2830-2841.

徐祥德,马耀明,孙婵,等.2019b.青藏高原能量、水分循环影响效应[J].中国科学院院刊,34(11):1293-1304.

徐祥德,陶诗言,王继志,等,2002.青藏高原:季风水汽输送"大三角扇形"影响域特征与中国区域旱涝异常的关系[J].气象学报,60(3):257-266.

徐祥德,赵天良,Lu Chungu,等,2014.青藏高原大气水分循环特征[J].气象学报,72(6):1079-1095.

叶笃正,陈泮勤,1992.中国的全球变化预研究(第二部分)[M].北京:地震出版社:9-12;53.

叶笃正,高由禧,1979.青藏高原气象学[M].北京:科学出版社:1-278.

章基嘉,朱抱真,朱福康,等,1988.青藏高原气象学进展:青藏高原气象科学实验(1979)和研究[M].北京:科学出版社:268.

赵魁义,1999.中国沼泽志[M].北京:科学出版社.

郑度,姚檀栋,2004."青藏高原形成演化及其环境资源效应"研究进展[J].中国基础科学,(6):15-21.

周长艳,李跃清,李薇,2005.青藏高原东部及邻近地区水汽输送的气候特征[J].高原气象,24(6):880-888.

周长艳,唐信英,李跃清,2012.青藏高原及周边地区水汽、水汽输送相关研究综述[J].高原山地气象研究,32(3):76-83.

周明煜,徐祥德,卞林根,等,2000.青藏高原大气边界层观测分析与动力学研究[M].北京:气象出版社:125.

朱抱真,1990.青藏高原对我国大尺度水旱形成的作用[M]//旱涝气候研究进展.北京:气象出版社:5-59.

朱丽,刘蓉,王作亮,等,2019.基于FLEXPART模式对黄河源区盛夏降水异常的水汽源地及输送特征研究[J].高原气象,38(3):484-496.

朱乾根,胡江林,1993.青藏高原大地形对夏季大气环流和亚洲夏季风影响的数值试验[J].南京气象学院学报,16(2):120-129.

BORNSTEIN R,LIN Q,2000. Urban heat islands and summertime convective thunderstorms in Atlanta:Three case studies[J]. Atmospheric Environment,34(3):507-516. doi:10.1016/s1352-2310(99)00374-x.

CHEN B,XU X D,YANG S,et al,2012. On the origin and destination of atmospheric moisture and air mass over the Tibetan Plateau[J]. Theor Appl Climatol,110(3):423-435.

CHOW K,TONG H-W,CHAN J,2008. Water vapor sources associated with the early summer precipitation over China[J]. Clim Dynam,30(5):497-517. doi:10.1007/s00382-007-0301-6.

DAVIS M E,THOMPSON L G,YAO T D,et al,2005. Forcing of the Asian monsoon on the Tibetan Plateau:Evidence from high-resolution ice core and tropical coral records[J]. J Geophys Res,110(D4):D0410. doi:10.1029/2004JD004933.

DESSLER A E,SHERWOOD S C,2004. Effect of convection on the summertime extratropical lower stratosphere[J]. J Geophys Res,109(D23):D23301. doi:10.1029/2004jd005209.

DEVASTHALE A,FUEGLISTALER S,2010. A climatological perspective of deep convection penetrating the TTL during the Indian summer monsoon from the AVHRR and MODIS instruments[J]. Atmos Chem Phys,10(10):4573-4582.

DING Y H,1994. Monsoons over China[M]. Dordrecht:Kluwer Academic Publishers:1-420.

DING Y H,CHAN J C L,2005. The East Asian summer monsoon:An overview[J]. Meteor Atmos Phys,89(1/2/3/4):117-142.

DONG H,ZHAO S,ZENG Q,2007. A study of influencing systems and moisture budget in a heavy rainfall in low latitude plateau in China during early summer[J]. Adv Atmos Sci,24(3):485-502. doi:10.1007/s00376-007-0485-z.

DRUMOND A,NIETO R,GIMENO L,2011. Sources of moisture for China and their variations during drier and wetter conditions in 2000—2008:A Lagrangian approach[J]. Clim Res,50(2/3):215-225.

DUAN A M,WU G X,2006. Change of cloud amount and the climate warming on the Tibetan Plateau[J]. Geophys Res Lett,33(22):217-234.

FAN H,SAILOR D J,2005. Modeling the impacts of anthropogenic heating on the urban climate of Philadelphia:A comparison of implementations in two PBL schemes[J]. Atmospheric Environment,39(1):73-84. doi:10.1016/j.atmosenv.2004.09.031.

FLOHN H,1968. Contribution to a meteorology of the Tibetan Plateau on the formation of Asia monsoon circulation[C]//Atmos Sci Paper,Colorado State University,Fort Collins.

FU R,HU Y L,WRIGHT J S,et al,2006. Short circuit of water vapor and polluted air to the global stratosphere by convective transport over the Tibetan Plateau[J]. Proc Natl Acad Sci USA,103(15):5664-5669.

HE J,SUN C,LIU Y,et al,2007. Seasonal transition features of large-scale moisture transport in the Asian-Australian monsoon region[J]. Adv Atmos Sci,24(1):1-14. doi:10.1007/s00376-007-0001-5.

HUANG J,MINNIS P,YI Y,et al,2007. Summer dust aerosols detected from CALIPSO over the Tibetan Plateau[J]. Geophys Res Lett,34(18):L18805. doi:10.1029/2007gl029938.

JIN S G,LI Z,CHO J,2008. Integered water vapor field and multiscale variation over China from GPS measurements[J]. Journal of Applied Meteorology and Climatology,47:3008-3015.

LAU K M,KIM K M,2006. Observational relationships between aerosol and Asian monsoon rainfall, and circulation[J]. Geophys Res Lett,33(21):L21810. doi:10.1029/2006gl027546

LAU K M,KIM M K,KIM K M,2006. Asian summer monsoon anomalies induced by aerosol direct forcing:the role of the Tibetan Plateau[J]. Clim Dynam,26(7):855-864. doi:10.1007/s00382-006-0114-z.

LI J,COOK E R,CHEN F,et al,2009. Summer monsoon moisture variability over China and Mongolia during the past four centuries[J]. Geophys Res Lett,36(22):L22705. doi:10.1029/2009gl041162.

LIU X,YIN Z Y,2001. Spatial and temporal variation of summer precipitation over the eastern Tibetan Plateau and the North Atlantic Oscillation[J]. J Climate,14(13):2896-2909. doi:10.1175/1520-0442.

LIU Y M,BAO Q,DUAN A,et al,2007. Recent progress in the impact of the Tibetan Plateau on climate in China[J]. Adv Atmos Sci,24(6):1060-1076. doi:10.1007/s00376-007-1060-3.

LU C X,YU G,XIE G D,2005. Tibetan Plateau serves as a water tower[C]//IEEE International Geoscience and Remote Sensing Symposium. Seoul:IEEE,5:3120-3123.

PARK M,RANDEL W J,EMMONS L K,et al,2009. Transport pathways of carbon monoxide in the Asian summer monsoon diagnosed from Model of Ozone and Related Tracers (MOZART)[J]. J Geophys Res,114(D8):D08303. doi:10.1029/2008jd010621.

QIU J,2008. The third pole[J]. Nature,454(24):393-396.

SATO T,KIMURA F,2007. How does the Tibetan Plateau affect the transition of Indian monsoon rainfall?[J]. Mon Wea Rev,135(5):2006-2015. doi:10.1175/mwr3386.1.

SIMMONDS I,BI D,HOPE P,1999. Atmospheric water vapor flux and its association with rainfall over China in summer[J]. J Climate,12:1353-1367.

TIAN L D,MA L L,YU W S,et al,2008. Seasonal variations of stable isotope in precipitation and moisture transport at Yushu,eastern Tibetan Plateau[J]. Science in China:Earth Sciences,51(8):1121-1128.

WANG B,BAO Q,HOSKINS B,et al,2008. Tibetan Plateau warming and precipitation changes in East Asia[J]. Geophys Res Lett,35(14):L14702. doi:10.1029/2008gl034330.

WANG H,NI J,PRENTICE I C,2011. Sensitivity of potential natural vegetation in China to projected changes in temperature, precipitation and atmospheric CO_2[J]. Reg Environ Change,11:715-727.

WU G,ZHANG Y,1998. Tibetan Plateau forcing and the timing of the monsoon onset over South Asia and the South China Sea[J]. Mon Wea Rev,126(4):913-927. doi:10.1175/1520-0493.

XU X D,LU C G,SHI X H,et al,2008a. World water tower:An atmospheric perspective[J]. Geophys Res Lett,35(20):L20815. doi:10.1029/2008GL035867.

XU X D,MIAO Q,WANG J,et al,2003. The water vapor transport model at the regional boundary during the Meiyu period[J]. Adv Atmos Sci,20(3):333-342. doi:10.1007/bf02690791.

XU X D,SHI X Y,WANG Y Q,et al,2008b. Data analysis and numerical simulation of moisture source and transport associated with summer precipitation in the Yangtze River Valley over China[J]. Meteorol Atmos Phys,100:217-231. doi:10.1007/s00703-008-0305-8.

XU X D,ZHAO T L,LU C G,et al,2014. An important mechanism sustaining the atmospheric "water tower" over the Tibetan Plateau[J]. Atmos Chem Phys Discuss,14(12):11287-11295.

XU X D,ZHOU M Y,CHEN J Y,et al,2002. A comprehensive physical pattern of land-air dynamic and thermal structure on the Qinghai-Xizang Plateau[J]. Science in China:Earth Sciences,45(7):577-594.

YANG K,GUO X,HE J,et al,2010. On the climatology and trend of the atmospheric heat Source over the Tibetan Plateau:An experiments-supported revisit[J]. J Climate,24(5):1525-1541.

YAO T D,THOMPSON L,YANG W,et al,2012. Different glacier status with atmospheric circulation in Tibetan Plateau and surroundings[J]. Nature Climate Change(2):663-667.

YASUNARI T,MIWA T. 2006. Convective cloud systems over the Tibetan Plateau and their impact on meso-scale disturbances in the Meiyu/Baiu frontal zone:A case study in 1998[J]. Journal of the Meteorological Society of Japan,84(4):783-803.

ZHAN R,LI J,2008. Influence of atmospheric heat sources over the Tibetan Plateau and the tropical western North Pacific on the inter-decadal variations of the stratosphere-troposphere exchange of water vapor[J]. Science in China:Earth Sciences,51(8):1179-1193. doi:10.1007/s11430-008-0082-8.

ZHANG Q,XU C-Y,CHEN X,et al,2011. Statistical behaviours of precipitation regimes in China and their links with atmospheric circulation 1960—2005[J]. Int J Climatol,31(11):1665-1678. doi:10.1002/joc.2193.

ZHANG Z,ZHANG Q,CHEN X,et al,2011. Statistical properties of moisture transport in East Asia and their impacts on wetness/dryness variations in North China[J]. Theor Appl Climatol,104(3):337-347. doi:10.1007/s00704-010-0346-z.

ZHAO Y,XU X D,CHEN B,et al,2016. The upstream "strong signals" of the water vapor transport over the Tibetan Plateau during a heavy rainfall event in the Yangtze River Basin[J]. Advances in Atmospheric Sciences,33(12):1343-1350.

ZHAO Y,XU X D,ZHENG R,et al,2019. Precursory strong-signal characteristics of the convective clouds of the Central Tibetan Plateau detected by radar echoes with respect to the evolutionary processes of an eastward-moving heavy rainstorm belt in the Yangtze River Basin[J]. Meteorology and Atmospheric Physics,131(4):697-712.

第3章
影响青藏高原大气水分循环过程各分量特征

3.1 青藏高原气温变化特征

3.2 青藏高原降水变化特征

3.3 青藏高原土壤温湿度变化特征

3.4 青藏高原云和辐射变化特征

3.5 青藏高原蒸发变化特征

3.6 青藏高原蒸散量变化特征

3.7 青藏高原地气能量交换

3.8 青藏高原冻融过程及其影响

3.9 本章小结

影响青藏高原大气水分循环的因素主要分为自然因素和人为因素两个方面。从自然角度而言,影响水分循环的因素主要有气象条件(包括大气环流、温度、降水、日照、风速、蒸发等)和地理条件(包括地形、地质、土壤、植被等),河流、湖泊、冰川、冻土、湿地等要素的变化及蒸发、径流等过程的变化对水循环变化起着重要作用。而人类活动不断改变着自然环境,并越来越强烈地影响着水分循环的过程。水分循环过程是通过蒸发、水分输送、降水和径流来实现的。由于太阳辐射,从海洋表面蒸发到空气中的水分,被气流输送到陆地上空,通过物理过程凝结成云而降水,降到地面的水又通过江河和渗透回到海洋,形成海陆之间水分交换,这被称作水分外循环。水分从陆地表面水体、湿土蒸发及植物蒸腾到空中凝结,再回落到陆地表面,这一过程被称作水分内循环。大气环流对水分内、外循环均起着重要作用。平均海拔 4000 m 以上的青藏高原,比平原地区接收到更多的太阳辐射,高原地表吸收太阳能,不断加热该地区的空气,大气受热上升,地面气压下降,高原"抽吸"外围气流,印度洋季风裹挟大量水汽形成水汽通道,并"转运"到下游地区。另外,青藏高原拥有 4 万多条冰川、面积大于 1 km^2 的湖泊 1000 多个,如此众多的冰川、湖泊及地下水、河流,形成了一座"世界水塔",对于中国乃至全球气候变化产生重要影响。

青藏高原是全球气候变化的敏感区域,其气候变化具有超前性,它不仅是中国气候变化的启动区(冯松等,1998),也是全球气候变化的驱动机和放大器(潘保田和李吉均,1996)。近年来青藏高原变暖幅度超过北半球及同纬度的其他地区,冰川退却、冻土融化、湖泊扩张,青藏高原正趋于暖湿化。因此,在气候变暖背景下,气温的升高对青藏高原大气水分循环的影响是目前研究的重要科学问题。

3.1 青藏高原气温变化特征

研究表明,自 1960 年以来,青藏高原整体呈现一致增暖趋势,气温倾向率达到 0.37 ℃·(10 a)$^{-1}$,远高于全国的增暖水平(0.16 ℃·(10 a)$^{-1}$)。20 世纪 60—70 年代青藏高原经历了一段相对较冷的时期,80 年代中期气温开始加速升高,90 年代升温更加剧烈,目前正处于加速升温阶段(宋辞等,2012)。其中冬季升温最为显著,近 30 a (1979—2011 年)来,青藏高原冬季气温变化呈现明显的三个阶段(图 3.1):第一阶段为 1979—1988 年,该阶段气温最低;第二阶段为 1989—1998 年,高原缓慢增温;第三阶段为1999—2011年,高原迅速增温(段安民等,2016)。

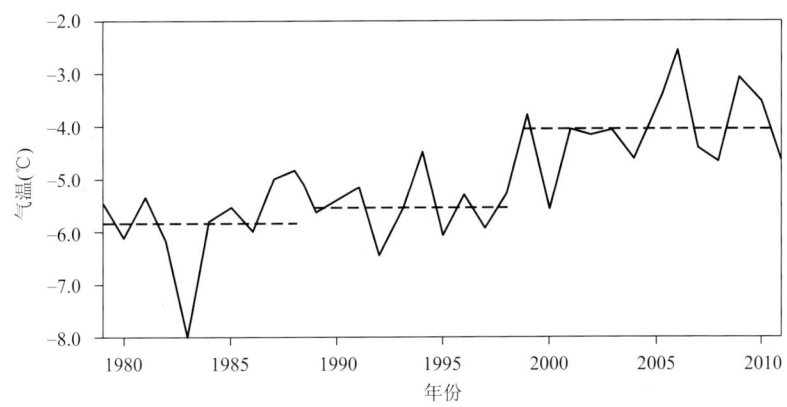

图3.1　1979—2011年青藏高原东部冬季气温变化（段安民等，2016）

青藏高原积雪的变化也能影响高原的气温变化,虽然30 a来高原呈现持续增温,但积雪对气温变化的响应却并不一致。1998年以前,高原冬季增温过程较弱时,高原冬季积雪深度和日降雪量却显著增长;然而,1999年以后气温剧烈上升,积雪深度和日降雪量却不再增长。从图3.2a中可以看出,相对1989—1998年阶段,在1999—2011年阶段,高原中东部所有站点气温均显著上升,而高原中东部的积雪深度(图3.2b)和日降雪量(图3.2c)却呈减少趋势(段安民等,2016)。

20世纪60年代以来,高原整体呈现一致升温的趋势,东北部地区和西南部地区升温较强,东南部较弱。以唐古拉山脉为界,冬春西藏地区升温强烈,汛期青海升温强烈,具有南北反相关系。青海北部区特别是柴达木盆地是明显升温中心,而青海南部区气温的季节性变化显著不同于其他地区,该地区秋季气温升温最显著,其他地区冬季增温最为明显。西藏地区四季都表现出升温趋势,其气温增长率显著高于全国和全球水平,温度呈现出纬向变化,表现为升温率以30°~31°N地区为中心,分别向高纬和低纬递增。高原边缘地区气候变暖要明显高于高原腹地,高原的青海北部边缘柴达木盆地是青藏高原气候变化的敏感区,高原南部边缘喜马拉雅山脉气温升温也十分明显,其中珠峰地区是中国升温趋势最明显的地区之一,其变暖时间早于全球,幅度大于全球。由此可见,高原气温区域性差异不仅与纬度相关,而且与高原上各大山脉构成的局部地形密切相关。此外,海拔也是影响气温变化的重要因素(宋辞等,2012)。

青藏高原的增温呈现不对称的线性变化趋势——最低气温升温趋势是最高气温升温趋势的1~3倍,平均气温升温率则处于最低气温升温率和最高气温升温率之间。最高气温在20世纪50年代较高,60年代开始下降,随后稳定慢升至今;最低气温在1950—1962年呈下降趋势,20世纪70年代开始气温持续上升,到2000年达到最高。

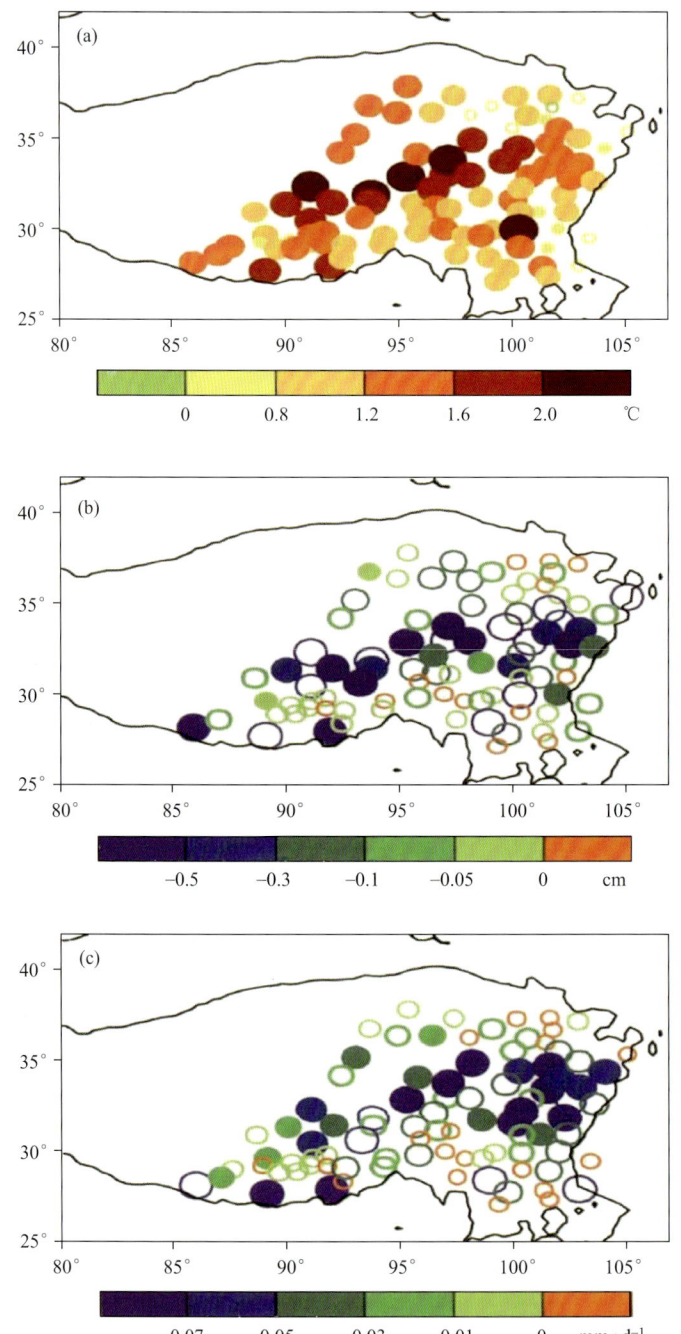

图 3.2　1999—2011 年阶段与 1989—1998 年阶段高原东部冬季日平均气温（a）、积雪深度（b）和日降雪量（c）的差值（段安民等，2016）

可见,最高、最低气温冷期都在20世纪60年代,最暖期则在90年代。高原最高、最低升温呈季节性变化,增暖主要在冬季,春夏季不显著,春季最高气温在局部地区甚至有下降趋势。最低气温在四季都呈现升温趋势,夏季最弱。最高、最低气温同样体现出与平均气温类似的区域性差异。最高气温的增温中心则是在柴达木盆地以及三江源谷地的高海拔地区,最低气温的冷中心也是在35°N的高海拔地区。由此可见,极端气温变化在高海拔地区更为显著(宋辞等,2012)。

3.2 青藏高原降水变化特征

青藏高原有时被称为"世界水塔",是亚洲水资源的关键区域。全球接近1/6的人口依赖于青藏高原上游的河流,而且降水量的变化对青藏高原冰川、河流、植物、自然资源等影响很大。由于青藏高原降水的空间变异大,许多学者对青藏高原降水进行了比较全面的研究。这些研究表明,30 a来青藏高原降水变化的主要特征是前少后多,年降水量有逐步增加的趋势(韦志刚等,2003;李生辰等,2007;段克勤等,2008)。此后,李晓英等(2016)进一步利用青藏高原69个气象台站的降水量资料,采用旋转经验正交函数(REOF)分析、线性趋势分析和累积距平法,系统定量地研究了1961—2010年青藏高原降水的时空变化规律,揭示了青藏高原不同区域降水变化的差异性;发现50 a来青藏高原降水量的平均增长率为$6.7 \text{ mm} \cdot (10 \text{ a})^{-1}$,青藏高原降水季节分配极不均匀,雨季和旱季非常明显,雨季降水占有主导作用(康兴成,1996)。

从青藏高原年降水量的分布(图3.3)来看,总的趋势是从南部多雨向西北逐渐递减,喜马拉雅山南段迎风坡、雅鲁藏布江河谷地带以及怒江下游流域以西,是青藏高原年平均降水量最多的区域,一般在800~1000 mm以上;而年平均降水量最少的区域位于柴达木盆地以及靠近塔克拉玛干沙漠的高原北边缘;同一纬度在高原主体中部偏西区域(约80°~88°E)的降水量要比中部偏东区域(约88°~98°E)的降水量大,形成这种分布最可能的影响因子就是地形,当外来水汽到达高原南部,由于雅鲁藏布江河谷地带海拔相对比较低,这样使得水汽更容易沿着大峡谷进入高原腹地,使得同一纬度该区域的降水明显大于高原东部;同样,在高原东南部边缘越靠东南边缘降水量越大,这也是水汽遇到高原阻挡绕行的结果(张丁玲,2013)。

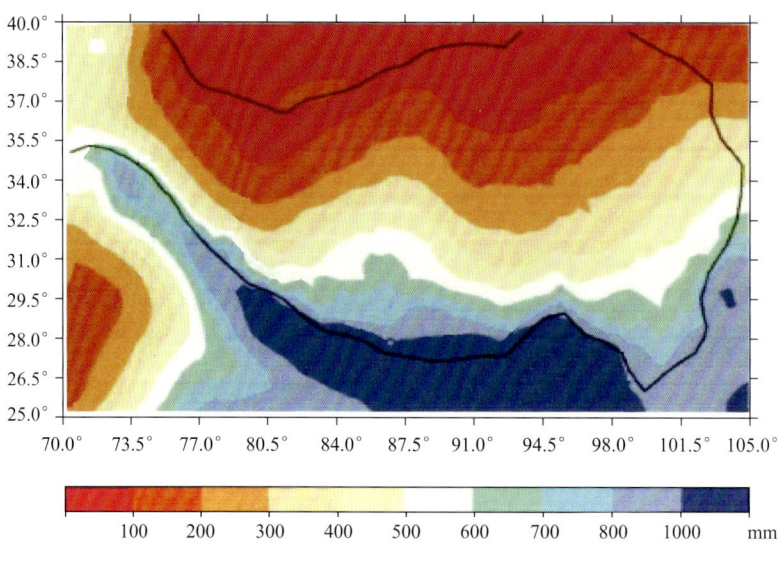

图 3.3 青藏高原年平均降水分布（张丁玲，2013）

由平均降水的年变化趋势（图 3.4）可以看出，从 1901 年到 2011 年，高原上降水增加的区域比减少的区域大，但是增加的速率却没有减少的速率高。在高原上，有近 2/3 区域的降水呈现增加的趋势，但增加速率不是很大，主要分布在高原中部腹地偏东区域、高原西北角和高原东南角。而高原上降水减少的区域主要分布在喜马拉雅山

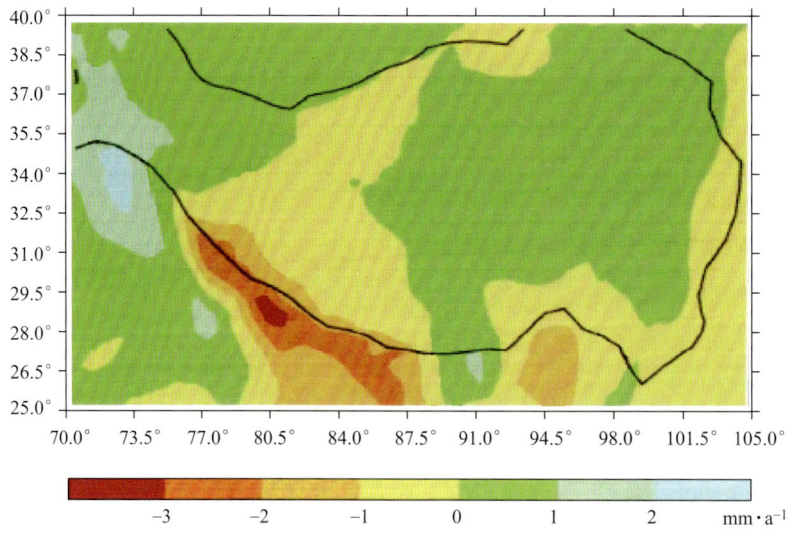

图 3.4 CRU 资料平均降水年变化趋势的空间分布（张丁玲，2013）

区域、高原中部偏西区域和高原东南边缘，其中降水减少最明显的区域是喜马拉雅山区域，降水减少的速率大于 $-3~\text{mm}\cdot\text{a}^{-1}$（张丁玲，2013）。

由对流风暴引起的夏季(6—9月)降水占全年青藏高原和周边地区降水的60%～90%。因此，青藏高原夏季降水的趋势和变化，可能对亚洲许多地区的气候和社会经济会产生强大影响。

青藏高原夏季降水的时空变化很复杂，主要受到夏季南亚季风和区域水分循环这两方面作用的共同影响(Chen et al.，2012)。通过相对比较丰富的地面观测、研究和文献记录发现，青藏高原东部地区的降雨与南亚季风时期雅鲁藏布江峡谷的水汽传输有紧密关系(Wu and Zhang，1998；Chen et al.，2012；Yang et al.，2014)。

基于遥感的研究揭示了青藏高原上一系列有价值的云和降水的精细尺度特征。与遥感数据相比，站点雨水观测能够以一定的时间间隔记录到达地面的降水量，且精度较高。因此，雨量资料对于测量实际降水强度和掌握降水事件的发生、终止和持续时间更为可靠。Li 等(2008)评估了小时雨量降水的频率-强度分布，并指出中国西部地表高度高、地形复杂的台站比低层台站的强降水频率低得多。根据地表起伏数据，Yu 等(2007)计算了每次降水事件的持续时间，并揭示了中国中部暖季降水持续时间与日变化之间的关系。长时间降水事件以层状降水为主，最高降雨量发生在深夜至清晨，而短时间事件更多与对流降水有关，下午出现降雨高峰。频率强度结构和持续时间都是与降水机制密切相关的重要降水特征，是评估数值模式性能的理想方法。

Li(2018)基于青藏高原100个地面台站的降水资料，综合分析了夏季降水事件小时特征的气候学特征，包括小时频率和强度、频率强度结构、昼夜环流和持续时间；结果发现青藏高原东南部(西部和北部)的小时频率和强度都很高(低)。高原中南部的雅鲁藏布江流域，降水频率低、强度高。就频率而言，强(弱)降水在该河谷的比例相对较大(小)，并且在高原东北部也发现了与频率强度结构相似的特征。相反，高原南缘降水以高频、低强度为特征，弱降水时段的百分比高于其他地区(图3.5)。高原上的大多数台站在下午晚些时候或在午夜时分附近都会出现降水峰值。下午晚些时候(午夜)的高峰主要是由持续时间短(长)的降水事件造成的。这些"短时间"和"长夜"类型构成了高原上两种主要的降水模式。极端事件往往在下午晚些时候开始，在午夜前后达到最大值，并在早上停止。可用水汽量通过调节降水事件的持续时间来确定降水频率的地理分布。高强度事件与对流系统有关，短时和长时间降水比例受当地地形影响较大。

内循环降水过程是一种潜在的、重要的气候反馈机制，是地表生态系统对区域水分循环影响的一个定量指标。分析青藏高原内循环降水特征，可以揭示青藏高原地气耦合作用强弱分布特征，内循环降水年际变化可以反映地气耦合作用对变暖的响应。高艳红等(2018)利用拉格朗日后向轨迹法和耦合区域气候模式的欧拉方法分析了青藏高原内循环降水的特征；在历史阶段(1982—2011年)，根据全球气候变化下站点年

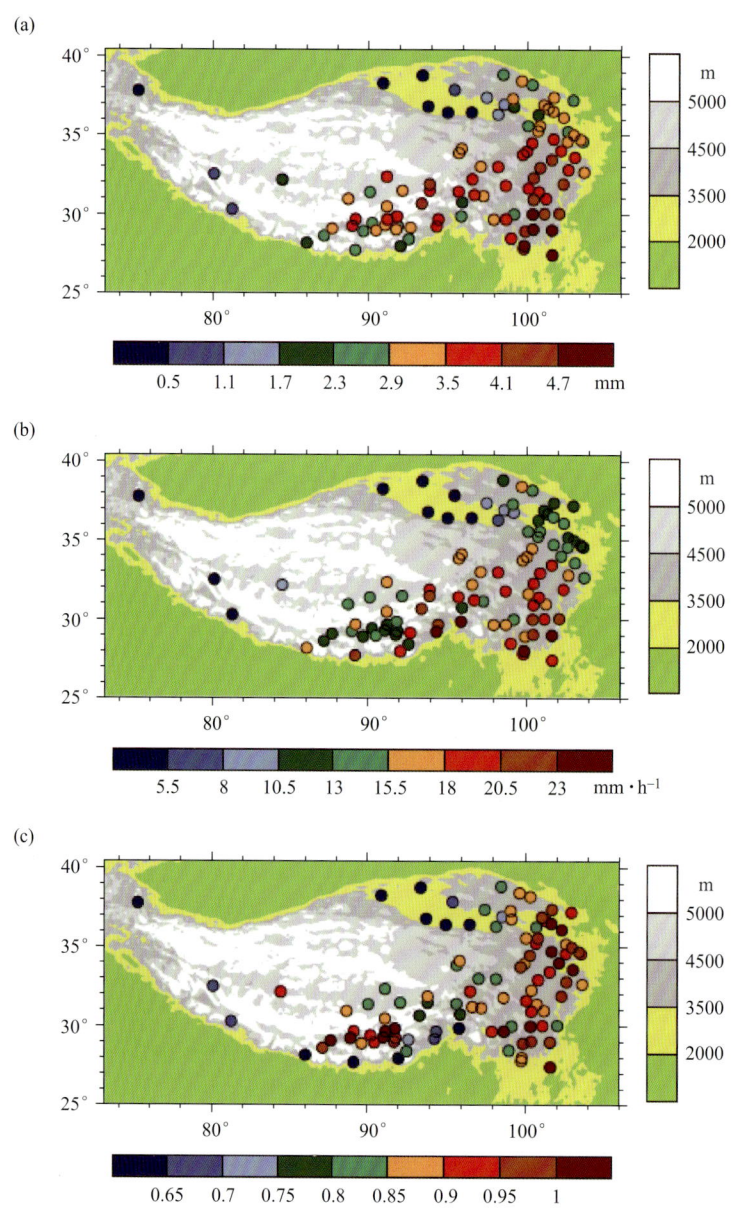

图 3.5 夏季平均日降水量（a）、每小时降水强度（b）和降水概率（c）（Li，2018）

降水量观测值，以 1998 年为青藏高原降水量突变年，分析 1998 年前后高原内循环率的变化，反映高原内循环率对全球变化的响应；在未来阶段（2090—2099 年），分析 RCP4.5 和 RCP8.5 情景下 CCSM 及其驱动的高分辨率数据，预估未来不同排放情景下青藏高原内循环率可能存在的变化。研究发现：①总体特征：拉格朗日后向轨迹法得到的内循环降水率主要受降水、潜热、可降水量等因素影响,无论时间空间尺度,降水都是主要影响因素。年际尺度,内循环降水率随降水增大而减小;季节尺度,湿季小于干季。可降水量对未来气候变化情景下内循环降水率有一定影响。②气候态:CCSM 的降水量、潜热和可降水量均较 ERAI 大,但是高原平均内循环降水率是 ERAI 与 CCSM 相当。而 ERAI 和 CCSM 驱动的动力降尺度结果中,降水和可降水量的模拟均较其驱动小,潜热与可降水量比值较其驱动大,使得得到的内循环降水率较其驱动大。因此降水是影响内循环降水率空间分布的主导因素,而潜热是导致动力降尺度结果与大尺度驱动数据估算内循环降水率差异的主要原因。在年际变化方面也是如此,且内循环降水率与降水率年变化呈负相关。③未来预估:21 世纪末(2090—2099 年)RCP4.5 与 RCP8.5 两种情景下 CCSM 预估降水量增加,潜热和可降水量也呈增加趋势。与历史阶段不同的是,可降水量的增加幅度远大于历史阶段。可降水量的大幅增加抑制了潜热对内循环降水率变化的贡献,动力降尺度结果尤其如此。

耦合区域气候模式的欧拉方法研究发现,区域气候模式中默认湖泊表面温度使用最近点的海温,严重高估了降水和内循环降水率的模拟,而且大值中心位于高原西南部的湖泊上空。改进湖泊模块的处理减小了降水模拟误差,更准确计算了内循环降水率,大值中心位置也由湖泊上空转移到中东部的三江源上空。使用改进后的湖泊模块,计算的青藏高原平均内循环降水率为 0.2~0.4,冬季低、夏季高。空间分布上,内循环降水率大值中心位于三江源,夏季最大中心可达 0.8。该方法没有发现内循环降水率与降水的显著关系。

TRMM 3B43 数据有积云降水和层云降水比例记录,其积云降水在总降水的占比可以间接反映地表热力状况对降水的影响。利用 TRMM 卫星降水产品 1998—2011 年青藏高原积云降水占比(对流性降水占总降水的比例),同时利用站点观测和 TRMM 降水产品分析了积云降水占比与降水率的关系,结果表明,积云降水占比呈不显著的上升趋势,站点和 TRMM 观测的总降水率呈不显著的下降趋势,年平均积云降水占比与降水率的相关系数没有通过 95% 的显著性 t 检验。在季节变化方面,与降水量相同,积云降水占比是夏季高于冬季,7 月达到最大。

潘晓和傅云飞(2015)针对 GSFC 发布的 PR 降水算法不适合青藏高原的缺陷,分析了 PR 探测的高原降水回波顶高度特征及高原探空站的大气温湿廓线特征,将青藏高原降水云分为三类:深厚强降水、深厚弱降水和浅薄降水。研究表明,青藏高原的深厚弱对流降水和浅薄降水分别占 77% 和 22%,而深厚强对流降水仅占 1%;深厚强降水发生在午后,高原东部(90°E 以东)为其频次和强度的高值区;深厚弱降水频次和强度高值区出现在 12 时后的高原中部(85°~92°E),然后迅速东移至高原东部(16 时、100°E 附近),且频次高值区先于强度高值区出现;高原西部(80°E 以西)的深厚强降水发生在凌晨和午后,深厚弱对流没有此特点。结果还揭示了深厚弱降水不能东移出高原、深厚强降水中的小部分可以东移出高原进入四川盆地的特征。浅薄降水多出现在高原 80°E 以西和 90°E 以东地区,高原中部地区浅薄降水的频次和强度均很小。

3.3 青藏高原土壤温湿度变化特征

在全球变暖背景下,青藏高原冻土经历了显著的退化,大面积多年冻土退化为季节冻土甚至变为非冻土。土壤温度作为土壤热状况的衡量准则,是冻土状态研究的指示计。Fang 等(2018)利用青藏高原观测台站 1960—2014 年的逐月 0～320 cm 的土壤温度、气温、降水、冻结深度、雪深资料,分析了 55 a 来青藏高原各层土壤温度、气温、降水、(最大)冻结深度及(最大)雪深的变化趋势,并分析各层土壤温度变化与以上气象因子间的相互作用关系。结果显示,青藏高原在 55 a 里经历了显著的土壤增温过程。其中,青藏高原表层土壤年平均增温幅度为 0.47 ℃·(10 a)$^{-1}$(表 3.1),浅层土壤年平均增温幅度为 0.36 ℃·(10 a)$^{-1}$,深层土壤年平均增温幅度为 0.36 ℃·(10 a)$^{-1}$,而年平均气温增温幅度为 0.36 ℃·(10 a)$^{-1}$,青藏高原表层的土壤增温幅度大于气温的增温幅度。这表明青藏高原土壤对气候变暖极为敏感。从季节尺度来看,表层土壤冬季增温最大;浅层土壤春季增温最大;深层土壤夏季增温最大。1960—2014 年青藏高原总降水量增加,增加速率为 7.36 mm·(10 a)$^{-1}$。从季节上看,高原降水的增加主要集中在春、夏季。青藏高原冻土也经历了显著的退化,具体表现为冻结深度的显著减小。最大冻结深度的减小速率为 5.58 cm·(10 a)$^{-1}$。青藏高原积雪深度也呈减小趋势,但对比而言,其减小程度则相对较弱,最大积雪深度减小速率为 0.07 cm·(10 a)$^{-1}$。

表 3.1 土壤温度的季节及年平均增温速率(℃·(10 a)$^{-1}$;Fang et al.,2018)

	春季	夏季	秋季	冬季	年平均
表层	0.47	0.37	0.46	0.57	0.47
浅层	0.42	0.40	0.32	0.29	0.36
深层	0.36	0.56	0.37	0.16	0.36

青藏高原各层土壤增温特别是浅层土壤增温与气温变暖存在显著的(95%)正相

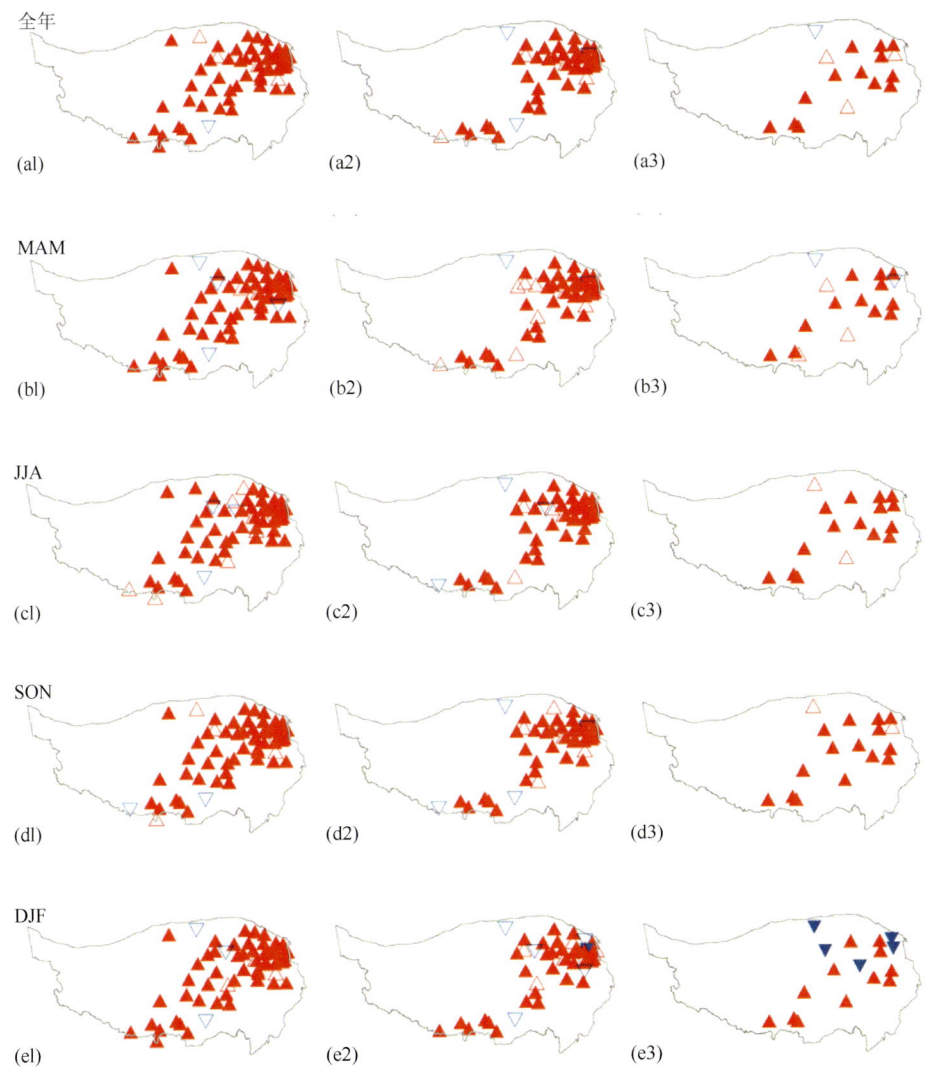

图 3.6 青藏高原表层（a1）—（e1）、浅层（b2）—（e2）、深层（b3）—（c3）土壤温度变化趋势的空间分布（红色（蓝色）代表增温（降温）趋势，实心三角表示通过了95%的显著性检验）（Fang et al.，2018）

关关系。但深层土壤与气温的相关强度明显弱于表层及浅层土壤。深层土壤温度的变化可能更多地受到冻土冻结深度的影响。就整个高原来看，正相关强度在时间上存在差异。秋季表层及深层土壤温度与气温的相关性较强，而春季浅层土壤温度与气温的相关性较强。土壤的冻融过程可能会减弱土壤温度与气温间相关关系的强度。冻土的存在使得土壤温度和降水之间的关系较为复杂，一部分观测站点出现了正相关关系。由于易受天气过程的影响，表层及浅层土壤温度受降水影响较大。这种影响在冬季尤为明显。由于液态和固态热容量的明显差别,冻土的存在会使得到达地面的降水改变土壤的热容量,使土壤温度高于周围的冻土,从而向周围土壤释放热量,导致周围土壤温度增加,同时也会使冻结状态中的土壤提前融解。深层土壤中降水与土壤温度间正相关关系的产生则可能仍与冻结深度的变化及冻融过程有关。积雪深度对土壤温度的影响主要集中在表层及浅层(图3.6)。由于积雪深度较薄,青藏高原冬季积雪对土壤温度的保温作用并不显著。春季地表反照率的降低导致较高的地温增长。土壤的冻结(融解)过程伴随的能量释放(吸收)也将影响雪盖与土壤温度间的关系。

在气温增高、降水增大及积雪深度减小的共同影响下,高原土壤温度将继续增高,冻土将进一步发生退化。

最近欧洲空间管理局(European Space Agency)利用主被动微波遥感数据发展的用于研究气候变化的土壤湿度产品(ECV soil moisture product)被认为在目前的微波遥感产品中具有最好的精度。Meng等(2017)利用2009年夏季中国气象数据共享网发布的高精度降水数据评估了ECV土壤湿度与降水的一致性。图3.7a表示在2009年6月主要降水事件中,满足土壤湿度发生正异常且24 h内发生降水的像元百分比。可见,随着土壤湿度正异常由4%增加至20%,其所占像元比例增加,说明土壤湿度正异常在很大程度上是由降水造成的。图3.7b则表示在同样的降水事件中,降水发生后呈现土壤湿度正异常的像元比例。可见降水量越大,土壤湿度发生正异常的比例越多,但降水的发生并不是一定会造成土壤湿度的异常。

大量研究表明,青藏高原的热力作用对东亚夏季风和季风降水有显著影响。土壤湿度是陆地-大气界面能量循环的主要控制因子,对青藏高原的能量平衡起重要

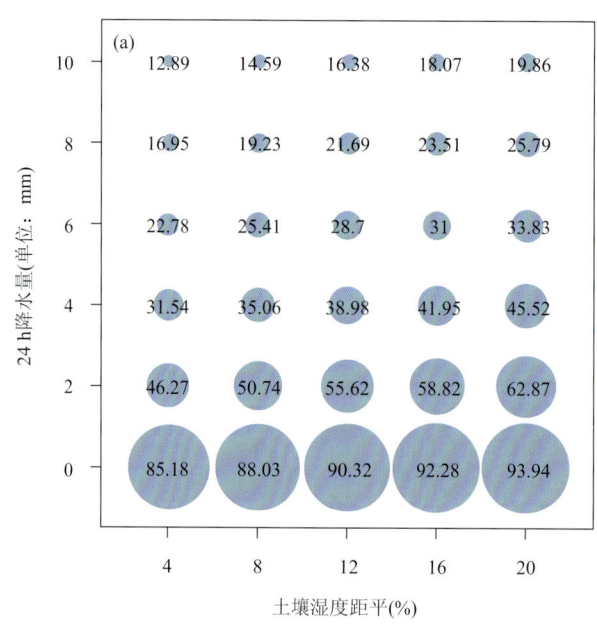

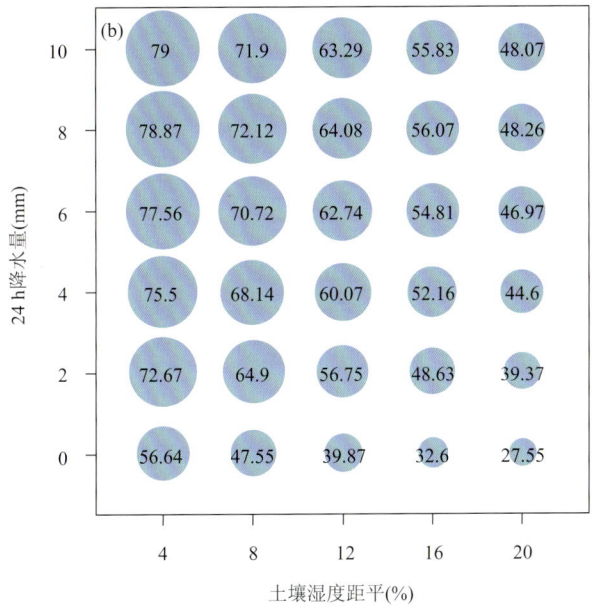

图 3.7 2009 年 6 月降水事件统计中满足以下条件（Meng et al.，2017）
(a)ECV 土壤湿度大于某个值 x（横轴值）并且 24 h 累积降水量大于某个值 y（纵轴值）的所有像元数占总像元数的百分比；(b)24 h 累积降水量大于某个值 y（纵轴值）并且 ECV 土壤湿度大于某个值 x（横轴值）的所有像元数占总像元数的百分比

作用。近些年，由于冻土退化、降水增加、潜蒸散发减小，青藏高原增湿显著（van der Velde et al.，2014）。土壤湿度把地表净辐射分割为潜热和感热；前者消耗于蒸散发过程，后者用于大气增温。王国杰和何金海（2015）基于 SSMI 卫星微波遥感资料，分析了青藏高原土壤湿度与长江流域径流的关系（图 3.8）。分析表明，青藏高原春季土壤湿度东西差异是影响长江流域夏季地表水文过程的重要因素。在 1998 年，土壤湿度的东西差异最为强烈，且长江流域夏季发生了特大洪水，因此高原土壤湿度异常可能是一个重要原因。选择 1998、1999 和 2007 年代表青藏高原春季土壤湿度东西差异的正距平年份，2001、2005、2006 年代表负距平年份，分别分析我国东部地区夏季降水量与多年降水的差值。可见，在春季土壤湿度东西差异的负距平年份，长江流域降水显著偏少（图 3.9a）；在正距平年份，长江流域降水显著偏多（图 3.9b）。由上述分析可见，青藏高原春季土壤湿度存在显著的东西差异；这种差异影响长江流域夏季降水，进而影响陆地水文过程和洪涝灾害；青藏高原土壤湿度是长江流域洪涝灾害的季节性预报因子。

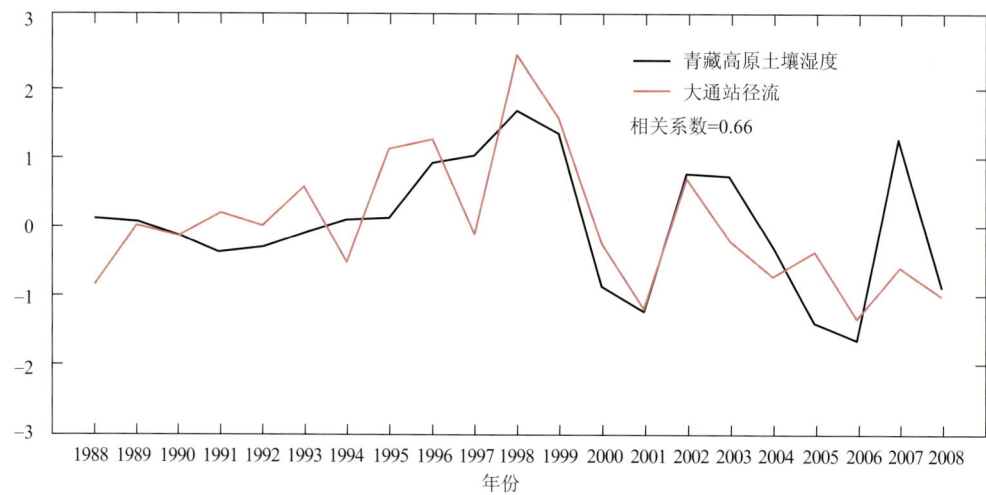

图 3.8　青藏高原春季（4—5 月）土壤湿度与大通站夏季（6—8 月）
径流的年际变化（王国杰和何金海，2015）

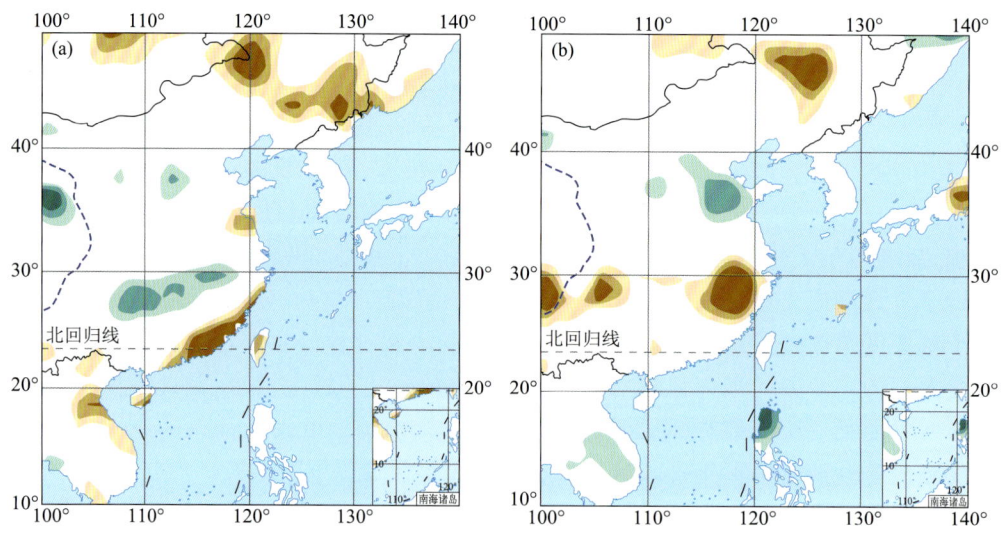

图 3.9　青藏高原春季（4—5 月）土壤湿度"东西差异"异常年份我国东部夏季（6—8 月）
降水量的距平分布（单位：mm；王国杰和何金海，2015；王静等，2016）
(a)春季（4—5 月）高原东部土壤湿度指数回归的夏季（6—8 月）降水场（阴影）；
(b)春季高原西部土壤湿度指数回归的夏季降水场（阴影）；(蓝色和黄色阴影由深到浅
分别表示正回归系数和负回归系数通过 95%、90% 和 80% 的置信度检验)

3.4 青藏高原云和辐射变化特征

云是天气气候中最活跃的因子之一,通过多种物理、化学和热力动力学作用,调节地球大气系统内部的辐射能量平衡,并对水循环变化起到重要的作用(Raval and Ramanathan,1989;汪宏七和赵高祥,1994;Sun and Groisman,2000)。

对于高原上云的观测研究由来已久,早期多是基于地面观测云资料区域性的研究,自20世纪70年代末随着遥感应用水平的不断提高,卫星资料逐步用于青藏高原云的研究。吴鹤轩(1985)根据1961—1970年青藏高原多个测站的云观测资料,对青藏高原的低云做了初步分析,给出了青藏高原云量分布的季节差异和多种低云(包括积雨云、淡积云、碎雨云、层积云、层云)的地理分布、年、日变化及云高。周允华等(1983)利用TIROS-N卫星一日两次的红外云图照片云观测资料,统计了1979年5—8月青藏高原的云量。刘瑞霞等(2004)利用ISCCP提供的1983年7月—1993年12月3 h一次的月平均卫星总云量资料,分析了高原总云量的年、季节、日变化规律及其空间分布特征,并根据高原水汽条件和地形动力影响以及环流特征做了一定的解释。Yu等(2004)利用ISCCP的资料研究发现,在60°S~60°N区域内,年平均云的光学厚度最大值位于青藏高原的背风坡。Chen和Liu(2005)利用MODIS/TERRA卫星资料研究了卷云在青藏高原和亚洲季风区季节性进退的特征。陈葆德等(2008)根据MODIS/TERRA资料计算了2000—2005年平均的春、夏、秋、冬四季青藏高原上空高、中、低云的百分比。李兴宇等(2008)利用ISCCP资料研究了中国区域云水路径的分布和变化情况,发现在青藏高原东部云水路径的增加趋势较强。对于青藏高原上云水资源的研究,大多仅仅是针对单个物理量的分析,特别是云量的分析,而且由于资料的限制多只是描述云物理量的分布和季节变化情况,对于高原上云年际变化的研究还比较少。刘健(2013)利用卫星数据分析青藏高原云微物理特性时指出,10 a来青藏高原上云的光学厚度有减小的趋势,在空间分布上,高原云光学厚度和云水路径从东南向西北减少。此后,高星星等(2017)通过研究得到了相似的结论,其利用ISCCP D2资料分析了青藏高原云宏观参量的时空分布特征,结合NCEP资料分析了不同云类与降水和气温的关系,结果表明,青藏高原地区云量分布整体呈自东向西减少的态势;1994—2019年,中高云量在青藏高原呈上升趋势,低云量则呈明显下降趋势,而该结果可能导致青藏高原地区地面气温升高(高星星等,2016)。

由于青藏高原平均海拔大于 3000 m,ISCCP 及 CERES SYN 等卫星资料所表示的低云云量少且有很多空白区,所以目前多只对高云(CH)、高的中云(CUM)和低的中云(CLM)的辐射强迫效应进行研究,表 3.2 分析了所有云总的辐射强迫。

表 3.2 青藏高原地区所有云总的辐射强迫的季节平均和年平均（单位：$W \cdot m^{-2}$；张丁玲，2013）

辐射类型	季节	西部	东北	东南
短波辐射强迫	春	−50.6	−50.8	−85.1
	夏	−94.9	−135.6	−142.7
	秋	−89.7	−108.6	−120.5
	冬	−41.4	−26.7	−58.5
	年平均	−69.2	−80.4	−101.7
长波辐射强迫	春	71.8	76.5	74.5
	夏	70.3	64.4	64.2
	秋	66.7	57.5	58.9
	冬	57.6	56.7	55.1
	年平均	66.6	63.8	63.2
净辐射强迫	春	21.2	25.7	−10.6
	夏	−24.6	−71.2	−78.5
	秋	−23.0	−51.2	−61.6
	冬	16.2	30.0	−3.4
	年平均	−2.6	−16.7	−38.5
例子数	春	48650	53244	52059
	夏	35379	82847	100748
	秋	27441	58868	85728
	冬	30937	22997	18110
	总数	142407	217956	256645

从年平均看,云在高原的三个区域都产生净的冷却效应,并且从西部区域到东南

区域依次增强,分别为-2.6、-16.7、-38.5 W·m^{-2}。从季节平均看,冬春季青藏高原是云强迫正负值的过渡区,从西部区域到东南区域由加热效应转变为冷却效应,夏秋季节均为冷却效应,也有明显的区域变化,云短波辐射强迫具有明显的区域差异,从西部区域到东南区域是依次增强的趋势,分别为-69.2、-80.4、-101.7 W·m^{-2};此外,云短波辐射强迫还有明显的季节变化,夏秋季节的云短波辐射强迫明显大于冬春季节。云长波辐射强迫区域差异不明显,但季节差异显著,从春季到冬季云长波辐射强迫的加热作用呈减小的趋势。由此可见,青藏高原地区冬春季节、辐射加热效应和辐射冷却效应共存,但以长波辐射加热为主,而夏秋季节则是云短波辐射的冷却效应占主导地位。

3.5 青藏高原蒸发变化特征

蒸发是水循环中受下垫面状况和气候变化影响最为直接的气候因子,同时也是地面热量平衡和水分平衡的重要组成部分。因此,研究青藏高原蒸发及其影响因素对分析青藏高原的气候变化及热量水分收支平衡具有重要的意义。

一般来说,某地的水资源的多少取决于降水、自然蒸发和径流量等的变化。其中降水是气候系统的直接输出,是当地径流、土壤和地下水的主要补给,反映水资源的收入情况;而蒸散是水资源的主要支出,也是水循环中不确定性最大的一个要素;从气象的角度考虑,降水和蒸发之差基本能表征当地水资源的变化。由于青藏高原的大部分区域属于干旱、半干旱区域,其对气候的敏感性相应高(Huang et al.,2012),在青藏高原区域气温明显升高的背景下,作为水循环重要环节的降水和蒸发的变化对水资源的影响尤为重要。较长时间的降水和蒸发的增加或者减少,可对水循环更替期的长短、水资源的承载能力、水资源的时空分布以及灾害频数的程度产生重大影响(施雅风和张祥松,1995)。因此,研究高原上降水和蒸发的变化对于估计其水资源的变化是很重要的。

与气温相比,青藏高原降水和蒸发的变化要复杂得多,其趋势变化也一直存在争议。Xu 等(2008)利用1961—2001年站点资料研究发现,高原上的降水在过去的几十年里在大部分区域都呈现增加的趋势,特别是东部和中部地区,而在高原的西北区域则呈减小的趋势。林振耀和赵昕奕(1996)指出青藏高原降水的变化有明显的区域性,

20世纪50—90年代初青藏高原平均降水量呈减少趋势的区域主要分布在雅鲁藏布江一带,而藏东南、藏南、藏北地势较高地区及青海北部降水增加。杜军和马玉才(2004)研究发现,1971—2000年西藏大部分地区降水变化为正趋势,速率为19.9 mm·(10 a)$^{-1}$,而阿里地区呈减少趋势。有关高原上蒸发的变化也有不少研究,并取得了一些有意义的结果,例如李景玉等(2009)发现,整个西藏地区蒸发量与气温的相关关系显著,气温是影响蒸发的主要因素;另一些研究表明,青藏高原上也存在"蒸发悖论"的现象(张世强等,2005;Zhang et al.,2007;杜军等,2008),即气温显著持续上升而陆地观测到的水面蒸发量(蒸发皿记录的蒸发量)却出现持续下降趋势,观测事实和理论期望相矛盾。但由于受到观测资料和计算方法的限制,研究也具有一定的局限性,结果也有很大的差异性,例如Xu等(2005)研究发现,1971—2000年高原上蒸发皿蒸发量和潜在蒸发量都呈增加的趋势。

张丁玲(2013)利用高分辨率的长时间降水资料(1901—2011年)和蒸发皿蒸发资料(1965—2011年),采用经验公式计算了高原上陆面实际蒸发量,对高原上蒸发的时空分布特征进行了研究。

图3.10表明,高原年平均蒸发整体呈现从东南向西北逐渐增大的分布,西藏东南部、青海南部以及祁连山东北坡为蒸发能力低值区,年平均蒸发在1000~1400 mm;年蒸发大的地区在柴达木盆地,蒸发大于2200 mm,特别是靠近塔克拉玛干沙漠一侧,蒸发最大达3000 mm,另一个高值区位于西藏南部沿雅鲁藏布江一带,蒸发大于2200 mm。

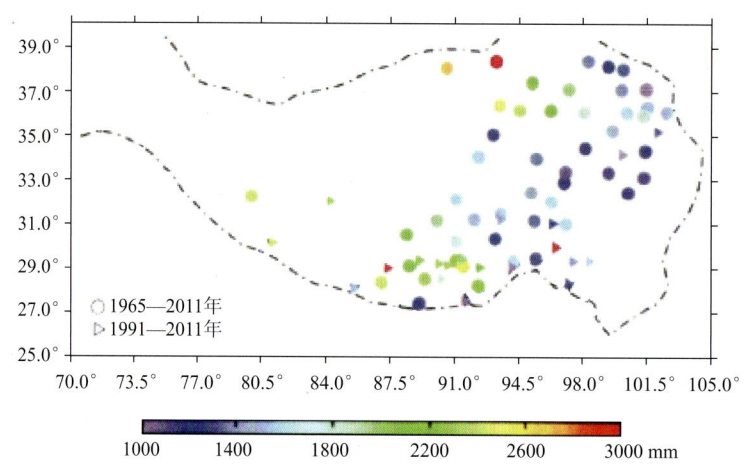

图3.10 青藏高原年平均蒸发的空间分布(张丁玲,2013)

青藏高原除了青海南部和西藏东部个别的几个站点蒸发表现出增加的趋势外(图3.11),在高原大部分区域都是减小的趋势,特别是在柴达木盆地和高原北边缘减小速率最快,在 $-30\sim-20$ mm·a^{-1} 之间,其次是西藏南部,减少速度在 $-20\sim-10$ mm·a^{-1} 之间。而与之对应的降水站点资料则在高原大部分区域都呈弱的增加趋势($0\sim5$ mm·a^{-1}),仅在西藏东南部有几个站点呈减少趋势。

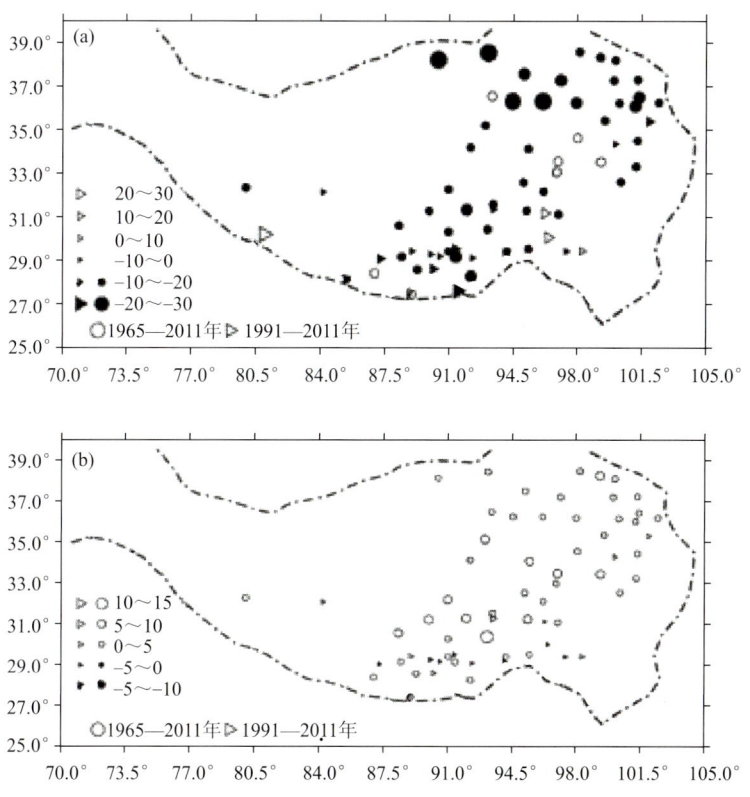

图 3.11　年平均蒸发(a)、降水(b)变化趋势的空间分布(单位:mm·a^{-1};张丁玲,2013)

图 3.12 是 1965—2011 年高原大部分区域年平均蒸发和降水量随时间的变化。由图可以看出,高原整体自 1965 年以来,蒸发呈减少的趋势(约 -0.614 mm·a^{-1}),特别是 2000 年前后出现一次突变,减小速率明显增加;而降水表现为弱的增加趋势(约 0.277 mm·a^{-1}),并在 1980 年前后出现一次突变,降水增加明显,之后增加趋势又趋于平缓。高原南部和东南部的蒸发在 1991—2011 年间也呈减少的趋势(约 -0.456 mm·a^{-1})。通过分析高原上蒸发的变化趋势,发现在高原上确实存在"蒸发悖论"的现象,即在高原不断增温的情况下,蒸发皿所测蒸发却呈现逐年减小的趋势。虽然小型蒸发皿蒸发不能确切地代表真实水体的蒸发,但由于资料的缺乏,常以其蒸发近似地代替潜在蒸发量作为衡量区域蒸发的指标。

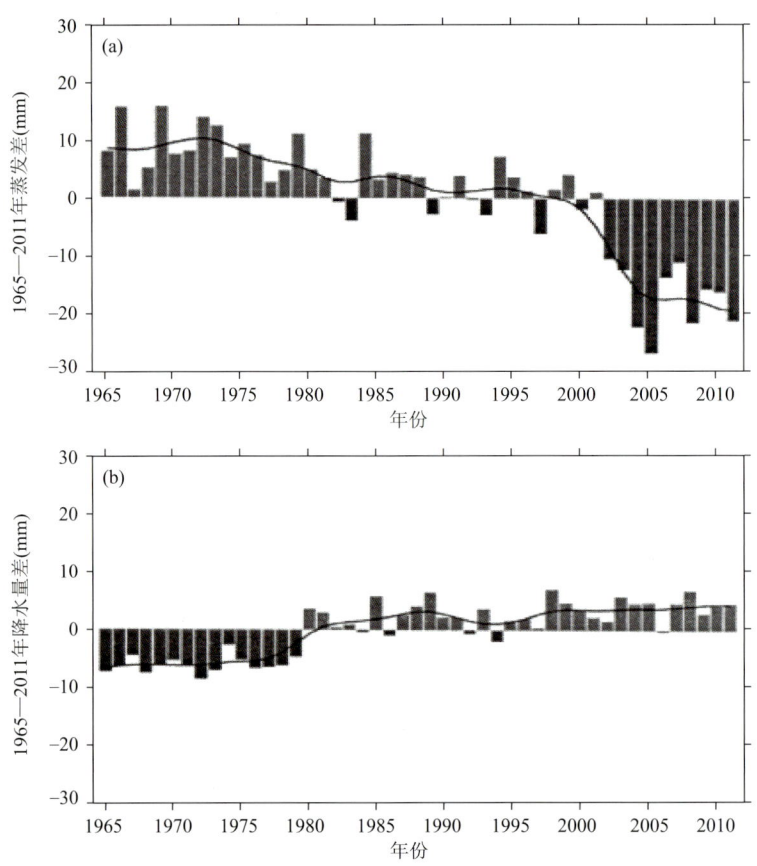

图 3.12　1965—2011 年平均蒸发距平（a）和降水距平（b）的时间变化（张丁玲，2013）

3.6
青藏高原蒸散量变化特征

蒸散量是各种陆地表面通过蒸发、植物通过蒸腾以及积雪通过升华而减少的水量之和，在地表能量平衡和水文循环中起着关键作用。水循环的历史揭示蒸散呈增加趋势。随着全球变暖加速，准确评估蒸散发对气候变化的影响非常必要。蒸散过程取决于大气传输和湿度条件，而且驱动蒸发的因素很多，包括辐射、温度、土壤湿度和植被覆盖等。

为了在青藏高原上获得更准确的蒸散发评估,需要具有高时空分辨率的连续蒸散记录。此外,由于缺乏蒸散控制和区域尺度降水的知识,因此对青藏的蒸散动态评估也受到限制。Song 等(2017)通过修改 Penman-Monteith 算法,利用 2000—2010 年 1 km 空间分辨率气象和卫星遥感数据估算青藏高原的蒸散发。结果表明,青藏高原年平均蒸散值为 350.3 mm,并且呈现从东南向西北减少趋势(图 3.13)。在开放水体中,年平均蒸散值最高(680.9 mm),而在开放灌木林中,年平均蒸散值最低(254.0 mm)。总体而言,2000—2010 年蒸散年际变化呈下降趋势,并且青藏高原西北部 42%以上地区呈负蒸散变化趋势(图略)。

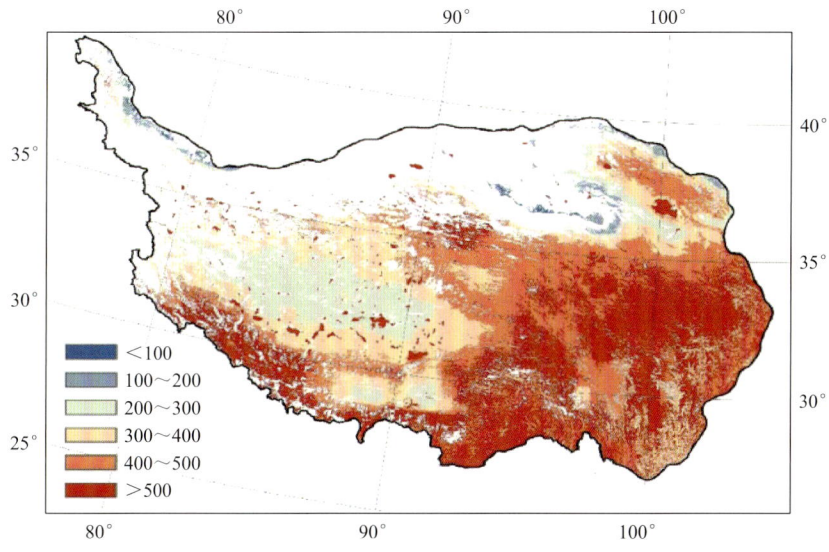

图 3.13 2000—2010 年青藏高原年平均蒸发的空间分布(单位:mm;Song et al.,2017)

相对湿度是控制西北高原干旱区蒸散发长期变化的主要影响因素。此外,青藏高原蒸散显著增加,约 37%显示强烈的正趋势,主要位于青藏高原中部。蒸散增长趋势表明,青藏高原在过去 10 a 可能变得更加潮湿了。2000—2010 年蒸散的主要季节分布形态表现出明显的波动(图 3.14)。在春季(3—5 月),青藏高原东南部大部分地区表现出较高的蒸散值,因为在春季温和的温度条件下,这些地区的森林生态系统开始增长。由于降水量高,植被茂密和辐射强烈,蒸散在夏季(6—8 月)达到最高水平。秋季(9—11 月),随着植被衰退和辐射下降,蒸散发减少。由于可利用的能量、温度和气孔导度低,冬季(12 月—次年 2 月)青藏高原大部分地区具有非常低的蒸发量。

综上所述,根据近年来的研究发现,青藏高原蒸散发的年平均值在高原东部相对湿润地区最高,温带地区次之,寒冷干旱地区蒸散发值最低。蒸散发往高原西北方向逐渐减少,与气候资源模式和青藏高原主要生物群落分布类型相对应。

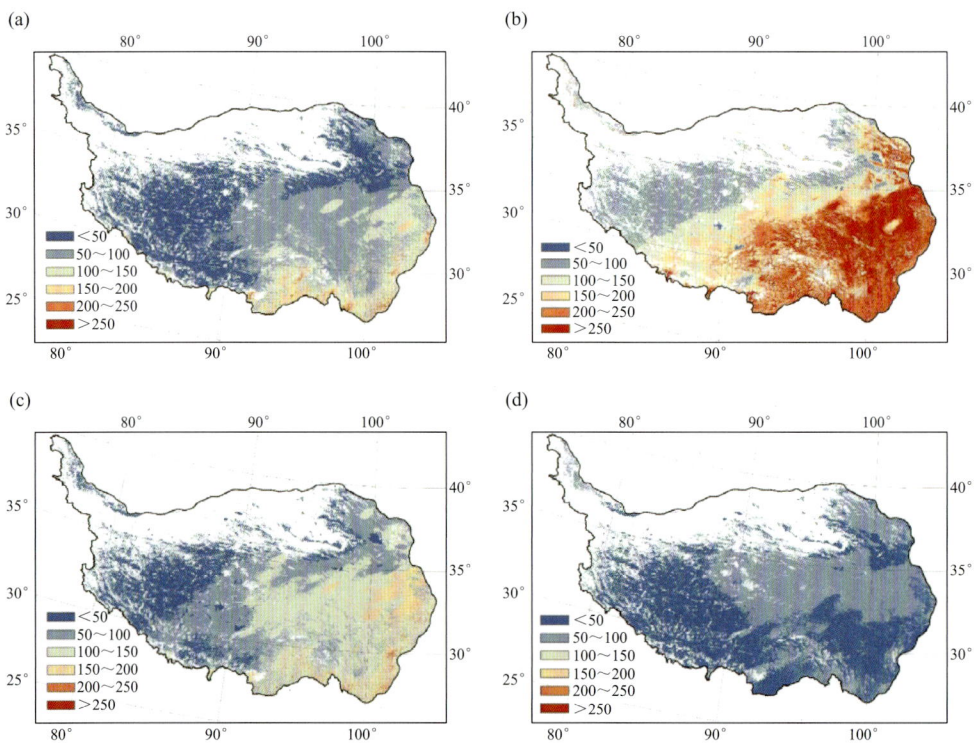

图 3.14 2000—2010 年青藏高原平均蒸散的季节分布(单位:mm;Song et al.,2017)
(a)春季;(b)夏季;(c)秋季;(d)冬季

3.7 青藏高原地气能量交换

就气候系统而言,全球能量和水分循环过程是有机联系在一起的(张兰生等,2000),高原下垫面物理量对大气环流的影响存在季节性,高原前期雪盖、感热、土壤湿度、土壤温度、地表反照率、冻土等物理量显著影响着亚洲季风、大气环流以及中国夏季降水。在地气相互作用过程中,由于土壤温度和含水量的时空分布反映了土壤的干湿状况及热量状况,因此在青藏高原地气系统能水循环的过程中,土壤热量和含水量的时空变化是极其重要的组成部分(杨梅学等,2002)。这一方面是因为相对于其上的大气而言,土壤的热容量和含水量均较大,不但受其上空的天气气候过程的影响,而且也极大地制约着其上空的天气气候过程(彭雯等,2012)。此外,土壤对天气气候的影响之一是通过蒸发过程将土壤的水分传输给大气,并参与局地对流活动(陈宇航等,2016)。

青藏高原地表温度的升高导致冻土融化,进而促进高原大气变湿,且中部高原有最明显的变湿趋势。在青藏高原变暖和变湿的背景下,植被密度在整个高原地区存在增加的趋势。Ma 等(2018)利用站点数据以及 Noah-MP 模拟结果发现,1981—2010 年间,青藏高原西部和中部感热下降显著,整个高原的下降趋势约为 $2.7\ \text{W} \cdot \text{m}^{-2}$。基于地表能量平衡模型的研究结果,得到了地表能量平衡各分量 2001—2010 年的变化趋势,研究发现,青藏高原的感热通量整体呈减弱的趋势,而潜热通量整体呈增加的趋势。同时,Ma 等(2018)利用卫星遥感融合地面观测的方法,发现了整个青藏高原从 2001 到 2012 年感热通量整体呈减弱的趋势,而潜热通量整体呈增加的趋势的规律。由于青藏高原和高纬度地区存在非均匀的大气加热,高纬度和低纬度之间出现弱的气压梯度力。模型模拟结果和观测证据进一步显示弱的气压梯度力会通过从高空到大气边界层的向下运动减弱表面风速。风速减弱会使得高原能量向周边地区输出减少,加上臭氧消耗、二氧化碳效应和大气水汽增多,使得高原的增温率比其他地区增温更快。快速增温和风速减弱可以减小波纹率并减小地表感热通量,且空气变暖会增大大气长波辐射,两者共同导致热源减弱,从而进一步影响亚洲季风。

3.8 青藏高原冻融过程及其影响

青藏高原的冻融过程对地表非绝热加热具有显著影响。春季是季节转换期,也是亚洲夏季风建立的前期;高原地区发生在春季的融冻和融雪过程,影响高原地区的土壤温湿度变化,从而影响到高原地区的非绝热变化及其地表和大气之间的非绝热加热交换,进而影响到亚洲夏季风的建立和异常、东亚和全球大气环流的异常。Yang 和 Wang(2019)利用观测试验结果和常规气象观测资料及 ERA-Interim、NCEP、GLDAS 等同化资料,在率定该地区水热参数的基础上,建立了新的水热耦合模式,并将其耦合进气候模式,由此研究了青藏高原地区春季融雪、融冻引起的土壤水分变化对地表非绝热加热的影响,并分析了融雪、融冻引起的地表非绝热加热异常与亚洲夏季风之间的关系。

土壤冻融过程对地表的水文过程和能量收支有重要影响。Yang 和 Wang(2019)利用青藏高原不同区域的观测站点资料,结合通用陆面模式 CLM4.5 (Community Land Model version 4.5)设计有、无冻融的数值试验并结合观测分析了冻融过程对土壤水热传输的作用及其对土壤温、湿度变化及地表非绝热加热的影响。观测结果和区域试验结果表明,没有土壤冻融会导致冻融期的土壤温度降低,而在融化后期,土壤温度偏高,土壤湿度减少。土壤冻融过程具有水分储存效应,浅层土壤的储存指数(storage index,SI)能达到 0.95。没有土壤冻融,由于蒸发加强,融化后期的浅层土壤湿度会减少约 10%。土壤冻融过程会影响土壤湿度异常的持续性,没有冻融过程会使得春季土壤湿度的记忆性缩短 20 d 左右。由于土壤温度和湿度的异常,在融化后期,平均的地表潜热通量会减少 1.07 W·m^{-2},地表感热通量会增加 4.72 W·m^{-2}。冻融过程对深层土壤水热传输的影响与浅层的不同。在全球变暖的背景下,土壤水热性质发生变化,土壤冻结时间推迟,融化时间提前,土壤冻结时期缩短,这些变化使得 SI 减小,从而引起春季土壤水分的损耗。

Wang 等(2017)利用 1980—2009 年卫星遥感(SMMR、SSM/I、AMSR-E)积雪深度日资料,通过 SVD 分析,揭示出青藏高原冬春积雪时空异常引起的非绝热加热效应可持续到夏季,表现为青藏高原冬春积雪时空异常与中国东部夏季降水的相关存在三对时空异常的"型"。通过地球系统模式(Community Earth System Model,CESM)设计的四组数值模拟试验进一步验证和再现了上述"型"的存在。高原持续的非绝热加热异常,通过改变高原南北两侧的温度梯度,导致西风定常波的异常。当高原南部多雪时,高原对其北侧的热力强迫作用减弱,西风减弱,西风定常波的动能减小,通过对定常行星波的影响,急流出口区西风加强且位置偏南,低层风场的异常使华北地区的水汽输送减少、长江流域的水汽输送增多;当高原北部多雪时,高原北侧的热力强迫加强,西风定常波的动能增大,急流出口区的西风减弱且位置偏北,低层风场的异常使水汽向华北地区输送增多,北部多雪相比南部多雪会使得水汽辐合更偏北,导致中国夏季雨带北移。

3.9 本章小结

（1）青藏高原是全球气候变化的敏感区,冰川退却、冻土融化、湖泊扩张,青藏高原正趋于暖湿化。因此,在气候变暖背景下,气温的升高对青藏高原大气水分循环的影响是目前研究的重要科学问题。影响青藏高原水分循环的因素主要有气象条件(包括大气环流、温度、降水、日照、风速、蒸发等)和地理条件(包括地形、地质、土壤、植被等),河流、湖泊、冰川、冻土、湿地等要素的变化及蒸发、径流等过程的变化对水循环变化起着重要作用。此外,人类活动不断改变着自然环境,并越来越强烈地影响着水分循环的过程。

（2）青藏高原升温过程、降水、太阳辐射、蒸发等是水分循环的大气驱动因子。1960年以来,青藏高原整体呈现一致增暖趋势,气温倾向率远高于全国的增暖水平。高原边缘地区气候变暖要明显高于高原腹地,高原的青海北部边缘,特别是柴达木盆地是青藏高原气候变化的敏感区,高原南部边缘喜马拉雅山脉气温升温也十分明显,其中珠峰地区是中国升温趋势最明显的地区之一,其变暖时间早于全球,幅度大于全球。高原上有近2/3的区域降水呈现增加的趋势,但增加速率不是很大,主要分布在高原中部腹地偏东区域、高原西北角和高原东南角。而高原上降水减少的区域主要分布在喜马拉雅山区域、高原中部偏西区域和高原东南边缘,其中降水减少最明显的区域是喜马拉雅山区域。青藏高原地区云量分布整体呈自东向西减少的态势;中高云量在青藏高原呈上升趋势,低云量呈明显下降趋势,这可能导致青藏高原地区地面气温升高。青藏高原地区冬春季节辐射加热效应和辐射冷却效应共存,但以长波辐射加热为主,而夏秋季节则是云短波辐射的冷却效应占主导地位。青藏高原大部分区域蒸发都是减小的趋势,特别是在柴达木盆地和高原北边缘的减小速率最快。青藏高原蒸散发的年平均值在高原东部相对湿润地区最高,温带地区次之,寒冷干旱地区蒸散发值最低。蒸散发往高原西北方向逐渐减少,与气候资源模式和青藏高原主要生物群落分布类型相对应。青藏高原地表温度的升高导致冻土融化,进而促进高原大气变湿,且高原中部有最明显的变湿趋势。在青藏高原变暖和变湿的背景下,植被密度在整个高原地区存在增加的趋势。基于地表能量平衡模型的研究发现,青藏高原的感热通量整体呈减弱的趋势,而潜热通量整体呈增加的趋势。另外,青藏高原土壤冻融过程会影响土壤湿度异常的持续性,没有冻融过程会使得春季土壤湿度的记忆性缩短。

参考文献

陈葆德,梁萍,李跃清,2008.青藏高原云的研究进展[J].高原山地气象研究,128(1):66-71.
陈宇航,范广洲,赖欣,等,2016.青藏高原复杂下垫面能量和水分循环季节变化特征分析[J].气候与环境研究,21(5):586-600.
杜军,边多,鲍建华,等,2008.藏北高原蒸发皿蒸发量及其影响因素的变化特征[J].水科学进展,19(6):786-791.
杜军,马玉才,2004.西藏高原降水变化趋势的气候分析[J].地理学报,59(3):375-382.
段安民,肖志祥,吴国雄,2016.1979—2014 年全球变暖背景下青藏高原气候变化特征[J].气候变化研究进展,12(5):374-381.
段克勤,姚檀栋,王宁练,等,2008.青藏高原南北降水变化差异研究[J].冰川冻土,30(5):726-732.
冯松,汤懋苍,王冬梅,1998.青藏高原是我国气候变化启动器的新证据[J].科学通报,43(6):633-636.
高星星,陈艳,张武,2016.利用卫星资料对青藏高原地区空中云水资源的研究[J].兰州大学学报(自然科学版),52(6):756-770.
高星星,陈艳,张武,等,2017.青藏高原云的气候特征及其对地气系统的影响[J].兰州大学学报(自然科学版),53(4):459-466.
高艳红,续昱,张宏文,等,2018.青藏高原内循环降水特征及其对全球变化的响应研究[C]//青藏高原地-气耦合系统变化及其全球气候效应.2018 青藏高原前沿科学研讨会文集:110-111.
康兴成,1996.青藏高原地区近 40 年来气候变化的特征[J].冰川冻土,18(S1):281-288.
李景玉,张志果,徐宗学,等,2009.影响西藏地区蒸发皿蒸发量的主要气象因素分析[J].亚热带资源与环境学报,4(4):20-29.
李生辰,徐亮,郭英香,等,2007.近 34 a 青藏高原年降水变化及其分区[J].中国沙漠,27(2):307-314.
李晓英,姚正毅,肖建华,等,2016.1961—2010 年青藏高原降水时空变化特征分析[J].冰川冻土,38(5):1233-1241.
李兴宇,郭学良,朱江,2008.中国地区空中云水资源气候分布特征及变化趋势[J].大气科学,32(5):1094-1106.
林振耀,赵昕奕,1996.青藏高原气温降水变化的空间特征[J].中国科学 D 辑:地球科学,26(4):

354-358.

刘健,2013.利用卫星数据分析青藏高原云微物理特性[J].高原气象,32(1):38-45.

刘瑞霞,刘玉洁,杜秉玉,2004.中国云气候特征的分析[J].应用气象学报,15(4):468-476.

潘保田,李吉均,1996.青藏高原:全球气候变化的驱动机与放大器[J].兰州大学学报(自然科学版),32(1):108-115.

潘晓,傅云飞,2015.夏季青藏高原深厚及浅薄降水云气候特征分析[J].高原气象,34(5):1191-1203.

彭雯,高艳红,王婉昭,2012.土壤温湿状况对黄河源区水循环过程的影响[J].地球科学进展,27(11):1252-1261.

施雅风,张祥松,1995.气候变化对西北干旱区地表水资源的影响和未来趋势[J].中国科学:B辑,25(9):968-977.

宋辞,裴韬,周成虎,2012.1960年以来青藏高原气温变化研究进展[J].地理科学进展,31(11):1503-1509.

汪宏七,赵高祥,1994.云和辐射(I):云气候学和云的辐射作用[J].大气科学,18(S1):910-912.

王国杰,何金海,2015.青藏高原土壤湿度对长江流域夏季洪水的影响[C]//青藏高原地-气耦合系统变化及其全球气候效应.2015青藏高原前沿科学研讨会文集:99-101.

王静,祁莉,何金海,等,2016.青藏高原春季土壤湿度与我国长江流域夏季降水的联系及其可能机理[J].地球物理学报,59(11):3985-3995.

韦志刚,黄荣辉,董文杰,2003.青藏高原气温和降水的年际和年代际变化[J].大气科学,27(2):157-170.

吴鹤轩,1985.青藏高原的低云[M].北京:气象出版社.

杨梅学,姚檀栋,何元庆,等,2002.藏北高原地气之间的水分循环[J].地理科学,22(1):29-33.

张丁玲,2013.青藏高原水资源时空变化特征的研究[D].兰州:兰州大学.

张兰生,方修琦,任国玉,2000.全球变化[M].北京:高等教育出版社.

张世强,丁永建,卢建,等,2005.青藏高原土壤水热过程模拟研究(Ⅲ):蒸发量、短波辐射与净辐射通量[J].冰川冻土,27(5):645-648.

周允华,叶芳德,周树秀,等,1983.利用TIROS2N卫星云图对1979年夏季青藏高原云量分布的研究[J].高原气象,2(1):39-51.

CHEN B,LIU X,2005. Seasonal migration of cirrus clouds over the Asian monsoon regions and the Tibetan Plateau measured from MODIS/Terra[J]. Geophysical Research Letters,32:1804-1816.

CHEN B,XU X D,YANG S,et al,2012. On the origin and destination of atmospheric moisture and air mass over the Tibetan Plateau[J]. Theor Appl Climatol,110(3):423-435.

FANG X,LOU S,LYU S,2018. Observed soil temperature trends associated with climate change in the Tibetan Plateau,1960—2014[J]. Theoretical and Applied Climatology. doi:10.1007/S00704-017-2337-9.

HUANG J,GUAN X,JI F,2012. Enhanced cold-season warming in semi-arid regions[J]. Atmospheric Chemistry and Physics,12(2):5391-5398.

LI J,2018. Hourly station-based precipitation characteristics over the Tibetan Plateau[J]. International Journal of Climatology,38(1):1560-1570.

LI J,YU R C,ZHOU T J,2008. Seasonal variation of the diurnal cycle of rainfall in southern contiguous China[J]. J Climate,21(22):6036-6043.

MA Y M,WANG Y Y,HAN C B,2018. Regionalization of land surface heat fluxes over the heterogeneous landscape:From the Tibetan Plateau to the Third Pole region[J]. International Journal of Remote Sensing,39:5872-5890. doi:10. 1080/01431161. 2018. 1508923.

MENG X,LI R,LUAN L,et al,2017. Detecting hydrological consistency and changes of soil moisture in summer over the Tibetan Plateau using the European Space Agency satellite soil moisture products[J]. Climate Dynamics. doi:10. 1007/S00382-017-3646-5.

RAVAL A,RAMANATHAN V,1989. Observational determination of the greenhouse effect[J]. Nature,342(6251):758-761.

SONG L,ZHUANG Q,YIN Y H,et al,2017. Spatio-temporal dynamics of evapotranspiration on the Tibetan Plateau from 2000 to 2010[J]. Environmental Research Letters,12(1):014011.

SUN B,GROISMAN P Y,2000. Cloudiness variations over the former Soviet Union[J]. International Journal of Climatology,20(10):1097-1111.

VAN DER VELDE R,SALAMA R M,PELLARIN T,et al,2014. Long term soil moisture mapping over the Tibetan Plateau using Special Sensor Microwave/Imager[J]. Hydrology and Earth System Sciences,18(4):1323-1337.

WANG C,YANG K,LI Y,et al,2017. Impacts of spatiotemporal anomalies of Tibetan Plateau snow cover on summer precipitation in Eastern China[J]. Journal of Climate, 30(3):885-903. doi:10. 1175/JCLI-D-16-0041. 1.

WU G,ZHANG Y,1998. Tibetan Plateau forcing and the timing of the monsoon onset over South Asia and the South China Sea[J]. Mon Wea Rev,126(4):913-927. doi:10. 1175/1520-0493.

XU J,HAGINOYA S,MASUDA K,et al,2005. Heat and water balance estimates over the Tibetan Plateau in 1997—1998[J]. J Meteor Soc Japan,83(4):577-593.

XU X,CHEN H,LEVY J,2008. Spatiotemporal vegetation cover variations in the Qinghai-Tibet Plateau under global climate change[J]. Chinese Science Bulletin,53(6):915-922.

YANG K,WANG C,2019. Water storage effect of soil freeze-thaw process and its impacts on soil hydro-thermal regime variations[J]. Agricultural and Forest Meteorology,265:280-294.

YANG K,WU H,QIN J,et al,2014. Recent climate changes over the Tibetan Plateau and their impacts on energy and water cycle:A review[J]. Global & Planetary Change,112(1):79-91.

YU R,WANG B,ZHOU T,2004. Climate effects of the deep continental stratus clouds generated by the Tibetan Plateau[J]. J Climate,17(13):2072-2113.

YU R C,XU Y P,ZHOU T J,et al,2007. Relation between rainfall duration and diurnal variation in the warm season precipitation over central China[J]. Geophys Res Lett,34(13):L13703.

ZHANG Y Q,LIU C M,TANG Y H,et al,2007. Trends in pan evaporation and reference and actual evapotranspiration across the Tibetan Plateau[J]. Journal of Geophysical Research:Atmospheres,112(D12):D12110.

第4章
青藏高原水汽输送及其响应

4.1 青藏高原水汽分布特征

4.2 青藏高原水汽输送的变化特征

4.3 气候变暖背景下青藏高原大气可降水量变化特征

4.4 青藏高原主体及东南缘水汽输送

4.5 青藏高原整体水分循环对气候变化的响应

4.6 青藏高原对外部水汽输送的响应

4.7 青藏高原水汽输送的观测与模拟

4.8 本章小结

4.1 青藏高原水汽分布特征

青藏高原夏季平均水汽含量自东向西随海拔高度的增加而减小,而高原夏季降水整体上由东南向西北递减。水汽含量的第一特征向量场表现出全区一致的正值分布,大值区位于高原中东部,表明高原夏季水汽含量的变化具有整体一致性;水汽含量的第二特征向量场呈南北反相分布,零值线大致出现在唐古拉山脉北侧附近,零值线以北为负值区,以南为正值区,反映了高原夏季水汽含量变化存在南北差异。降水的第一特征向量场也呈现南北反相的变化特征,其零值线位置及其走向与水汽含量第二特征向量场零值线基本一致,在35°N以北(南)为负(正)值,与水汽含量第二特征向量场的空间分布非常相似。夏季高原水汽含量第二特征向量与降水第一特征向量均存在同样的南北反相变化,当高原夏季水汽含量出现南多北少时,高原南部地区降水普遍偏多而北部地区降水普遍偏少。而降水第二特征向量场的空间分布,大致以30°N为界,南部地区基本为负值,北部地区为正值,高值区主要位于青海东南部和川西高原(周顺武等,2011)。

许健民等(1996)利用 GMS-5 水汽图像分析了青藏高原地区对流层上部(400 hPa附近)水汽分布特征,发现高原东部地区基本是南湿北干,干湿区之间的边界基本上是沿着唐古拉山—巴颜喀拉山一线。占瑞芬和李建平(2008)利用青藏高原地区大气红外探测器(AIRS)资料研究了上对流层(200 hPa)水汽特征,发现夏季高原上对流层水汽主要存在三种空间分布型,即全区一致型、高原东西偶极型(最大正值中心大致位于102°E,最大负值中心位于72°E附近)和南北带状偶极型(正负值的交界处大致位于32°N)。梁宏等(2006a,2006b)对 GPS 遥感大气总水汽量与探空观测结果做了比较,发现:在高原,GPS 遥感大气总水汽量与探空观测结果吻合得很好,地基 GPS 探测的大气总水汽量具有高时间分辨率和高精度等特点,在高原上利用 GPS 探测大气总水汽量可以获得一些水汽快速变化的信息,有利于监测天气的变化。综合台站资料、NCEP 格点再分析资料、地基 GPS 大气总水汽量观测资料,给出了高原上大气总水汽量的分布特征:主要是东南部湿润、西北部干燥,不同季节高原上基本都存在3个明显的大气总水汽量高值中心,分别位于东南部、西南部和西北部,这3个大气总水汽量高值中心的存在与高原的水汽输送路径关系密切,从而进一步证明了高原东南、西南和西北水汽通道的存在。此外,定量给出了高原地区大气总水汽量的年变化值:东南部地区为 0.3~3.0 mm,其他地区为 0.2~2.0 mm。

朱福康(2000)发现夏季在青藏高原东部存在以甘孜为中心的高空湿区,并提出了高原"湿池"的概念,指出高原"湿池"的水汽来源并不一定来自南海或者孟加拉湾,在夏季就存在着一条"来自仲巴入口的水汽通道",该结论表明了高原西南部水汽通道的重要性。王霄等(2009)研究进一步证实在对流层中层的高原上空,夏季是一个明显的大气水汽含量高中心,"湿池"特征非常显著,主要有 3 个大的可降水量中心,即高原的西南部、东南部和高原南侧,其中高原东南部最湿,可降水量最大可达 14 mm,高原西南部和南侧最湿月的可降水量也在 13 mm 左右。夏半年,高原地区可降水量变化很大,增湿过程相对缓慢,在 7、8 月达到最高,而减湿的过程则相对迅速。地理纬度和海拔高度决定了高原这种南湿北干的大气水汽分布特征(梁宏等,2006a)。江吉喜和范梅珠(2002)认为高原上南北干湿分界线大体在 33°N 附近,在南部湿区有两个湿中心,分别在雅鲁藏布江上游和甘孜、理塘一带。高原东南部分布了若干夏季降水高值区,如四川雅安、云南西南部和广西钦州等位于青藏高原地形东南侧边缘的多雨中心。这些多雨中心位置恰好处于水汽强非均匀分布"湿锋"附近,表明高原南侧局地的水汽强非均匀性分布及地形动力强迫抬升作用,加上局地动力扰动是高原周边多雨中心形成的重要原因(苗秋菊等,2004)。

谢启玉等(2015)和齐冬梅等(2016)基于 ERA 再分析资料得出的结论与梁宏等(2006a,2006b)、Jin 等(2008)用地基 GPS 探测得到的大气总水汽量分析结果基本一致,同时也发现一些新的事实,例如:夏季 7 月高原"湿池"强度最强,除了在高原南部有自西到东的连续高湿中心带外,在高原西北部还有一个高湿中心;与 7 月比较,1 月高湿中心发生了明显的变化,高原西北部的湿中心消失;虽然高原南部依然维持一个高湿带,但强度较 7 月明显减弱,位于藏南谷地的最强湿中心仅有 2.5 mm 左右,只是 7 月的 17%,西南部的高湿带强度明显减小,与 7 月相比,呈舌状,更向西北方向延伸至高原西北侧边缘地带(图 4.1)。

从时间变化特征看,夏季风开始前期,青藏高原主体上空水汽具有明显的日变化特征,但区域差别显著:白天,峡谷地带的大气可降水量随时间逐渐减少,高山地区则是增加;而夏季风开始后这种日变化特征不明显。季节尺度上,从春季到夏季,大气水汽含量从高原东南部向西北方向逐渐增加,5—9 月为大气水汽含量的高值期,盛夏 7—8 月是连续的高湿中心带。在从东到西的各个经度上,大气水汽含量随季节增大(减小)的过程基本是一致的。7 月,高原南部高湿中心在 1994—1996 年之后有强度加强的变化,西北部高湿中心则经历了偏弱—偏强—偏弱—偏强 4 个阶段的交替变化;1 月,高原"湿池"在 20 世纪 80 年代末期之后持续偏强。高原南部高湿中心带在 7 月几乎是一个自东到西的连续区域,1996 年以后这一特征更为明显,在 1 月则是分为东西两段的两个区域(谢启玉等,2015)。周长艳等(2017)通过定义夏季高原湿池强度

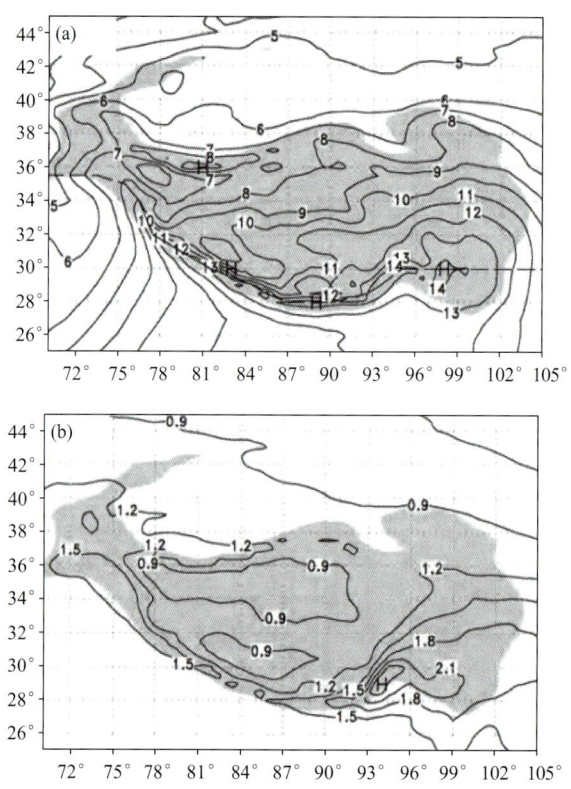

图 4.1 1979—2012 年 7 月（a）和 1 月（b）高原平均大气水汽含量（单位：mm；谢启玉等，2015）

指数，分析发现 1979—2011 年夏季高原湿池呈现显著的增强趋势，主要具有 3～4 a、7～8 a 的振荡周期，并指出 9 月高原湿池整体水汽含量在 33 a 里也是增加的。

4.2 青藏高原水汽输送的变化特征

青藏高原夏季降水的主要气候特征是南部与北部降水异常呈现相反分布的特征，其水汽输送和环流形势配置差异显著。如果孟加拉湾海区向北的水汽输送和东部海洋向西的水汽输送加强,同时乌拉尔山阻塞高压强盛,东亚从低纬至高纬呈现"＋－＋"位势高度环流形势时,有利于西南水汽输送并与来自东部海洋的水汽形成辐合,造成高原夏季降水偏多,反之降水则偏少(冯蕾和魏凤英,2008)。Feng 和 Zhou(2012)研究表明,青藏高原南麓的偏西水汽输送通量是影响青藏高原东南部夏季降水年际变化的重要水汽来源。在高原南区夏季少雨年,西风的水汽输送减弱,孟加拉湾向北的输送明显减弱,在中国西南地区水汽向北输送比平均场要少;而在夏季多雨年,高原主体水汽的西风输送明显增强,孟加拉湾向北水汽输送也显著增强。在高原北区夏季少雨年,高原上水汽向东输送增强,其以北地区西风输送减弱,而南海、孟加拉湾向大陆的水汽由西南转向后向东输送增强,向北输送减弱;多雨年,在高原东部水汽向北输送增强,尤其是中国中、东部的水汽向西输送及华北的向东输送增强(缪启龙等,2007)。

周长艳等(2009)研究指出,1958—2001 年高原东部及邻近地区(27.5°～35°N,97.5°～110°E)年大气可降水量总体呈减少趋势,区域总水汽收入也呈减少趋势(其中经向减少率为 9×10^5 kg·(10 a)$^{-1}$,纬向减少率为 2×10^5 kg·(10 a)$^{-1}$,总减少率为 7×10^5 kg·(10 a)$^{-1}$)。伴随东亚夏季风的减弱,夏季风携带的南来水汽在高原东部及邻近地区扩展强度的减弱是整个区域水汽收入减少的主要原因。近几十年(1979—2010 年),青藏高原的西风带通道和阿拉伯海通道水汽通量呈略微增长趋势,而孟加拉湾北部通道和南海通道则呈减弱趋势(图 4.2)。阿拉伯海、孟加拉湾、南海通道水汽输送的年际变化较大,相比之下西风带通道的水汽输送变化较小,输送相对稳定(林厚博等,2016)。

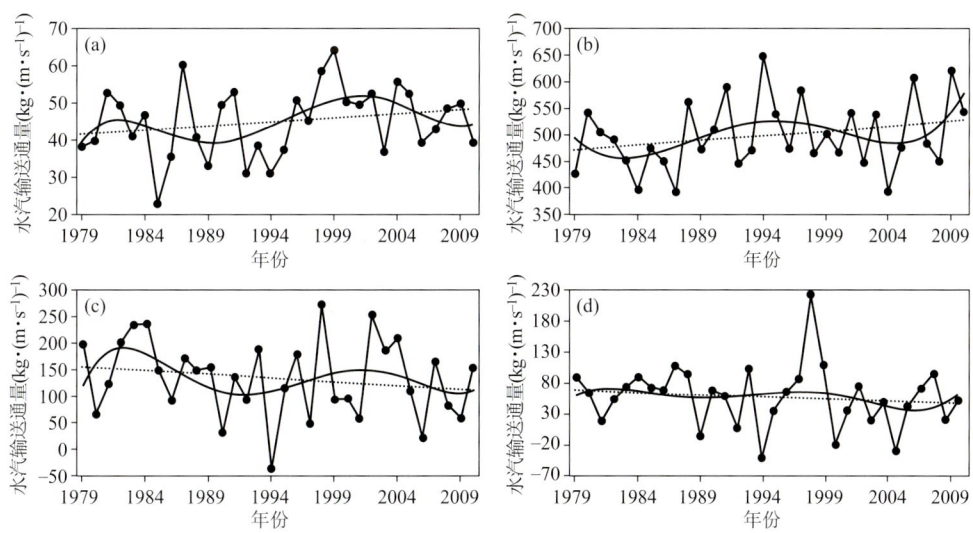

图 4.2　1979—2010 年西风带通道(a)、阿拉伯海通道(b)、孟加拉湾北部通道(c)及南海通道(d)水汽输送通量变化(林厚博等,2016)

青藏高原作为全球最高的大地形，其南侧来自印度洋、南海等地区的异常暖湿气流携带了大量的水汽，经地形爬升或强迫绕流为高原中部对流云发展提供了水汽条件，且使高原东南部降水十分丰富（苗秋菊等，2005）。将高原南缘作为关键区（图4.3a)研究发现，就年内变化而言，南边界水汽输入量在7月达到全年最高（191.22×10^7 kg·s^{-1}）；北边界水汽输出与南边界水汽输入变化趋势相似；东边界水汽输出最多（84.64×10^7 kg·s^{-1}）；西边界水汽输出在8月达到最大（71.57×10^7 kg·s^{-1}）（图4.3b）。除东边界外，1979—2010年夏季其余各边界水汽收支年际变化均呈减弱趋势，尤其以北边界的减少最为明显（11.15×10^7 kg·s^{-1}）（图4.3c）。印度热低压的"转换"效应制约着南边界水汽收入变化，它的减弱使得30 a来进入南缘关键区的水汽呈减少趋势（解承莹等，2015）。

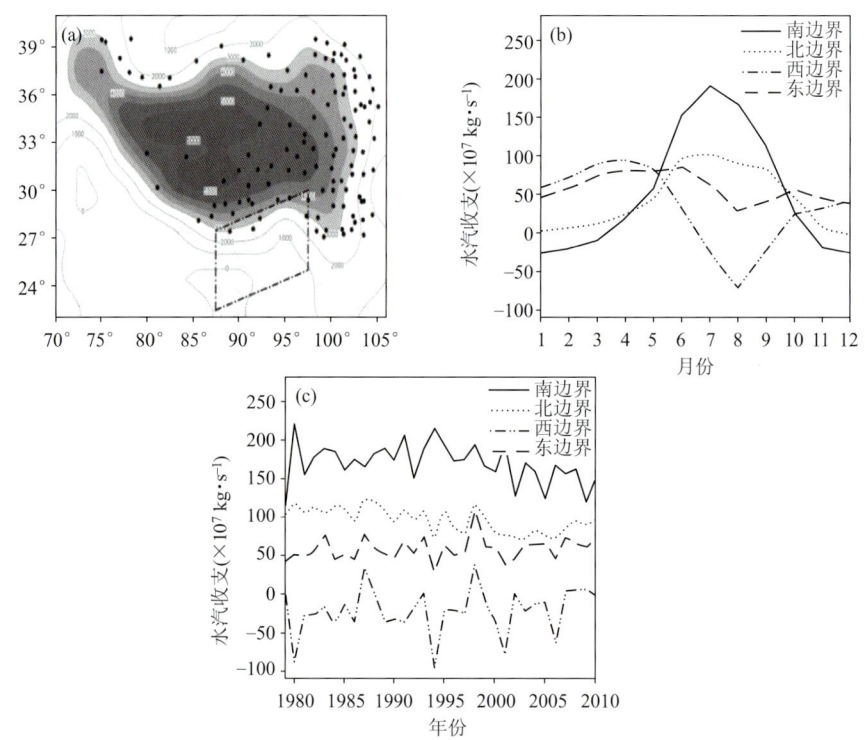

图4.3 高原南缘关键区（虚线框）和120个气象站点（黑点）分布（a）、1979—2010年南缘关键区各边界水汽收支月变化（b）及夏季平均年变化（c）（正值代表水汽输入，负值代表输出）（解承莹等，2015）

施小英和施晓晖（2008）研究指出，夏季青藏高原东南部是一个水汽汇区，夏季平均收入为39.9×10^6 kg·s^{-1}。南海夏季风爆发前，以西边界水汽输入为主，爆发后则以南边界的输入为主，东边界为主要输出边界。东亚夏季风的建立、推进对高原东南部的水汽输入有重要影响,而高原东南部的水汽输出则与夏季我国东部雨带的推进过程密切相关。

但是,不同区域不同资料得到的结论有所差异。王鹏祥等(2006)研究认为,1961—2003年青海高原净纬向风水汽通量一直呈"亏损"状态,净经向风水汽通量呈"盈余"状态,净水汽通量收支有正有负,但整体上呈增加趋势。随着气候变暖,三江源地区总水汽表现出较小增加趋势(2.6×10^6 kg·$(10\ a)^{-1}$),其中主要原因是东边界水汽输出的减少程度大于南、西、北边界输入量的减少程度(李生辰等,2009)。韩军彩等(2012)同样指出,1979—2008年高原大部分地区水汽呈增加趋势,尤其是西部干燥地区比东部湿润地区增湿更明显(图4.4a)。高原夏季水汽含量存在明显的年际振荡,且总体上呈现出增加的趋势,约为0.3 mm·$(10\ a)^{-1}$(图4.4b)。

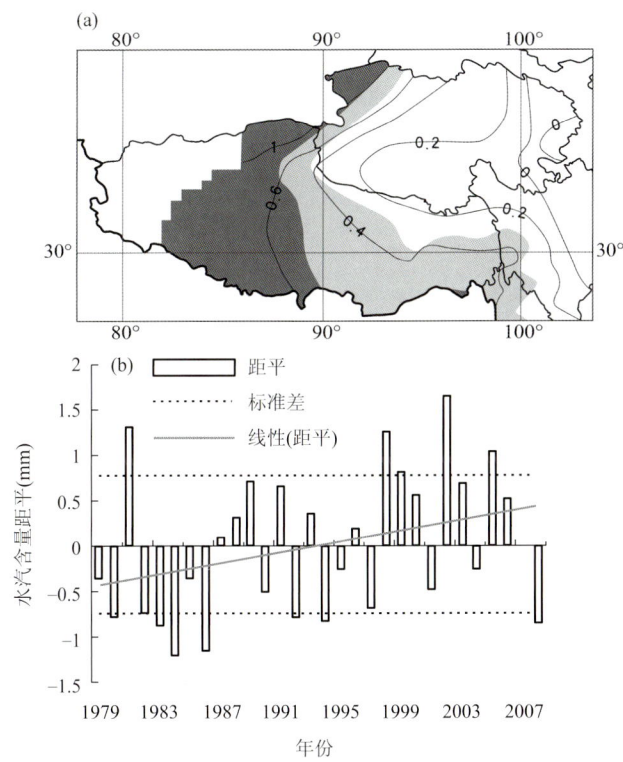

图 4.4 高原夏季水汽含量线性趋势的空间分布(a;单位:mm·$(10\ a)^{-1}$)及
夏季水汽含量距平的年际变化及线性趋势(b)(韩军彩等,2012)

由于高原东侧是典型的季风区,干湿季分明,水汽分布与输送有着明显的季节性差异。段玮等(2015)研究指出,春季是冬、夏季环流形势之间的过渡季节,高原主体上空整层大气可降水量为10 kg·m^{-2}左右,高原东南侧地区较大,可达20~30 kg·m^{-2}。水汽输送带主要有两个(图4.5a):一是逐渐北抬的副热带高压南侧(5°~15°N)

自东向西的水汽输送带;二是仍然活跃的西风带南支槽与副热带高压北侧共同影响区域(20°～30°N)自西向东的水汽输送带。夏季,南亚季风自西向东的水汽输送强劲,但流经 90°～95°E 附近时,南亚季风部分水汽输送改变方向转为向北输送,转向处即南亚季风槽,这与受到低纬高原阻挡和高原夏季是热源中心的共同作用有着密切的关系,而南亚季风水汽输送带的其余分支继续向东输送。这一向东的分量与东亚季风(南海季风)水汽输送带在 105°E 以东合并,转向后成为东亚季风向北的水汽输送,同样转向处即东亚季风槽(图 4.5b)。秋季是夏、冬季环流形势之间的过渡季节,强劲的季风水汽输送带已明显减弱(图 4.5c)。冬季,水汽输送主要有两个大值带:一是副热带高压南侧(0°～10°N)自东向西的强劲水汽输送带;二是西风带南支槽与副热带高压北侧共同影响区域(20°～30°N)自西向东的水汽输送带(图 4.5d)。

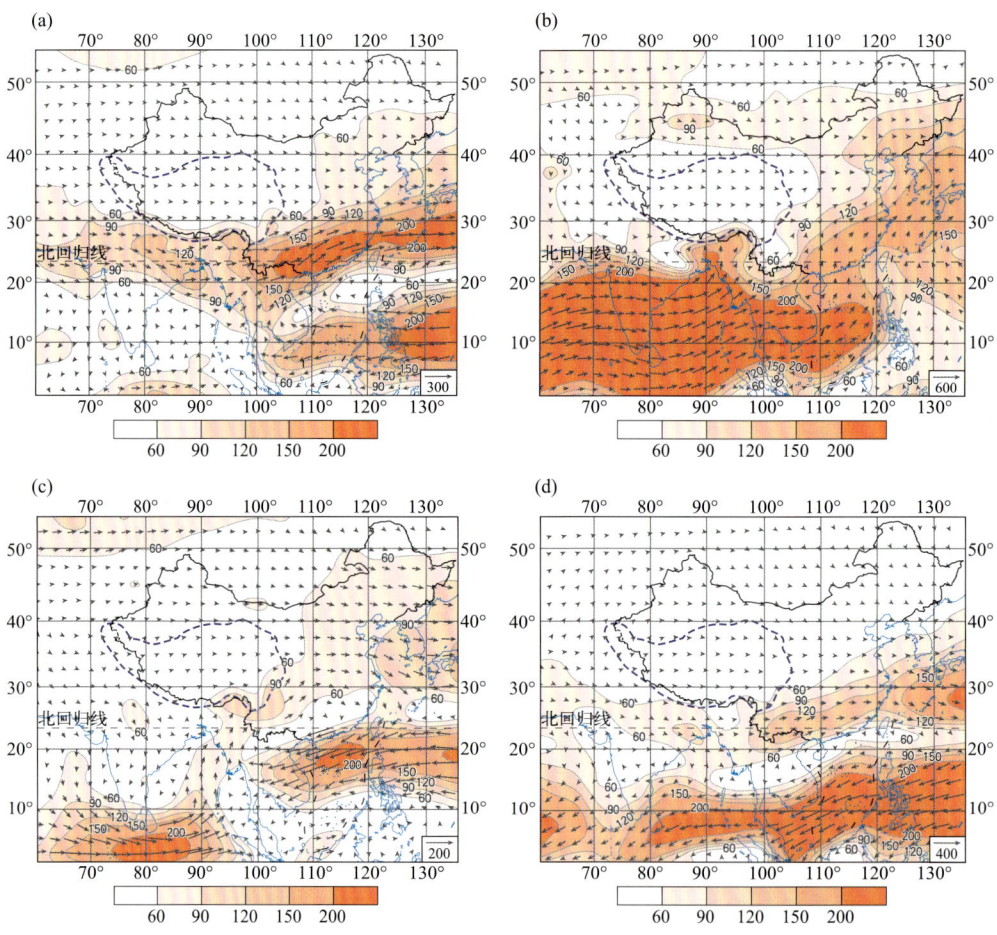

图 4.5　1981—2010 年各季平均整层大气水汽输送分布（单位：10^{-3} kg·m^{-1}·s^{-1}；阴影区为水汽输送大值带,粗虚线为海拔 3000 m 地形线;段玮等,2015)
(a)春季;(b)夏季;(c)秋季;(d)冬季

大气环流异常是导致青藏高原夏季水汽异常的直接原因(任倩等,2017)。在前期印度洋海温暖水年,赤道附近显著的东风异常对夏季高原水汽输送起到了至关重要的作用。500 hPa 上副热带高压显著增强并西移,600 hPa 上赤道附近为显著的异常东风,将水汽从西太平洋、南海、孟加拉湾向西输送到印度半岛,并在异常反气旋环流西侧的南风作用下,将水汽带向青藏高原。高层风场上,西太平洋地区辐合,青藏高原上空辐散。以上环流形势表明暖水年夏季青藏高原水汽偏多;冷水年则相反。

青藏高原东南部水汽收支对周边地区有重要影响,该区域是向西北地区东部、长江中下游地区输送水汽的重要通道。长江中下游地区涝年,高原东南部向东输送的水汽显著偏多,向北输送的水汽则偏少;相反,长江中下游地区旱年,高原东南部向东输送的水汽偏少,向北输送的水汽则显著偏多。高原东南部东边界的水汽收支与长江中下游夏季降水呈显著正相关,与西北地区东部夏季降水呈显著负相关;而北边界水汽收支则与西北地区东部夏季降水呈显著正相关,与长江中下游夏季降水呈显著负相关(施小英和施晓晖,2008)。

4.3 气候变暖背景下青藏高原大气可降水量变化特征

高原水汽的分布及输送对亚洲季风、东亚大气环流及全球气候变化均有重要影响。早在 20 世纪 70 年代,气象学者(叶笃正和高由禧,1979)就发现青藏高原干湿区分布的基本特征是西北部干、东南部湿;相比四周,夏季青藏高原是高湿区,其东南部是一个巨大的高湿中心,而在青藏高原的北侧,则是一条干带。徐祥德等(2002)讨论了夏季高原-季风水汽输送"大三角扇形"影响区域特征,指出夏季高原是我国东部长江流域梅雨带的重要水汽源或"转运站",其强弱变化对长江中下游旱涝具有重要的影响。高原东南部的"水汽转向点"与长江上游西南异常降水区域相吻合(苗秋菊等,2004);高原东部及附近地区的水汽收支对周边降水有重要影响(周长艳等,2005;施小英和施晓晖,2008)。

随着分析的深入,有关高原及其周边空中水资源演变特征及水汽输送等的研究成果已有不少。梁宏等(2006a)指出地理纬度和海拔高度决定了高原南湿北干的大气水汽分布特征,而大气环流变化则是造成青藏高原及周边地区大气水汽分布季节变化的主要原因。高原上空的大气水汽总体呈现南湿北干的空间分布形势,高原东南部存在明显的高湿中心,夏季青藏高原上空相对其他地区是明显的高湿区。江吉喜和范梅珠(2002)认为高原上南北干湿分界线在33°N附近;蔡英和钱正安(2004)、周长艳等(2009)利用再分析资料分析了青藏高原及周围地区整层大气可降水量的分布、变化特征,其研究表明高原及周围地区大气可降水量存在明显的地区差异和季节变化特征。王霄等(2009)分析了青藏高原上空整层(600 hPa到300 hPa)大气可降水量分布特征,发现夏半年(4—9月)青藏高原上空是亚澳季风区乃至全球相同高度上可降水量最大的区域,是一个明显的大气水汽含量高值中心,"湿池"特征非常显著,夏半年高原"湿池"主要有三个水汽分布大值区,即高原西南部、东南部和高原南侧。卓嘎等(2012,2013)分析了西藏地区大气可降水量及水汽输送的气候特征。周顺武等(2011)、韩军彩等(2012)分析了青藏高原上空夏季水汽含量的时空分布特征及其与降水的关系,认为高原夏季水汽含量在空间上表现出随海拔高度升高而减少的分布特征,高原南部降水转化率明显大于北部地区。谢启玉等(2015)指出在对流层中上层,高原上无论夏、冬季都有大气水汽含量的高值中心,即高原"湿池"均存在,夏季7月高原"湿池"强度最强,并且比较发现基于ERA资料与探空观测资料的高湿中心区更为接近。青藏高原"湿池"对我国夏季水汽输送有着非常重要的作用,它是我国东部和北部地区水汽输送的"转运"站(徐祥德,2009),不仅为长江流域梅雨的形成提供了重要的水汽来源(徐祥德等,2003;Xu et al.,2003),还是长江中下游地区旱涝、暴雨(丁一汇和胡国权,2003;胡国权和丁一汇,2003;周玉淑等,2005),以及2008年中国南方冰冻雨雪等灾害性天气气候的上游水汽输送关键区(施晓晖等,2009)。

关于高原的水汽来源,气象学者也做了较多的分析(许健民等,1996;郑新江等,1997;卓嘎等,2002;周长艳等,2005)。许健民等(1996)通过分析1995年6月中旬—7月初的GMS-5水汽图像,认为高原地区水汽的汇集主要通过四种方式进行:水汽从高原东南方的雅鲁藏布江河谷等地进入高原;从高原西南方越过喜马拉雅山进入高原;从帕米尔及其以北地区经过塔里木盆地后进入高原;对流活动可以引起水汽在高原上空积聚。卓嘎等(2002)利用NCEP/NCAR再分析资料研究了高原逐月水汽中心的移动过程,认为夏季青藏高原的水汽主要是从阿拉伯海一带逐渐向东移动到孟加拉湾,与南海的水汽汇集,然后从高原的东南部进入高原;有少部分的水汽则是从高原的西南部直接移上高原的。冬、春季节高原及其邻近地区水汽主要来源于中纬度偏西风水汽输送,夏季主要来源于孟加拉湾、南海、西太平洋地区的偏南风水汽输送,秋季则主要来源于西太平洋地区(周长艳等,2005,2012)。大部分学者都认同水汽主要从高原东南、西南部进入高原,肯定了来自印度洋、阿拉伯海、南海的水汽对高原水汽收支的贡献,不过还有些学者认为高原还有其他水汽来源,如:许健民等(1996)认为部分水汽可从帕米尔及其以北地区漂过塔里木盆地后进入高原,同时强调了垂直输送的作用,认为对流活动可以引起水汽在高原上空积聚。关于夏季高原"湿池"的水汽源地,江吉喜和范梅珠(2002)在分析了1998年夏季水汽输送后指出,高原上的水汽来源是孟加拉湾和阿拉伯海,并且主要从85°~95°E地区进入高原。黄福均和沈如金(1984)研究指出,夏季高原的水汽除了来自南海或孟加拉湾以外,在高原西南部还存在着一条重要的水汽通道;王霄等(2009)研究也指出,除了来自南海—孟加拉湾的东南侧水汽输送外,还有阿拉伯海—孟加拉湾水汽通过西南侧和喜马拉雅山中段进入高原。以上研究都表明,水汽的主要通道是高原东南、西南侧,孟加拉湾、南海及印度洋等地是夏季高原水汽的重要来源。

周长艳等(2017)最新研究发现,气候平均状态下,6—9月,整个青藏高原上空相对于全球中高层地区而言是一个垂直深厚的高湿区,称之为青藏高原湿池。利用比湿的相对纬偏值研究了高原湿池的垂直分布特征,通过分析得到,6—9月高原湿池相对于全球同高度地区来说是一个垂直深厚的水汽含量最大值区,不同高度层的水汽含量数值可达纬圈平均值的1倍到3倍以上;随着高度的增加,湿池内部比湿相对纬偏值大值区明显地向下游地区倾斜延伸,能从高原上空一直向下游延伸到120°E及以东地区,表明了高原上空的大气水汽含量对周边地区的重要影响。夏季高原湿池主要有三种空间变化模态:全区一致型,东西反向型,南北反向型。定义了一个夏季高原湿池强度指数,分析发现1979—2011年夏季高原湿池整体表现出显著的增强趋势,在1997年前后发生了年代际变化,33 a期间主要具有3~4 a、7~8 a的振荡周期。夏季青藏高原湿池的增强趋势具有明显的区域差异,总体来说,高原西部增湿强于东部,而对高原西部来说,高空增湿强于近地面,增湿幅度最大值区域主要位于400~200 hPa附近(齐冬梅等,2016)。

青藏高原整体升温显著,降水显著增加,最大可能蒸散(ETO)显著降低,暖湿化趋势显著;高原北部和西部降水显著增加、ETO显著降低、干燥度指数显著下降,东部和南部ETO显著降低、干燥度指数显著下降;受升温影响,青藏高原的冰川消融,尤以东部地区变化显著;湖泊因其补给条件不同而分别呈现出扩张、萎缩和基本稳定3种状态,总体上,高原西部的湖泊以扩张为主,东部的湖泊基本稳定,而萎缩的湖泊分布较为分散。水环境的改变对于高原区水循环过程及生态系统都将产生重要影响(董斯扬和薛娴,2013)。

近百年来全球气候正经历一次以变暖为主要特征的显著变化,该变化将对水分循环产生重要影响,引起水资源在时空上的重新分配。青藏高原是全球气候变化的敏感区,作为全球一个特殊的气候区,高原具有生态环境脆弱、对气候变化响应敏感等特点(Hansen et al.,2010),是受全球气候变化影响最为显著的区域之一,其平均增温幅度比北半球和全球增温幅度要大(朱文琴等,2001;吕少宁等,2010),50 a来高原的平均气温增长率达到0.37 ℃·$(10 \text{ a})^{-1}$,其中,1963—2009年拉萨地区的增温幅度更是高达0.52 ℃·$(10 \text{ a})^{-1}$(陆龙骅等,2011),远高于全国的增温水平(图4.6)。

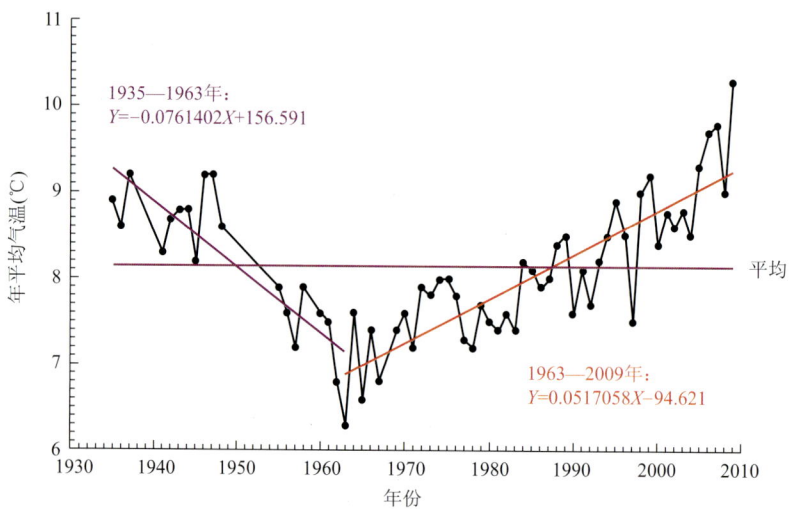

图 4.6　1935—2009 年拉萨地区温度变化（陆龙骅等，2011）

4.4 青藏高原主体及东南缘水汽输送

青藏高原主体水分循环变化与外界水汽输送和区域水分循环有密切联系。高原主体的南边界、西边界为水汽输入，东边界、北边界为水汽输出，其中，南边界为主要的水汽输入边界，东边界为主要的水汽输出边界；水汽输入量夏季最大、冬季最小，水汽输出量春季最大、冬季最小；冬季、春季为净水汽支出，夏季、秋季为净水汽收入，全年为净水汽收入；高原主体自身是一个水汽汇，输入的水汽有 73% 流出，有 27% 保留在其内部；1980—2009 年，西边界水汽输入量、北边界水汽输出量呈现弱的增加趋势，南边界水汽输入量、东边界水汽输出量呈减少趋势；总水汽输入、输出均呈减少趋势，净水汽收支量呈减少趋势；青藏高原的水汽主要来自阿拉伯海、孟加拉湾、南海和西太平洋，以及中纬度西风水汽输送，但夏季南边界水汽输送状况对于青藏高原主体降水起着决定性作用；在青藏高原外循环水汽输送减少的情况下,高原主体气候的暖湿化变化表明:高原主体水汽内循环变化在高原水分循环中具有重要作用(图 4.7)。

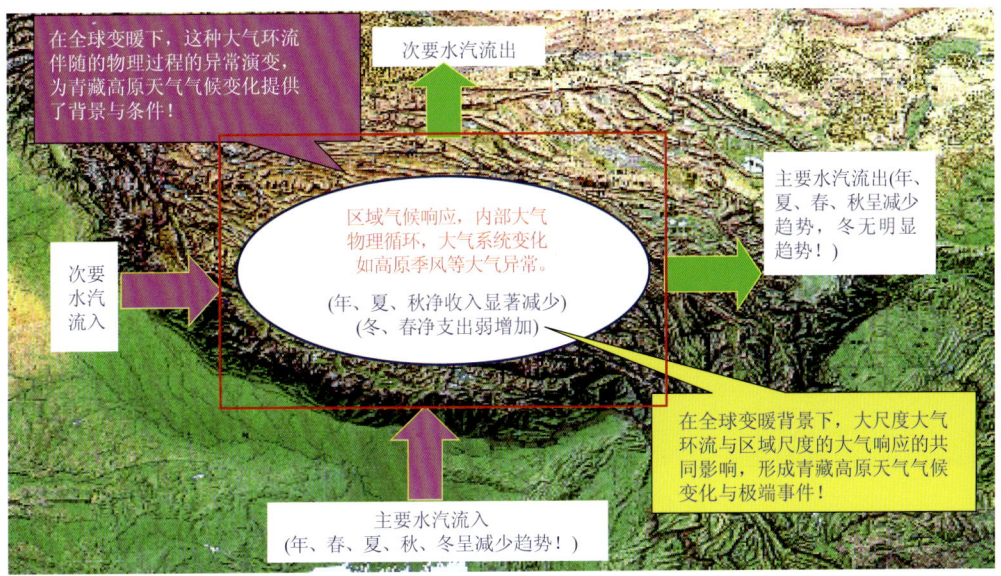

图 4.7 青藏高原主体水汽输送示意图

青藏高原东南缘水分循环与外界水汽输送和区域水分循环有密切联系,且与上游青藏高原主体的水分循环也有关系。高原东南缘南边界为主要的水汽输入边界,与高原主体相连的西边界也为水汽输入,东边界为主要的水汽输出边界,北边界也为水汽输出;该区域夏季水汽输入量最大,冬季最小,主要为净水汽收入;高原东南缘自身是一个水汽汇,输入的水汽有66%流出,有33%保留在其内部;1958—2002年,由于水汽输入减少,高原东南缘水汽总收入呈减少趋势,而来自南边界季风携带的偏南风水汽输送变化是该区域水汽收支变化的主要原因,也是影响其水汽收支异常的重要原因;由于高原东南缘地形复杂陡峭,气候差异大,区域响应多样,其水汽内循环具有显著多尺度特征;虽然高原东南缘水分外循环水汽输送减少,但其水汽内循环具有局地性、复杂性特征,在高原东南缘水分循环中表现出不同的重要作用(图 4.8)。

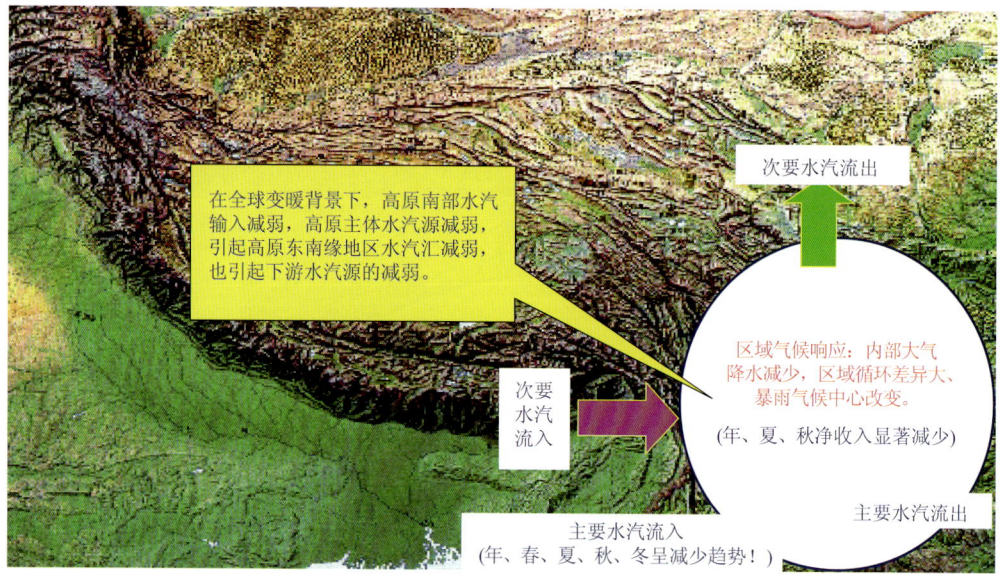

图 4.8 青藏高原东南缘水汽输送示意图

4.5
青藏高原整体水分循环对气候变化的响应

由于青藏高原的复杂地形特征,高原不同地区的气候特点也不同。高原西部以感热加热为主,而中东部则感热加热与潜热加热同等重要。高原中东部是多条主要河流发源地,也是降水变率较大的地区。因此,分析青藏高原中东部地区云水路径增长而总云量减小这种变化(伯玥等,2016)对该地区降水的影响是十分必要的。

降雪是高原冬季降水的主要形式,气温、湿度、大气环流等都会对降雪造成影响,并且不同因素对降雪量变化的影响程度随着地区和季节的不同而存在较大差异。从1984—2009年青藏高原中东部冬春季云、云光学厚度(COT)、云水路径(CWP)与降雪量的相关系数(表 4.1)可以看出,总云量与降雪量之间存在着正相关关系,并且相关系数在冬季十分显著。但是,COT、CWP 与降雪量之间的关系不明显,在冬春季青藏高原南、北部 COT、CWP 均出现了显著增长,并且冬季的增长幅度要大于春季。这种变化趋势与云量以及降雪量的变化存在较大差异。春季随着高原气温的回升,特别是在青藏高原南部气温的回升更为迅速,气温对降雪量的影响增大,而春季高原南部总云量与降雪量的相关性有所降低。尽管青藏高原中东部地区冬春季的降雪量与总云量之间存在着较好的相关关系,但是冬春季总云量并没有降雪量存在的先上升、后下降的趋势,而是呈持续显著下降,这表明总云量对降雪量的影响更大程度上表现在年际变化中,在年代际尺度上总云量对降雪量的影响较小。

表 4.1 青藏高原冬、春季降雪量与云水资源的相关系数(伯玥等,2016)

		CWP	COT	总云量	高云量	中低云量
冬季	北部	−0.20	−0.34*	0.35*	0.21	0.26
	南部	−0.05	−0.07	0.63**	0.55**	−0.26
春季	北部	−0.15	−0.01	0.41*	0.38*	0.38**
	南部	−0.34*	−0.29	0.09	0.16	−0.07

注:*通过90%显著性检验;**通过95%显著性检验。

从 1984—2009 年夏、秋季不同高度云量、CWP、COT 与降水的相关系数(表 4.2)可以看出,夏季青藏高原中东部的降水与云参数有着较好的相关性。COT 较大、CWP 较高、云量较多时可以导致较高的降水,并且这种降水更大程度上是高云产生的,南、北部的相关性分别达到了 0.67、0.54($P>95\%$),这也与降水量同高云的年际变化相关性较高的特征一致。相比夏季高原南北部降水、云量较为一致的年际变化趋势,其在秋季的变化有着显著差异,北部降水呈现增长趋势,而南部降水下降趋势明显。这种南北部降水量相反变化的趋势也体现在高云量的变化中。南、北部夏秋季降水与高云量较好的相关性意味着高原南、北部夏秋季降水的变化更多是由高云引起的(伯玥等,2016)。

表 4.2 青藏高原夏、秋季降水量与云水资源的相关系数(伯玥等,2016)

		CWP	COT	总云量	高云量	中低云量
冬季	北部	0.41**	0.43**	0.67**	0.54**	0.05
	南部	0.43**	0.48**	0.55**	0.67**	−0.67**
秋季	北部	0.53**	0.54**	0.32*	0.63**	−0.26
	南部	−0.18	−0.10	0.50**	0.55**	0.10

注:*通过90%显著性检验;**通过95%显著性检验。

虽然受诸多条件的限制,但是由于水汽的重要性,自 20 世纪 80 年代以来,对于青藏高原上空水汽资源的研究一直受到人们的关注,研究主要集中在水汽输送路径、分布特征及其变化等方面。1979 年第一次青藏高原科学试验(QZPMEX)和 1994—

气候变化与青藏高原大气水分循环

1999年第二次青藏高原科学试验(TIPEX)都对高原的水汽来源、分布和变化特征进行了研究(陶诗言等,1999)。Zhai和Eskridge(1997)利用中国区域1970—1990年的探空资料研究发现,在中国的平原区域超过70%的水汽是在对流层低层,但是在高原上空大部分的水汽却位于对流层上层。郑新江等(1997)利用云图及天气图等资料,总结出中、高层水汽输送的三种环流型特征(脊东型、脊西型和反相型),并初步分析了它们与降雨的关系。另外一些研究(黄福均和沈如金,1984;徐淑英和殷延珍,1987;秦大河等,2005)表明,高原水汽输送随区域和季节变化而异,高原不同区域的降水量与水汽收支有关。周长艳等(2005)利用1980—1999年NCEP再分析资料分析了青藏高原东部及其邻近地区水汽输送的气候特征,指出来自南海、西太平洋地区的水汽输送对高原东部及其邻近地区的影响值得关注。王鹏祥等(2006)利用NCEP资料分析了高原的青海部分地区夏季水汽分布及演变特征,指出水汽输送通量在旱年和涝年差异显著。黄荣辉等(1998)发现,高原动力和热力效应是东亚季风区水汽分布非均匀特征形成的重要因子。然而,已有高原水汽的研究大部分基于地面站点资料、探空资料、再分析资料或者是少量遥感资料,由于高原特殊的地理条件,探空资料虽然具有观测时间长(可达60 a)和垂直分辨率高等优点,但受观测条件的限制,只能对高原部分地区的水汽进行研究,而再分析资料在高原部分区域的准确性还有待于进一步验证。

从水资源流失的两个主要路径(图4.9)可以看出,高原空中水资源呈不断增加的

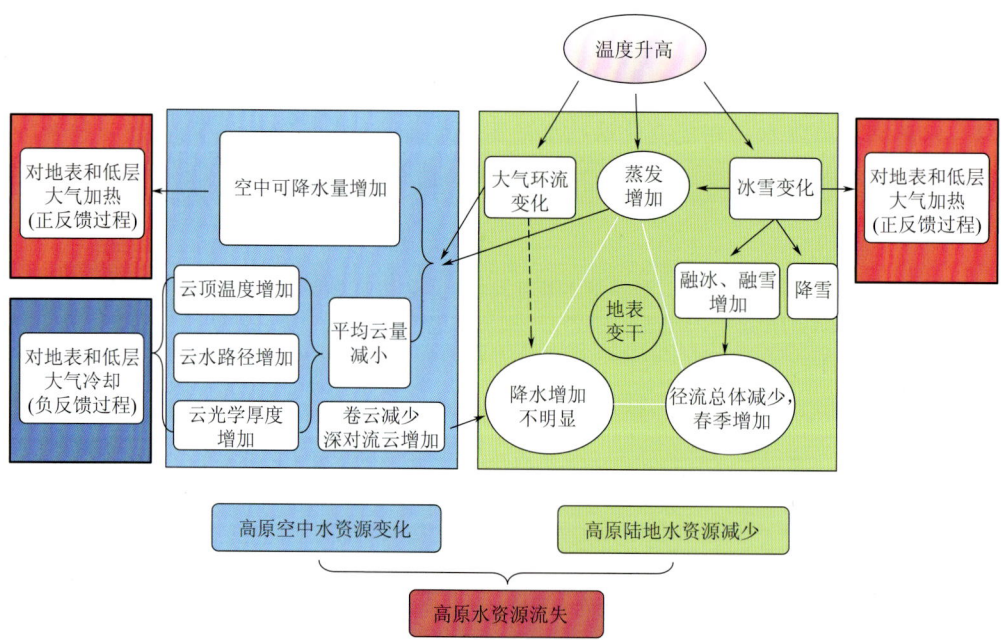

图4.9 高原积雪、空中云水资源与青藏高原大气水分循环的关系(张丁玲,2013)

趋势,只是从空中水资源再次转化为降水的转换率比较低,大量的水从空中流失,这让我们看到如果可以有效利用这些空中水资源,那么延缓高原水资源的流失将会成为可能。同时,必须指出,一个反馈过程不能无限制地发展,因为它将导致脱离控制的情形,虽然这种情形或许可以在金星上发生,但在地球上还没有观测到。从云水资源的变化也可以看到,大自然存在这种自我调节能力,高原上空的高云在减小,而容易形成降水的深对流云呈现增加的趋势,但这种调节能力是否能延缓高原水资源的流失还是不容乐观的,因为不少研究(Qian and Lin,2005;Wang and Zhou,2005;Zhai et al.,2005)表明,虽然中国西北区域的降水有增加的趋势,但极端天气增加,也就是说虽然降水增加,但过于集中不利于蓄水,高原上的水资源可能以其他的方式从高原上流失。总的来说,虽然大自然有自我调节能力,但这种调节需要的周期比较长,并且由于其影响因子的复杂性,这些影响因子是否能够减小高原上水资源流失的速度也不得而知,人为因素也只能延缓这种水资源的流失。因此,目前应对高原水资源流失最有效的方法仍然是有效合理规划现有的水资源,努力以人力影响空中水资源的时空分配以延缓流失(张丁玲,2013)。

4.6 青藏高原对外部水汽输送的响应

青藏高原位于喜马拉雅山背风面。Chen 等(2012)通过分析认为北半球夏季到达青藏高原的水汽与大尺度环流密切相关,由于喜马拉雅山的阻挡,南亚季风水汽很难顺利传输至青藏高原上空。雅鲁藏布江峡谷是南亚水汽输送到青藏高原东部地区的主要通道(Wu and Zhang,1998;Chen et al.,2012;Yang et al.,2014)。青藏高原西南部是一个具有脆弱生态系统的半干旱地区,其上空的一些不稳定对流会导致东亚极端降水和严重洪涝(Tao and Ding,1981;Maussion et al.,2014)。而季风低压系统(LPSs)不可能发展直接进入青藏高原西南部。大气湿度分析表明:水汽从青藏高原南部边界运输至高原,主导了高原西部的夏季降水,但是运输路线仍不清楚。热感应上坡风可能沿南部周边运输水分,然而,喜马拉雅山的高度足以凝结消除大部分上坡期间的水流,留下的水分很少可用于高原降水。Dong 等(2016)通过分析确定了从印度低地到青藏高原西南部地区存在水汽的"上下"运输路线(图 4.10)。这种全新的路线主要由两个步骤组成,首先是含有大量云气的潮湿空气随着印度次大陆上的对流系统升高；然后大气层中的南风或西南风将高空水汽平流输送至喜马拉雅山上方和青藏高原西南部。模拟同位素降水的研究表明，此路线传输的水汽最终大部分可以为青藏高原西南部地区提供夏季降水来源，这表明该路径主导了高原西南部地区的水分供应（Dong et al.，2016）。

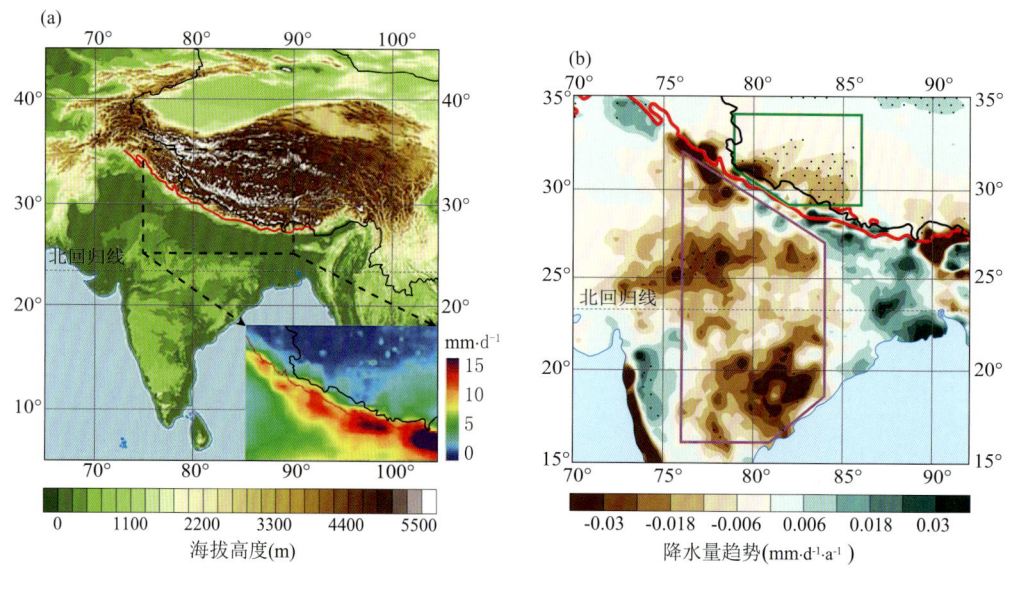

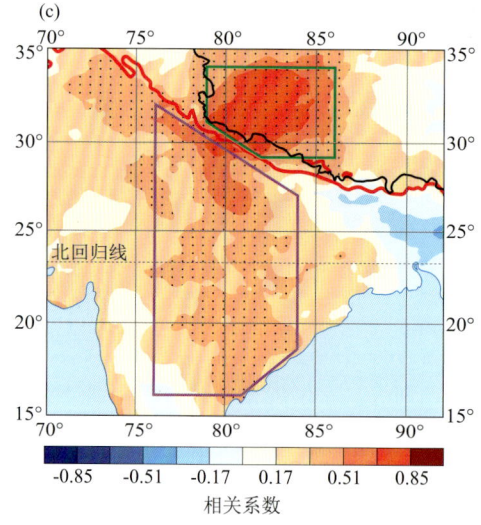

图 4.10　印度中北部与青藏高原西南部水汽特征（Dong et al.，2016）

(a)海拔高度；(b)降水量趋势；(c)相关系数

作为南亚夏季季风系统的组成部分,季风低压系统在通过次大陆时给印度北部和中部的农业地区带来大量降水,有证据表明,青藏高原西南部的降雨与印度中北部的降雨有很强的联系。Dong 等(2017)调查了季风低压系统在从印度北部和中部向青藏高原西南部供应水分中的作用,并量化了这些系统对青藏高原西南部夏季降水的贡献。结果表明,高原西南部夏季降水总量的 60% 以上与季风低压的发生有关。季风低压系统使西南部平均日降雨量增加 15%,雨日增加 10%。这种关系主要是通过运输过程来维持的。季风低压系统在水分运输的过程中起到两个作用:首先,这些系统将大量的水蒸气和凝结水提升到中部大气层;其次,与低压系统相关的环流和背景西风带相互作用,诱发中层大气中的西南风,在喜马拉雅山脉上运输水分和凝结水(图4.11)。

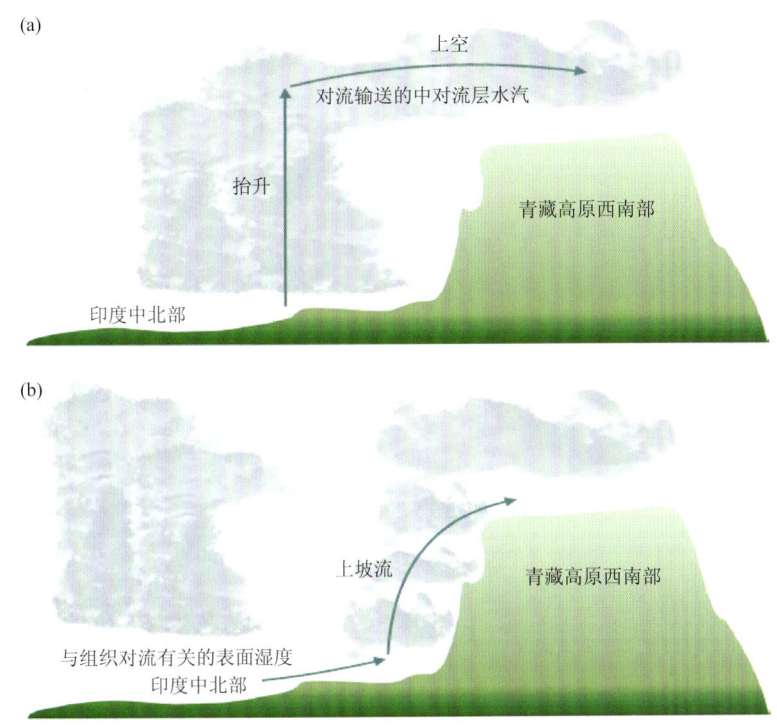

图 4.11　从印度中北部到青藏高原西南部的水汽传输(Dong et al., 2017)

(a)抬升过程;(b)上坡流

印度中北部的水汽输送从根本上决定了青藏高原西南部的整体湿润程度,如果没有这种水汽的传输途径,青藏高原西南部将变得更加干燥。这一结果对理解和评估未来青藏高原降水变化对气候强迫的作用,以及评估该地区生物圈、水圈和冰冻圈的变化具有重要意义。

青藏高原位于亚洲特殊的地理位置：东亚季风区的西部和印度季风区的北部，其水汽收支状况受到南亚季风、东亚季风、中纬度西风等系统共同作用的影响（徐祥德等，2002；解承莹等，2015）。叶笃正等（1957）提出了青藏高原对大气环流具有重要的动力与热力强迫作用。梁宏等（2006a）指出，由于青藏高原南部地区海拔较高，阻止了南亚季风的北上，因此大量的水汽堆积在高原南部地区并形成降水，这使得该地区成为我国一个降水的大值中心。而高原的阻挡作用使得水汽输送转向我国长江中下游地区，这让高原的南部地区成为我国东部地区水汽输送的"运转站"（苗秋菊等，2004）。同时，由于高原南部地区存在着广阔的冻土及积雪覆盖，而气候变化所导致的温度升高会造成积雪的消融和冻土的融冻过程，这些都会改变高原的水汽循环、热力性质以及环流状况（Wang et al.，2002）。林振耀和吴祥定（1990）探讨了青藏高原地区的水汽输送路径，认为高原地区主要存在两条主要的水汽输送路径，一条是来自阿拉伯海从高原西部进入高原，另一条是高原东南部的雅鲁藏布江河谷。青藏高原夏季降水与孟加拉湾的水汽输送及副热带高压（简称"副高"）的水汽输送关系密切（缪启龙等，2007），印度半岛北部到孟加拉湾的异常反气旋导致了高原东南部降水偏多（谢欣汝等，2018）。林厚博等（2016）指出了四条影响夏季高原降水的水汽通道：西风带、阿拉伯海、孟加拉湾北部及南海通道，并指出高原夏季降水量高值年与孟加拉湾北部通道水汽输送强弱年有较好对应。阿拉伯海水汽通道的强度最强，通过影响其他3个水汽通道，间接影响高原夏季降水。冯蕾和魏凤英（2008）研究了高原夏季降水与周边水汽输送的关系发现，高原涝年，高原东南部地区降水异常偏多的水汽输送主要来源于印度洋、孟加拉湾海区的向北输送和中纬度偏东方向海洋的向西输送。当印度洋、孟加拉湾地区的西南水汽输送以及中国东部海洋上偏东水汽输送增强时，高原上易出现东南型降水，相反则易出现东北型降水；当中国东部海洋上异常向西的水汽输送增强时，高原上易出现偏南型降水；当高原西部地区处于水汽的辐散区，且来自中纬度的偏西水汽输送以及来自蒙古地区的偏北水汽输送加强时，高原上易出现偏北型降水。

王霄等（2009）利用再分析资料分析高原及周边地区的水汽输送补偿，指出水汽进入高原主要通过西风带水汽通道、印度洋—孟加拉湾水汽通道和南海—孟加拉湾水汽通道，水汽在高原西南侧、喜马拉雅山中段和高原南侧进入高原。朱福康等（2000）发现夏季在青藏高原地区东部存在以甘孜为中心的高空湿区，并且夏季存在一条来自仲巴入口的水汽通道，表明高原西南部水汽通道的重要性。梁宏等（2006b）研究表明，青藏高原东南部地区大气总水汽量的年变化在 0.3～3.0 cm 之间，高原其他地区大气总水汽量的年变化在 0.2～2.0 cm 之间；青藏高原东南部河谷的导流作用非常显著，是暖湿气流进入青藏高原内部地区的重要途径；地理纬度和海拔高度决定了青藏高原地区南湿北干的大气水汽分布特征，而大气环流变化（ENSO、西伯利亚高压、东亚大槽和西南涡切变线）则是造成青藏高原及周边地区大气水汽分布及其变化的主要原因。青藏高原腹地的三江源地区为孕育中华民族悠久文明历史的长江、黄河和澜沧江的源头汇水区。曾小凡等(2013)以三江源地区为研究区,采用该地区1971—2010年气象观测资料和NCEP/NCAR再分析资料的逐日风场、比湿数据,分析了三江源地区近几十年来不同时间尺度水汽输送及降水的时空特征和变化趋势。结果表明:1971—2010年,三江源地区水汽输送和降水的时空分布格局比较相似,但近几十年水汽输送和降水的变化趋势并不一致。1971—2010年,三江源地区经向水汽通量显著减少,主要是由于南边界水汽输入减少趋势;纬向水汽输送显著增加,主要是由于东边界水汽输出显著减少;区域边界总水汽收支变化趋势与经向水汽输送一致,呈显著减少趋势;降水则呈一定的增加趋势,但未通过显著性检验。三江源地区特别是东南部近几十年来水汽输送显著减少,尤以6月和9月为甚,且水汽通量散度在中低层大气中辐合程度降低,但实测降水除9月明显减少外,其他月份并没有相应减少。多数据集合均值表明,在气候平均条件下,青藏高原在夏季是一个水汽汇聚点,水汽净收支为 $4\ mm \cdot d^{-1}$。来自印度洋和孟加拉湾南部边界的气候水汽输送主导了东南部青藏高原的夏季降水。据估计,西侧边界的水汽约占南侧边界的32%。东南部的夏季降水呈现强烈的年际变率,标准差为 $1.3\ mm \cdot d^{-1}$,但没有显著的长期趋势。研究表明,来自南方的西南季风和北方的内陆空气传输影响了青藏高原东部玉树的季节降水,西南季风带来的主要部分是水分,但西南地区的输送通量比青藏高原南部弱;然而,来自北方或局部蒸发水分的内陆水分的贡献增强。在青藏高原南部,沿喜马拉雅山南坡由于夏季和冬季季风湿度的变化,具有明显的季节性西风湿气运输。青藏高原西部受到西南季风水汽的影响。对流云和降水的频繁发生表明青藏高原水汽含量非常丰富,反映了青藏高原是全球大气水分循环关键"供水源"之一。青藏高原冬半年降水约占全年总降水量的40%,并以积雪形式存储,是夏季河流径流的潜在水源;夏半年降水占全年总降水量的60%左右,为下游大型河流流量提供重要保障,这类似高原维持一个庞大的中空"蓄水池"。

夏季西风带气流经过青藏高原发生爬坡和绕流,最终在西侧和北侧形成两支水汽输送的通道,其中西侧水汽输送侵入南亚季风区,北侧水汽输送随中纬西风气流东进汇入东亚季风区。青藏高原西侧与北侧水汽输送的变异是相对独立的。青藏高原西侧水汽输送的变化与夏季降水的显著相关区主要局限在高原西南侧,与东亚降水并无显著关联。显然,青藏高原西侧,水汽输送汇入高几个量级的南亚季风区水汽输送,最后对东亚气候的影响可忽略不计。青藏高原北侧水汽输送经历20世纪60年代的偏弱、70年代末的增强和90年代末的减弱,与中国北方的夏季旱涝演变及其干旱化趋势相吻合,且有很显著的统计相关。可见,青藏高原北侧水汽输送与中国北方旱涝密切关联,呈现中纬西风带水汽输送影响东亚气候的主要特征。

陈际龙(2017)基于水汽通量的研究(图4.12)表明,夏季青藏高原北侧水汽输送变异受控于蒙古气旋(或反气旋)式环流异常。60 a来经历两次年代际跃变:20

世纪 70 年代末期和 90 年代中后期。对应的年代际演变分三个阶段:前期为反气旋式水汽通量异常,中期为气旋式水汽通量异常,后期为反气旋式水汽通量异常。30 a 来青藏高原北侧水汽输送的年代际减弱趋势显著。相比 20 世纪 80 年代而言,21 世纪前 10 a 青藏高原北侧水汽输送受控于蒙古反气旋式环流异常,中国西北和华南地区水汽辐合偏强、降水增多、干旱化减缓,而华北和东北地区水汽辐合偏弱、降水减少、干旱化加剧。可见,夏季青藏高原北侧水汽输送的变异对东亚的旱涝有显著影响。蒙古气旋(或反气旋)式环流异常及与之相关联的中高层遥相关不仅是青藏高原北侧水汽输送显著影响我国北方旱涝气候的关键环流系统,同时注意到西风带的这种高层环流异常可以通过信号经向传递进而影响到南方的旱涝气候。该研究结果对揭示青藏高原在中纬西风带"下游效应"中所扮演的重要角色具有特殊意义。

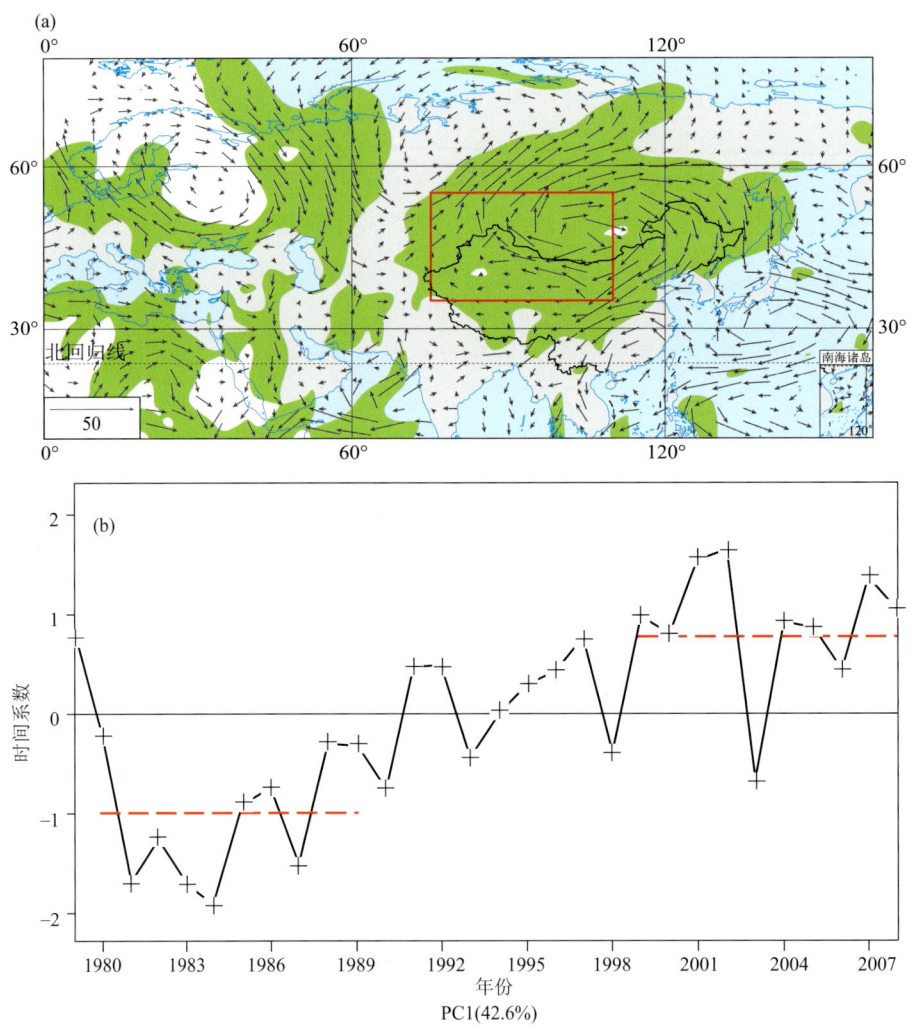

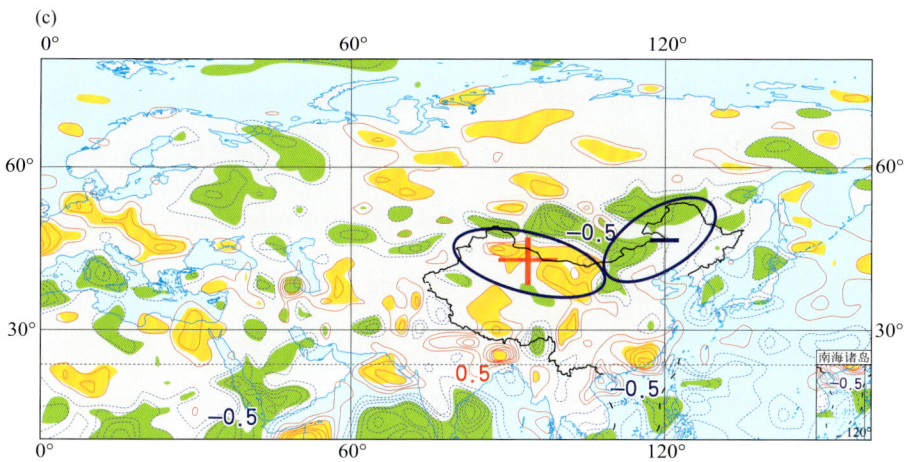

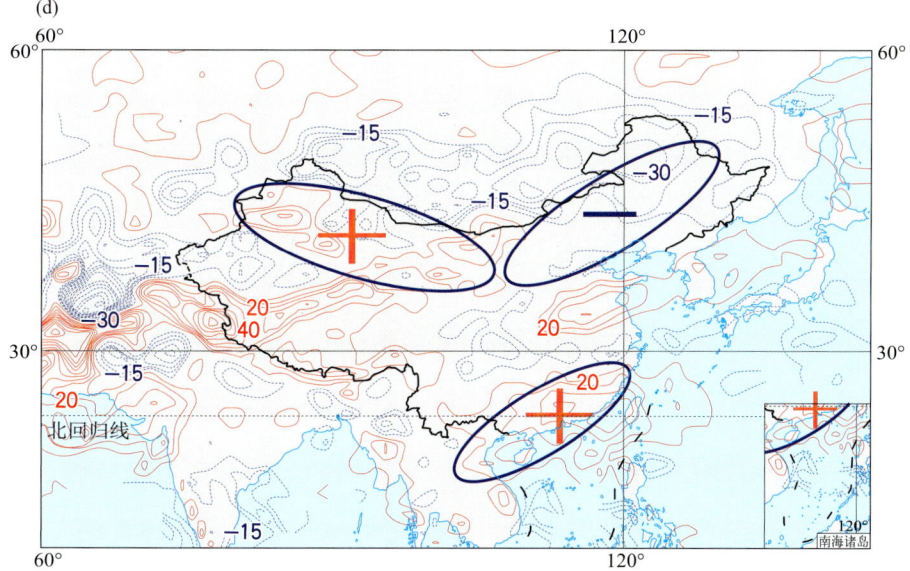

图 4.12 青藏高原北侧水汽通量 EOF1 模态的空间回归型（a）、时间序列（b）和水汽散度的回归型（c）以及 21 世纪 00 年代夏季降水与 20 世纪 80 年代夏季降水的均值差异（d；单位：mm）（陈际龙，2017）

4.7 青藏高原水汽输送的观测与模拟

为揭示喜马拉雅山脉南坡高大地形对水汽输送的影响,阳坤等(2017)与意大利科学家合作,利用金字塔计划(Pyramid)设置在珠峰南坡的5个站(海拔从2600 m到5600 m)的气象资料,分析了季风对气象要素海拔依赖性的影响(图4.13)。结果表明:白天由于地表加热,谷风往高海拔输送水汽,导致南坡的低海拔段(<4500 m)风场辐散、高海拔段(>4500 m)风场辐合,因而高海拔降水的日峰值出现比低海拔早。极高海拔

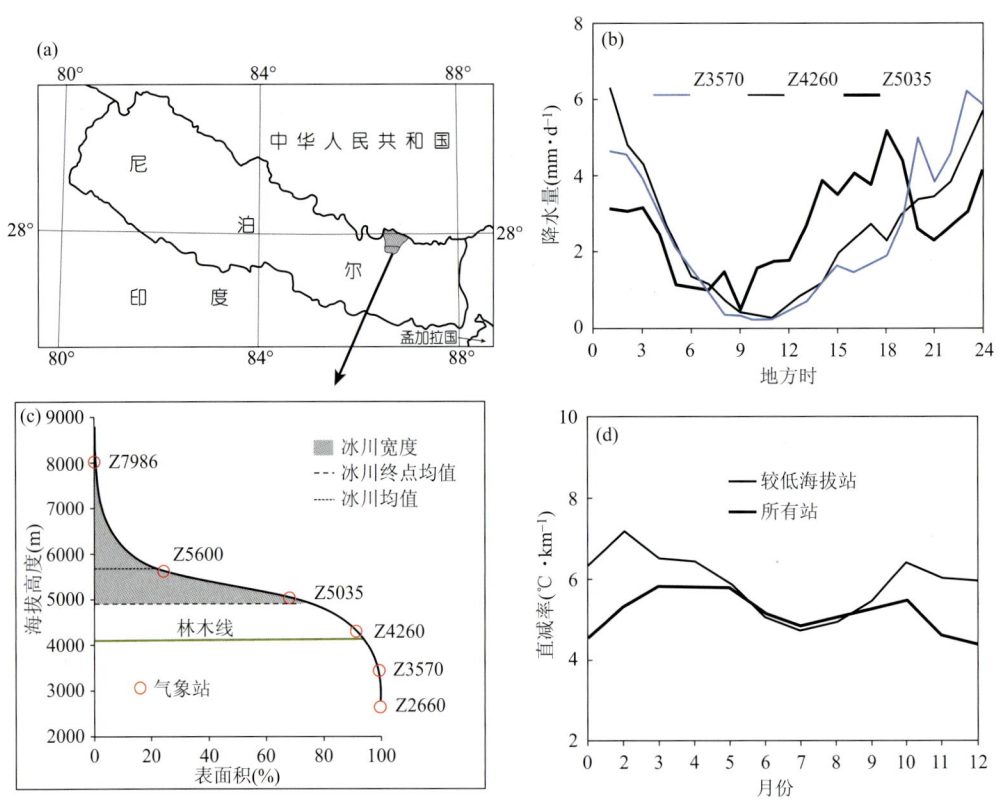

图 4.13 珠峰南坡金字塔站分布和气象要素的海拔依赖性(阳坤等,2017)
(a)金字塔站位置;(b)夏季不同海拔降水日变化;(c)金字塔5站分布;(d)地表气温梯度

(>5000 m)存在的冰雪冷却地表,减弱了向山脊的水汽输送,加强了冰川末端的水汽辐合,从而导致海拔 3600~5000 m 之间降水并没有明显的海拔梯度。白天水汽向高海拔的输送还形成了更多的云,遮挡了太阳辐射,使得高海拔的太阳辐射反而会弱于低海拔。尤其值得注意的是,季风季节大量的降水潜热释放加热了大气高层,使得气温和露点温度(代表湿度)在季风季节基本上与海拔线性相关,但在其他季节,高海拔气温衰减率低于低海拔,而高海拔露点温度衰减率则高于低海拔(Yang et al.,2017)。

针对全球主要的 GCM 和 RCM 显著高估青藏高原降水的问题,Wang 等(2017)通过观测和模拟,从水汽传输的角度探索降水偏大的原因。首先建立了亚东—拉萨断面 GPS 水汽观测网,并反演了高原南部高时间分辨率大气可降水量数据,在此基础上发现,当前主流再分析资料(MERRA、JRA-55、ERA-interim、NCEP)的水汽资料和观测可降水量有很好的相关性(R:0.88~0.91),且能较好地描述水汽的季节变化和季节内振荡,但是存在明显的系统性高估(Wang et al.,2017),这可能是模式高估高原降水的原因之一。为了进一步探索水汽量高估的原因,模拟了南亚水汽输送量,发现当前区域气候模拟能够基本反映喜马拉雅山大地形,但不足以反映次网格复杂地形的湍流拖曳阻力。为此,在 WRF 中引入了 Beljaars 等(2004)湍流尺度的地形拖曳力参数化方案,增强了复杂地形的动量损失,显著降低了大气边界层的风速,更好地模拟了高原低层大气环流。具体体现为:参考观测数据(CMA 站点数据和 IGRA 探空数据)和 ERA-Interim 再分析数据,改进后的 WRF 模式明显提高了对地表风速和边界层大气风速的模拟。冬季,高原上西风起主导作用,地形的拖曳作用直接导致风速降低,风速减小决定 Coriolis 力同时减弱,南北向的气压梯度力作用更加显著,这就导致南风加强(Zhou et al.,2017)。夏季,高原上季风起主导作用,地形的拖曳作用直接导致南风减弱,从而减弱了南亚向高原内部的水汽输送(图 4.14),降低了高原降水量模拟误差(达 20%),提高了对降水空间分布的模拟(与 CMA 站点降水的空间分布相关性从 0.36 提高到 0.47)。

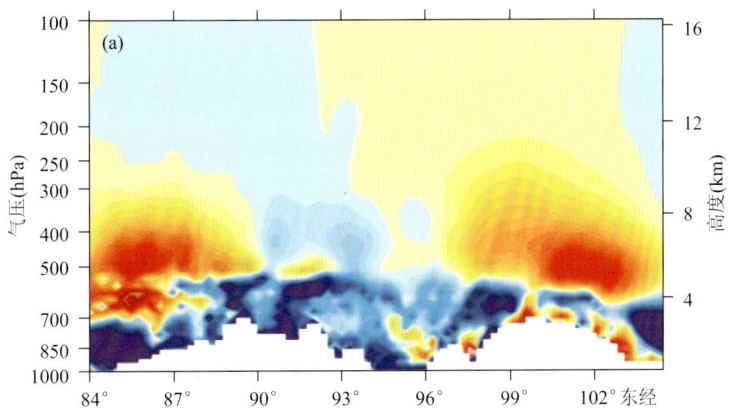

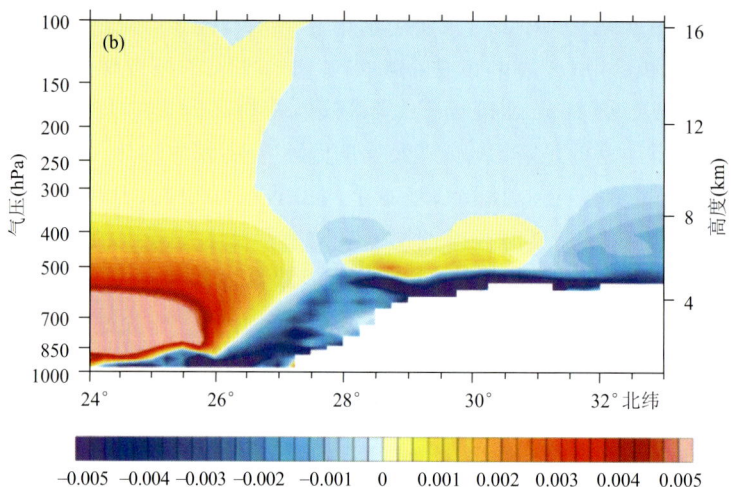

图 4.14 次网格地形拖曳作用对 WRF 模式中高原南缘水汽传输（v_q）垂直结构的改变
（改进后减去改进前）（Wang et al.，2017）
(a)经向(88°~94°E)平均的东西水汽输送；(b)纬向(27°~30°N)平均的南北水汽输送

4.8 本章小结

（1）青藏高原水汽分布区域特征突出。青藏高原夏季平均水汽含量自东向西随海拔高度增加而减小，东南部湿润、西北部干燥，高原夏季降水整体由东南向西北递减。春到夏，大气水汽含量从高原东南部向西北方向逐渐增加，5—9 月为高值期，7—8 月是高湿中心带；高原主要存在东南部、西南部和西北部 3 个明显的大气总水汽量高值中心，以及东南、西南和西北 3 个水汽通道，两者具有密切的关系；夏季高原降水与水汽含量都存在南北反相的变化，当高原夏季水汽含量出现南多北少时，高原南部降水普遍偏多而北部降水普遍偏少；高原南侧水汽的局地强非均匀性分布、地形强迫抬升作用以及局地动力扰动是高原周边多雨中心形成的重要原因。

（2）青藏高原水汽输送时空变化特征明显。青藏高原南侧、东侧来自印度洋、南海、西太平洋以及西侧内陆地区的潮湿气流在大气环流与复杂地形影响下，携带大量水汽沿阿拉伯海、孟加拉湾、南海和高原西风带通道进入高原及周边地区;30多年来,高原西风带和阿拉伯海通道水汽通量呈弱增长趋势,而孟加拉湾北部和南海通道则呈减弱趋势。阿拉伯海、孟加拉湾、南海通道水汽输送年际变化较大,西风带通道相对稳定、变化较小;夏季高原水汽主要从阿拉伯海一带逐渐向东移动到孟加拉湾,与南海水汽汇集,然后从高原东南部进入高原,少部分水汽则从高原西南部直接移上高原。冬春季高原及邻近地区水汽主要来源于中纬度偏西风水汽输送,夏季主要来源于孟加拉湾、南海、西太平洋偏南风水汽输送,秋季则主要来源于西太平洋;高原东南部是一个水汽汇。南海夏季风爆发前,以西边界水汽输入为主,爆发后则以南边界输入、东边界输出为主。东亚夏季风的建立、推进对高原东南部水汽输入有重要影响,由此与我国夏季东部雨带的推进过程密切联系;高原东南部是向我国西北地区东部、长江中下游输送水汽的重要通道,其东(北)边界的水汽收支与长江中下游夏季降水呈显著正(负)相关,与西北地区东部夏季降水呈显著负(正)相关。长江中下游涝(旱)年,高原东南部向东输送的水汽显著偏多(少),向北输送的水汽则偏少(多);前期印度洋海温暖水年,赤道附近显著的东风异常对夏季高原水汽输送具有至关重要的作用。高原南缘的偏西水汽输送通量是影响高原东南部夏季降水年际变化的重要水汽来源。孟加拉湾海区向北的水汽输送和东部海洋向西的水汽输送加强,同时乌拉尔山阻塞高压强盛,有利于西南水汽的输送,形成与东部海洋水汽的辐合,造成高原夏季降水偏多,反之降水偏少;夏季高原南缘关键区,除东边界外,其余各边界水汽收支年际变化均呈减弱趋势,尤以北边界的减少最为明显。印度热低压的"转换"效应制约着南边界水汽收入的变化,其减弱引起进入南缘关键区的水汽呈减少趋势;高原东部及邻近地区总水汽收入呈减少趋势,伴随东亚夏季风的减弱,夏季风携带的南来水汽在高原东部及邻近地区扩展强度的减弱是整个区域水汽收入减少的主要原因。

(3)青藏高原大气可降水量区域变化特征显著。高原及周围大气可降水量存在区域差异和季节变化,高原整层大气可降水量相对于全球中高层是一个垂直深厚的大值高湿区(即高原湿池)。其存在全区一致型、东西反相型、南北反相型3种空间变化模态;夏半年,存在高原西南部、东南部和高原南侧3个水汽分布大值区。30多年来高原湿池呈显著的增强趋势,增湿幅度最大值在400~200 hPa,具有3~4 a,7~8 a周期变化特征,与我国夏季水汽输送有密切联系,并对周边和下游地区天气气候有重要影响;高原湿池是我国东部和北部地区水汽输送的"转运"站,不仅为长江流域梅雨形成提供了重要的水汽来源,还是长江中下游地区旱涝、暴雨,以及南方冰冻雨雪等灾害天气气候的上游水汽输送关键区;高原东部及邻近地区年大气可降水量总体呈减少趋势,总水汽收入也呈减少趋势,这与东亚夏季风的减弱有密切关系;夏季高原水汽表现出随海拔高度升高而减少的分布特征,高原南部降水转化率明显大于北部地区。夏季风开始前期,高原主体上空水汽具有明显的日变化特征,但区域差别显著:白天,峡谷(高山)地带的大气可降水量随时间变化逐渐减少(增加),而夏季风开始后这种日变化特征不明显。

（4）青藏高原主体及东南缘水汽输送与水分循环密切联系。高原主体是一个水汽汇,输入水汽有73%流出,27%保留在其内部。高原主体的南边界、西边界为水汽输入,东边界、北边界为水汽输出,其中,南边界为主要水汽输入边界,东边界为主要水汽输出边界。西边界水汽输入量、北边界水汽输出量呈弱增加趋势,南边界水汽输入量、东边界水汽输出量呈减少趋势。总水汽输入、输出均呈减少趋势,净水汽收支量呈减少趋势;高原水汽主要来自阿拉伯海、孟加拉湾、南海和西太平洋,以及中纬度西风输送,但夏季南边界水汽输送对于高原主体降水有决定性作用。高原主体水汽变化受外界水汽输送和区域水分循环影响,在高原外循环水汽输送减少条件下,高原主体气候暖湿化表明:高原主体水汽内循环在高原水分循环中具有重要的作用;高原东南缘是一个水汽汇,输入水汽有66%流出,33%保留在其内部。高原东南缘的南边界为主要水汽输入边界,与高原主体相连的西边界也为水汽输入边界,东边界为主要水汽输出边界,北边界也为水汽输出边界。高原东南缘水汽总收入呈减少趋势,而南边界季风携带的偏南风水汽输送是该区域水汽收支变化的主要原因;高原东南缘水分循环与外界水汽输送和区域水分循环有密切联系,且与上游高原主体水分循环也有联系。虽然高原东南缘水分外循环水汽输送减少,但由于陡峭地形、复杂下垫面影响,其水汽内循环具有局地性、复杂性等特征,在高原东南缘水分循环中表现出不同的重要作用。

（5）青藏高原水分循环具有不同区域气候响应特征。高原西部以感热加热为主,而中东部则感热与潜热加热同等重要,且是降水变率较大的地区。降雪是高原冬季降水的主要形式,高原中东部冬春季降雪量与总云量存在正相关,且冬季十分显著,但云光学厚度（COT）、云水路径（CWP）与其关系不明显。总云量对降雪量的影响更大程度表现在年际变化中,而在年代际尺度上影响较小;夏季降水与云参数有较好相关性。COT较大、CWP较高、云量较多时可导致较高降水,且更大程度上由高云产生,这也和降水量与高云年际变化相关性较高一致;秋季有显著差异,其北部降水呈增长趋势,而南部降水下降趋势明显,这种南北部降水量相反变化也体现在高云量中,表明高原南、北部夏秋季降水变化更多由高云引起;我国平原区域超过70%的水汽在对流层低层,但高原上空大部分水汽却位于对流层上层,其水资源流失主要路径是:高原空中水资源呈不断增加趋势,但由于其再次转化为降水的转换率比较低,大量的水从空中流失。高原上空的高云在减小,而容易形成降水的深对流云呈增加趋势,降水也呈增加趋势,但由于极端天气集中、增多,也不利于蓄水,高原水资源可能以其他方式从高原上流失。大自然的自我调节能力也难以延缓高原水资源的流失,且调节周期较长,而人为因素能够延缓这种水资源的流失,且是目前最有效的方法。

（6）青藏高原对周边外部水汽输送具有明显响应。高原水汽收支受到南亚季风、东亚季风、中纬度西风等系统共同作用的影响。高原夏季降水时空异常与周边印度洋、孟加拉湾、东部海洋水汽输送,以及中纬度偏西与偏北水汽输送具有密切关系。夏季高原降水存在西风带、阿拉伯海、孟加拉湾北部及南海4条水汽输送通道,高原东南部的雅鲁藏布江峡谷导流作用非常显著,是南亚水汽输送到高原东部、进入高原内部的主要通道。高原湿池夏季水汽来源还存在一条来自仲巴入口的水汽通道,表明高原西南部水汽输送的重要性。从印度低地到高原西南部存在水汽"上下"运输路线:含有大量云气的潮湿空气随印度次大陆的对流系统升高,然后大气层中部南风或西南风将高空水汽平流输送至喜马拉雅山上方和高原西南部,为其提供夏季降水来源;高原夏季降水与孟加拉湾及副高的水汽输送关系密切,印度半岛北部到孟加拉湾的异常反气旋会导致高原东南部降水偏多。作为南亚夏季风成员的季风低压系统从印度北部和中部向高原西南部供应水分,使其平均日降雨量增加15%,雨日增加10%,高原西南部夏季降水总量的60%以上与此有关。蒙古气旋(反气旋)式环流异常及中高层遥相关不仅是高原北侧水汽输送显著影响我国北方旱涝气候的关键环流系统,同时西风带的这种高层环流异常可通过信号经向传递而影响到南方的旱涝气候,高原在中纬西风带"下游效应"中扮演了重要角色;高原南部阻止南亚季风北上,大量水汽堆积并形成降水,使该地区成为一个降水大值中心。并且,高原的阻挡作用也使水汽输送转向长江中下游地区,使高原南部成为我国东部地区水汽输送的"运转站"。高原夏季是一个水汽汇,来自印度洋和孟加拉湾南部边界的水汽输送主导了东南部高原的夏季降水。高原西南部是一个生态系统脆弱的半干旱地区,其上空的一些不稳定对流会导致东亚极端降水和严重洪涝。高原北侧水汽输送与中国北方旱涝存在密切关联是中纬西风带水汽输送影响东亚气候的主要特征。气候变化中温度升高引起高原南部积雪消融和冻土融冻过程,改变了高原水汽循环、热力性质以及环流状况。印度中北部水汽输送决定了高原西南部的整体湿润程度,如果没有这种水汽传输途径,高原西南部将更加干燥;高原水汽含量非常丰富,是全球大气水分循环关键"供水源"之一。高原冬半年降水约占全年总降水量的40%,并以积雪形式存储,是夏季河流径流的潜在水源,夏半年降水约占全年总降水量的60%,为下游大型河流流量提供了重要保障,高原类似维持着一个庞大的中空"蓄水池"。地理纬度和海拔高度决定了高原地区南湿北干的大气水汽分布特征,而大气环流变化(ENSO、西伯利亚高压、东亚大槽等)则是造成高原及周边地区大气水汽分布及其变化的主要原因。这些对理解和评估未来高原降水变化对气候强迫的作用,以及该地区生物圈、水圈和冰冻圈的变化具有重要意义。

(7)青藏高原水汽输送的观测与模拟有了新认识。利用金字塔计划沿珠峰南坡海拔2600 m到5600 m设置5个站开展立体气象观测,分析季风对气象要素海拔依赖性的影响,揭示喜马拉雅山脉南坡高大地形对水汽输送的重要影响。白天由于地表加热,谷风往高海拔输送水汽,导致南坡低海拔段(<4500 m)风场辐散、高海拔段(>4500 m)风场辐合,造成高海拔降水日峰值出现早于低海拔。极高海拔(>5000 m)冰雪冷却地表,减弱向山脊的水汽输送,加强冰川末端的水汽辐合,导致海拔3600~5000 m降水没有出现明显的海拔梯度。值得注意的是,季风季节大量降水潜热释放加热了大气高层,使气温和露点温度(代表湿度)在季风季节基本上与海拔线性相关,但在其他季节,高海拔气温衰减率低于低海拔,高海拔露点温度衰减率则高于低海拔;针对全球主要 GCM 和 RCM 模式显著高估高原降水的问题,建立亚东—拉萨断面 GPS 水汽观测站网,通过观测和模拟,从水汽传输角度分析降水偏大的原因。发现当前主流再分析资料(MERRA、JRA-55、ERA-interim、NCEP)的水汽和观测可降水量有很好相关性,能较好描述水汽的季节变化和季节内振荡,但明显的系统性高估可能是模式高估高原降水的原因之一。

参考文献

伯玥,王艺,李嘉敏,等,2016.青藏高原地区云水时空变化特征及其降水的联系[J].冰川冻土,38(6):1679-1690.

蔡英,钱正安,2004.青藏高原及周边地区大气可降水量的分布变化与各地多变的降水气候[J].高原气象,23(1):1-10.

陈际龙,2017.夏季青藏高原西北侧水汽输送对东亚旱涝气候的影响研究[C]//青藏高原地-气耦合系统变化及其全球气候效应.2017青藏高原前沿科学研讨会文集:115-116.

丁一汇,胡国权,2003.1998年中国大洪水的时期水汽收支研究[J].气象学报,61(2):129-145.

董斯扬,薛娴,2013.气候变化对青藏高原水环境影响初探[J].干旱区地理,36(5):841-853.

段玮,段旭,徐开,等,2015.从水汽角度对青藏高原东南侧高空探测布局的分析[J].高原气象,34(2):307-317.

冯蕾,魏凤英,2008.青藏高原夏季降水的区域特征及其与周边地区水汽条件的配置[J].高原气象,27(3):491-499.

韩军彩,周顺武,吴萍,等,2012.青藏高原上空夏季水汽含量的时空分布特征[J].干旱区研究,29(3):457-463.

胡国权,丁一汇,2003.1991年江淮暴雨时期的能量和水汽循环研究[J].气象学报,61(2):146-163.

黄福均,沈如金,1984.夏季风时期青藏高原地区水汽来源及水汽收支分析[C]//青藏高原气象科学实验文集编写组.青藏高原气象科学实验文集(二).北京:科学出版社.

黄荣辉,张振洲,黄刚,等.1998.夏季东亚季风区水汽输送特征及其与南亚季风区水汽输送的差别[J].大气科学,22(4):460-469.

江吉喜,范梅珠,2002.高原夏季 TBB 场与水汽分布关系的初步研究[J].高原气象,21(1):20-24.

李生辰,李栋梁,赵平,等,2009.青藏高原"三江源地区"雨季水汽输送特征[J].气象学报,67(4):

591-598.

梁宏,刘晶淼,李世奎,2006a.青藏高原及周边地区大气水汽资源分布和季节变化特征分析[J].自然资源学报,21(4):526-534.

梁宏,刘晶淼,章建成,等,2006b.青藏高原大气总水汽量的反演研究[J].高原气象,25(6):1055-1063.

林厚博,游庆龙,焦洋,等,2016.青藏高原及附近水汽输送对其夏季降水影响的分析[J].高原气象,35(2):309-317.

林振耀,吴祥定,1990.青藏高原水汽输送路径的探讨[J].地理研究,9(3):33-40.

陆龙骅,卞林根,张正秋,2011.极地和青藏高原地区的气候变化及其影响[J].极地研究,23(2):82-89.

吕少宁,李栋梁,文军,等,2010.全球变暖背景下青藏高原气温周期变化与突变分析[J].高原气象,29(6):1378-1385.

苗秋菊,徐祥德,施小英,2004.青藏高原周边异常多雨中心及其水汽输送通道[J].气象,30(12):44-47.

苗秋菊,徐祥德,张胜军,2005.长江流域水汽收支与高原水汽输送分量"转换"特征[J].气象学报,63(1):93-99.

缪启龙,张磊,丁斌,2007.青藏高原近40年的降水变化及水汽输送分析[J].气象与减灾研究,30(1):14-18.

齐冬梅,李跃清,周长艳,等,2016.夏季青藏高原湿池变化特征及其与降水的关系[J].沙漠与绿洲气象,10(5):29-36.

秦大河,丁一汇,苏纪兰,等,2005.中国气候与环境演变(上卷):气候与环境的演变及预测[M].北京:气象出版社.

任倩,周长艳,何金海,等,2017.前期印度洋海温异常对夏季高原"湿池"水汽含量的影响及其可能原因[J].大气科学,41(3):648-658.

施晓晖,徐祥德,程兴宏,2009.2008年雪灾过程上游关键区水汽输送机制及其前兆"强信号"特征[J].气象学报,67(3):478-487.

施小英,施晓晖,2008.夏季青藏高原东南部水汽收支气候特征及其影响[J].应用气象学报,19(1):41-46.

陶诗言,陈联寿,徐祥德,等,1999.第二次青藏高原大气科学试验理论研究进展(一)[M].北京:气象出版社.

王鹏祥,王宝鉴,黄云霞,等,2006.青藏高原近43年夏季水汽分布及演变特征[J].高原气象,25(1):60-65.

王霄,巩远发,岑思弦,2009.夏半年青藏高原"湿池"的水汽分布及水汽输送特征[J].地理学报,64(5):601-608.

解承莹,李敏姣,张雪芹,等,2015.青藏高原南缘关键区夏季水汽输送特征及其与高原降水的关系[J].高原气象,34(2):327-337.

谢启玉,巩远发,杨蓉,等,2015.基于ERA-Interim资料分析青藏高原"湿池"变化特征[J].自然资源学报,30(7):1163-1171.

谢欣汝,游庆龙,保云涛,等,2018.基于多源数据的青藏高原夏季降水与水汽输送的联系[J].高原气象,37(1):78-92.

徐淑英,殷延珍,1987.1979年夏季季风活动时期水汽输送的变化[C]//青藏高原气象科学实验文集(三).北京:科学出版社.

徐祥德,2009.青藏高原"敏感区"对我国灾害天气气候的影响及其监测[J].中国工程科学,11(10):96-107.

徐祥德,陈联寿,王秀荣,等,2003.长江流域梅雨带水汽输送源-汇结构[J].科学通报,48(21):2288-2294.

徐祥德,陶诗言,王继志,等,2002.青藏高原:季风水汽输送"大三角扇形"影响域特征与中国区域旱涝异常的关系[J].气象学报,60(3):257-266.

许健民,郑新江,徐欢,1996.GMS-5水汽图像所揭示的青藏高原地区对流层上部水汽分布特征[J].应用气象学报,7(22):246-251.

阳坤,周旭,王岩,等,2017.喜马拉雅中段水汽输送的观测与模拟研究[C]//青藏高原地——气耦合系统变化及其全球气候效应.2017青藏高原前沿科学研讨会文集:70-71.

叶笃正,高由禧,1979.青藏高原气象学[M].北京:科学出版社:1-278.

叶笃正,罗四维,朱抱真,1957.西藏高原及其附近的流场结构和对流层大气的热量平衡[J].气象学报,28(2):108-121.

曾小凡,苏布达,易善祯,等,2013.1971—2010年三江源地区水汽输送变化分布[J].气候变化研究进展,9(3):187-191.

占瑞芬,李建平,2008.青藏高原地区大气红外探测器(AIRS)资料质量检验及解释的上对流层水汽特征[J].大气科学,32(2):242-260.

张丁玲,2013.青藏高原水资源时空变化特征的研究[D].兰州:兰州大学.

郑新江,许健民,李献洲,1997.夏季青藏高原水汽输送特征[J].高原气象,16(3):274-281.

周长艳,邓梦雨,齐冬梅,2017.青藏高原湿池的气候特征及其变化[J].高原气象,36(2):294-306.

周长艳,蒋兴文,李跃清,等,2009.高原东部及邻近地区空中水汽资源的气候变化特征[J].高原气象,28(1):55-63.

周长艳,李跃清,李薇,2005.青藏高原东部及邻近地区水汽输送的气候特征[J].高原气象,24(6):880-888.

周长艳,唐信英,李跃清,2012.青藏高原及周边地区水汽、水汽输送相关研究综述[J].高原山地气象研究,32(3):76-83.

周顺武,吴萍,王传辉,等,2011.青藏高原夏季上空水汽含量演变特征及其与降水的关系[J].地理学报,66(11):1466-1478.

周玉淑,高守亭,邓国,2005.江淮流域2003年强梅雨期的水汽输送特征分析[J].大气科学,29(5):195-204.

朱福康,陶诗言,陈联寿,2000.高原湿池[C]//第二次青藏高原大气科学试验理论研究进展(二).北京:气象出版社:106-112.

朱文琴,陈隆勋,周自江,2001.现代青藏高原气候变化的几个特征[J].中国科学D辑:地球科学,2001(S1):327-334.

卓嘎,边巴次仁,杨秀海,等,2013.近30年西藏地区大气可降水量的时空变化特征[J].高原气象,32(1):23-30.

卓嘎,罗布,周长艳,2012.1980—2009年西藏地区水汽输送的气候特征[J].冰川冻土,34(4):783-794.

卓嘎,徐祥德,陈联寿,2002.青藏高原夏季降水的水汽分布特征[J].气象科学,22(1):1-8.

BELJAARS A C M,BROWN A R,WOOD N,2004. A new parameterization of turbulent orographic form drag[J]. Q J R Meteorol Soc,130:1327-1347.

CHEN B,XU X D,YANG S,et al,2012. On the origin and destination of atmospheric moisture and air mass over the Tibetan Plateau[J]. Theor Appl Climatol,110(3):423-435.

DONG W H,LIN Y,WRIGHT J S,et al,2016. Summer rainfall over the southwestern Tibetan Plateau controlled by deep convection over the Indian subcontinent[J]. Nature Communications,7:10925.

DONG W,LIN Y,WRIGHT J S,et al,2017. Indian monsoon low pressure systems feed up-and-over moisture transport to the southwestern Tibetan Plateau: Up-and-over moisture transport[J]. Journal of Geophysical Research:Atmospheres,122(22):12140-12151.

FENG L,ZHOU T,2012. Water vapor transport for summer precipitation over the Tibetan Plateau: Multidata set analysis[J]. Journal of Geophysical Research:Atmospheres,117(D20).

HANSEN J,RUEDY R,SATO M,et al,2010. Global surface temperature change[J]. Rev Geophys,48(4):7362-7388.

JIN S G,LI Z,CHO J,2008. Integered water vapor field and multiscale variation over China from GPS measurements[J]. Journal of Applied Meteorology and Climatology,47:3008-3015.

MAUSSION F,SCHERER D,MÖLG T,et al,2014. Precipitation seasonality and variability over the Tibetan Plateau as resolved by the high Asia reanalysis[J]. J Climate,27(5):1910-1927.

QIAN W,LIN X,2005. Regional trends in recent precipitation indices in China[J]. Meteorology and Atmospheric Physics,90(3/4):193-207.

TAO S Y,DING Y H,1981. Observational evidence of the influence of the Qinghai-Xizang (Tibet) Plateau on the occurrence of heavy rain and severe convective storms in China[J]. Bulletin of the American Meteorological Society,62(1):23-30.

WANG C H,DONG W J,WEI Z G,2002. Anomaly feature of seasonal frozen soil variations on the Qinghai-Tibet Plateau[J]. Journal of Geographical Sciences,12(1):99-107.

WANG Y,YANG K,PAN Z Y,et al,2017. Evaluation of precipitable water vapor from four satellite products and four reanalysis datasets against GPS measurements on the Southern Tibetan Plateau [J]. J Climate,30:5699-5713. doi:10.1175/JCLI-D-16-0630.1.

WANG Y,ZHOU L,2005. Observed trends in extreme precipitation events in China during 1961—2001 and the associated changes in large-scale circulation[J]. Geophysical Research Letters,32(9):1725-1728.

WU G,ZHANG Y,1998. Tibetan Plateau forcing and the timing of the monsoon onset over South Asia and the South China Sea[J]. Mon Wea Rev,126(4):913-927. doi:10.1175/1520-0493.

XU X D,MIAO Q,WANG J,et al,2003. The water vapor transport model at the regional boundary during the Meiyu period[J]. Adv Atmos Sci,20(3):333-342. doi:10.1007/bf02690791.

YANG K,GUYENNON N,LIN O Y,et al,2017. Impact of summer monsoon on the elevation-dependence of meteorological variables in the south of central Himalaya[J]. International Journal of Climatology. doi:10.1002/joc.5293.

YANG K,WU H,QIN J,et al,2014. Recent climate changes over the Tibetan Plateau and their impacts on energy and water cycle:A review[J]. Global & Planetary Change,112(1):79-91.

ZHAI P,ESKRIDGE R E,1997. Atmospheric water vapor over China[J]. J Climate,10(10):2643-2653.

ZHAI P,ZHANG X,WAN H,et al,2005. Trends in total precipitation and frequency of daily precipitation extremes over China[J]. J Climate,18(7):1096-1108.

ZHOU X,BELJAARS A,WANG Y,et al,2017. Evaluation of WRF simulations with different selections of sub-grid orographic drag over the Tibetan Plateau[J]. Journal of Geophysical Research:Atmospheres,122(18):9759-9772. doi:10.1002/2017JD027212.

第5章
三江源气候变化特征

5.1 三江源气候变化总体特征
5.2 长江源气候变化及其响应
5.3 黄河源气候变化及其响应
5.4 澜沧江源气候变化及其响应
5.5 三江源区湖泊沼泽湿地对气候变化响应的总体特征
5.6 本章小结

5.1 三江源气候变化总体特征

三江源区河流密布,湖泊、沼泽众多,雪山冰川广布,是世界上河流湖泊海拔最高、面积最大、分布最集中的地区(图 5.1)。三江源区孕育的大小河流有 180 多条,三大主要河流为长江、黄河、澜沧江水系,流域总面积为 237957 km²,多年平均总流量为 1022.3 m³·s⁻¹,年总径流量达 324.17×10^8 m³;大小湖泊 1800 余个,湖水面积在 0.5 km² 以上的天然湖泊有 188 个,总面积达 5100 km²(马致远,2004;杨应梅,2005;刘光生等,2012)。

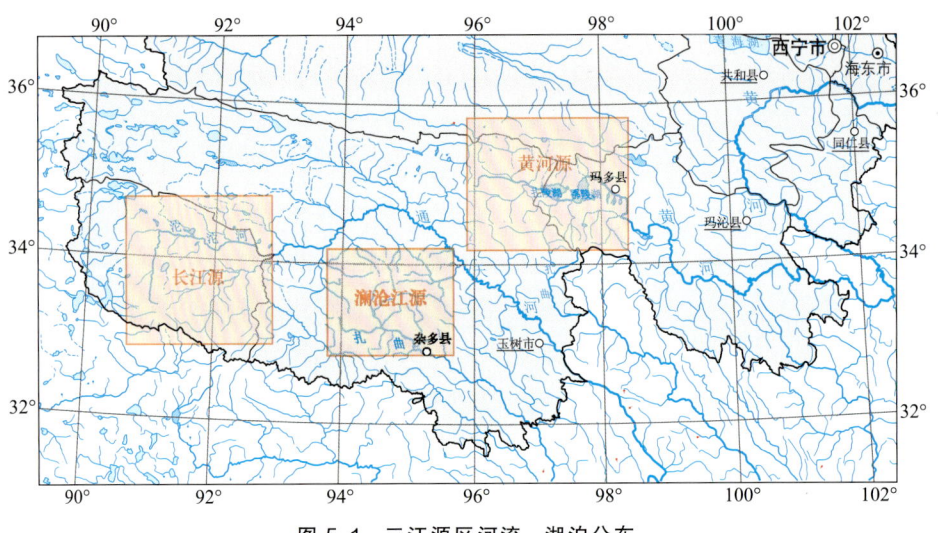

图 5.1 三江源区河流、湖泊分布

5.1.1 气温

随着全球平均气温升高,三江源地区平均气温也呈现逐渐升高的趋势,并且由于处于高海拔地区,对于全球气候的响应也更加突出,增温趋势十分明显。图 5.2 为 1961—2012 年三江源地区年和四季平均气温变化趋势,可以看出,三江源地区年平均气温升高倾向率达 0.33 ℃ · (10 a)$^{-1}$。四季当中,冬季增温幅度达到了 0.48 ℃ · (10 a)$^{-1}$,秋季次之,春季和夏季增温幅度较小。1993—2008 年升温趋势明显,近几年则有略微下降趋势。从四季变化看,夏季和秋季自 1994 年起一直呈现增温趋势,而春季和冬季则增温趋势不显著,波动较大。在 52 a 中,三江源地区整体呈现增温趋势,且冬季和秋季对增温贡献较大。

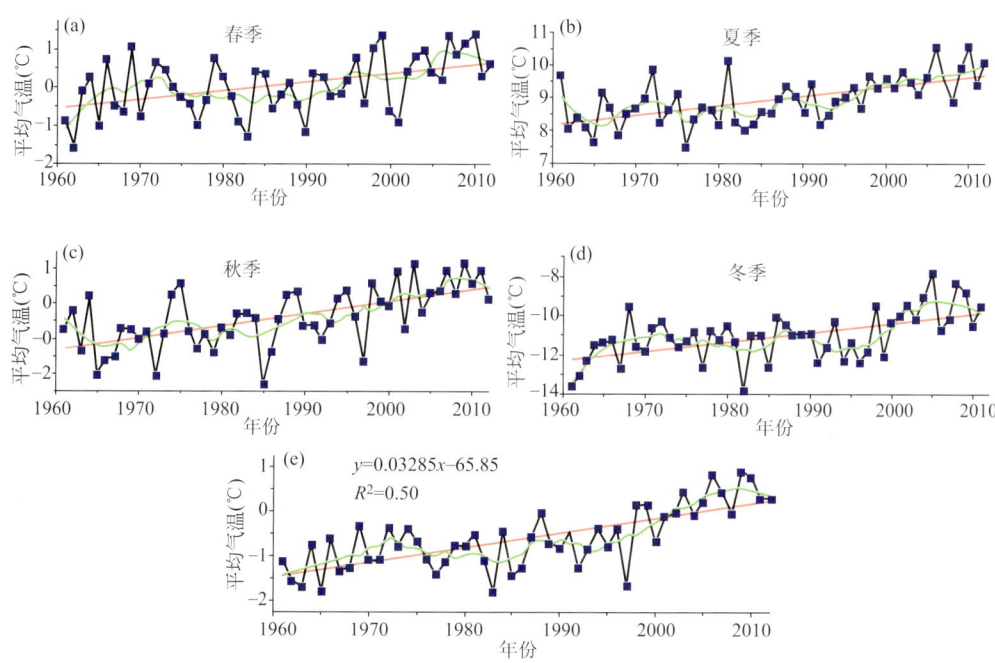

图 5.2 1961—2012 年三江源地区年和四季平均气温变化趋势
(a)春季;(b)夏季;(c)秋季;(d)冬季;(e)全年

三江源地区跨度大,且由于受地形和海拔高度的影响,最高气温的空间差异特征明显。1961—2012 年三江源最高气温的变化趋势与平均气温一样也在逐步升高,气候倾向率为 0.28 ℃ · (10 a)$^{-1}$。四季增温变化幅度由大到小依次为:冬季 0.42 ℃ · (10 a)$^{-1}$,秋季 0.327 ℃ · (10 a)$^{-1}$,夏季 0.256 ℃ · (10 a)$^{-1}$,春季变化趋势不明显。

三江源地区是最为典型的高寒区,从气候资料分析,玛多为该地区气温低值中心,最低气温低至 −48.1 ℃。1961—2012 年平均最低气温增加倾向率为 0.4 ℃ · (10 a)$^{-1}$,升温速率要大于平均气温。从四季变化情况来看,冬季增温趋势明显,气候倾向率为 0.54 ℃ · (10 a)$^{-1}$,春季、夏季、秋季增温速率分别为 0.34、0.36、0.37 ℃ ·

$(10 \text{ a})^{-1}$,基本接近。通过 11 a 平滑处理可以看出,近 20 a(1993—2012 年)来平均最低气温增加明显,近 10 a(2003—2012 年)来增加趋势明显,尤其在夏季。

5.1.2 降水

1961—2012 年三江源地区平均年降水量为 459.3 mm,空间分布特征基本表现为自东南向西北递减趋势,河南—玛多—清水河—杂多一线以南是青海省年降水量最多区域。1961—2012 年年平均降水量呈增加趋势,其气候倾向率为 7.76 mm·$(10 \text{ a})^{-1}$。分析四季降水量变化可知,春季和夏季降水增加明显,每 10 a 分别增加 3.8 mm 和 3.1 mm,近 10 a 平均降水量增加幅度较大,春季呈现逐步平稳增加态势。

5.1.3 蒸发量

1961—2012 年三江源地区春季、夏季、秋季蒸发量以及年蒸发量均呈下降趋势,线性倾向率分别为 -3.70、-15.0、-3.0、-62.3 mm·$(10 \text{ a})^{-1}$,尤其是 2000 年之后,夏季、秋季和年蒸发量出现了较大幅度的下降。三江源区水面蒸发量空间分布规律与降水相反,黄河源东南部、长江源以南,年蒸发量在 700~1200 mm 之间,长江源以北年蒸发量在 900~1000 mm 之间,黄河源达日至久治一带是水面蒸发低值区。

5.1.4 风速和日照

三江源全年盛行偏西风。1961—2012 年全区全年平均风速变化趋势为每 10 a 减小 0.087 m·s^{-1},春、夏、秋、冬四季每 10 a 分别减小 0.10、0.07、0.07、0.11 m·s^{-1}。

三江源属于高原大陆性气候,日照时数多,总辐射量大,光能资源丰富。1961—2012 年,春、夏、秋、冬季四季和年日照时数气候倾向率分别为 0.65 h·$(10 \text{ a})^{-1}$、-1.11 h·$(10 \text{ a})^{-1}$、-0.83 h·$(10 \text{ a})^{-1}$、-0.02 h·$(10 \text{ a})^{-1}$ 和 -0.36 h·$(10 \text{ a})^{-1}$,除春季有增加外,其余季节与全年均为减小趋势。近 10 a(2003—2012 年)日照时数有逐年下降趋势,春季和秋季近 20 a(1993—2012 年)变化较为稳定,夏季和冬季变化波动较大。

5.1.5 云量

1961—2012 年三江源地区年和春季、夏季、秋季、冬季四季平均云量变化均呈下降趋势,气候倾向率每 10 a 分别为 -0.35%、-0.21%、-0.20%、-0.22%、-0.74%。但近 10 a(2003—2012 年)来平均云量呈现上升趋势。

5.1.6 积雪日数

1961—2012年三江源地区年平均积雪日数呈下降趋势,气候倾向率为 -1.5 d·$(10\ a)^{-1}$,从四季的气候倾向率变化来看,春季、夏季、秋季分别以0.40、0.50、1.0 d·$(10\ a)^{-1}$的速率减小,冬季则以0.42 d·$(10\ a)^{-1}$的速率增加。

5.1.7 冰雹日数

三江源地区是夏季副热带急流徘徊地区,加之境内地形错综复杂,地表性质差异很大,使这一地区成为降雹日数较多、冰雹灾害较重的地区。1961—2012年三江源地区年平均冰雹日数呈递减趋势,每10 a减少1.35 d。从四季变化来看,春季、夏季、秋季分别以0.15、0.87、0.33 d·$(10\ a)^{-1}$的速率减小。近20 a(1993—2012年)来三江源夏季冰雹日数一直呈现逐步减少的趋势。

5.1.8 雷暴日数

1961—2012年三江源地区年和春季、夏季、秋季雷暴日数分别以每4.40、1.14、2.35、0.96 d·$(10\ a)^{-1}$的速率减少。

5.1.9 极端气候事件

1961—2012年三江源地区极端高温事件发生频次呈显著增多趋势,每10 a增加2.4次。进入21世纪以来,极端高温事件发生频次增多趋势更加明显(图5.3a)。从各地极端高温事件频次变率来看,囊谦、玉树、达日、久治、甘德一带变率较大,治多、曲麻莱、玛多和兴海一带增加率较小(图5.3b)。

1961—2012年极端低温事件发生频次呈逐年减少趋势,减少趋势为每10 a减少2.1次。进入21世纪以来,极端低温事件发生频次呈显著下降趋势。从各地变化趋势来看,三江源东部极端低温事件发生频次减少趋势较为明显。

1961—2012年三江源地区严重干旱事件发生频次呈微弱减少趋势,每10 a减少0.046次(图5.4a)。治多、曲麻莱、五道梁等西部地区严重干旱事件发生频次呈略微增加趋势,而三江源东部地区呈减少趋势(图5.4b)。

1961—2012年暴雨发生频次呈微弱减少趋势,每10 a减少0.012次,21世纪以来三江源地区处于暴雨频次相对较高的阶段(图5.5a)。三江源各地暴雨发生频次变率见图 5.5b。

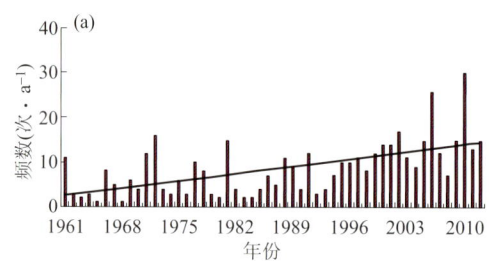

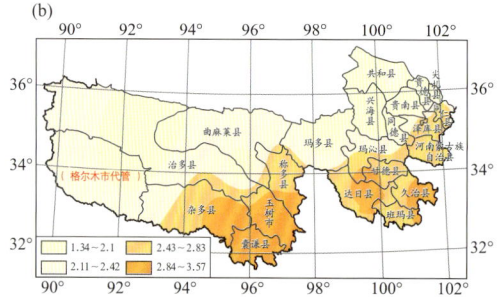

图 5.3 1961—2012 年三江源极端高温事件
发生频次趋势（a）及变化率空间分布（b；单位：次·(10 a)$^{-1}$）

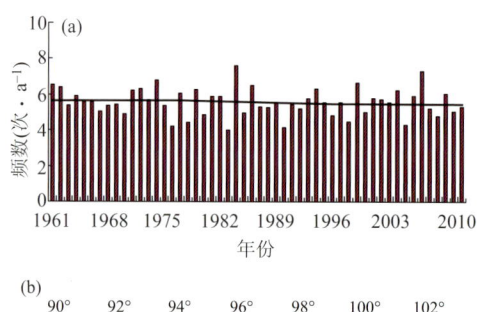

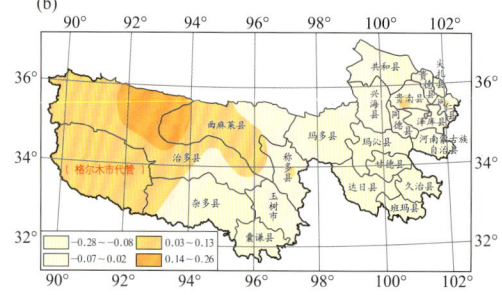

图 5.4 1961—2012 年三江源极端干旱事件发生
频次趋势（a）及变化率空间分布（b；单位：次·(10 a)$^{-1}$）

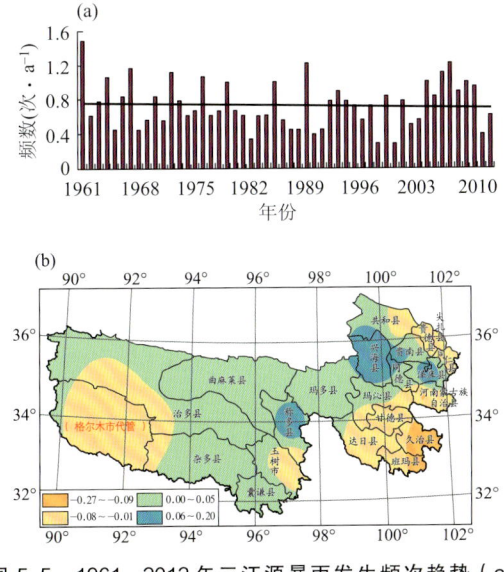

图 5.5 1961—2012 年三江源暴雨发生频次趋势（a）及变化率空间分布（b；单位：次·(10 a)$^{-1}$）

5.2 长江源气候变化及其响应

  长江源地区平均海拔在 4500～5000 m，属高原亚寒带半湿润、半干旱区。其地势高亢，终年气候寒冷，年均气温一般只有 −5.5～4 ℃，大部分地区年均气温低于 0 ℃，月均正温期只有 5 个月（5—9 月），楚玛尔河流域五道梁一带仅 6—9 月为正温期。在长江源地区中部的沱沱河沿（集镇）年平均气温为 −4.2 ℃，绝对最低温度为 −33.8 ℃，冻结期长达 7 个月（谢昌卫等，2003；梁川等，2013）。

  长江源区的降水主要由来自印度洋、孟加拉湾沿嘉陵江北上的水汽和部分沿青藏高原中部北上的水汽形成。受水汽输送途径和江河源区地形地貌的影响，降水主要集中在东部地区，深居高原腹地的西部广大地区降水稀少。西部地区年降水 200～

400 mm,5—9月降水量占全年降水量的90%~95%,固态降水占很大比重(梁川等,2011)。

5.2.1 气温

近47 a(1961—2007年)来,长江源区年平均气温显著升高,升温速率为0.321 ℃·(10 a)$^{-1}$。Yi等(2012)利用三江源地区12个站的月气温资料分析发现,1961—2010年长江源区年平均气温以0.34 ℃·(10 a)$^{-1}$速率升高。刘青春等(2008)的研究表明,长江源区年气温明显呈上升趋势,20世纪60年代最冷,70年代开始回升,80年代转入暖位相,90年代源区最温暖。在各季气温变化中,20世纪60、70年代春季暖,80年代冬季暖,90年代变暖主要表现在春秋季节,进入21世纪后变暖表现在冬季,年、夏、秋、冬季达到1961年以来的最暖期。长江源区年平均气温的年际变化如图5.6所示。

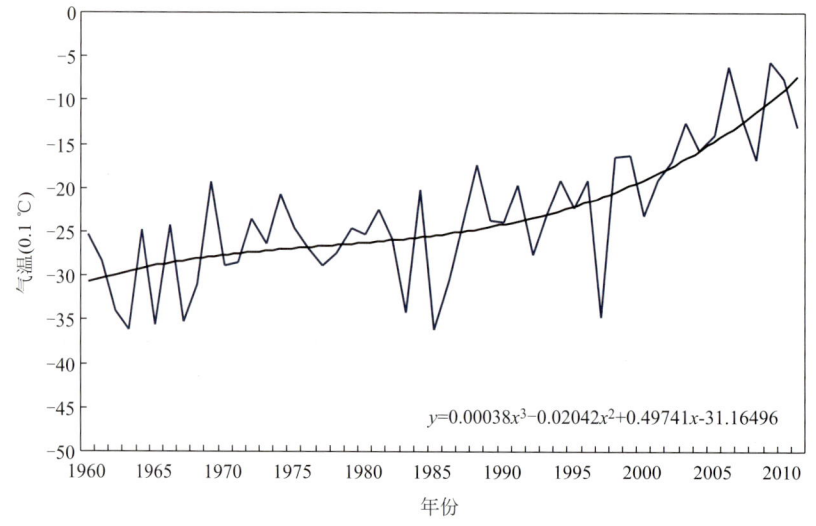

图5.6 长江源区年平均气温的年际变化

1961—2010年长江源区四季气温也呈显著增温趋势。春、夏、秋、冬四季气温的增温速率分别为0.26 ℃·(10 a)$^{-1}$、0.30 ℃·(10 a)$^{-1}$、0.36 ℃·(10 a)$^{-1}$、0.44 ℃·(10 a)$^{-1}$,增温幅度以冬季最大,秋季次之,春季最小(Yi et al.,2012)。

由于选取的代表站及其资料时间长度不一致,不同研究得到的升温速率有微小差异,大量研究结果都一致表明,20世纪60年代以来,随着全球变暖,青藏高原温度升高,位于青藏高原腹地的长江源区气温显著升高,以冬季升高幅度最大。

5.2.2 降水

在全球气候变化影响下,长江源区降水也随之发生了改变。王可丽等(2006)的研究表明,1948—2003年长江源区降水的长期变化趋势总体上不明显,而在1993—2003年的10 a里降水有明显增加趋势。王辉等(2010)研究发现,在21世纪之前(1956—2000年),长江源区降水量呈平稳下降趋势,但下降趋势不显著,气候倾向率为$-6.6\ \mathrm{mm}\cdot(10\ \mathrm{a})^{-1}$,2000年以后降水量呈增加趋势,其中2003—2008年平均降水量为417.3 mm,较1971—2000年气候平均值多27.4 mm,偏多7%,较20世纪90年代更是偏多10.3%。李珊珊等(2012)分析得知,1960—2010年长江源区年降水量呈非常明显的上升趋势,其气候倾向率为$6.6\ \mathrm{mm}\cdot(10\ \mathrm{a})^{-1}$,20世纪90年代中期开始增加,21世纪以来降水增加显著。唐红玉等(2007)的研究表明:近50 a(1956—2004年),长江源区年降水量增加,降水日数增多,降水强度除五道梁、曲麻莱呈减弱趋势外,其余地区均呈增强趋势。

由于代表站及其资料时间长度不一致,因而得到的长江源降水变化趋势结论也不完全一致。但许多研究都有一个一致的结论:进入21世纪后,长江源区降水量呈增加趋势。

5.2.3 蒸发量

1960—2011年长江源区蒸发量总体呈下降趋势,其中20世纪70—80年代略有上升趋势,90年代后呈显著下降趋势(图5.7)。

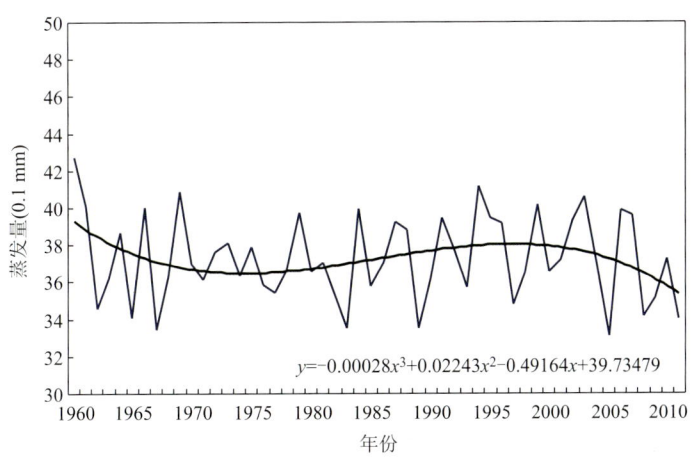

图5.7 长江源区年平均蒸发量变化

5.2.4 长江源水资源对气候变化的响应

长江源区年均径流深空间分布差异显著,东南部的当曲流域高达 150.1 mm,中部通天河干流区域次之,为 92.8 mm,西部的沱沱河为 52.2 mm,而北部的楚玛尔河流域则仅有 49.9 mm,呈现明显的由东南向西北递减特征(王根绪等,2007)。表 5.1 是长江源区各站水文的统计特征,其中当曲的统计结果是依据陈孝全和苟新京(2002)的数据计算得到的(时兴合等,2007)。

表 5.1 长江源区各站水文的统计特征(时兴合等,2007)

河名	水文站名	集水面积(km^2)	年平均流量($m^3 \cdot s^{-1}$)	年径流量($10^8 m^3$)
沱沱河(西源)	沱沱河	15924	25.04	7.88
尕尔曲(南源)	得列楚卡	4166	24.63	7.76
布曲(南源)	雁石平	4538	24.91	7.86
当曲(南源)	/	26076*	96.46*	30.44*
楚玛尔河(北源)	楚玛尔河	9388	7.46	2.35
通天河	直门达	158500	388.63	122.56

长江源区径流变化随着降水的多少和气温的高低而变化,最小流量出现在 12 月—次年 1 月,5 月积雪开始融化,6—7 月河水上涨,8 月流量达到最大值,6—9 月连续 4 个月维持大流量,水量占年径流量的 70%~85%。以季节而论,夏季径流量最多,秋季次之,春冬季很小(梁川等,2013)。

冰雪融水、沼泽、地下水和降水直接汇流等是长江源区水源的主要形式。河川径流以冰雪融水和地下水补给为主,分别占年径流量的 45%和 40%,雨水仅占 15%。冰川融水对径流的补给主要集中在冰川融水型和湿地型河流,冰川融水对整个长江水系的补给作用较小。在长江源区整体河流径流形成中沼泽湿地补给占重要位置,冰川融水补给在沱沱河与布曲河水系有较大作用(梁川等,2013)。

长江流域冰储量的近 70.9%集中于长江源区,冰储量折合水量 887.52 亿 m^3,相当于金沙江直门达站年径流量(182 亿 m^3)的 5 倍(姚檀栋等,2013)。气候变暖导致源区冰川退缩,使以冰川融水补给为主的沱沱河等河流的径流量增加(杨建平等,2004)。长江源区在进入 21 世纪后水资源量有明显增多现象,其原因可能是长江源区气温显著增加,导致更多冰川融化(白路遥和荣艳淑,2012)。布曲流域受冰川融水影响最大,估计由此增加水量 940 万 m^3,其次是沱沱河水系,估计增加水量为 550 万 m^3,长江源区径流的总体影响估计为 0.19 亿 m^3。由冰川退缩导致的河流水量增加不会长久,随着冰川的持续退缩,冰川融水将锐减,以冰川融水补给为主的河流,特别是中小支流将有可能面临逐渐干涸的威胁(孙鸿烈,2008)。

近几十年来,长江源区气温升高、降水增多,导致源区水资源量发生显著改变。谢昌卫等(2003)的研究表明,1961—2000 年长江源区径流量总体上呈明显的减少趋势,递减率为 0.5×10^8 $m^3\cdot a^{-1}$。时兴合等(2007)的研究表明,长江源区雨季和过渡季节降水量、积雪融水量和高山冰雪融水量所形成的总径流量呈下降趋势。王根绪等(2007)的研究表明,1961—2000 年长江源区河川径流呈持续递减趋势,年均径流量减少了 15.2%,发生频率大于 20% 的径流量均显著减少,而高于 550 $m^3\cdot s^{-1}$ 流量的稀遇洪水发生频率增加,反映出长江出源径流趋于减少的同时,洪水发生频率增加,说明源区河流水源涵养功能减弱(王根绪等,2007)。

长江源区不同流域水资源的变化不尽相同。各季和年流量在总体下降的同时,表现出明显的年代际变化特征。通天河流量经历了大—小—大—小的演变过程,期间出现过径流量的多次转折,其中 1967 年由大变小,径流量持续减小直到 1979 年,长达 11 a;1979 年径流量由小变大,直到 1989 年达到最大值,持续时间长达 10 a;20 世纪 90 年代径流量持续减小;从 1998 年开始,径流量又表现出增大趋势(靳立亚等,2005)。谢昌卫等(2003)的研究同样表明,1961—2000 年长江源区径流量呈现出高—低—高—低的变化趋势,20 世纪 90 年代呈现出较强的枯水期,1990—2000 年径流量均值比 1961—1989 年径流量均值偏低 14%,但 90 年代末期径流量已开始回升。总体来看,20 世纪 80 年代流量最大,平均年流量偏多 14.7%,其中夏季偏多 18.5%,秋、冬季分别偏多 12.9% 和 11.4%;20 世纪 60 年代年流量偏多 5.6%,其中秋季偏多 8.6%,夏季偏多 5.2%;20 世纪 70 年代、90 年代流量偏少,70 年代夏季偏少 12.8%,秋季偏少 5.2%,90 年代秋季偏少 18.8%,夏季偏少 12.5%;进入 21 世纪初,除春季流量外,夏、秋、冬季和年流量已转入上升趋势,其中秋、夏季分别偏多 6.5% 和 2.8%(表 5.2)(刘青春等,2008)。

表 5.2 直门达流量距平百分率年代平均(单位:%;刘青春等,2008)

	20 世纪				21 世纪
	60 年代	70 年代	80 年代	90 年代	2000—2004 年
年	5.6	−8.9	14.7	−12.9	2.8
春	0	−2.4	6.0	−1.8	−6.0
夏	5.2	−12.8	18.5	−12.5	2.8
秋	8.6	−5.2	12.9	−18.8	6.5
冬	2.9	−2.9	11.4	−8.6	

位于长江源头的沱沱河径流量呈现出丰—枯—丰的变化过程,从 20 世纪 60 年代中期到 80 年代中期的 20 a 间经历了一个较长时期的径流减少期,从 80 年代后

期开始径流持续回升;位于长江出源地的通天河直门达水文站,其水文过程则不同,尽管经历了 20 世纪 80 年代两次较为明显的丰水期,但径流量仍呈现出线性平均递减率为 4.8×10^8 m^3 · (10 a)$^{-1}$ 的趋势,40 a 间径流量平均减少了将近 15%(王根绪等,2007)。两者的年代际变化特征也不一样,沱沱河站 20 世纪 60 年代平均径流量最大,为 9.4 m^3 · s^{-1},70 年代平均径流量最小,为 7.0 m^3 · s^{-1};而直门达站 80 年代平均径流量最大,为 444 m^3 · s^{-1},90 年代平均径流量最小,为 355 m^3 · s^{-1}(梁川等,2011)。

长江源区水资源变化主要受气候变化的影响,1961—2000 年,布曲流域径流因气候因素变化的减少量为 4.3%,楚玛尔河流域受气候影响最为显著,径流减少量达到 26.1%,长江源区出源径流因气候因素变化的减少量为 5.8%(王根绪等,2007)。降水变化对长江源区水资源有直接影响,即降水多与寡直接影响水资源量的多与少。刘青春等(2008)的研究表明,长江源区年流量与年降水的变化基本一致,20 世纪 60、80 年代降水正常或偏多,同期流量也偏多,70、90 年代降水偏少,同期流量也偏少。气温对水资源的影响较复杂,气温升高可导致冰川融化,提供更多的融冰水资源,但是气温升高又会导致蒸发增大,更多地消耗水资源。进入 21 世纪,长江源区气温明显升高,产生了更多的融冰水资源,这可能是近 10 a 来水资源增多的主要原因(白路遥和荣艳淑,2012)。沱沱河径流补给受到降水和冰雪融水的共同影响,在 20 世纪 60 年代,沱沱河流域降水较丰沛,径流量较大;进入 70 年代,该流域降水极为丰沛,但由于气温处于偏冷期,大量降水储存于冰川,冰川前进,而河川径流减小为近 40 a 来的最低值;从 80 年代以来,降水量显著减少,气温却明显变暖,大量冰川融水补给河流,河川径流量逐渐增加(杨建平等,2003)。1956—2004 年长江平均流量基本经历了一个"丰—枯—丰—枯"的历史演变过程,枯季平均流量的变差系数较小,为 0.15,雨季和过渡季节 5 月及 10 月平均流量的变差系数较大,分别为 0.29、0.32、0.29,1991—2004 年直门达水文站年径流共减少了 96 亿 m^3。

研究表明,长江源区降水、气温和蒸发都有明显变化,尤其是 20 世纪 90 年以来有明显增加趋势,长江源区水资源量在 21 世纪有明显增多现象。降水增多可直接增加水资源量,但是气温升高会促进蒸发,导致更多的水资源消耗,因此降水和气温的变化可相互抵消对水资源的影响。但是 21 世纪以来长江源区气温显著增高,导致更多冰川融化,这可能是近年来长江源水资源量增多的原因(白路遥和荣艳淑,2012)。

由图 5.8 可发现,长江源区大气降水与径流呈显著相关,相关系数为 0.57,达到 0.01 显著性水平。对比图 5.9 与图 5.10 发现,长江源区年径流量与年降水量不仅呈显著相关关系,而且 1956—2008 年两者年际变化趋势亦呈一致性波动特征,尤其是进入 21 世纪以来的近十年两者均呈显著上升趋势。

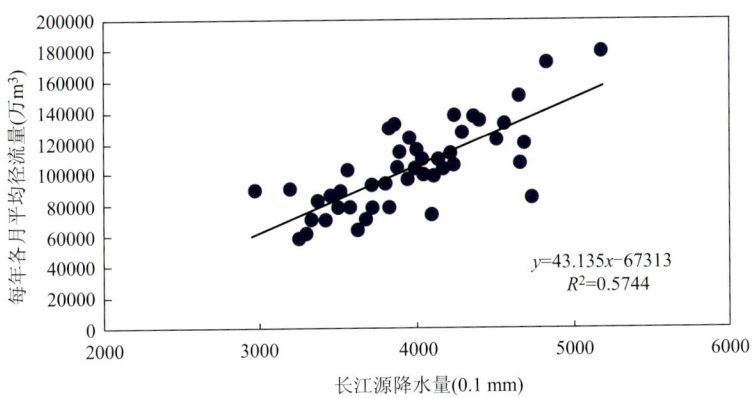

图 5.8　长江源区直门达站年降水量与年径流量相关散点图

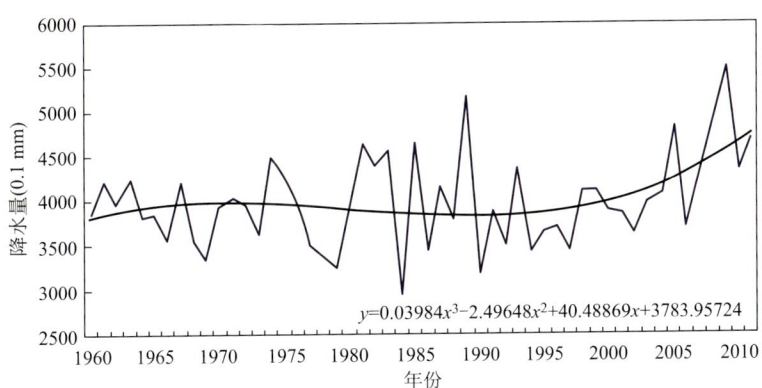

图 5.9　长江源区五道梁、沱沱河、治多、清水河、曲麻菜、玉树年降水量变化

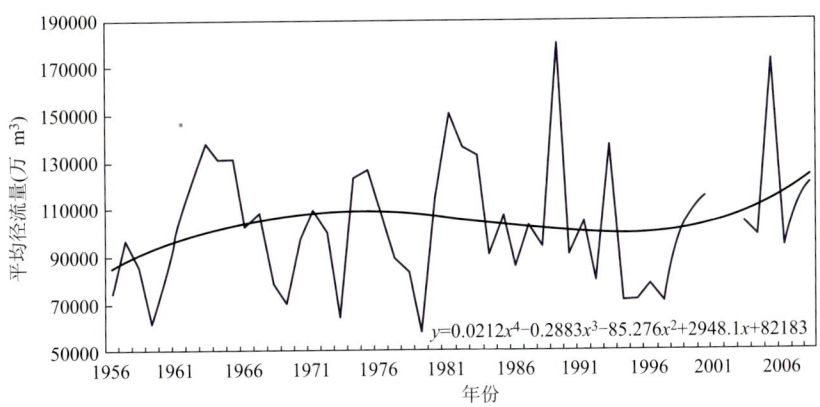

图 5.10　长江源区直门达站年径流量变化

5.3 黄河源气候变化及其响应

黄河源区位于青藏高原北部的江河源区东北部,区域范围为$32°09'\sim36°06'$N、$95°54'\sim103°22'$E,主要包括甘肃的玛曲,四川的诺尔盖、阿坝、红原和青海的玛多、兴海、玛沁、甘德、达日、同德、班玛、久治等区域,面积约为12.07万 km^2。地貌类型主要为高山、丘陵、盆地、河谷、冲洪积平原等,地势总体西南高、东北低,西南部平均海拔5000 m,东北部玛曲降至3000 m左右。气候类型为高原大陆性气候,同时具有高寒气候和干旱气候的特点,其中西部降水少,为干旱区,东部多为半干旱或半湿润区,达日、玛沁、河南、玛曲、诺尔盖、久治等地在青藏高原内降水较为丰富。植被类型以高寒灌木丛、高寒草甸、高寒草原为主,兼有常绿针叶林、高寒沼泽、高山泥石流稀疏植被等类型(李开明等,2013)。

5.3.1 气温

金君良等(2013)用1952—2011年黄河源区的21个气象站的气象数据分析了60 a的气温变化;结果表明,黄河源区气温在60 a里呈现持续攀升的趋势,增加速率为0.23 ℃·(10 a)$^{-1}$。1960—2014年资料分析结果(王亚迪等,2018)表明,黄河源气温总体增加速率为0.56 ℃·(10 a)$^{-1}$(图5.11),在1997年气温发生了突变,增温明显,年均气温较之前升高了1.3 ℃。刘光生等(2012)根据玛多、达日和久治三个站点的气象数据,分析了1961—2006年黄河源区温度的变化趋势。结果表明:增温是该区的一致趋势,而玛多和久治的增温幅度最明显;黄河源区年均最低气温和年极端最低气温的增幅最为明显,分别为0.467 ℃·(10 a)$^{-1}$和0.797 ℃·(10 a)$^{-1}$,与整个青藏高原的相关结论一致。1959—2005年,黄河源区年平均气温变化趋势与时间进程表现出显著的相关($P<0.01$),说明47 a来区域的年平均气温在年际进程中具有一定的不稳定性(李英年等,2008)。

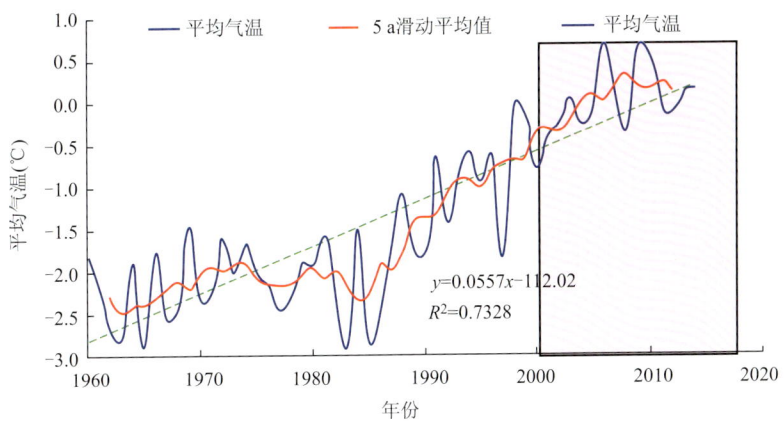

图 5.11 黄河源区年平均气温变化（王亚迪等，2018）

5.3.2 降水

黄河源区全年降水量在过去 55 a(1960—2014)里呈现增加趋势，但增幅不大；汛期降水量变化基本平稳，非汛期降水量整体呈增加趋势。汛期降水在 20 世纪 80 年代末出现下降趋势，21 世纪初表现出上升趋势，表明黄河源在 21 世纪初出现恢复变湿的趋势（王亚迪等，2018）。研究（王欢等，2014）表明，2002—2012 年降水量呈不显著增加趋势，气候倾向率为 12.27 mm·(10 a)$^{-1}$。

5.3.3 蒸发量

1960—2011 年黄河源区蒸发量总体呈下降趋势，其中 20 世纪 70—90 年代基本平缓，90 年代后呈显著下降趋势（图 5.12）。

5.3.4 黄河源水资源对气候变化的响应

根据黄河源区河流唐乃亥水文站数据分析可知，1960—2014 年径流呈现不显著的递减趋势，总体上呈现低—高—低—高的变化趋势。径流的年内分配又称径流的年内变化或季节分配。由于受气候因素及与流域调蓄能力有关的下垫面因素的影响，径流量的年内分配不均匀，汛期(5—10 月)径流量较大，约占全年径流量的 80%，其中 7 月径流量最大，12 月—次年 2 月径流量很少，仅占年径流量的 7.4%。研究 2002—2012 年径流量可知，该时间段内径流量呈上升趋势，倾向率为 35.34 m^3·s^{-1}·(10 a)$^{-1}$（图 5.13）。

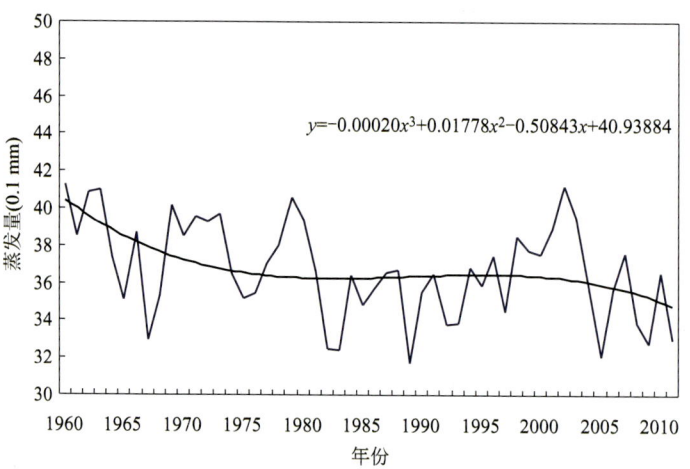

图 5.12 黄河源区年平均蒸发量变化

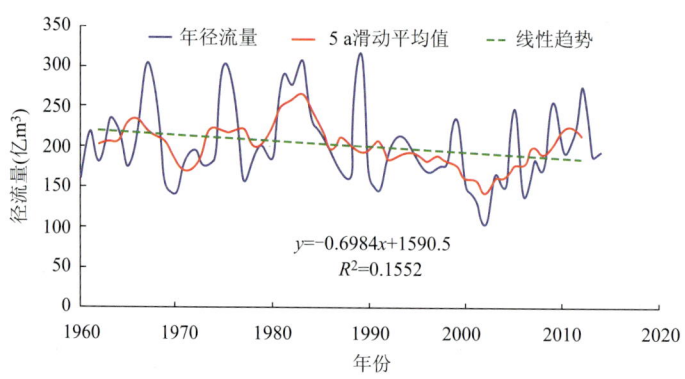

图 5.13 黄河源区唐乃亥站径流量的年际变化

从表 5.3 表征的 1956—2012 年唐乃亥水文站径流量年代际变化可以看出,21 世纪前 12 a,Cv 值与多年平均相差不大,表明径流量年内变化不大,只是径流量偏小 6%;2001—2012 年径流量有增加趋势,但仍处于偏小状态。表 5.4 统计了 2001—2012 年黄河源区径流量丰、枯等级及年内分布状况,可以看出 2001—2012 年期间,黄河源区 2005 年径流量最为丰裕,2002 年最为枯竭;2002—2012 年径流量有增加趋势(图 5.13);12 a 内有 6 a 年径流量分布呈单峰型,6 a 年径流量分布呈双峰型;2001—2006 年期间为正常、偏枯,2007—2012 年期间为正常、偏丰。

表 5.3 1956—2012 年唐乃亥站径流量变化

	多年平均	20世纪50年代 (1956—1960)	20世纪60年代 (1961—1970)	20世纪70年代 (1971—1980)	20世纪80年代 (1981—1990)	20世纪90年代 (1991—2000)	21世纪前12 a (2001—2012)
C_v	0.68	0.65	0.79	0.73	0.82	0.64	0.67
年流量/距平百分率	636/0	521/−16.83	683/9.05	644/2.76	762/21.71	560/−10.62	588/−6.01
春季/距平百分率	376/0	326/−13.24	398/5.87	403/7.15	404/7.36	396/4.43	329/−12.47
夏季/距平百分率	1098/0	1020/−7.11	1119/1.93	1059/−3.59	1347/22.69	989/−9.91	1053/−4.10
秋季/距平百分率	867/0	707/−18.4	1019/17.59	926/6.76	1089/25.64	677/−21.86	780/−9.98
冬季/距平百分率	186/0	161/−13.32	196/5.13	186/−0.07	207/11.31	197/−3.98	190/2.37

注：流量的单位为亿 m^3；距平百分率用％表示。

表 5.4 2001—2012 年黄河源区流量年内分布与丰、枯等级

年份	干枯级别	类型	年份	干枯级别	类型
2001	偏枯	6、10 双	2007	正常	7、9 双
2002	枯水	7 单	2008	正常	8、10 双
2003	正常	9 单	2009	偏丰	7 单
2004	偏枯	9 单	2010	正常	7 单
2005	偏丰	7、10 双	2011	正常	7、10 双
2006	偏枯	7、9 双	2012	偏丰	7 单

注：丰枯等级依次划分为丰裕、偏丰、正常、偏枯、枯水。

5.4 澜沧江源气候变化及其响应

澜沧江是一条国际河流，全称湄公河—澜沧江，全流域位于 94°～107°E、10°～34°N

之间。澜沧江发源于青藏高原查加日玛的西侧、青海省玉树藏族自治州杂多县境内，流经青海、西藏，于布衣附近进入云南省，在西双版纳傣族自治州南腊河口流出中国国境后称湄公河。经老挝、缅甸、泰国、柬埔寨流入越南，于西贡附近注入南海。干流全长约 4500 km，总落差约 5060 m，流域面积达 74.4 万 km^2。在中国境内，澜沧江流域界于 94°~102°E，21°~34°N 之间，流域面积约为 16.4 万 km^2，出境处多年平均流量约 2350 $m^3 \cdot s^{-1}$，干流全长 2153 km，天然落差约 4583 m。澜沧江流域涉及云南、西藏和青海 3 个省（自治区）（邹宁等，2008）。

澜沧江流域气候寒湿，具有高原气候特色，水平变化和垂直变化的特点比较明显。水平上气温由北向南递增，西北部多年平均气温为 0.2 ℃，1 月平均气温为 −11.3 ℃，7 月平均气温为 10.7 ℃，流域上游东南部的囊谦县年平均气温为 3.7 ℃，1 月平均气温为 −6.9 ℃，7 月平均气温为 13.1 ℃。垂直变化在高山峡谷区最为明显，气温随海拔高度增高而降低，常出现山上降雨河谷晴、河谷降雨山上雪的立体气候特征。此外，同一地区气候亦多变化，常有时晴时雨、时风时雪，气温忽高忽低等情况，日差较大。澜沧江流域的降水在空间上分布极不均匀，除具有地带性分布规律外，垂直变化也十分明显，总体呈现西多东少、南多北少，河谷小、山顶大的特点。地区差异不仅体现在降水量的大小，而且还表现在年内分配上。流域大部地区的降水量集中在 5—10 月，占年降水量的 65%~90%，其中 6—9 月占年降水量的 55%~80%，多数地区的降水月分配为单峰型，少数地区为双峰型（邹宁等，2008）。

5.4.1 气温

近 47 a（1956—2002 年）来，澜沧江源区气温普遍升高，特别是 20 世纪 80 年代以后，气温上升更为显著。1960—2000 年，澜沧江干流河谷盆地气温总体上有自南部向北部递减的趋势，即南部的气温比北部高。气温的变化趋势具有明显的区域性和季节性，澜沧江干流河谷盆地气候变化与全球和全国气候变化趋势基本一致，气温变化总趋势是增温，平均气温上升率为 0.152 ℃·$(10 a)^{-1}$。

5.4.2 降水

1951—2008 年澜沧江流域的年降水量减少了 46.4 mm。1960—2000 年澜沧江干流河谷盆地降水总体上有自南部向北部递减的趋势，即南部的降水比北部多。降水变化趋势则较为复杂，总体趋势为减少；降水的变化趋势具有明显的区域性和季节性，流域内各分区的气候变化幅度不同，时空分布存在显著差异。澜沧江流域森林面积减少是该区域气候变化的原因之一。

5.4.3 蒸发量

1960—2011年澜沧江源区的杂多站蒸发量在20世纪60年代初达最高后开始下降,60年代中期至2000年前基本维持在4.0 mm的平均值水平,2000年以后出现了显著下降的趋势。

5.4.4 澜沧江源区水资源对气候变化的响应

从澜沧江年径流量与降水量的相关散点图(图5.14)中可见,澜沧江源径流与大气降水呈显著正相关,相关系数R^2为0.64,达到0.01显著性水平。由图5.15和图5.16亦可发现,澜沧江源区降水量与径流量的年际变化趋势亦呈相似特征,总体表现为平缓变化特征。由于两者资料时段存在差异,故由图5.15可见,20世纪90年代后期澜沧江源区降水呈上升趋势,这意味着澜沧江源区的径流量亦呈增加趋势。

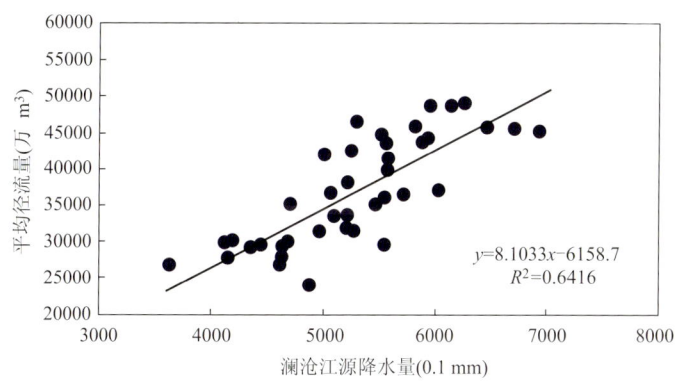

图5.14 澜沧江源区香达站年降水量与年径流量的相关散点图

图5.17是澜沧江径流变化对气候变化的响应,从图中可以看出,澜沧江径流与流域降水的变化趋势非常一致,与流域温度的变化趋势则呈反相变化。澜沧江流域气温的变化总体上为平稳上升趋势,在20世纪90年代末期以后流域气温增温非常明显;60—70年代中期,澜沧江流域降水与径流处于正位相,从70年代中期以后至90年代中期流域降水与径流处于负位相,从90年代中期以后降水与径流从负位相转为正位相,并呈现上升趋势;1961—2012年流域降水每年减少1.42 mm,到2000年径流量总体上呈减少趋势,平均每10 a减少$0.2×10^8$ m^3,从流域雨量的9 a滑动趋势来看,雨量变化也呈下降趋势,说明澜沧江径流在进入新世纪后转入偏少期。由于流域降水量

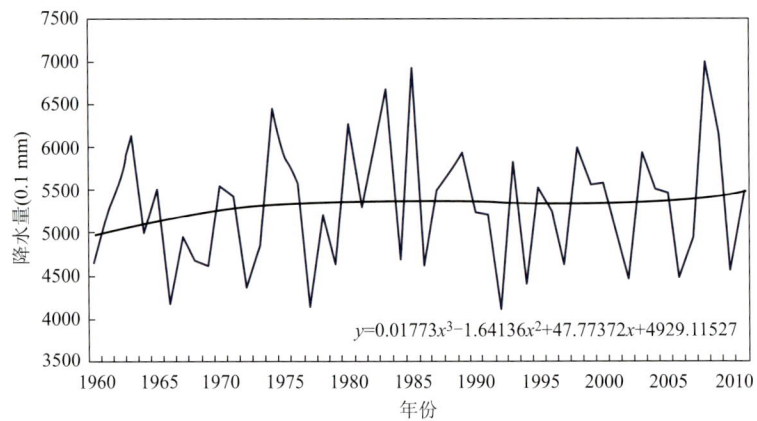

图 5.15 澜沧江源区（杂多站）年降水量变化

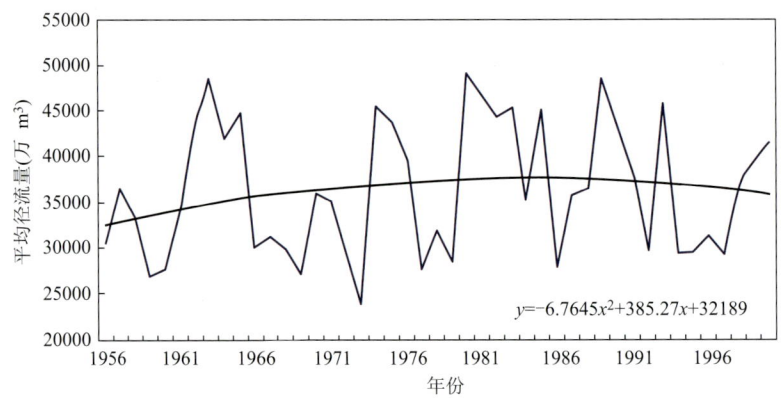

图 5.16 澜沧江源区香达站年径流量变化

对澜沧江径流的大小起决定作用,这预示着未来因降水减少将引起澜沧江径流减小而进入相对偏少时期(张万诚等,2014)。

为进一步分析 2002—2017 年澜沧江径流的变化趋势,选取云南境内德钦、维西、兰坪、云龙、洱源等 19 个气象站年降水作为澜沧江流域的降水,建立流域降水与允景洪站径流量的逐步回归方程。由图 5.18 可以看出,允景洪出现的径流量异常年如 1966、1991、1994 年等均被模拟出来,准确率为 85.7%;而预测的 2002—2017 年的径流量与用流域平均降水预测的径流变化趋势基本一致,自 2002 年以来,澜沧江水文站允景洪径流进入偏少时段,特别是从 2009 年开始云南出现连续 6 a 的极端干旱,澜沧江径流进入偏少期,这与张万诚等(2014)分析的澜沧江径流在进入新世纪后转入偏少

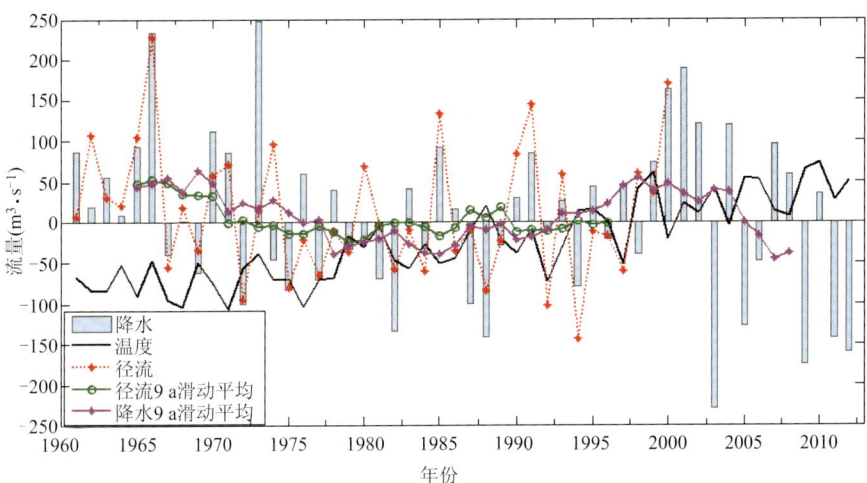

图 5.17　澜沧江径流（单位：10⁸ m³·s⁻¹）、流域雨量距平（单位：mm）和温度距平（扩大 100 倍，单位：℃）的变化趋势（张万诚等，2014）

期是一致的，而 2016、2017 年允景洪径流量相对偏多。

可见，澜沧江的径流变化与流域降水的相关显著，其变化基本一致，伴随全球气候变暖，云南地区降水进入偏少期，1961—2017 年澜沧江流域降水量呈减少趋势，说明澜沧江径流进入相对偏少时期。

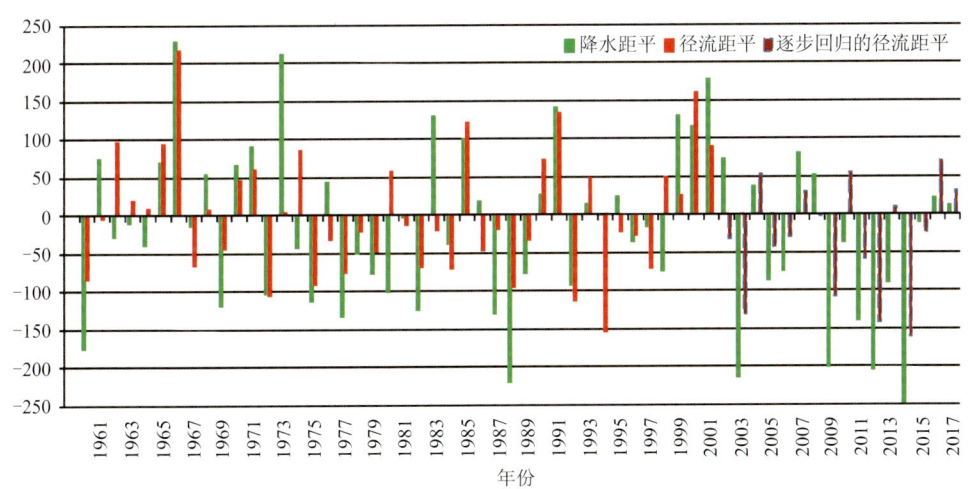

图 5.18　1960—2017 年澜沧江流域年雨量距平（单位：mm）与允景洪年径流距平（单位：10⁸ m³·s⁻¹）的年际变化

5.5
三江源区湖泊沼泽湿地对气候变化响应的总体特征

  三江源众多湖泊出现面积缩小、湖水咸化、内流化、因矿化度不断升高而趋于盐化等现象。研究表明，三江源区气温每发生 1 ℃ 的变化就会造成 2.1% 左右的潜在蒸发变化量(张士锋等,2011)。1965—2004 年三江源区众多以降水径流补给的湖泊退缩、咸化乃至消亡,是区域气候暖干化的直接后果。

  长江源区许多山麓及山前坡地上的沼泽湿地已停止发育,部分地段出现沼泽泥炭地干燥裸露的现象。随着沼泽湿地的退化,沼泽湿地边缘中旱生植物种类逐渐侵入,植物群落类型向草甸化的方向演替(陈桂琛和黄志伟,2002)。许多湖泊水已呈微咸—咸,矿化度达 $1\sim35$ g·L^{-1}。

  1969—2001 年,黄河源区的湖泊基本上是全面萎缩,且湖水呈现咸化、内流化和盐碱化趋势。20 世纪 80 年代初沼泽面积为 3895.2 km^2,90 年代卫星解译结果表明,沼泽面积减少至 3247.45 km^2,其面积减少了 647.75 km^2,平均每年递减达 58.89 km^2。黄河源著名的星宿海湖群近年来已大部分疏干而成为沼泽,内陆湖泊龙木错退缩了将近 1/2,这种状况可能与黄河源区气温升高、蒸发加大而降水量基本稳定以及黄河源区生态退化有直接关系(陈桂琛和黄志伟,2002)。

5.6
本章小结

  (1)三江源整体气候变化:随着全球平均温度升高,近 52 a(1961—2012 年)来,三江源地区平均气温整体呈现增温趋势,冬季和秋季的增温贡献较大,自 20 世纪 90 年代以来平均最低气温增加明显;1961—2012 年降水量呈增加趋势,春季和夏季降水增加明显,进入21世纪降水量增加幅度较大;年蒸发量呈下降趋势,2000年之后夏季、秋季和年蒸发量出现了较大幅度的下降,且冬、春季减小较明显;日照时数除冬季增加外,其余季节与全年均为减小趋势,进入21世纪日照时数有逐年下降趋势,20世纪90年代以来春季和秋季变化较为稳定而夏季和冬季变化波动较大;全区各季和年平均云量均呈下降趋势,但最近10 a平均云量呈现上升趋势;三江源地区年平均积雪日数呈下降趋势,春季、夏季、秋季减小,而冬季则明显增加;从极端气候事件变化看,三江源区的年平均冰雹日数呈递减趋势,春季、夏季、秋季均减小,20世纪90年代以来三江源区夏季冰雹日数一直呈逐步减少趋势。春季、夏季、秋季雷暴日数呈现减少趋势;极端高温事件发生频次呈显著增多趋势,极端低温事件发生频次呈逐年减少趋势;暴雨发生频次呈微弱减少趋势,但21世纪以来三江源地区处于暴雨频次相对较高的阶段。

(2)长江源区气候变化:自20世纪60年代以来,位于青藏高原腹地的长江源区气温显著升高,以冬季气温升高幅度最大。进入21世纪后,长江源区降水量呈增加趋势。1960—2011年长江源区的蒸发量总体呈下降趋势,其中20世纪70—80年代略有上升,90年代后呈显著下降趋势。随着长江源区气温升高、降水增多、蒸发量下降,源区水资源量也发生显著改变,近40 a来长江源区径流量总体上呈明显的减少趋势。

(3)黄河源区气候变化:气温1952—2011年呈现持续攀升的趋势,源区冬半年升温幅度大于夏半年,年均最低气温和年极端最低气温的增幅最为明显。黄河源区全年降水量在同一时期呈现增加趋势,但增幅不大。蒸发量总体呈下降趋势,其中20世纪70—90年代基本平缓,90年代后呈显著下降趋势。1960—2014年黄河源区径流呈现不显著的递减趋势;总体上呈现低—高—低—高的变化趋势。

(4)澜沧江源区气候变化:气温普遍升高,特别是20世纪80年代以后,气温上升更为显著。降水变化趋势则较为复杂,总体趋势为减少,1961—2017年澜沧江流域降水量呈减少趋势,澜沧江径流进入相对偏少时期。但流域内各分区的气候变化幅度不同,时空分布也存在显著差异。澜沧江源区代表站的年蒸发量变化由20世纪60年代初达最高后开始下降,2000年以后出现了显著下降的趋势。

(5)三江源区众多以降水径流补给的湖泊退缩、咸化乃至消亡,它们是区域气候暖干化的直接后果。长江源区许多山麓及山前坡地上的沼泽湿地已停止发育,部分地段出现沼泽泥炭地干燥裸露的现象。随着沼泽湿地的退化,沼泽湿地边缘中旱生植物种类逐渐侵入,植物群落类型向草甸化的方向演替。许多湖泊水已呈微咸—咸状态。1969—2001年,黄河源区的湖泊基本上是全面萎缩,且湖水呈现出咸化、内流化和盐碱化趋势。

参考文献

白路遥,荣艳淑,2012.气候变化对长江、黄河源区水资源的影响[J].水资源保护,28(1):46-50.
陈桂琛,黄志伟,2002.青海高原湿地特征及其保护[J].冰川冻土,24(3):254-259.
陈孝全,苟新京,2002.三江源自然保护区生态环境[M].西宁:青海人民出版社:90-103.
金君良,王国庆,刘翠善,等,2013.黄河源区水文水资源对气候变化的响应[J].干旱区资源与环境,27(5):137-143.
靳立亚,秦宁生,毛晓亮,2005.近45年来长江上游通天河径流量演变特征及其气候概率预报[J].气候与环境研究,10(2):220-228.
李开明,李绚,王翠云,等,2013.黄河源区气候变化的环境效应研究[J].冰川冻土,35(5):1183-1192.
李珊珊,张明军,汪宝龙,等,2012.近51年来三江源区降水变化的空间差异[J].生态学杂志,31(10):2635-2643.
李英年,赵新全,周华坤,等,2008.长江黄河源区气候变化及植被生产力特征[J].山地学报,26(6):678-683.
梁川,侯小波,潘妮,2011.长江源高寒区域降水和径流时空变化规律分析[J].南水北调与水利科技,9(1):53-59.
梁川,赵莉花,张博雄,2013.长江江源高寒地区气候变化对水文环境影响研究综述[J].南水北调与水利科技,11(1):81-86.
刘光生,王根绪,张伟,2012.三江源区气候及水文变化特征研究[J].长江流域资源与环境,21(3):302-309.
刘青春,秦宁生,许维俊,等,2008.长江源流量对长江源流域气候年代际变化的响应[J].气象科技,36(3):277-280.
马致远,2004.三江源地区水资源的涵养和保护[J].地球科学进展,19(S1):108-111.
时兴合,秦宁生,许维俊,等,2007.1956—2004年长江源区河川径流量的变化特征[J].山地学报,25(5):513-523.
孙鸿烈,2008.长江上游地区生态与环境问题[M].北京:中国环境出版社:43-45.
唐红玉,杨小丹,王希娟,等,2007.三江源地区近50年降水变化分析[J].高原气象,26(1):47-54.
王根绪,李元寿,王一博,等,2007.长江源区高寒生态与气候变化对河流径流过程的影响分析[J].冰川冻土,29(2):159-168.
王欢,李栋梁,蒋元春,2014.1956—2012年黄河源区流量演变的新特征及其成因[J].冰川冻土,36(2):403-412.

王辉,甘艳辉,马兴华,等,2010.长江源区气候变化及其对生态环境的影响分析[J].青海科技(2):11-16.

王可丽,程国栋,丁永建,等,2006.黄河、长江源区降水变化的水汽输送和环流特征[J].冰川冻土,28(1):8-14.

王亚迪,权全,薛涛涛,等,2018.气候变化对黄河源去的水温影响分析[J].水资源研究,7(2):135-143.

谢昌卫,丁永建,刘时银,等,2003.长江-黄河源寒区径流时空变化特征对比[J].冰川冻土,25(4):414-422.

杨建平,丁永建,陈仁升,等,2004.长江黄河源区多年冻土变化及其生态环境效应[J].山地学报,22(3):278-285.

杨建平,丁永建,刘时银,等,2003.长江黄河源区冰川变化及其对河川径流的影响[J].自然资源学报,18(5):595-602.

杨应梅,2005.三江源区水资源保护与利用[J].节水灌溉(5):25-27.

姚檀栋,秦大河,沈永平,等,2013.青藏高原冰冻圈变化及其对区域水循环和生态条件的影响[J].自然杂志,35(3):179-186.

张士锋,华东,孟秀敬,等,2011.三江源气候变化及其对径流的驱动分析[J].地理学报,66(1):13-24.

张万诚,郑建萌,万云霞,等,2014.气候变化背景下低纬高原地区水资源的分布及其变化[M].北京:气象出版社:221-236.

邹宁,王政祥,吕孙云,2008.澜沧江流域水资源量特性分析[J].人民长江,39(17):67-70.

YI X S,LI G S,YIN Y Y,2012. Temperature variation and abrupt change analysis in the Three-River headwaters region during 1961—2010 [J]. J Geogr Sci,22(3):451-469.

第6章
青藏高原流域水资源变化现状

6.1　青藏高原径流量变化特征

6.2　不同流域的水文过程及其水资源变化特征

6.3　三江源水系区域特征

6.4　三江源水资源及水能资源现状

6.5　三江源区域地下水储量和降水的变化特征

6.6　本章小结

水资源总量由地表水资源量和地下水资源量构成,河流、冰川、湖泊等是地表水资源的主要来源。青藏高原是世界海拔最高的高原,由于这一地区储存的冰雪比世界其他地区都多,因此被称作"第三极"。青藏高原是北极和南极之外最大的淡水储存库,是地球十大河流系统的源头。世界各国均将河川径流量近似地代表水资源量,发源于青藏高原的河流,径流量的补给方式包括雨水补给、冰川融化补给和地下水补给三大方式(李志斐,2018)。青藏高原众多的冰川、冻土、湖泊、湿地和大面积的草地与森林生态系统孕育了亚洲著名的长江、黄河及恒河等10余条江河,是世界上河流发育最多的区域。据计算,青藏高原水资源量约为 5688.61×10^8 m³,占中国水资源总量的20.23%(沈大军和陈传友,1996),其丰沛的水量构成了我国水资源安全的重要战略基地,同时对我国未来水资源安全和能源安全起着重要的保障作用。

6.1 青藏高原径流量变化特征

高原上外流河流的年径流量,就年内分配来讲,径流量主要集中在夏半年,其中雅鲁藏布江为6—11月,黄河源区为6—9月,长江源区为5—10月。对于年代际变化,径流量总体呈现减少的趋势,大多数河流都呈现出这样一种状态:自20世纪60年代开始下降,60年代中期至70年代初下降最剧烈,并于70年代初到达最低点,此后虽然各流域降水量有不同程度的增加,但多数河流仍在多年平均值以下波动。

降水是影响高原外流径流的主要因素,降水和高原外流径流的变化关系密切,雅鲁藏布江奴下站降水和径流的相关系数高达0.985,黄河源区越靠近源区的地方降水和径流的相关性越高。冰雪融水是外流径流的另一个重要的补给,虽然总体呈现缓慢的下降趋势,但部分流域如长江、黄河源区春季径流均呈增长趋势。青藏高原河川径流量并没有随着全球气温的增加而增加,可能是由于流域内气温的升高导致了蒸发增加从而抵消了降水增加的水文效应所致。

基于雅鲁藏布江干流羊村和奴下水文站1970—2012年径流序列资料,分析显示干流径流呈现一定的增长趋势,但趋势不显著。雅鲁藏布江有较丰富的水资源可供利用,且水量来源较为稳定,受气候变化影响不显著,可为南水北调的大西线调水工程提供水源保障(图6.1)(王欣等,2016)。

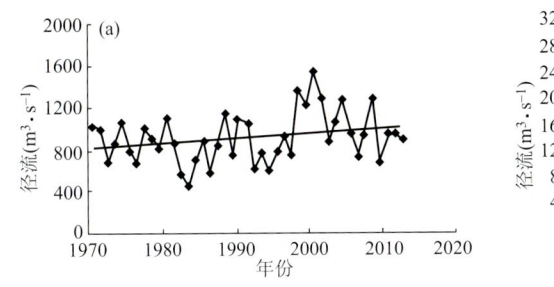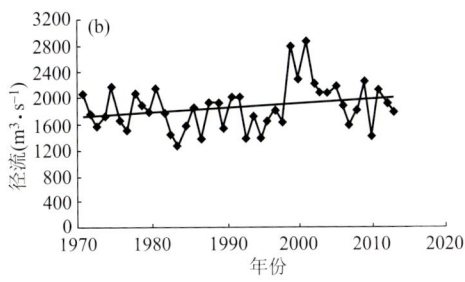

图 6.1 雅鲁藏布江干流年径流趋势（王欣等，2016）
(a) 羊村站；(b) 奴下站

6.1.1 长江源径流量

针对长江源区，有研究显示沱沱河站、直门达站 1956—2012 年径流量总体呈显著增加趋势。21 世纪以来，长江源径流进入丰水期，直门达站比多年平均增加 19.3%，上游的沱沱河站增加更为明显，增加 53.8%。沱沱河站年径流量突变点发生在 2005 年，直门达站年径流量突变点发生在 1961、1968、2008 年。长江源径流上、下游突变并非一致，在 20 世纪 60 年代长江源下游发生了突变，上游未发生突变，进入 21 世纪，上游在 2005 年发生突变，早于下游 2008 年发生突变（苏中海和陈伟忠，2016）。

径流变化的时空分析结果证实，尽管人类活动目前还没有引起长江上游总水量发生变化，可是却改变了径流的年内分配，使 10 月径流量减少；三峡工程运行加剧了长江上游径流汛期减少与枯季增加的趋势，使年内分配差异减小。枯季水库增泄发电使同期坝下游径流量增加，保证了中下游枯季基流量；汛末蓄水使同期坝下游长江径流量减少，可能使枯水年中下游提前进入枯水季节；这必将对长江中下游地区的水资源利用乃至生态环境产生深远影响（赵军凯等，2012）。

6.1.2 怒江流域径流量

怒江发源于青藏高原唐古拉山南麓的吉热拍格，上游为"那曲河"，从澜沧江的西南部流入云南省，在中国境内长约 2013 km，流域面积达 12.48×10^4 km²。怒江入缅甸后始称萨尔温江，由莫塔马湾归入印度洋，是一条对东南亚地区国家影响极大的国际河流。怒江干流中下游（嘉玉桥以下）河段长 742 km，穿越于高黎贡雪山和怒山（碧罗雪山）之间，天然落差达 1578 m，是地球陆地表面地形最为险峻的地区之一。怒江嘉玉桥以上,河川径流主要由高山冰雪融水补给,中下游地区则完全处于西南季风控制,气候干湿分明,年内分配不均匀,降水主要集中在 5—10 月,一般占全年降水量的 80% 左右;11 月—次年 4 月降水较少,一般不足全年的 20%。河谷特殊地理位置,具有气温高、降水少而蒸发强的气候特点。由于中、下游支流径流主要集中于夏、秋两季,春季径流最小,春旱较为严峻(图 6.2)(姚治君等,2012)。

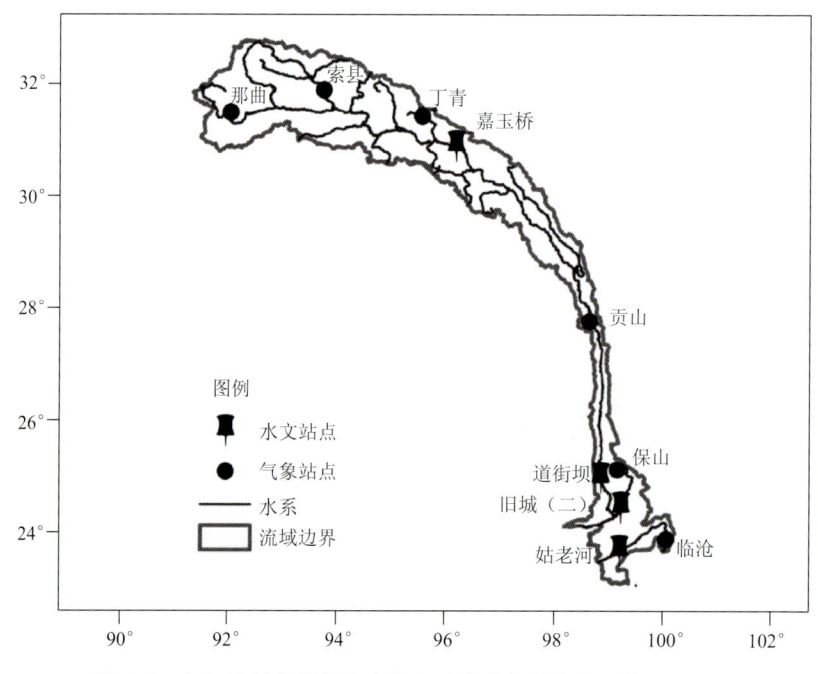

图 6.2　怒江流域位置及水文气象站点分布(姚治君等,2012)

用道街坝(24°59′N,98°53′E)径流量表示怒江出境流量,怒江的跨境径流量存在着显著的丰、枯季节变化,即在 11 月—次年 4 月为枯水季,5—10 月为丰水季。1956—2000 年,5—10 月径流量占全年 82%,为干季径流量的 4 倍多(图 6.3)(尤卫红等,2007;张万诚等,2007)。

自 20 世纪 50 年代至 2000 年,怒江的跨境径流量呈增加趋势(尤卫红等,2007;张万诚等,2007;姚治君等,2012)。姚治君等(2012)的研究显示,道街坝站径流量在 1958—2000 年检测到显著的增加趋势,且增幅越来越大。张万诚等(2007)的研究表明,1956—2000 年,道街坝站的年、雨季、干季径流量均呈增加趋势,增加最大的是 10 月,其次是 5 月。尤卫红等(2007)的研究表明,怒江的跨境径流量变化从 20 世纪 70 年代以来表现出了一种显著增多的演变趋势,特别是 20 世纪 80 年代以来,这种增加趋势十分显著。

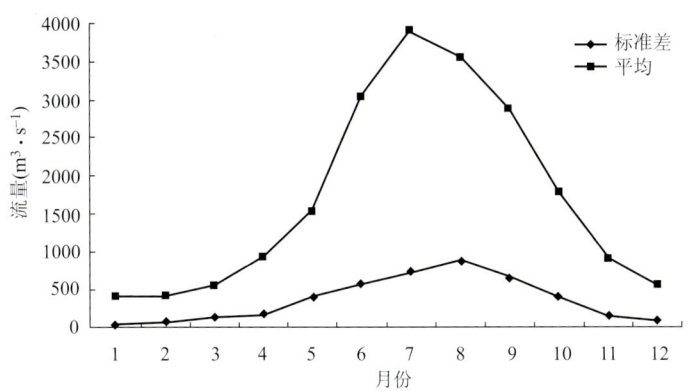

图 6.3 怒江月平均流量和标准差（张万诚等，2007）

怒江出境流量与流域温度、雨量的变化基本一致，特别是 20 世纪 80 年代末期以来与温度的变化相一致（张万诚等，2007）。

由于怒江流域纵向岭谷区的干湿季与季风的活动和强弱密切相关，因此怒江跨境径流量的显著年内丰、枯季节变化特征说明，怒江跨境径流量的变化与东亚和南亚季风环流系统活动的变化之间存在某种相互关系，至少在夏季风期间是这样（尤卫红等，2007）。

6.1.3 雅鲁藏布江径流量

气温、降水的变化是影响雅鲁藏布江天然径流变化最直接的影响因素。降水变化是雅鲁藏布江天然径流最主要的影响因子，降水变化在一定程度上控制着河川径流的演变规律。另外，气温上升、蒸发量增大、冰川退缩也在一定程度上影响径流的演变（张小侠，2011）。

雅鲁藏布江流域内降水量的增加直接促使流域内来水的增加，而雨季作为径流主要形成期，其降水量的明显上升，更加剧了这一过程的发生。同时，径流对降水的响应亦十分敏感，在年、雨季尺度上两者基本同步。干季尺度上，径流量与降水量的年际变化呈负相关，降水越大，径流量越小。这是因为干季时降水量的增多，表现为地面积雪的增加，由于干季气温降低，地表冰雪冻结，地下径流的涌升量补给及融雪补给减少，使得干季径流量减少（张小侠，2011）。

雅鲁藏布江流域平均气温呈显著上升趋势，增长率达 $0.28\ ℃ \cdot (10\ a)^{-1}$，明显高于全国的升温速率 $0.25\ ℃ \cdot (10\ a)^{-1}$，径流的演变和气温变化并不完全一致。在年和雨季尺度上，20 世纪 80 年代以前，流域内径流与气温存在一定的反相变化，这是由于尽管气温升高会导致冰川融水增加,但由于蒸发量也增加,从而使得径流无明显的增加趋势。与降水对径流的影响程度相比,由于气温的变幅较小,从而其对径流变化的贡献率也较小(张小侠,2011)。

蒸发对径流所产生的影响,本质上是气温上升导致流域蒸发量增大的具体体现。流域蒸发量呈增长趋势,其气候倾向率为 2.90 mm·$(10\ a)^{-1}$。气温升高,蒸发量增大,增大了水资源的消耗,对由降水量的增加而造成径流量的增大,起到了一定程度的削弱作用(张小侠,2011)。

受降水年内分配的影响,干季时,降水补给对径流的补给减少,冰川融水补给增加。进入 20 世纪 90 年代中期以来,在干季尺度上,流域径流呈上升的趋势,这是由于 90 年代以来,气温不断上升,使得流域内冰川的退缩进一步加剧,从而增加了径流的补给量(张小侠,2011)。

1980—2000 年流域土地利用变化特征是,一方面流域草地、水域面积减少,林地、裸岩石砾地面积增加,土地利用类型的转换导致流域下垫面状况发生了改变,降水的入渗增加,并以地下水的方式补充径流,引起径流一定程度的增加,这可能是引起 20 世纪 90 年代后期径流量增加的一个原因;另一方面由于城镇化的发展,建设用地面积增大,这就意味着城镇中的不透水面积得以增加,这在一定程度上促进了径流的增长。但雅鲁藏布江流域发生土地利用类型转换的面积相对较小,因而产生的水文效应也相对较小(张小侠,2011)。

6.1.4 黄河上游径流量

在气候变化等因素的驱动下,同时受人类活动影响,1961—2017 年,黄河上游地区唐乃亥径流量呈减少趋势,平均每 10 a 减少 27.1 $m^3·s^{-1}$,1961—2017 年黄河上游年平均径流量为 637.3 $m^3·s^{-1}$,其中 1989 年径流量最高,为 1032.3 $m^3·s^{-1}$,而 2002 年径流量最低,仅为 326.5 $m^3·s^{-1}$。黄河上游年平均径流量在 20 世纪 90 年代减少最为明显,1991—2002 年黄河上游年平均径流量仅为 523.3 $m^3·s^{-1}$,较 1961—1990 年减少 174.7 $m^3·s^{-1}$,偏少 25%。自 2003 年开始,黄河上游径流量持续增加,2003—2017 年黄河上游年平均径流量达 607 $m^3·s^{-1}$,较 1991—2002 年增加 83.8 $m^3·s^{-1}$,偏多 16%。2012 年是自 1990 年以来径流量最多的一年,年平均径流量较常年偏多 38.1%,达到 880.1 $m^3·s^{-1}$(图 6.4a)。

黄河上游流量在 1993 年前后出现了由多向少的转折,1961—1993 年平均径流量出现负距平的年份为 17 a,正负年份基本相当,而 1994—2017 年平均径流量出现负距平的年份达 19 a,正距平年份仅为 5 a,负距平年份约为正距平年份的 4 倍,年平均径流量由此转入一个相对稳定的低值阶段(图 6.4b)。

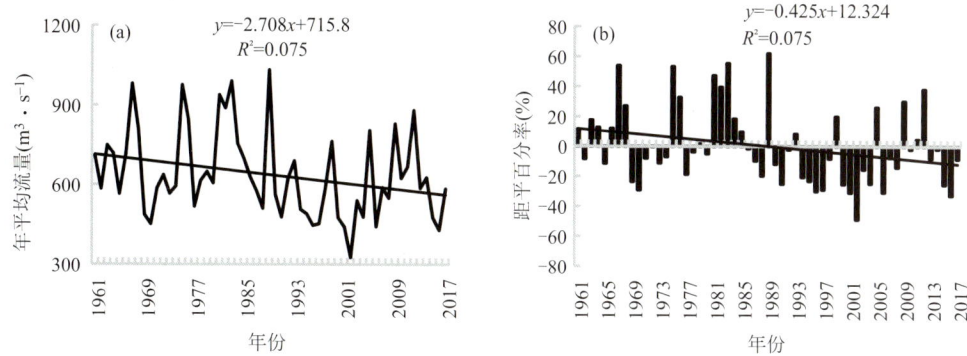

图 6.4　1961—2017 年黄河上游唐乃亥水文站年平均流量（a）及距平百分率（b）变化

由于 1993 年以后黄河上游 9 月平均流量呈显著减少趋势，使黄河上游年平均流量在转折前后其年内分配发生了显著变化，年平均流量由突变前的"双峰型"调整为突变后的"单峰型"（图 6.5），即原来出现在 9 月的流量高峰值消失。

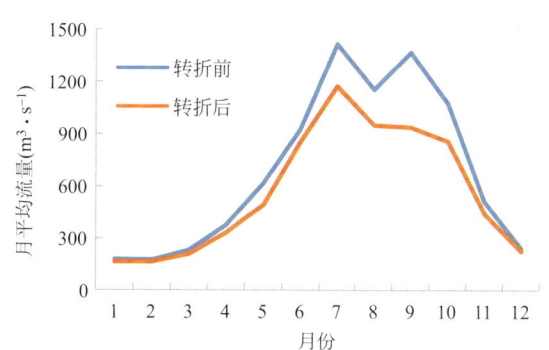

图 6.5　1961—2017 年黄河上游唐乃亥水文站月平均流量在 1993 年突变前后的变化曲线

6.2 不同流域的水文过程及其水资源变化特征

青藏高原地区作为中国东部地区的上游区域，其水汽输送对中国东部，尤其是对长江中下游旱、涝有重要影响(徐祥德等,2015),是中国长江流域梅雨带水汽输送西边界重要的水汽"转运站"(徐祥德等,2002)。青藏高原作为全球最高的大地形,其南侧来自印度洋、南海等地区的异常暖湿气流携带了大量的水汽,经地形爬升或强迫绕流为高原中部对流云发展提供了水汽条件,且使高原东南部降水十分丰富;同时一部分水汽随偏西气流输送到长江流域(徐祥德等,2003)。Chen等(2012)研究发现源于青藏高原的大气对其下游的影响主要表现为降水过程,高原的水汽可以很快地向下游地区输送,是一个相对较短的天气尺度过程。Fu等(2006)同样指出青藏高原及其周边区域夏季对流相对旺盛,夏季自身的水汽可以输送到其下游区域,并产生降水。1998和1991年长江流域异常洪涝大部分特大暴雨过程的对流云系可追溯到青藏高原及其周边地区(徐祥德等,2002;柳艳菊等,2005)。统计研究也表明,中国区域夏季降水极值中心(异常"多雨中心")就位于西南地区与长江上游,恰好与东亚整层水汽通量散度场中高原东南部"水汽流转向点"或水汽辐合中心相吻合(徐祥德等,2003)。

6.2.1 青藏高原水分循环与长江流域水资源

为揭示长江流域夏季水汽来源问题,徐祥德等(2003)提出了青藏高原"大三角形"水汽输送关键区理论,该区域以青藏高原为顶端,南海季风和印度季风爆发涉及的低纬活动源区为底边。区域内来自印度洋、南海海域以及西太平洋的整层水汽远距离输送、水汽源-汇结构时空变化及其遥相关相互影响,是我国区域旱涝形成的重要因子。长江流域涝年,青藏高原南部、长江中下游地区为水汽通量大范围汇区,中南半岛、印度洋、南海以及中国东北地区、北太平洋为水汽源区。"大三角形"南侧边界水汽输送与东侧边界水汽输送年际距平呈显著性正相关。长江流域洪涝过程青藏高原周边经向与纬向整层水汽输送分量相关显著,即长江流域梅雨带上游高原南侧与东侧存在经向与纬向水汽输送分量关键敏感区。高原南侧经向水汽输送分量与其东侧纬向水汽输送分量变化趋势相似,揭示出高原周边水汽输送分量"转换"特征,即高原南侧的偏南水汽输送在高原地形动力强迫下转向,成为高原东侧偏西水汽输送。长江中下游梅雨带及其对流系统区域各边界水汽收支总量与长江中下游夏季降水呈显著正相关(苗秋菊等,2005)。

徐祥德等(2002)指出来自南边界和西边界的水汽输送带构成了夏季长江流域上空"水汽流"的主体。马岚等(2000)针对长江流域典型旱涝年份水汽输送对比的研究显示:1998年盛夏(洪涝),长江上游地区,南边是最主要的水汽输入边,其水汽输入占总输入的72.1%,西边次之,主要的输出边是东边,其水汽输出占总输出的69.8%;1997年盛夏(干旱),没有占绝对优势的输入边和输出边。对长江上游地区水汽输送净量与径流量之间关系的统计研究显示:当水汽输送净量充沛时,径流量加大,甚至导致出现洪峰(1998年7—8月);当水汽输送净量枯竭时,径流量也大大地减少(1997年7—8月)。水汽输送净量与径流量之间呈显著的正相关(马岚等,2000)。

高原夏季风增强对长江流域水文水资源的影响:

青藏高原、印度洋、孟加拉湾和南海是影响中国干旱、洪涝异常气候的季风水汽输送区,其综合相关特征揭示了高原与南亚季风等多因素具有显著相互作用。在气候变暖背景下,高原夏季风逐年增强(郑飒飒等,2014),1958—2010年青藏高原夏季风指数呈现 $0.23 \cdot (10 \text{ a})^{-1}$ 的年代际增强趋势(华维等,2012)。

徐祥德等(2002)指出长江流域梅雨降水与高原、印度季风、南海季风水分循环中平流输送存在显著相关关系。东亚热带季风和印度季风偏弱时(弱季风),东亚梅雨锋偏强,长江流域有来自南北两方面中低纬度的强水汽辐合输送以及中高纬与低纬暖空气的汇合,水汽通量呈辐合带特征,长江流域偏涝。反之,东亚热带季风和印度季风偏强时(强季风),东亚梅雨锋偏弱,长江流域区域水汽通量为辐散带,流域偏旱。岑思弦等(2014)认为:夏季青藏高原主体东部与其以北地区存在明显的热力差异,当热力差异指数偏大时,青藏高原夏季风偏强,长江流域的夏季降水偏多;反之,当指数偏小时,青藏高原季风偏弱,长江流域的夏季降水偏少。具体原因是,当指数偏大时,南北气流在长江流域辐合,使得来自太平洋上的暖湿水汽与来自高纬度地区的干冷空气在长江流域汇合增大了该地区的水汽含量,同时由于辐合上升运动加强,导致长江流域降水偏多。华维等(2012)指出对流层中层青藏高原-周边陆地热力差异增大引发高原夏季风增强,异常增强的高原夏季风,使得亚洲季风区大气环流出现显著变化,季风环流减弱,并导致长江中下游地区降水增加。齐冬梅和李跃清(2007)发现高原夏季风偏强(弱),青藏高原上空及其以东地区100 hPa南亚高压也偏强(弱),位置偏北偏东(偏南偏西)。高原夏季风强年,5—6月三峡库区降水随着南亚高压脊线北移而增多,7—8月三峡库区降水减少;高原夏季风弱年,主汛期前期库区降水少,后期降水略有增多。郑飒飒等(2014)研究发现高原夏季风指数和长江中下游夏季降水存在正相关的关系,即高原夏季风强(弱)时,长江中下游地区夏季降水偏多(少)。高原夏季风偏强时,高原上和长江中下游主要以上升运动为主,对降水有一定的增强作用;而高原夏季风偏弱时,长江中下游主要以下沉运动为主,对降水有一定的抑制作用。

高原冬季积雪增加对长江流域水文水资源的影响:

青藏高原冬春季雪盖异常对亚洲乃至北半球同期与后期大气环流及天气气候都有重要影响,显著影响中国东部水汽输送结构及其雨带分布(徐祥德等,2015)。朱玉祥等(2007)研究发现,青藏高原大气春季热源与冬季雪深呈反相关关系,高原冬春积雪偏多,高原大气春夏季热源偏弱。而减弱的青藏高原春夏季热源,使得海陆热力差异减小,致使东亚夏季风强度减弱,输送到华北的水汽减少,而到达长江流域的水汽却增加,增强长江流域的降水。同时,高原热源减弱,使得副热带高压偏西,也有利于夏季雨带在长江流域维持更长时间,导致长江流域降水偏多。陈乾金等(2000)也认为高原冬季积雪异常与长江中下游主汛期旱涝有较好的对应关系,即高原冬季多雪,夏季长江中下游流域降水多为偏涝至大涝年,约接近70%;而高原冬季少雪,夏季长江中下游流域降水大多为偏旱至大旱年,占71%以上。张顺利和陶诗言(2001)进一步给出了青藏高原积雪影响亚洲季风和中国东部气候的物理过程,即青藏高原积雪多(少)→青藏高原春、夏季的感热弱(强)→感热加热引起的上升运动弱(强),青藏高原强(弱)环境风场不利(有利)于青藏高原感热通量向上输送→青藏高原上空对流层的加热弱(强)→青藏高原对流层温度低(高)→青藏高原南侧温度对比弱(强)→造成亚洲夏季风弱(强)和长江流域易涝(旱)。

气候变暖对长江流域水文水资源的影响是,全球气候变暖将通过影响降雨、蒸发、径流、土壤湿度等改变全球水文循环的现状,引起水资源在时间和空间上的重新分配,加剧某些地区的洪涝和干旱灾害,导致极端水文事件频发,加剧水资源的脆弱性(夏军等,2016)。

长江源区径流量变化特征及其归因分析:

李林等(2012)发现1961—2011年长江源区地表水资源变化总体呈增加趋势,并以夏季平均流量的增幅最为明显。蒋冲等(2017)发现1956—2012年长江源区的年均流量呈增加趋势,变率为 $2.12 \ m^3 \cdot s^{-1} \cdot a^{-1}$,其中高流量和低流量均增加。究其原因发现,长江源区地表径流量在2005年发生了一次突变,2005年之前,长江源区年及夏、秋、冬季的平均流量呈持续下降趋势;2005年以后,长江源区年及四季的平均流量均呈显著的增加趋势,其中,以夏季平均流量的增幅最为明显(齐冬梅等,2015)。

降水量是长江源区径流量的重要影响因素。蒋冲等(2017)统计发现,1956—2012年三江源区年均降水量呈增加趋势,其中1991—2012年增速($4.5 \ mm \cdot a^{-1}$)明显高于1956—1990年($1.8 \ mm \cdot a^{-1}$),其中春季降水量增幅最大,夏季次之。长江源区(直门达和沱沱河站)的年均流量亦呈增加趋势,并且夏季增幅最大,冬季增幅最小,其中降水带来的水源补给是流量增加的主要原因。降水对径流的影响在年内不同月份有所不同,长江源区冬半年的径流主要受基流(即前一月径流)影响,降水对径流的影响从5月开始逐步变得明显,至10月逐渐消退(谢昌卫等,2003)。与降水量密切相关的还有地表蒸发量,齐冬梅等(2015)研究发现,2005年之前,长江源区年及夏、秋季的降水量呈持续下降趋势,蒸发量呈持续增加趋势,其中以夏季降水量的降幅和蒸发量的增幅最为明显;2005年以后,长江源区年及四季的降水量均呈明显的增加趋势,而蒸发量均呈明显的减少趋势。在这样的背景下,长江源区年及四季流量在2005年之前呈持续下降趋势,在2005年以后呈显著增加趋势。这说明长江源区降水量及蒸发量的变化对长江源区流量变化有明显影响,且影响具有一定的持续性。

除了降水量和蒸发量之外,温度通过对冰川和积雪融化、冻土的作用,显著影响径流。1960—2011年长江源区年及四季气温变化呈持续增加趋势,随着温度升高,有助于冰川和积雪融化,增加对径流的补给作用。特别是进入21世纪以来,长江源区温度增加趋势更加明显。温度对长江源区径流影响从4月开始显著升高,到7月达到了最大值。径流与温度较好的相关性充分体现了冰川融水对长江源区径流的重要作用(谢昌卫等,2003)。李林等(2012)和齐冬梅等(2015)均强调了气候变暖对冰川和积雪融化的作用,指出近51 a(1961—2011年)来长江源区地表水资源总体呈增加趋势,特别是2004年后增加趋势显著。这是由于在全球变暖背景下,青藏高原加热场增强,高原季风进入强盛期,长江源区降水量显著增加,加之气候变化导致冰川迅速退缩,特别是进入21世纪以来,长江源区温度增加趋势更加明显,冰川融水显著增加,致使流域径流量出现明显增多趋势。冰川对温度的响应具有滞后性,2005年以后长江源区径流量急剧增加与温度急剧上升导致的冰川和积雪融水增多关系密切。蒋冲等(2017)也指出,20世纪80年代以来,三江源区0 ℃等温层高度和>0 ℃年积温均呈显著增加趋势。在区域快速增温背景下,冰川和积雪消融给河流流量造成的短期增加效应,对径流的年内分配和年际变化造成一定影响。1961—2006年统计数据显示,长江源区冰川消融径流量占总径流量的20%左右。

另外,气候变暖会造成长江源地冻土面积的改变,冻土对径流的影响较为复杂,一方面冻土的消融可以为径流提供水量;另一方面冻土的存在可以阻止降水的下渗,截断了降水与地下水的转化,使一次降水的产流过程集中而短暂,另外冻土的存在对地下水补给径流的能力也有负面影响(谢昌卫等,2003)。

夏军和王渺林(2008)研究长江上游流域径流变化发现,除金沙江流域径流微弱增加外,其他流域径流都有一定程度的减少趋势,其中岷江、横江、沱江、嘉陵江等流域的径流显著减少,长江上游干流控制站径流则微弱减少。气候变化与人类活动对长江上游流域各区间径流变化的贡献率统计研究表明:长江上游寸滩站1993年以来径流减少,气候变化是主要影响因素,贡献率为71.43%;水库调蓄增加了非汛期径流。岷江和嘉陵江流域的径流减小显著,人类活动对径流减少的影响达50%左右,人类活动的影响明显(夏军和王渺林,2008)。

对长江上游径流变化的气候归因主要集中在温度、降水、参照蒸散量等方面。王艳君等(2005)的研究表明,在全球变暖的气候背景下,1961—2000年长江上游流域的气温和降水表现出较为一致的增加趋势,整个长江上游流域以0.13 ℃·(10 a)$^{-1}$的速度升温,20世纪90年代的年平均气温较1961—1990年平均温度高出0.35 ℃,年降水变化以10.2 mm·(10 a)$^{-1}$的速度显著增加,且增加的地区集中在长江源区及金沙江流域,年平均气温上升和年降水增加量分别为0.19 ℃·(10 a)$^{-1}$和32.2 mm·(10 a)$^{-1}$;而参照蒸散量却表现为显著下降的趋势,夏季参照蒸散量下降趋势最明显,下降区域主要在长江川江流域。在新的气候变化背景下,长江上游流域的水量平衡关系也发生了新的变化。在长江干流屏山站以上流域降水量显著增加,参照蒸散量显著下降,屏山站径流量则呈增加趋势,在川江流域降水量呈现微弱下降趋势,参照蒸散量呈现显著下降趋势,而长江干流宜昌站径流量却呈现微弱下降趋势。

6.2.2 黄河源区水文过程及水资源

张士锋等(2011)研究发现,黄河源区的水文循环规律在20世纪90年代发生了很大的变化。河源地区水循环变化的主要特点是:在降水量变化不大且略有增加的前提下,径流量有比较明显的下降,而且径流也更加集中在汛期。李春晖和杨志峰(2004)对黄河流域天然径流量进行分区评价,同样指出黄河流域各分区的天然径流量都有不同程度的减少。蒋冲等(2017)统计发现,1956—2012年黄河干流的唐乃亥、玛曲、同仁等水文站流量有轻微减少($-0.60 \text{ m}^3 \cdot \text{s}^{-1} \cdot \text{a}^{-1}$),部分支流(吉迈、黄河沿等水文站)流量有所增加,黄河源高流量和低流量都有所减少。黄河源区黄河沿站的C_V(流量的年际变异系数)达到0.88,K_m(年最大流量和最小流量的比值)为129.17,变异水平较高。这主要是由于黄河沿站观测到的流量为扎陵湖和鄂陵湖流出的水量,除受到降水波动影响外,还与积雪融水有关。两湖水量的年际波动较大,但整体偏小,故不会对黄河源区总体水量的变化产生较大影响。季节变化方面,黄河源区(唐乃亥站)春季和秋季流量减少,并以秋季降幅较大,而夏季和冬季流量则有所增加。

马柱国(2005)基于黄河上、中和下游的径流量及气候资料,发现径流变化与流域的气候变化趋势基本一致。黄荣辉和周德刚(2012)指出,20世纪90年代黄河源区降水减少而气温明显上升,导致河源区径流量大幅度减少,引起了黄河下游20世纪90年代的断流增多。对于黄河源区(唐乃亥站)而言,径流量与东亚季风指数呈正相关,而与西风指数呈负相关。在东亚季风盛行年份,水量偏多;而在西风盛行年份,径流偏枯。

6.2.3 澜沧江流域水资源

澜沧江流域为降雨、地下水、冰雪融水混合补给类型的河流,以降雨补给为主,冰雪融水和地下水补给为辅,冰雪融水补给量由上游至中游递减,下游则无冰雪融水补给。径流年内分配过程与降水过程基本对应,径流量年内分配较为集中,主要集中在汛期5—10月,其中又以7—10月最为集中,连续最大4个月径流量占年径流量的60%~70%(邹宁等,2008)。

李海川等(2017)研究指出,澜沧江流域多年平均气温整体呈上升趋势,多年降水和径流整体呈下降趋势,其中降水下降趋势不显著,径流下降趋势显著。降水和径流年内季节性差异较大,主要集中在夏秋两季,径流峰值比降水峰值滞后一个月。径流在2005年出现突变,径流减少了21.5%。温度上升、降水量减少对径流减少有一定贡献。同时,上游小湾和景洪水电站兴建运行,也改变了径流的季节变化。蒋冲等(2017)针对澜沧江源区研究发现,年均流量呈增加趋势,变化率为 0.47 m³·s⁻¹·a⁻¹,澜沧江源区高流量减小、低流量增加,其中香达站的 Q_5/Q_{50} 和 Q_{95}/Q_{50}(Q_a 表示整个研究时段内的平均流量)变幅分别为－12.8％和 32.4％。澜沧江源区(香达和下拉秀站)四季流量均呈增加趋势,并且夏季增幅最大、冬季增幅最小。与黄河源区类似,澜沧江源区径流主要由东亚季风和西风共同控制。

由于太阳辐射量、水汽含量、气温等差异,澜沧江流域水面蒸发量呈现出太阳总辐射量高值区与水面蒸发量高值区相对应、海拔较高的地区水面蒸发量较小的特点(邹宁等,2008)。张士锋等(2011)的研究结果显示,三江源区各个气象站中,只有澜沧江源区的杂多站潜在蒸发呈现微弱的减少趋势,囊谦站和久治站的潜在蒸发呈现上升趋势但变化不明显,其余 9 个站点的潜在蒸发均呈较明显的上升趋势。

气候变化对湄公河(澜沧江流出中国国境后称湄公河)水文具有显著影响,吴迪等(2013)认为温度是径流变化最主要的原因,而赵付竹等(2008)和尤卫红等(2007)认为澜沧江跨境径流对降水变化的响应较温度敏感。人类活动也是河川径流变化的另一重要驱动要素,水电站的建立对下游径流有增枯减汛的功能。

刘波等(2017)的研究表明,1961—2008 年澜沧江流域全年、干季和雨季平均气温都呈上升趋势(图 6.6),以干季最为明显,增温速率达 0.24 ℃·(10 a)⁻¹,年平均增温速率为 0.176 ℃·(10 a)⁻¹,雨季增温速率为 0.126 ℃·(10 a)⁻¹。

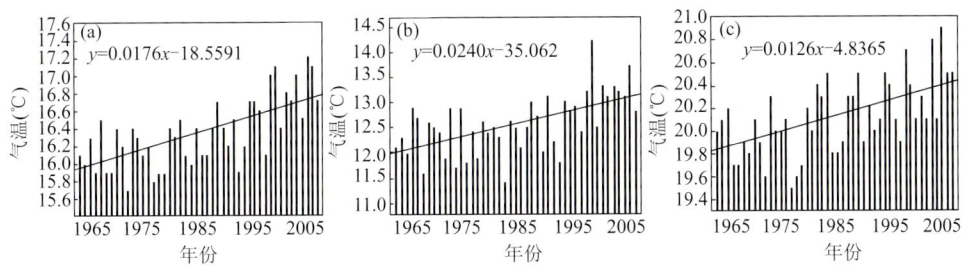

图 6.6 澜沧江全流域年平均气温变化(刘波等,2017)
(a)年平均;(b)干季;(c)雨季

1961—2008 年流域全年、干季和雨季最高气温都呈上升趋势,以干季最为明显,增温速率达 0.164 ℃·(10 a)⁻¹,年平均增温速率为 0.113 ℃·(10 a)⁻¹,雨季增温速率为 0.071 ℃·(10 a)⁻¹。

1961—2008 年流域全年、干季和雨季最低气温都呈上升趋势,以干季最为明显,增温速率达 0.395 ℃·(10 a)⁻¹,年平均增温速率为 0.293 ℃·(10 a)⁻¹,雨季增温速率为 0.21 ℃·(10 a)⁻¹。

流域年平均气温总体上呈现自北向南逐渐升高的变化特点(刘波等,2017)。平均气温的高值区主要分布在允景洪和勐腊附近,为 23 ℃,而气温的低值区主要集中在杂多附近,为 0 ℃。从平均气温变化趋势系数的空间分布来看,1961 年以来,整个流域平均气温均呈上升趋势,其中兰坪以上流域最高,临沧以下流域次之,永平至凤庆之间最小。从波动幅度上看,流域北端的杂多附近平均气温的波动幅度最大,允景洪以南流域次之,流域中部气温变化比较平稳。

澜沧江流域 1961—2008 年年降水量线性趋势为弱减少趋势,年降水气候倾向率呈现复杂的空间分布,极端降水事件频率的线性趋势为弱增加趋势。而澜沧江的径流量与降水量变化趋势一致,总体上呈弱减少趋势。

由 1951 年以来 CRU 数据分析可知,降水从 1951 年以来略有上升,但都没有通过显著性检验,因此基本可以认为这一区域的年降水量在近 60 a 里基本保持不变。在 1956—2001 年这一时段(对应于水文站径流数据),降水有所增加,与径流量的变化趋势一致(刘波等,2017)。

澜沧江流域的年降水量气候倾向率并非一致的增加或减少,而是呈现复杂的空间分布(刘波等,2017)。在 27°N 以北地区为正值,即降水总体上表现为增加,26°N 附近为最大负值,即这一地区降水是澜沧江流域降水减少最明显的地区,而在 25°N 附近为最大正值区,即它是澜沧江流域降水增加最明显的地区。在 24°N 以南,东部为正值区,降水增加,西部为负值区,降水减少。澜沧江流域的极端降水事件频率有明显的年代际变化特征。20 世纪 60 年代是极端降水事件频率偏高的时段,70 年代是偏少的时段。20 世纪 80 年代和 90 年代极端降水年代际变化呈现振荡特征。21 世纪初极端降水事件频率再次进入偏高时段,并出现年代际变化的高峰。1961—2008 年极端降水事件频率的线性趋势为弱的增加趋势,但不明显;1961—1977 年为减少趋势,而 1978—2008 年为增加趋势。

6.3 三江源水系区域特征

6.3.1 三江源自然概况

处于青藏高原腹地的三江源地区,地势高峻,自然条件十分恶劣。三江源地区总

面积为 36.3×10^4 km², 是中国面积最大、海拔最高的天然湿地和生物多样性分布区以及生物物种形成、演化的中心之一, 同时也是国际科技界瞩目的研究气候和生态环境变化的敏感区和脆弱带(韩永荣, 2002;马致远, 2004;郭熙灵, 2012)。三江源地区气候及生态环境的变化不仅直接影响着当地的资源开发利用和经济建设, 而且对全国乃至全球气候变化及生态平衡起着极其重要的作用(董锁成等, 2002)。近年来, 由于三江源地区气候变化总体上呈现显著气温升高、降水增加的变化趋势, 加之三江源地区生态保护与建设工程的深入实施, 致使过去湖泊萎缩、河流干涸和冰川退缩等水资源减少与草场退化、土壤沙化、盐渍化和水土流失等一系列的生态环境退化趋势有所趋缓(李珊珊等, 2012;张永勇等, 2012;刘宪锋等, 2013)。

6.3.2 三江源河流水系

长江源区：长江是我国第一大河,长江源区流域面积为 15.98 万 km², 占三江源区面积的 54.2%, 多年平均径流量为 179.4 亿 m³, 占三江源区多年平均径流量的 42.3%。长江发源于唐古拉山中段的格拉丹东雪山,流经青海省格尔木市的唐古拉山镇及玉树州的治多、曲麻莱、称多、玉树等县,至玉树县的赛拉附近进入四川、西藏境内。青海省境内干流长 1206 km, 落差 2065 m, 平均比降 1.71‰。一级支流雅砻江和二级支流大渡河分别发源于青海省的称多、班玛县境内,出青海省境后,流入四川省境内的金沙江和岷江(王渺林和侯保俭, 2012;陈进, 2013)。

长江源区庞大的扇状水系由长江正源沱沱河、南源当曲、北源楚玛尔河以及通天河上段为主干组成。长江源区属降水量较多的地区,河网密集,水系发育,集水面积在 500 km² 以上的河流有 85 条,集水面积在 300 km² 以上的有 134 条。一级支流 340 条,其中流域面积大于 300 km² 的有 45 条;二级及二级以下的支流纵横密布,有些支流或河段为季节性河流(谢昌卫等, 2003;王艳君等, 2005;王可丽等, 2006;陈进, 2013)。

黄河源区：黄河是我国第二大河,黄河源区青海省境内流域面积为 9.76 万 km², 占三江源区流域面积的 33.1%, 河道平均比降 0.64‰~3.22‰。多年平均径流量为 136.1 亿 m³, 占三江源区多年平均径流量的 32.1%。黄河发源于巴颜喀拉山北麓的约古宗列盆地西南隅,源头海拔为 4724 m。源头由众多泉群汇集成溪,主要有三条,中间的一条最长,即为主流,主流右侧的一条水流较大,冬季不结冰,不断流。主流北经泉群约 2.1 km, 进入约古宗列盆地,称约古宗列曲。约古宗列曲流经 30 km 后,进入黄河上游第一个峡谷——芒尕峡,至峡谷出口,约古宗列曲止,流程 49.5 km, 以下黄河干流藏语河名为玛曲。河出峡谷进入玛涌(滩)内的星宿海后入扎陵湖、鄂陵湖,在鄂陵湖北端出湖,流经 65 km 到黄河上游第一县——玛多县,出玛多县后经青海省果洛州,甘肃省甘南州,青海省黄南州、海南州等,黄河干流唐乃亥水文站以上全长1552 km,其中青海省境内河长1264 km,平均比降约1.6‰(谢昌卫等,2003;郝振纯等,2006;魏智等,2006;董晓辉等,2007;王玲等,2009;蓝永超等,2010;张永勇等,2012)。

澜沧江源区:澜沧江流域属青海省降水较多的地区,河网密集(图6.7),水量较丰沛,集水面积在500 km² 以上的河流有20条,集水面积在300 km² 以上的河流有33条。青海省境内流域面积为3.73万km²,占三江源区流域面积的12.7%,多年平均径流量为108.9亿m³,占三江源区多年平均径流量的25.7%(曹建廷等,2005;吴迪等,2013)。

图6.7 澜沧江流域河网区(《三江源地区生态环境地图集》编撰委员会,2013)

澜沧江发源于青藏高原中部唐古拉山脉北麓,自北向南先后流经中国青海、西藏、云南3省(自治区),从云南省西双版纳州出境后称湄公河,全长4880 km,流域面积为81万km²,年均径流量为4750亿m³。中国境内干流长2160 km,流域面积为16.48万km²,占全流域面积的20.7%;年出境水量为765亿m³,占全流域的16.1%。澜沧江干流从源头至昌都为上游,昌都至功果桥为中游,功果桥至南阿河口为下游。较大的支流多分布在上游和下游(何大明,1995;何大明和汤奇成,2000;陈龙等,2013)。

6.3.3 三江源湖泊与沼泽湿地

三江源区是一个多湖泊地区,主要分布在内陆河流域和长江、黄河的源头段,有大小湖泊16337个之多,总面积达2350.77 km²,其中面积在1 km²以上的天然湖泊就有226个,盐湖共计28个,总面积为1480 km²,矿化度大于35 g·L⁻¹。列入中国重要湿地名录的有扎陵湖、鄂陵湖、玛多湖、黄河源区岗纳格玛错、依然错、多尔改错等。其中扎陵湖、鄂陵湖是黄河干流上最大的两个淡水湖,具有巨大的调节水量功能。三江源区位于青藏高原腹地,该区湿地不仅具有涵养水源、净化水质、蓄洪防旱、调节气候等巨大的生态功能,湿地也是生物多样性的富集地区,是世界上最具活力的生态系统,保护了许多珍稀濒危野生动植物种(韩永荣,2002;杨应梅,2005)。

三江源区是中国最大的天然沼泽分布区之一,总面积达1428500 km²,占源区湿地面积的83%。沼泽大多集中于江源区潮湿的东部和南部,而干旱的西部和北部分布甚少。在唐古拉山北侧,沼泽最高发育到海拔5350 m,达到青海高原的上限,是世界上海拔最高的沼泽。黄河源区沼泽发育受到半干旱特征限制,主要分布于河源约古嵩到曲、两湖周围及星宿海地区。三江源区地处青藏高原腹地,全区地形以高山、高原为主,气候高寒,日照强烈。整个地区成土母质差,植被稀疏,土壤瘠薄,独特的自然环境也决定了生态系统十分脆弱。本区集高寒、冻土、冰川与江河水源区生态系统等为一体,湖泊、沼泽密布,是世界上湿地分布海拔最高、面积最大、最集中的地区之一,是我国青藏高原东部牧区的主要草场,也是中国最重要、影响范围最大的生态功能区之一。

长江源区:长江源区湿地以沼泽为主,占湿地生态系统总面积的53.79%;其次是滩地,占30.32%;湖泊占6.72%,冰川积雪占5.92%,河流占3.25%(陈永富等,2012)。湖泊主要分布在治多西北部、唐古拉山镇西北部以及杂多中部,沼泽广泛分布在长江源区的各个县区的山间盆地、山地坡麓地带、洪积扇前缘,呈片状分布,在山间谷地呈树枝状分布,而冰川积雪主要分布在唐古拉山。长江源地区的高寒湿地位于全球气候变化最敏感的川西北高原东北部,冷湿的气候条件下沼泽相当发育。高寒湿地总面积为10445.1 km²,其中沼泽占湿地总面积的49.71%,集中分布在当曲、楚玛尔河、沱沱河的源头、通天河区域,其余广泛散布在碟形凹地、河谷两岸及河滩地,如杂尔曲、当曲、莫曲、布曲源头,马璋错钦南部,隆宝湖等地(张春敏等,2013)。

黄河源区:黄河源地区水体与湿地众多,雪山冰川广布,是世界上海拔最高、面积最大、分布最集中的高原水体与湿地分布地区之一。湿地、冰川与高山永久积雪是本区的特色生态系统。黄河源区湿地以沼泽为主,占湿地总面积的50.85%,其次是湖泊,占21.45%,滩地占19.00%,河流占6.77%,冰川积雪占1.68%,水库坑塘占0.25%。沼泽分布在玛多、玛沁、久治及泽库的山间盆地、山地坡麓地带、洪积扇前缘等;湖泊主要分布在玛多、称多的黄河源头区高原上,并以鄂陵湖和扎陵湖面积最大;冰川积雪主要分布在玛沁县的阿尼玛卿山(李凤霞等,2009)。

澜沧江源区:澜沧江源区湿地,以沼泽为主,占湿地生态系统总面积的65.64%;其次是滩地,占27.16%;澜沧江源区大小沼泽总面积为325 km²,占江源区土地总面积的3.1%,主要集中在干流扎那曲段和支流扎阿曲、阿曲(阿涌)上游,其中,较大的沼泽群有扎阿曲、扎尕曲间沼泽、阿曲、干流扎那曲段流域内沼泽(李凤霞等,2009;李亚飞和刘高焕,2012)。

6.3.4 三江源植被分布

长江源区:长江源区属于青藏高原高寒地带,植被类型简单,主要生态类型及植被群落有高寒草甸、高寒草原等。高寒草甸是长江源及周围山地分布最广的主要植被类型,主要分布在河畔、湖滨、排水不畅的平缓滩地、山间盆地、蝶形洼地、高山鞍部、山麓潜水溢出带和高山冰雪带下缘等部位。

长江源区现状总体以草地为主,占58.06%;其次是荒漠裸地,占26.34%;耕地和建设用地较少,分别占0.01%和0.02%。不同的水资源分区,土地利用类型随自然条件的变化而相差较大。通天河区草地占总面积的57.58%,湿地、林地、耕地分别占面积的13.08%、1.48%和0.01%。雅砻江区草地占总面积的59.61%,湿地、林地分别占18.61%和2.70%,没有耕地分布。大渡河区草地所占比例最高,达64.56%,其次是林地,占23.21%,湿地、耕地分别占总面积的3.71%和0.04%(陈婷等,2008;刘宪锋等,2013)。

黄河源区:黄河源区自然景观表现出地带性特征,水平地带性由东南向西北依次呈草原、森林、草原和荒漠。垂直地带性从山麓到山顶植物种类逐渐变化,如在久治林区海拔3200~3700 m一般分布冷杉林,海拔3700~4400 m则分布高寒灌丛,而海拔4400~4600 m则转变为高寒草甸。黄河源区现状草地面积为70834 km^2,占全区总面积的72.56%;湿地面积为7314 km^2,占全区总面积的7.49%;林地面积为6638 km^2,占总面积的6.80%;荒漠裸地面积为12346 km^2,占总面积的12.65%;耕地面积为441 km^2,占总面积的0.45%;建设用地最少,面积为45 km^2,仅占总面积的0.05%(王根绪等,2004;张静辉等,2011;刘宪锋等,2013)。

澜沧江源区:澜沧江源区现状草地面积占58.02%;其次是荒漠裸地,占24.96%;林地占9.95%,湿地占6.76%,耕地占0.29%。丘陵大部分为高山草甸,它和河谷平原一样是良好的天然牧场。小起伏高山主要分布于扎纳曲、阿曲河的两侧及沿扎曲北部的部分地区,为高山草甸区(张镱锂等,2007;刘宪锋等,2013)。

6.3.5 三江源冻土分布

三江源冻土区主要分布在长江源区、黄河源区和澜沧江源区的西北部地区(图6.8)。长江源区年平均气温在-5.6~-1.5℃,年降水量在200~400 mm,这种高寒干旱气候为长江源区多年冻土的形成和发育创造了有利条件,在昆仑山以南、唐古拉山以北、巴颜喀拉山以西、乌兰多拉山和祖尔肯乌拉山以东地区,除局部有大河融区和构造地热融区外,多年冻土呈大片连续分布(杨建平等,2004)。

图 6.8 三江源冻土区分布

黄河源区属于多年冻土区,但源区内分布有大片连续冻土、岛状冻土和季节性冻土。由于黄河源区地势较低,海拔一般为 3500~4200 m,源区周边兀立着布尔汗布达山、阿尼玛卿山和巴颜喀拉山等海拔 5000 m 以上的山峰,在这些高山区分布片状多年冻土,而在黄河谷地,沿河两岸则分布少量季节冻土(杨建平等,2004)。

6.3.6 三江源冰川分布

长江源于唐古拉山沱沱河源的姜古迪如冰川,长江水系共发育有冰川 1332 条,冰川面积为 1895 km^2,冰川储量为 147.26 km^3。其中 75% 的冰川面积分布在金沙江,其他支流(岷江、雅砻江、嘉陵江)也有冰川发育,但规模都很小。长江流域冰川资源的 70.9% 集中于通天河之上的江源区,冰储量为 100.414 km^3,折合水量为 88.752×10^9 m^3。通天河之上的江源区,冰川融水的补给比率占 25% 以上(杨针娘和胡鸣高,1990;杨针娘等,1996)。

据施雅风等(2006)统计,黄河源位于巴颜喀拉山北麓的亚合拉合山,目前已经没有冰川发育,只有季节积雪。黄河干流上游冰川全部分布于东昆仑山的范围内,主要集中在阿尼玛卿山地区。该地区发育有冰川 68 条,冰川面积为 131.44 km^2,冰川储量为 11.04 km^3。此外,在阿尼玛卿山南北两侧的巴颜喀拉山和鄂拉山也有零星的小冰川发育。黄河流域冰川数量少、规模不大的特点决定了冰川融水对黄河流域水量的调节和补给作用不大。据杨针娘和胡鸣高(1990)估算,冰川融水对黄河年补给量约 3.94×10^8 m^3,为黄河上游唐乃亥水文站多年平均径流量的 1.9%;但冰川集中发育的切木曲和曲什安河,冰川融水径流占到 74%,对于调节河川径流和生态稳定具有重要意义。

澜沧江流域有现代冰川 380 条,冰川面积为 316.32 km^2,冰川储量为 17.88 km^3。澜沧江流域冰川融水在河流径流的补给中所占比率为 6.6%(施雅风,2005)。

6.3.7　三江源地下水

三江源区不但水资源蕴藏量多、地表径流大,而且地下水资源也比较丰富,据估算,仅玉树州的地下水储量就达约 115 亿 m^3。地下水属山丘区地下水,分布特征主要为基岩裂隙水和碎屑岩空隙水。地下水补给方式主要为降水的垂直补给和冰雪融水。

6.4　三江源水资源及水能资源现状

6.4.1　长江源区

地貌环境特征:长江在楚玛尔河口以上的流域(包括楚玛尔河流域)为长江源区。长江源区北界昆仑山脉,南界唐古拉山脉,分水岭山峰均在海拔 6000 m 以上;西有可可西里山、乌兰多拉山和祖尔肯乌拉山,山峰多在海拔 5000 m 上下;东边分水岭海拔较低,山峰海拔在 4300～5000 m。其地势上南高北低、西高东低,南部和西部主要为海拔大于 5200 m 的极高山-高山区,北部和东部为中山、低山、丘陵和平原区,海拔高度一般小于 5000 m。区内河流主要发源于南部极高山和高山区,受此地形和地貌格局的影响,区内河流平面形态表现出显著规律性,即在高山-中山区,河流流向大都由南向北,进入北部丘陵和平原区后,受东西向地势差异的控制呈东西向、北东向展布,并向东流出该区。在高山和中山区,水系平面形态表现出平行式水系格局,如沱沱河坎巴塔钦以南上游段、布曲雁石坪以南、冬曲和当曲改纳—盖巴段,同时在这些地区河流比降较大,河道平直。长江源区河流平面形态另一显著特点是,河流平面形态在短距离内发生快速变化,平面上呈"直角状"和不规则的"锯齿状",如在坎巴塔钦南北流向的沱沱河突然转为东西向,形成直角状水系;在改纳—曲桑扎钦段,当曲流向呈东西向—北西向—北东向—北西向,在南北 30 km 范围内,河流流向发生 4 次大的变化,平面上总体呈反"Σ"形态(冯永忠等,2004)。

水资源现状:长江全长 6380 km,是世界第三大河,它的源头位于青海省南部唐古拉山脉的主峰格拉丹东大冰峰西南侧的姜根迪如冰川。长江源区指楚玛尔河口以上的流域,位于青藏高原腹地,平均海拔 4500 m 左右,地理坐标为 $90°33'\sim95°20'$E、$32°26'\sim35°46'$N,流域面积为 10.56×10^4 km^2。长江源地区集高寒、冰川、冻土和积雪等为一体,湖泊和沼泽密布,是世界上湿地分布海拔最高、面积最大与最集中的地区,享有"中华水塔"之美誉(张永勇等,2012;王媛等,2013)。

长江源地区水系呈扇形分布,河流有 40 余条。长江江源为三大源流组成,即正源沱沱河、南源当曲、北源楚玛尔河。三源汇集 200 余条支流注入通天河下段。通天河是长江上游中的一段,它上起囊极巴陇与长江正源沱沱河相接,下至玉树藏族自治州附近的巴塘河口同金沙江相连,横贯青海省玉树藏族自治州全境,河长 813 km。楚玛尔河与通天河(长江干流上游)汇口以上为长江江源区,东西长 400 km,南北宽 300 km。沱沱河、当曲和楚玛尔河是该区三条主要的长江源流(吴豪和虞孝感,2002)。

河流补、径、排情况:长江源区河流水源形式主要有冰雪融水、沼泽与泉水(地下水)和降水直接汇流等,且大多数河流三种形式并存,是混合型水源河流。河川径流以冰雪融水和地下水补给为主,分别占年径流的 45% 和 40%,雨水仅占 15%。冰川融水对径流的补给主要集中在冰川融水型和湿地型河流,由于冰川集中发育在通天河以上的江源区,其冰川融水的补给率在沱沱河流域最大,为 33.7%,其次是布曲流域,为 18.4%,楚玛尔河流域仅有 4.2%。直门达以上长江出源径流的冰川融水补给率总体上约为 9%,冰川融水对整个长江水系的补给作用较小。在源区河流径流形成中与湿地有关的河流总径流量为 8.07×10^9 m^3,占源区总径流量的 64.2%,在长江源区整体河流径流形成中沼泽湿地补给占据重要位置,冰川融水补给在沱沱河与布曲河水系有较大作用(杨建平等,2003)。

长江源区径流年内分配和变化随降水多少及气温高低而变,每年 11 月至次年 4 月河流封冻,最小流量出现在大地冻结的 12 月—次年 1 月,有的河流出现连底冻,5 月积雪开始融化,但水量仍不大,6—7 月河水上涨,至 8 月达最大值,6—9 月为连续最大 4 个月,水量占年径流量的 70%～85%。以季节而论,夏季径流量最多,占 67%～75%,秋季占 15%～25%,春季占 5%～8%,冬季仅占 0.5%～0.6%。

湿地变化:近几十年来,在全球气候变化和人类活动的综合影响下,长江源区湿地退化明显,表现为湖泊水位下降、面积缩小、沼泽湿地萎缩、水源涵养功能退化、河流水量逐年减少、部分长年性河流渐变为季节性河流等。草甸、沼泽和湖泊三种湿地类型面积分别减少了 1843.76 km^2、186.54 km^2 和 114.8 km^2;就变化幅度而言,湿地减少率为 1.48%·a^{-1},其中高寒泥炭沼泽减少率(3.83%·a^{-1})为最大,草甸、湖泊和河流的减少率分别为 2.72%·a^{-1}、0.85%·a^{-1} 和 0.02%·a^{-1}。在 20 世纪 30 年代前,沼泽积水一般深 20～40 cm,最深可达 1.0 m 以上;21 世纪以来的沼泽水深一般只有 10～15 cm,很多沼泽地仅呈过湿状态(张春敏等,2013)。

开发利用状况:新中国成立以来,特别是改革开放以来,长江流域水资源开发利用取得了巨大成就,流域内已建成大、中、小型水库约 4.57 万座,水库总库容 1745 亿 m^3;引提水工程约 36.8 万处,年引提水能力达 1336.4 亿 m^3;跨水资源一级区的调水工程 11 处;塘堰约 480.7 万处;农村分散的手工、机械井约 701 万眼;集雨工程约 268 万处。这形成了约 2300 亿 m^3 的年供水能力。根据 1995—2006 年同期供水量和水资源资料,长江流域现状水资源开发利用率为 17.8%,略低于全国平均值(19.0%),水资源开发利用程度还不高,但各水资源分区之间差异很大。开发利用程度最高的是太湖水系,水资源开发利用率达 82%;其次为汉江和洞庭湖水系,分别为 24.8% 和 15.7%;岷沱江、嘉陵江、乌江和鄱阳湖水系的水资源开发利用率为 8%～15%;而金沙江的开发利用率仅为 4.4%(雷静等,2010;马建华,2010)。总体来看,虽然近 30 a 来流域的水资源利用效率有了较大提高,但与发达国家和世界先进水平相比还存在较大差距,具有较大的节水潜力(表 6.1)。

表 6.1 长江流域水资源地表水资源可利用量估算(雷静等,2010)

独立水系或一级支流	多年平均天然径流(亿 m^3)	多年平均水资源总量(亿 m^3)	全年河道内生态环境需水量(亿 m^3)	地表水资源可利用量(亿 m^3)	预测用水消耗率(%)	地表水资源可利用率(%)	水资源可开发利用率(%)
金沙江	1565	1565	540	545	81.9	34.8	42.5
岷沱江	1065	1065	361	262	66.0	24.6	37.3
嘉陵江	699	699	240	139	69.6	19.9	28.6
乌江	551	551	189	101	67.9	18.2	26.8
洞庭湖水系	2078	2078	686	543	68.3	26.1	38.1
汉江	555	555	183	231	78.9	41.6	51.1

续表

独立水系或一级支流	多年平均天然径流（亿 m³）	多年平均水资源总量（亿 m³）	全年河道内生态环境需水量（亿 m³）	地表水资源可利用量（亿 m³）	预测用水消耗率（%）	地表水资源可利用率（%）	水资源可开发利用率（%）
鄱阳湖水系	1513	1513	484	373	66.9	24.7	36.4
太湖水系	160	160	—	64	—	40.0	—
长江流域	9856	9856	3305	2827	72.9	28.7	38.9

6.4.2 黄河源区

地貌环境特征：黄河源头位于青海省曲麻莱县巴彦喀拉山北麓的约古宗列盆地西南玛曲曲果日。其源头从发源地一路下泻并接纳了众多小溪后注入黄河源头最大的一对"姐妹湖"——扎陵湖和鄂陵湖，之后便形成干流汹涌东去。出鄂陵湖东南行 65 km 到达黄河沿（玛多），人们习惯上将黄河沿（玛多）以上地区称为黄河源头。根据水文学界定，黄河唐乃亥水文站以上的流域称为黄河河源区。黄河沿至唐乃亥段河长 1265.6 km。河源区西有雅拉达泽山，东有岷山，北临柴达木盆地，南以巴彦喀拉山为界。该区干流河道长 1552.4 km，流域面积达 12.2 万 km²。黄河河源区位于青藏高原东北部，地形总体上是西高东低、南高北低，地貌复杂多样。该区主要属于高原气候区，从年平均气温的地区分布看，气温随纬度升高而降低，随海拔高程增高而递减。黄河河源区多年平均年降水量在 250~800 mm，受季风影响，降水的年内分配很不均匀，呈现冬干、春旱、夏秋（6—9 月）降水集中的特点；在时间分配上，降水的另一个特点是年际变化大。黄河河源区成土环境复杂，在各种成土因素的综合影响下，形成 12 个土壤类型；该区位于青藏高原植被地带，共有常绿阔叶林、灌丛、草原、草甸与沼泽、高山稀疏植被 5 个植被类型，18 个植被亚类（吴青和周艳丽，2002）。

水资源现状：黄河源有一级支流 54 条，二级以下支流众多，大多集中在干流右岸一级支流卡日曲、多曲、河勒那曲水系，这 3 条支流的流域面积占河源总流域面积的 50%。根据《黄河流域水资源及其开发利用调查评价简要报告》，黄河源区多年平均（1956—2000 年）地表水资源量为 206.67 亿 m³，占黄河流域多年平均地表水资源总量 534.8 亿 m³ 的 38.6%，其中河源—玛曲、玛曲—龙羊峡河段分别为 145.93 亿 m³、60.74 亿 m³；黄河源区多年平均（1980—2000 年）地下水资源量为 82.79 亿 m³（矿化度≤2 g·L⁻¹），其中，山丘区为 82.08 亿 m³，平原区为 1.01 亿 m³，山丘区与平原区重复计算量为 0.3 亿 m³。黄河源区地下水可开采量很小，仅有 6084 万 m³，全部为平原区矿化度≤2 g·L^{-1}的地下水。黄河源区干流河段,径流稳定、落差集中、水力资源丰富,但高程较高、交通不便,水电资源开发得较少。据估算,该河段水力资源理论蕴藏量为6147 MW,技术可开发装机容量为7980 MW,年发电量为334.1亿 kW·h(谢昌卫等,2003;张士锋等,2004;陈利群等,2006;董晓辉等,2007)。

综合地表水资源和地下水资源评价成果,黄河源区多年平均水资源总量为207.13亿 m^3,其中地表水资源量为206.67亿 m^3,地表水与地下水之间不重复计算量为0.46亿 m^3(全部在玛曲—龙羊峡河段)。从地区分布来看,黄河源区水资源总量主要分布在河源—玛曲河段,该河段水资源总量为145.93亿 m^3,占黄河源区多年平均水资源总量的70.5%(梁四海等,2007;贾仰文等,2008)。

河流补、径、排情况:黄河源区的河川径流主要集中在6—10月,占全年径流量的70%以上。降水是流域径流量的主要来源,占河川径流补给量的63.5%(樊萍等,2004)。黄河源区干流及主要支流特征值见表6.2(李海荣等,2011)。

表6.2 黄河源区干流及主要支流特征值(李海荣等,2011)

河名	区间或断面	集水面积F(km^2)	河道长度L(km)	河道平均比降(‰)	流域形状系数F/L^2
黄河	河源—黄河沿站	20930	270	2.28	0.29
黄河	黄河沿站—吉迈站	24089	324	1.12	0.23
黄河	吉迈站—沙曲河口	19082	338	1.18	0.17
黄河	沙曲河口—玛曲站	21947	250	0.59	0.35
黄河	玛曲站—唐乃亥站	35924	371	1.98	0.26
多曲	多曲河口	6085	159.7	3.4	0.24
热曲	热曲河口	6596	190.9	2.8	0.18
白河	白河河口	5529	303	2.1	0.06
黑河	黑河河口	7750	490	1.0	0.03
切木曲	切木曲河口	5550	150.9	16.4	0.24
曲什安河	曲什安河口	5787	201.8	10.1	0.14

开发利用状况:黄河源区流域面积为13.14万 km^2,截至2005年底,全区共有蓄水工程68座,其中大型水库1座、小型水库13座、塘坝54座,全部位于玛曲—龙羊峡河段的青海省境内,现状总供水能力0.17亿 m^3。截至2005年底,全区共有引水工程429处,均为小型工程,青海、四川、甘肃三省境内分别为375处、19处和35处。总设计引水规模为18 m^3·s^{-1},设计供水能力为2.24亿 m^3,现状供水能力为2.00亿 m^3。

全区有提水工程53处,均位于玛曲—龙羊峡河段的青海省境内,总提水规模为2.11 m³·s⁻¹,设计供水能力为0.42亿 m³(黄河水利委员会,2010)。

对于黄河流域来说,截至2005年共建蓄水工程1.9万座,设计供水能力为55.8亿 m³；引水工程1.3万处,设计供水能力为283.5亿 m³；提水工程2.2万处,设计供水能力为69.0亿 m³；建成机电井工程60.3万眼,供水能力为148.2亿 m³。此外还建成了少量污水回用工程和雨水利用工程(黄河水利委员会,2010)。现状年黄河各类工程总供水量为512.1亿 m³,其中向流域外供水89.2亿 m³,向流域内供水422.9亿 m³(地表水供水量为285.6亿 m³,占流域内总供水量的67.5%)。现状年流域内各部门用水量为422.9亿 m³,其中农田灌溉为276.3亿 m³,占总用水量的65.3%,具体情况见表6.3(黄河水利委员会,2010)。

表6.3 黄河流域内总用水量调查结果（亿 m³；黄河水利委员会，2010）

二级区	城镇生活	农村生活	工业	建筑业及第三产业	农田灌溉	林牧渔	牲畜	生态	总用水量
龙羊峡以上	0	0.1	0	0	0.8	0.3	0.6	0	1.8
龙羊峡至兰州	1.3	1.0	10.7	0.6	20.5	2.0	0.7	0.2	37.0
兰州至河口镇	3.3	1.4	15.7	1.4	138.0	19.6	1.3	1.4	182.1
河口镇至龙门	0.7	1.0	4.4	0.3	8.7	0.6	0.6	0.1	16.4
龙门至三门峡	7.6	5.6	22.3	3.1	59.6	4.2	1.9	1.1	105.4
三门峡至花园口	2.0	1.7	9.3	0.8	17.7	0.7	0.8	0.7	33.6
花园口以下	1.6	1.9	6.8	0.8	28.9	1.5	1.1	0.2	42.8
内流区	0.1	0.1	0.4	0	2.1	0.9	0.2	0	3.8
黄河流域	16.6	12.8	69.6	7.0	276.3	29.8	7.1	3.7	422.9

6.4.3 澜沧江源区

地貌环境特征：我国境内的澜沧江流域北部隔唐古拉山与长江上游通天河毗邻,东部以宁静山、云岭山脉和无量山脉作为与金沙江、红河的分水岭,西部隔唐古拉山及延伸的怒山山脉与怒江大致并行南下。流域地势总体上西北高东南低,由北向南呈条带状分布。流域内地形起伏剧烈,地理条件复杂多变。昌都(西藏)以上为上游,上游属青藏高原,除高大险峻的雪峰屹立外,一般山势较平缓,具有平浅河谷特征,沿河谷有阶地发育；西藏昌都至云南四家村为中游,属高山峡谷区,河谷深切于横断山脉之间,河谷窄深,谷底高程为 1230~2200 m,相对高差一般为 2000 m 左右;四家村(云南)以下为下游,下游分水岭显著降低,河道呈束放状,地势趋平缓,在出国界处河道高程仅 400~500 m(邹宁等,2008)。

澜沧江源区水资源现状:澜沧江发源于青藏高原查加日玛的西侧,青海省玉树藏族自治州杂多县境内,流经青海、西藏,于布衣附近进入云南省,在西双版纳傣族自治州南腊河口流出中国国境,此后称湄公河。澜沧江在三江源区域青海省境内的干流长为 448 km,流域面积为 3.75 万 km^2,流量达 110 亿 m^3,占澜沧江全流域流量的 17.6%(邹宁等,2008)。

干流全长约 4500 km,总落差约 5060 m,流域面积为 74.4 万 km^2。在中国境内,澜沧江流域界于 94°~102°E、21°~34°N 之间,流域面积约为 16.4 万 km^2,出境处多年平均流量约 2350 $m^3 \cdot s^{-1}$,干流全长约 2153 km,天然落差约 4583 m。澜沧江流域涉及云南、西藏和青海 3 个省(自治区),按照全国统一的水资源分区划分为两个水资源评价三级区,即沘江口以上、沘江口以下(邹宁等,2008)。

澜沧江河流补、径、排情况:澜沧江流域径流以降雨补给为主,冰雪融水和地下水补给为辅。冰雪融水补给量由上游至中游递减,下游无。径流年际变化较均匀稳定,变差系数小。径流量年内分配不均,主要集中在 5—10 月,其中 7—10 月径流量占年径流量的 60%~70%(邹宁等,2008)。上游段高山冰雪融水占有一定的比例,地下水补给占年径流量的 50%左右。自中游段开始,雨水补给逐渐增大,地下水和冰雪融水补给相应减少。至下游段,雨水补给已占年径流量的 60%以上。湄公河的补给为雨和上游澜沧江的雪山融水,河川径流的变化与降水密切相关。降水占河流径流量的 1/2 以上,雪山融水占 1/6 左右。澜沧江—湄公河总径流量为 4500 亿 m^3。河流源头地区,地表与地下各占约 50%;中国云南境内,澜沧江年平均径流总量为 741 亿 m^3。平均入渗系数为 13%,平均地下径流量为 160.5 亿 m^3,占径流总量的 31.5%(何大明,1995)。

澜沧江和湄公河河水除向支流及地下水排泄外,大量河水排泄至南海,平均排泄量为 15060 $m^3 \cdot s^{-1}$(表 6.4)(杨婧等,2009)。

表 6.4 澜沧江—湄公河流域水资源分布(杨婧等,2009)

国别	流域面积(10^3 km^2)	流经里程(km)	流域面积占全流域的百分比(%)	径流贡献率(%)	产水量($m^3 \cdot s^{-1}$)	产水量占全流域的百分比(%)	领土面积(10^4 km^2)	占国家领土的百分比(%)
中国	16.5	2161	21	16	2410	16	960	1.7
缅甸	2.4	265	3	2	300	2	67.7	3.6
老挝	20.2	1987	25	35	5270	35	23.7	85.2
泰国	18.4	976	23	18	2560	18	5103	35.9

续表

国别	流域面积 （10^3 km^2）	流经里程 （km）	流域面积占 全流域的 百分比（%）	径流贡献 率（%）	产水量 （m^3·s^{-1}）	产水量占 全流域的百 分比（%）	领土面积 （10^4 km^2）	占国家领土的 百分比（%）
柬埔寨	15.1	501	20	18	2860	18	18.1	85.6
越南	6.5	229	8	11	1660	11	33.0	19.7
总计	19.5	4880	100	100	15060	100		

开发利用状况：澜沧江—湄公河平均流量居世界第8位，各国对河流的利用情况不同，整体利用率并不高。澜沧江—湄公河流域水资源丰富，人均水资源量为8000 m^3，远远超过中国和亚洲的平均水平2300 m^{3}和4900 m^3，接近全球的平均水平9800 m^3。澜沧江—湄公河流域水资源分布见表6.4。澜沧江的水电资源也很丰富，水电蕴藏量为9456万kW，中国境内拥有3656万kW，其余5国合计5800万kW；可开发电量共计6048万kW，中国可开发电量为2737万kW，其余5国合计3211万kW（杨婧等，2009）。

湄公河大部分水力资源蕴藏在老挝，水量占湄公河总流量的35%，水能储量十分丰富。万象以北为湄公河上游，河床多石滩，水流湍急，成为水力发电的优越地段，每年发电量可达400亿kW·h。越南境内湄公河流域蕴藏着丰富的水能，年平均流量达4750亿m^3，3000 t轮船可通航，水能理论蕴藏量可达925万kW，现有的年发电量也达34.23亿kW·h。流域内水势平缓地势平坦，流域面积达6.5万km^2，约占湄公河总流域面积的8%，占越南国土面积的19.7%。越南水资源及开发利用条件均较好，但由于缺乏资金和技术导致利用率偏低。柬埔寨对湄公河支流的利用率远远大于干流，如境内的洞里萨湖是东南亚最大的淡水湖，也是湄公河流域最重要的洪枯水自然调节区，其主要的水需求是要求上游每年湿季保证相当的洪水来量，以保证湖区的洪泛面积，在枯季向下游释放，并且提高土壤肥力。泰国由于地域分配不均，对湄公河的利用是希望这条河能对其东北部最大的干旱区进行灌溉（杨婧等，2009）。

6.5 三江源区域地下水储量和降水的变化特征

有关地下水储量（water storage change，WSC）变化特征的研究成果较少。基于重力卫星 GRACE 的反演结果，Xu 等（2016）详细分析了 2003—2010 年地下水储量的变化特征。图 6.9 给出了三江源区域年地下水储量变化和年降水量变化的空间分布。

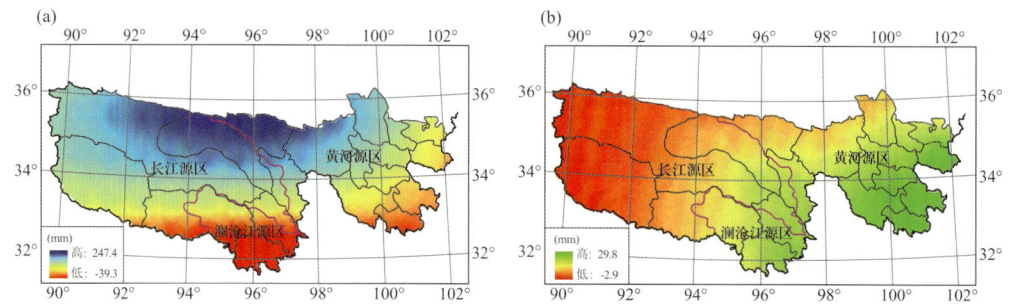

图 6.9　水储量变化的年平均空间分布（a）和降水变化的年平均空间分布（b）（Xu et al.，2016）

由图 6.9b 可以看出，三江源地区降水的变化范围为 −2.9~29.8 mm，变化幅度由东向西递减，长江源区降水量减少，黄河和澜沧江源区大部分地区降水量增加。

WSC 与降水变化的空间分布存在差异（图 6.9a），WSC 的分布不仅受降水的影响，而且受下垫面多年冻土类型的影响，其中长江源区的 WSC 增加最为明显，与其处于连续多年冻土区有关。黄河源区西北部是连续多年冻土区，2003—2010 年 WSC 处于盈余状态，黄河源区东南部处于亏损状态，东南部的亏损主要与其处于季节性多年冻土和片状永冻层区域有关。澜沧江源区的 WSC 处于亏损状态，其所处冻土主要类型为季节性和岛状多年冻土。

由 GRACE 计算的 WSC 变化具有季节特征（Xu et al.，2016）。1—3 月和 12 月，三江源区南部（黄河和澜沧江源区）WSC 处于亏损状态，平均亏损量约为 20 mm。然而，1 月和 2 月的三江源区北部，WSC 处于增益状态，平均增益约为 15 mm，12 月增益（约 31 mm）大于 1—2 月。长江、黄河和澜沧江源区径流在 4—6 月降水量较低时增加，这导致 WSC 处于损失状态。从空间分布来看，WSC 表现出东部增加、西部亏损的分布形态，4 月亏损最大。4—5 月，WSC 的损失在西南部最为严重，损失平均值达到 33 mm，东部有约 10 mm 的盈余。6 月，WSC 的损失和收益面积约占研究总面积的一半。西风环流和东亚、印度季风是三江源区夏季水汽的主要来源，夏季降水量大，雨季和冰川融水的发生使 7—11 月 WSC 处于增益状态。WSC 的最大盈余发生在 9 月。

同时，Xu 等（2016）定量统计了 2003—2010 年长江源、黄河源及澜沧江源区 WSC、径流（用 R 表示）、蒸发（用 E 表示）及降水（用 P 表示）的变化率（表 6.5）。综合分析发现，研究区内降水呈现出不同程度的增长趋势，澜沧江源区增长最快的速率为 1.70 mm·a^{-1}，相当于 0.73×10^9 m^3 的水量，长江和黄河源区增长率分别为 1.19 和 1.24 mm·a^{-1}。整个三江源区平均降水的增长率约为 0.89 mm·a^{-1}。不同区域的径流变化趋势存在差异,长江源区的径流量在近几十年略有增加($0.01~\mathrm{mm \cdot a^{-1}}$),相当于 $0.04 \times 10^9~\mathrm{m^3}$ 的水量,而在黄河源区则呈略微下降的趋势($-0.01~\mathrm{mm \cdot a^{-1}}$)。由于澜沧江源区径流资料缺乏,根据水量平衡计算径流,确定为相当于约 $0.36 \times 10^9~\mathrm{m^3}$ 的水量。整个三江源区平均径流下降幅度约为 $-0.59~\mathrm{mm \cdot a^{-1}}$,相当于约 $1.43 \times 10^9~\mathrm{m^3}$ 的水体积减少。三江源区及其次区域蒸发量的变化趋势表明,长江源区蒸发量变率的最大值为 $9.86~\mathrm{mm \cdot a^{-1}}$(相当于 $10.30 \times 10^9~\mathrm{m^3}$),而在澜沧江源区的最大值为 $1~\mathrm{mm \cdot a^{-1}}$(相当于 $0.43 \times 10^9~\mathrm{m^3}$)。

表 6.5 三个子区降水、径流、蒸发以及水储量的变化（Xu et al.，2016）

区域	振幅	时段（月）	年降水量（mm）
长江源区	57.0	67.6	387.3
黄河源区	24.8	21.0	596.8
澜沧江源区	31.5	12.0	557.8
三江源区	29.9	32.5	466.0

区域	$\Delta P~(\mathrm{mm \cdot a^{-1}})$	$\Delta R~(\mathrm{mm \cdot a^{-1}})$	$\Delta W~(\mathrm{WSC})(\mathrm{mm \cdot a^{-1}})$	$\Delta E~(\mathrm{mm \cdot a^{-1}})$
长江源区	+1.19	+0.01[49]	+11.06	−9.86
黄河源区	+1.24	−0.01[50]	+9.28	−8.03
澜沧江源区	+1.70	−0.82	+3.52	−1.00
三江源区	+0.89	−0.59[50]	+9.06	−7.58

区域	$\Delta P~(10^9~\mathrm{m^3})$	$\Delta R~(10^9~\mathrm{m^3})$	$\Delta W~(\mathrm{WSC})(10^9~\mathrm{m^3})$	$\Delta E~(10^9~\mathrm{m^3})$
长江源区	+1.25	+0.04	+11.51	−10.30
黄河源区	+1.18	−0.10	+8.86	−7.58
澜沧江源区	+0.73	−0.36	+1.52	−0.43
三江源区	+0.89	−1.43	+21.89	−18.31

注：ΔP 代表降水变化率,其他类推。

总之,Xu 等（2016）的研究表明,基于 2003—2010 年 GRACE 重力卫星资料,长江源区的最大水当量质量增益为 $11.06~\mathrm{mm \cdot a^{-1}}$(相当于 $11.51 \times 10^9~\mathrm{m^3}$),澜沧江源区的水当量质量增益最少,约为 $3.52~\mathrm{mm \cdot a^{-1}}$(相当于 $1.52 \times 10^9~\mathrm{m^3}$),黄河源区的水当量质量增益为 $9.28~\mathrm{mm \cdot a^{-1}}$(相当于 $8.86 \times 10^9~\mathrm{m^3}$),三江源区的水当量质量增益为 $9.06~\mathrm{mm \cdot a^{-1}}$(相当于 $21.89 \times 10^9~\mathrm{m^3}$),在所有情况下,降水增加趋势明显低于地下水储量增加幅度。这表明,降水不是三江源区水质量变化趋势的主要组成部分,三江源区水平衡的变化主要是由于不同冻土类型、蒸发量的变化引起的。

6.6 本章小结

青藏高原不仅是世界屋脊、亚洲水塔和地球第三极,也是中国重要的生态安全屏障和战略资源储备基地,更是资源政治与地缘政治的结合之处。气候变化加速高原地区的冰川消融,改变跨国界河流径流量的年度和季节性变化,增加水资源分配模式的不稳定性,从而加剧地区性水资源稀缺性危机,使地区性洪涝灾害增多,水治理难度提升。因此需要认清气候变化背景下青藏高原水资源变化的现状,了解气候变化对青藏高原水资源安全的影响。

(1)不同流域近几十年年径流量变化并不一致,如长江源流域沱沱河站、直门达站1956—2012年径流量总体呈显著增加趋势;怒江流域自20世纪50年代至2000年,跨境径流量呈增加趋势;雅鲁藏布江径流量20世纪60年代最丰,80年代最枯,年平均流量总体上呈略有下降趋势,但不显著。各流域径流量均受降水量的影响较大。

(2)青藏高原地区作为中国东部地区的上游区域,其水汽输送对中国东部,尤其是对长江中下游旱、涝有重要影响,是中国长江流域梅雨带水汽输送西边界重要的水汽"转运站"。气候变暖将通过影响流域的降雨、蒸发、径流、土壤湿度等改变全球水文循环的现状,引起水资源在时间和空间上的重新分配,加剧某些地区的洪涝和干旱灾害,导致极端水文事件频发,加剧水资源的脆弱性。

(3)对不同流域径流变化的气候归因主要集中在温度、降水、参照蒸散量等方面,其中降水带来的水源补给是流量增加的主要原因,但降水对径流的影响在不同月份有所不同;蒸发也是影响长江源区径流变化的重要因子。此外,温度通过对冰川和积雪融化、冻土的作用,显著影响径流。

(4)三江源区是中国面积最大、海拔最高的天然湿地和生物多样性分布区以及生物物种形成、演化的中心之一,同时也是国际科技界瞩目的研究气候和生态环境变化的敏感区和脆弱带。长江源区、黄河源区及澜沧江源区湿地均以沼泽为主,其次是滩地、湖泊、冰川积雪、河流等。

(5)三江源区生态系统存在空间差异:长江源区植被类型简单,主要生态类型及植被群落有高寒草甸、高寒草原等,现状总体以草地为主,其次是荒漠裸地,耕地和建设用地较少;黄河源区表现出地带性特征,水平地带性由东南向西北依次呈现出草原、森林、草原和荒漠,垂直地带性从山麓到山顶植物种类逐渐变化;澜沧江源区现状以草地为主,其次是荒漠裸地、林地、湿地、耕地等。

(6)三江源区多年平均水资源总量较大,水资源开发利用程度仍较低,其中黄河玛曲至唐乃亥开发利用程度最高,通天河区开发利用程度最低。

(7)2003—2010年三江源区长江源区水当量质量增益最大,其次为黄河源区,澜沧江源区最少;降水增加幅度明显低于地下水储量增加幅度;降水不是三江源区水质量变化趋势的主要组成部分,三江源区水平衡的变化主要是由于不同冻土类型、蒸发量的变化而引起的。

参考文献

曹建廷,秦大河,康尔泗,等,2005.青藏高原外流区主要河流的径流变化[J].科学通报,50(21):2403-2408.

岑思弦,巩远发,赖欣,等,2014.青藏高原东部与其北侧热力差异与高原季风及长江流域夏季降水的关系[J].气象学报,72(2):256-265.

陈进,2013.长江源区水循环机理探讨[J].长江科学院院报,30(4):1-5.

陈利群,刘昌明,郝芳华,等,2006.黄河源区基流变化及影响因子分析[J].冰川冻土,28(2):141-148.

陈龙,谢高地,张昌顺,等,2013.澜沧江流域典型生态功能及其分区[J].资源科学,35(4):816-823.

陈乾金,高波,李维京,等,2000.青藏高原冬季积雪异常和长江中下游主汛期旱涝及其与环流关系的研究[J].气象学报,58(5):582-595.

陈婷,梁四海,钱开铸,等,2008.近22年长江源区植被覆盖变化规律与成因[J].地学前缘,15(6):323-331.

陈永富,刘华,邹文涛,等,2012.三江源湿地变化驱动因子定量研究[J].林业科学研究,25(5):545-550.

董锁成,周长进,王海英,2002."三江源"地区主要生态环境问题与对策[J].自然资源学报,17(6):713-720.

董晓辉,姚治君,陈传友,2007.黄河源区径流变化及其对降水的响应[J].资源科学,29(3):67-73.

樊萍,王得祥,祁如英,2004.黄河源区气候特征及其变化分析[J].青海大学学报(自然科学版),22(1):19-24.

冯永忠,杨改河,杨世琦,等,2004.江河源区地域界定研究[J].西北农林科技大学学报(自然科学版),32(1):11-14.

郭熙灵,2012.长江科学院2012年江源科学考察综述及思考[J].长江科学院院报,29(10):1-5.

韩永荣,2002.江河源区生态环境面临的问题和防治对策[J].环境保护,6(6):31-33.

郝振纯,王加虎,李丽,等,2006.气候变化对黄河源区水资源的影响[J].冰川冻土,28(1):1-7.

何大明,1995.澜沧江—湄公河水文特征分析[J].云南地理环境研究,7(l):58-73.

何大明,汤奇成,2000.中国国际河流[M].北京:科学出版社.

华维,范广洲,王炳赟,2012.近几十年青藏高原夏季风变化趋势及其对中国东部降水的影响[J].大气科学,36(4):784-794.

黄河水利委员会,2010.黄河流域水资源综合规划[Z].郑州:黄河水利委员会.

黄荣辉,周德刚,2012.气候变化对黄河径流以及源区生态和冻土环境的影响[J].自然杂志,34(1):1-9.

贾仰文,高辉,牛存稳,等,2008.气候变化对黄河源区径流过程的影响[J].水利学报,39(1):52-58.

蒋冲,李芬,高艳妮,等,2017.1956—2012年三江源区河流流量变化及成因[J].环境科学研究,30(1):30-39.

蓝永超,文军,赵国辉,等,2010.黄河源区径流对气候变化的敏感性分析[J].冰川冻土,32(1):175-182.

雷静,张琳,黄站峰,2010.长江流域水资源开发利用率初步研究[J].人民长江,41(3):11-14.

李春晖,杨志峰,2004.黄河流域天然径流量分区评价[J].北京师范大学学报(自然科学版),40(4):548-553.

李凤霞,常国刚,肖建设,等,2009.黄河源区湿地变化与气候变化的关系研究[J].自然资源学报,24(4):683-690.

李海川,王国庆,郝振纯,等,2017.澜沧江流域水文气象要素变化特征分析[J].水资源与水工程学报,28(4):21-27.

李海荣,曹廷立,唐梅英,等,2011.黄河源区水资源涵养保护与治理开发研究[M].郑州:黄河水利出版社:2-3.

李林,戴升,申红艳,等,2012.长江源区地表水资源对气候变化的响应及趋势预测[J].地理学报,67(7):941-950.

李珊珊,张明军,汪宝龙,等,2012.近51年来三江源区降水变化的空间差异[J].生态学杂志,31(10):2635-2643.

李亚飞,刘高焕,2012.澜沧江流域植被覆盖变化特征及其与气候因子的关系[J].资源科学,34(7):1214-1221.

李志斐,2018.气候变化对青藏高原水资源安全的影响[J].国际安全研究,36(3):42-63,157.

梁四海,陈江,金晓梅,等,2007.近21年来青藏高原植被覆盖变化规律[J].地球科学进展,22(1):33-40.

刘波,肖子牛,段玮,2017.澜沧江—湄公河流域气候与水资源变化及其未来预估[M].北京:气象出版社:8-20.

刘宪锋,任志远,林志慧,等,2013.2000—2011年三江源区植被覆盖时空变化特征[J].地理学报,68(7):897-908.

柳艳菊,丁一汇,宋艳玲,2005.1998年夏季风爆发前后南海地区的水汽输送和水汽收支[J].热带气象学报,21(1):55-62.

马建华,2010.长江流域水资源面临的形势与可持续利用对策[J].人民长江,41(12):16-19.

马岚,许熙,高云,等,2000.1997、1998年长江上游地区水汽输送及其与径流量之间关系的对比分析[J].应用气象学报,11(4):491-498.

马致远,2004.三江源地区水资源的涵养和保护[J].地球科学进展,19(S1):108-111.

马柱国,2005.黄河径流量的历史演变规律及成因[J].地球物理学报,48(6):1270-1275.

苗秋菊,徐祥德,张胜军,2005.长江流域水汽收支与高原水汽输送分量"转换"特征[J].气象学报,63(1):93-99.

齐冬梅,李跃清,2007.高原季风研究主要进展及其科学意义[J].干旱气象,25(4):74-79.

齐冬梅,李跃清,陈永仁,等,2015.气候变化背景下长江源区径流变化特征及其成因分析[J].冰川冻土,37(4):1075-1086.

《三江源地区生态环境地图集》编纂委员会,2013.三江源地区生态环境地图集[M].北京:中国地图出版社.

沈大军,陈传友,1996.青藏高原水资源及其开发利用[J].自然资源学报,11(1):8-14.

施雅风,2005.简明中国冰川目录[M].上海:上海科学普及出版社:128-139.

施雅风,刘时银,上官冬辉,等,2006.近30 a青藏高原气候与冰川变化中的两种特殊现象[J].气候变化研究进展,2(4):154-160.

苏中海,陈伟忠,2016.近60年来长江源区径流变化特征及趋势分析[J].中国农学通报,32(34):166-171.

王根绪,丁永建,王建,等,2004.近15年来长江黄河源区的土地覆被变化[J].地理学报,59(2):163-173.

王可丽,程国栋,丁永建,等,2006.黄河、长江源区降水变化的水汽输送和环流特征[J].冰川冻土,28(1):8-14.

王玲,乔永杰,张彦军,等,2009.关于黄河源头的界定[J].人民黄河,31(1):12-14.

王渺林,侯保俭,2012.长江上游流域径流年内分配特征分析[J].重庆交通大学学报(自然科学版),31(4):873-876.

王欣,覃光华,李红霞,2016.雅鲁藏布江干流年径流变化趋势及特性分析[J].人民长江,47(1):23-26.

王艳君,姜彤,施雅风,2005.长江上游流域1961—2000年气候及径流变化趋势[J].冰川冻土,27(5):709-714.

王媛,吴立宗,许君利,等,2013.1964—2010年青藏高原长江源格拉丹冬地区冰川变化及其不确定性分析[J].冰川冻土,35(2):255-262.

魏智,蓝永超,吴锦奎,等,2006.黄河源区水资源对气候变化的响应[J].人民黄河,28(3):36-39.

吴迪,赵勇,裴源生,等,2013.气候变化对澜沧江—湄公河上中游径流的影响研究[J].自然资源学报,28(9):1569-1582.

吴豪,虞孝感,2002.长江河源地区及通天河流域水文特征[J].水文,22(1):52-53.

吴青,周艳丽,2002.黄河河源区生态环境变化及水资源脆弱性分析[J].水资源保护(4):21-24.

夏军,石卫,张利平,等,2016.气候变化对防洪安全影响研究面临的机遇与挑战[J].四川大学学报

（工程科学版），48(2)：7-13.

夏军,王渺林,2008.长江上游流域径流变化与分布式水文模拟[J].资源科学,30(7)：962-967.

谢昌卫,丁永建,刘时银,等,2003.长江—黄河源寒区径流时空变化特征对比[J].冰川冻土,25(4)：414-422.

徐祥德,陈联寿,王秀荣,等,2003.长江流域梅雨带水汽输送源-汇结构[J].科学通报,48(21)：2288-2294.

徐祥德,陶诗言,王继志,等,2002.青藏高原:季风水汽输送"大三角扇形"影响域特征与中国区域旱涝异常的关系[J].气象学报,60(3)：257-266.

徐祥德,赵天良,施晓晖,等,2015.青藏高原热力强迫对中国东部降水和水汽输送的调制作用[J].气象学报,73(1)：20-35.

杨建平,丁永建,陈仁升,等,2004.长江黄河源区多年冻土变化及其生态环境效应[J].山地学报,22(3)：278-285.

杨建平,丁永建,刘时银,等,2003.长江黄河源区冰川变化及其对河川径流的影响[J].自然资源学报,18(5)：595-602.

杨婧,李铎,毕攀,等,2009.澜沧江—湄公河流域水资源利用概况[J].安徽农业科学,37(16)：7569-7570.

杨应梅,2005.三江源区水资源保护与利用[J].节水灌溉(5)：25-27.

杨针娘,胡鸣高,1990.青藏高原东部河川径流特征[J].冰川冻土,12(3)：219-226.

杨针娘,胡鸣高,夏兆君,等,1996.高山冻土区水量平衡及地表径流特征[J].中国科学 D 辑:地球科学,26(6)：567-573.

姚治君,段瑞,刘兆飞,2012.怒江流域降水与气温变化及其对跨境径流的影响分析[J].资源科学,34(2)：202-210.

尤卫红,赵付竹,吴湘云,2007.夏季澜沧江跨境径流量变化与夏季风的关系[J].高原气象,26(5)：1059-1066.

张春敏,梁川,龙训建,等,2013.江河源区植被水分利用效率遥感估算及动态变化[J].农业工程学报,29(18)：146-155.

张静辉,文军,张堂堂,等,2011.黄河源区植被覆盖度对区域气候影响的数值模拟[J].高原气象,30(4)：989-995.

张士锋,华东,孟秀敬,等,2011.三江源气候变化及其对径流的驱动分析[J].地理学报,66(1)：13-24.

张士锋,贾绍凤,刘昌明,等,2004.黄河源区水循环变化规律及其影响[J].中国科学 E 辑:技术科学,34(增刊)：117-125.

张顺利,陶诗言,2001.青藏高原积雪对亚洲夏季风影响的诊断及数值模拟研究[J].大气科学,25(3)：372-390.

张万诚,肖子牛,郑建萌,等,2007.怒江流量长期变化特征及对气候变化的响应[J].科学通报,52(增刊Ⅱ)：135-141.

张小侠,2011.雅鲁藏布江流域关键水文要素时空变化规律研究[D].北京:北京林业大学.

张镱锂,丁明军,张玮,等,2007.三江源地区植被指数下降趋势的空间特征及其地理背景[J].地理研究,28(3):500-507,639.

张永勇,张士锋,翟晓燕,等,2012.三江源区径流演变及其对气候变化的响应[J].地理学报,67(1):71-82.

赵付竹,张春花,郝丽清,2008.澜沧江跨境径流对气候变化的敏感性分析[J].云南大学学报(自然科学版),30(增刊2):329-333.

赵军凯,李九发,戴志军,等,2012.长江宜昌站径流变化过程分析[J].资源科学,34(12):2306-2315.

郑飒飒,李跃清,齐冬梅,等,2014.青藏高原夏季风对长江中下游气候的影响及与南亚高压的联系[J].高原山地气象研究,34(2):30-38.

朱玉祥,丁一汇,徐怀刚,2007.青藏高原大气热源和冬春积雪与中国东部降水的年代际变化关系[J].气象学报,65(6):946-958.

邹宁,王政祥,吕孙云,2008.澜沧江流域水资源量特性分析[J].人民长江,39(17):67-70.

CHEN B,XU X D,YANG S,et al,2012. On the origin and destination of atmospheric moisture and air mass over the Tibetan Plateau [J]. Theoretical and Applied Climatology,110(3):423-435.

FU R,HU Y L,WRIGHT J S,et al,2006. Short circuit of water vapor and polluted air to the global stratosphere by convective transport over the Tibetan Plateau [J]. Proceedings of the National Academy of Sciences of the United States of America,103(15):5664-5669. doi:10.1073/pnas.0601584103.

XU M,KANG S C,ZHAO Q D,et al,2016. Terrestrial water storage changes of permafrost in the Three-River Source Region of the Tibetan Plateau,China [J]. Advances in Meteorology(1):1-13.

第7章
青藏高原湖泊和湿地对气候变化的响应

7.1　青藏高原湖泊分布

7.2　青藏高原湖泊水量变化

7.3　青海湖水资源变化

7.4　青藏高原湖泊对区域气候变化的影响

7.5　青藏高原湿地对气候变化的响应

7.6　本章小结

气候变化与青藏高原大气水分循环

青藏高原在气候变化研究中有着重要的作用,其下垫面对大气的热力作用影响着区域乃至全球气候。作为青藏高原下垫面的重要组成部分,湖泊和湿地的变化不仅对气候变化具有敏感的响应,也可以通过改变地气间能量的交换对气候产生影响。在全球气候变暖的背景下,青藏高原的湖泊面积、数量和水位如何变化?高原湖泊的水量变化及其空间分布,以及其与青藏高原冰川、冻土、蒸发和降雨变化相互关系如何?高原湖泊和湿地环境条件的数值模型存在的问题,以及湖泊与湿地对湖泊流域局地气候变化的影响与响应如何?这些科学问题使得青藏高原湖泊和湿地的区域气候效应研究成为高原水资源研究的热点问题。

7.1 青藏高原湖泊分布

青藏高原平均海拔达 4000 m,除了其巨大地形的阻挡作用外(吴国雄和张永生,1998),其下垫面可以直接加热对流层中层大气,从而形成与周围大气的显著热力差异(叶笃正等,1957;Ye and Wu,1998),因此,青藏高原的热力作用影响着大气环流及亚洲乃至全球气候(Flohn,1957)。青藏高原下垫面的改变影响着地表与大气的热量交换(Zhao et al.,2007;Wang et al.,2010),进而引起高原的热力作用变化。青藏高原分布着全球海拔最高、面积最大、数量最多的高原湖泊群(陈志明,1981;王苏民和窦鸿身,1998),其面积大于 1 km^2 的湖泊共有 1055 个,合计面积达 41831.7 km^2(马荣华等,2011)(图 7.1),是青藏高原下垫面的重要组成部分。湖泊面积的改变代表着下垫面水面与陆面的交换,因其反射率的不同引起下垫面对大气加热程度的改变;湖泊水量的变化则更直接地代表了地气间能量交换的改变,为评估湖泊对气候的影响程度提供前提条件。可见,作为下垫面的重要组成部分,青藏高原湖泊变化通过改变地气间能量的交换对气候产生重要的影响,是研究气候变化的重要部分。青藏高原湖泊变化对气候反应敏感,是气候变化的指示器(施雅风,1990;Hartmann,1990;Qin et al.,1991)。由于青藏高原地广人稀,青藏高原湖泊多分布在人迹罕至的偏远地区,因此人类活动对湖泊的影响较小,自然因素尤其是气候因素是青藏高原湖泊变化的主导因素。因其特殊的地理环境及水文环境,封闭湖泊对气候变化反应更为敏感。青藏高原是全球变化的敏感区,近几十年来更是经历着显著的气候变化:升温现象尤其明显(吴绍洪等,2005;丁一汇等,2006;任国玉和郭军,2006;Wang et al.,2008;宋辞等,2012),据估计,在未来的100 a,青藏高原将有更明显的增温(徐影等,2003),降水增加(Yang et al.,2014),风速减弱(Lin et al.,2013),潜在蒸发下降(Zhang et al.,2007;Zhang et al.,2009)。作为青藏高原陆表水资源的重要组成部分,湖泊在气候剧烈变化的大背景下的变化备受关注(姚檀栋和朱立平,2006)。例如,气温升高可以导致青藏高原冰冻圈系统的改变,如冰川退缩、积雪融化、冻土面积减少等(Kang et al.,2010),这加大了对其下游湖泊的补给,从而导致湖泊扩张。Huang等(2011)通过研究长江和黄河源区内陆湖泊变化,指出自20世纪80年代以来,由于气温升高,冰川冻土融化,分布在连续冻土带的湖泊呈明显的扩张趋势。姜永见等(2012)指出在20世纪末至21世纪初青藏高原气候由暖干转向暖湿的背景下,青海湖、鄂陵湖等代表性湖泊表现为水位上升、水量增加趋势。降水的变化更是能够直接改变湖泊的补给状况,从而改变湖泊水量。湖泊的演化主要是气候变化的结果,对湖泊变化及其对气候的响应研究有利于更加深入地探讨和评价在未来气候变化背景下的湖泊变化。

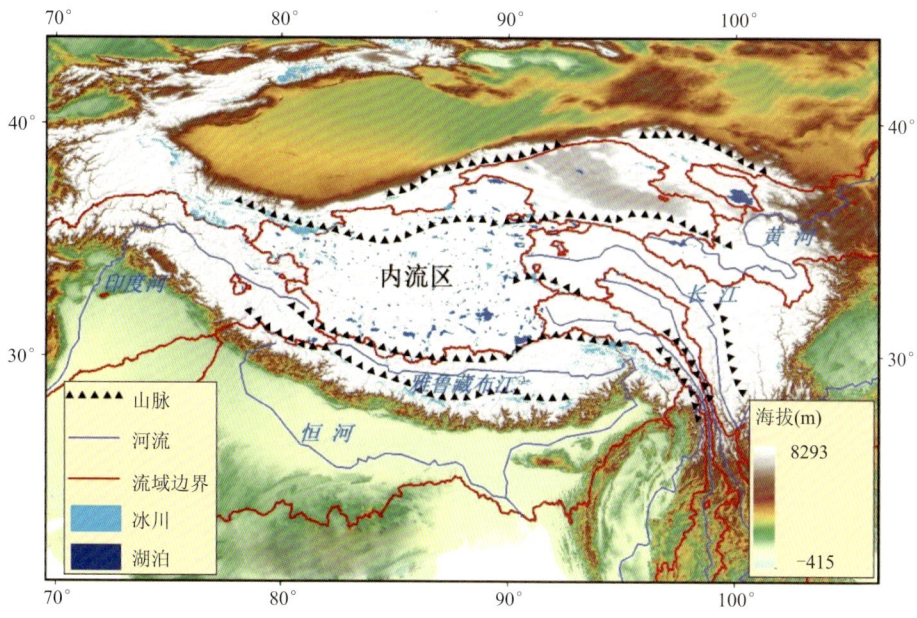

图 7.1 青藏高原自然地理概况(杨瑞敏,2016)

7.2 青藏高原湖泊水量变化

研究表明,青藏高原湖泊存在明显的时空变化特征,尤其是 2000 年以来,湖泊普遍扩张。气温升高可引起冰川、冻土等加速融化,同时也可使蒸发加强。降水是青藏高原湖泊的主要补给源,蒸发是封闭湖泊的主要支出。这些因素控制着湖泊的收缩和扩张,研究者也多从气温变化可能导致的冰川冻土融水变化、降水量变化以及蒸发量变化的角度来探讨湖泊变化。然而,对于湖泊变化主控因子的研究缺乏统一认识,如:Zhu 等(2010)通过计算水量平衡,指出降水虽然是纳木错水量的主要补给来源,但是冰川融水的增加对其水量在 1971—2004 年的变化起到了更为重要的作用;鲁安新等(2005)强调了冰川补给对湖泊在 1960—2000 年纳木错和色林错扩张的重要作用;Lei 等(2013)指出降水的增加和蒸发的下降对纳木错地区湖泊在 1976—2010 年水量增加的重要贡献;Song 等(2015)指出了降水对纳木错变化的控制作用。鲁安新等(2006)提出降水对羊卓雍错和沉错在 1970—2000 年水位变化起到关键作用,而冰川融水作用较小;Ye 等(2007)认为降水和蒸发对羊卓雍错的变化起主导作用,冰川融水次之。争论不仅存在于单个典型湖泊变化原因,也存在于区域湖泊变化上。如:Li 等(2014)分析了青藏高原湖泊变化的空间分布特征,即自青藏高原西南至东北,湖泊变化呈现萎缩—稳定—扩张的空间差异,并指出降水和冻土是湖泊变化的主控因素,冰川融水次之;Song 和 Sheng(2016)则强调了羌塘地区东南部冰川对湖泊变化具有与气候同等重要的作用;姚晓军等(2013)认为冻土水分的释放并非可可西里湖泊变化的主要影响因素。湖面蒸发是内陆湖泊的重要出流项之一,然而,基于不同方法得到的湖面蒸发结果却存在显著的差异。Wang 等(2015,2017)基于纳木错流域小湖湖面蒸发的涡动相关直接观测得到了纳木错小湖较为准确的湖面蒸发量,并验证了该湖泊的能量平衡特征。在这些湖泊变化的原因分析中,仅有少量研究进行了定量计算(Zhu et al.,2010),从而定量指出了最主要影响因子以及次要因子;Wang 等(2020)利用青藏高原湖泊非结冰期能量平衡的合理假设,结合遥感数据和再分析数据,发展了一种可靠的湖泊蒸发量估算方法,并据此估算青藏高原湖泊非结冰期蒸发总量为每年 517 亿 t;其他研究由于湖泊水量数据、冰川融水数据、蒸发数据等的缺失,仅用其面积或水位变化与气候变化进行对比分析,定性地指出了湖泊变化的可能因素。

7.2.1 不同时期的湖泊水量变化

基于 SRTM DEM 建立每个湖泊的湖面面积-体积变化回归方程，并把 Landsat 遥感影像中获得的 1976、1990、2000、2005 和 2013 年五期湖泊面积代入，获得青藏高原大于等于 50 km² 的 114 个封闭湖泊 1976—1990、1990—2000、2000—2005、2005—2013 年四个时期的湖泊水量变化量。表 7.1 给出了不同时期总的湖泊水量变化量（LWSC，Lake Water Storage Change）以及各期湖泊年均水量变化量（MALWSC，Mean Annual Lake Water Storage Change），正值表示增加，负值表示减少（杨瑞敏，2016）。从湖泊水量的变化上看，青藏高原湖泊总的水量从 1976—2013 年先减少后增加，即 1976—1990 年总水量减少，1990—2000 年增加的量较小，增加的速率较缓，2000—2013 年，湖泊水量大量且快速增加，尤其是 2000—2005 年，年均水量增加量为 1976—2013 年增加水平的近 4 倍。

表 7.1 1976—1990、1990—2000、2000—2005、2005—2013 和 1976—2013 年湖泊水量变化量（LWSC）及年均水量变化量（MALWSC）

时段（年份）	LWSC（Gt）			MALWSC（Gt·a⁻¹）		
	水量减少（湖泊数量）	水量增加（湖泊数量）	净变化量	减少	增加	净变化量
1976—1990	−24.80(81)	7.96(33)	−16.84	−1.77	0.57	−1.2
1990—2000	−5.49(35)	25.24(79)	19.75	−0.55	2.52	1.98
2000—2005	−2.57(7)	56.22(107)	53.65	−0.51	11.24	10.73
2005—2013	−3.37(11)	49.45(103)	46.08	−0.42	6.18	5.76
1976—2013	−15.77(14)	118.41(100)	102.64	−0.43	3.20	2.77

注：对于缺少 1990 年和 2013 年面积的湖泊，利用 1976—1990 年和 2000—2005 年的年均水量变化量分别估算 1976—1990 年和 1990—2000 年以及 2000—2005 年和 2005—2013 年湖泊水量变化量。

7.2.2 湖泊水量变化的空间分布

图 7.2 展示了 114 个湖泊在 1976—1990、1990—2000、2000—2005、2005—2013 及 1976—2013 年的年均水量变化率的空间分布，可以看出青藏高原湖泊年均水量变化率在整个研究时段及各个分时段均有着明显的区域差异。从整个研究时段（1976—2013 年）上看，100 个水量净增加的湖泊主要分布在内流区，这些湖泊共净增加了 118.41 Gt，水量净变化量表现为减少的 14 个湖泊主要分布在外流区，这些湖泊水量

共减少了 15.77 Gt。从不同时间段上看,1976—1990 年,33 个水量增加的湖泊主要分布在内流区东南部,81 个水量减少的湖泊主要分布在内流区东北部、中部和西部以及外流区;1990—2000 年,湖泊年均水量变化率总体呈现增加,但内流区东北部湖泊、青海湖以及西南外流区湖泊依然减少;2000—2005 年及 2005—2013 年,湖泊年均水量变化率总体持续增加,内流区东北部湖泊及青海湖也开始增加。总的来看,内流区湖泊除在 1976—1990 年多表现为水量下降外,1990 年以后这些湖泊(内流区东北部除外)开始表现为水量增加;外流区湖泊除个别时段的个别湖泊表现为水量增加外,多表现为水量下降(杨瑞敏,2016)。

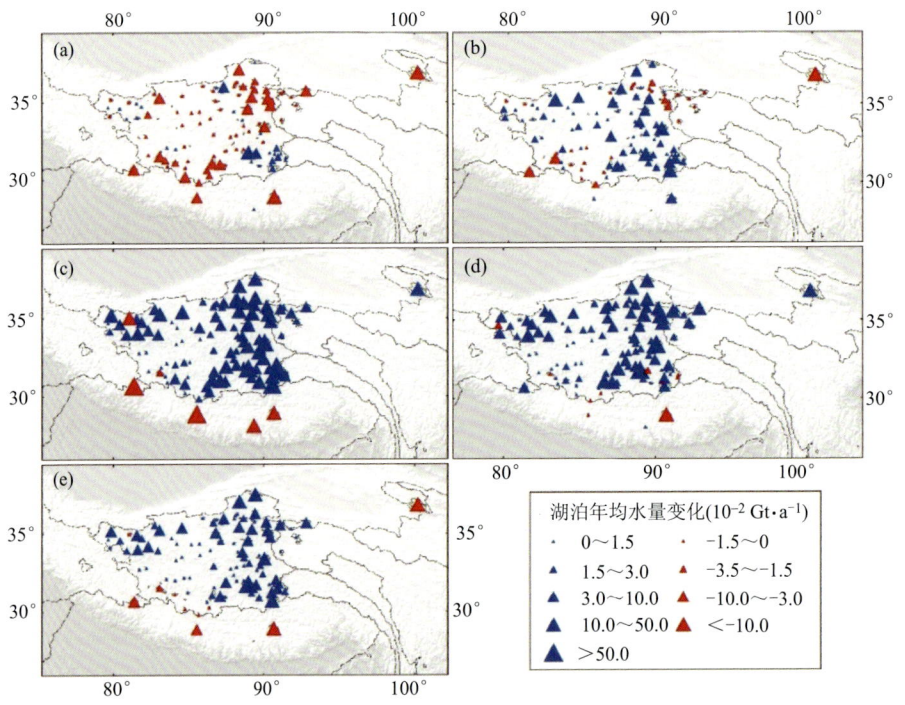

图 7.2　1976—1990 年（a）、1990—2000 年（b）、2000—2005 年（c）、2005—2013 年（d）和 1976—2013 年（e）湖泊年均水量变化分布状况（杨瑞敏,2016）

青藏高原湖泊水量变化具有鲜明的时空变化特征。通过分析 114 个湖泊在 1976—2013 年的水量变化趋势线发现,这些湖泊变化趋势共有三个主要的类型,并且每种趋势类型都有较为集中的分布区域。根据其变化特点,将研究区域划分为三个主要的区域——A、B、C 区(图 7.3)。A 区主要分布在内流区东北部(色林错和纳木错及其周边地区),其特点是由缓升向急升转变,湖泊水量在 1976—1990 年和 1990—2000 年缓慢增加,2000—2005 年和 2005—2013 年,尤其是 2000—2005 年快速增加。B 区的特点是先下降后快速上升,并且根据开始上升的时间不同分为两个亚区,其中 B1 亚区主要分布在内流区中西部,覆盖范围较广,湖泊水量在 1976—1990 年减少,1990—2000 年水量缓慢增加,2000 年后水量快速增加;B2 亚区主要分布在内流区东北部,湖泊水量在 1976—1990 和 1990—2000 年减少,2000 年后湖泊水量快速增加。C 区主要分布在南部外流区,表现为一直波动减少(杨瑞敏,2016)。

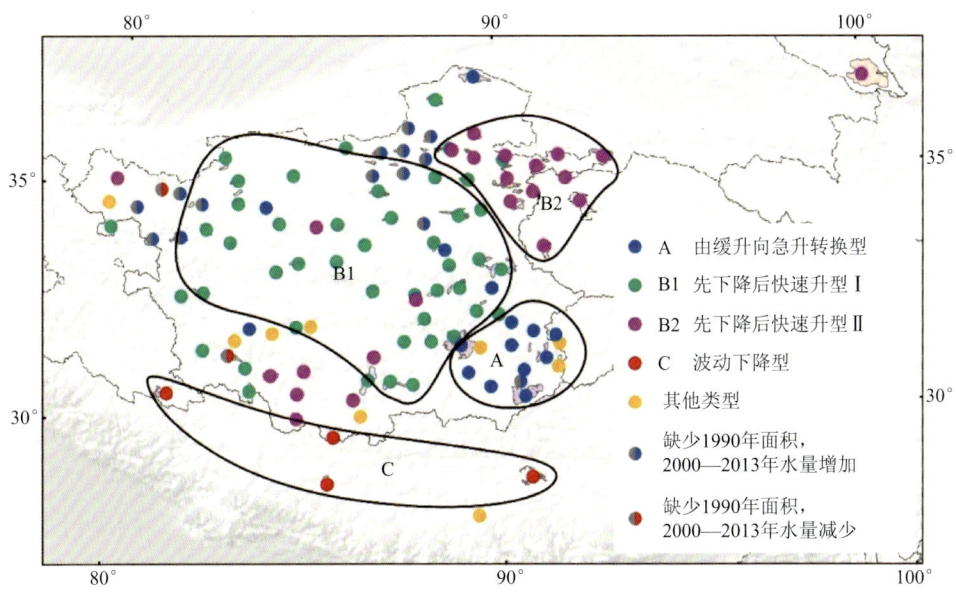

图 7.3 不同湖泊水量变化趋势的空间分布(杨瑞敏,2016)

按照变化趋势类型,将研究区域划分成三个大的区域,即 A、B(B1 和 B2)和 C 区。为探讨区域间湖泊水量变化的不同,将每个区域作为一个大的流域,计算其单位面积上的年均水量变化量。从 MALWSC_C 值的变化趋势上看,A 区四个时段均呈现增加趋势,但 2000—2005 年是增加速率最快的时期,尽管 2005—2013 年依然增加,但增加速率已经大幅度下降。B1 区在 1976—1990 年呈现减少,但之后一直呈现增加,2000—2005 年达到增加速率的最高值,2005—2013 年出现略微下降。B2 区在 1976—1990 年和 1990—2000 年均呈现下降,但在 2000—2005 年已经呈现大幅度上升,其上升态势一直延续到 2005—2013 年。C 区除在 1990—2000 年有不太明显的增加外,总体上一致呈下降趋势。比较不同区域的湖泊水量变化速率可知,1976—1990 年,A 区呈现增加,B1、B2 和 C 区呈现下降;1990—2000 年,除 B2 区仍然下降外,A、B1 和 C 区均为增加,但 A 区的增加速率最大;2000—2005 年,A 区的增加速率依然保持最高,但 C 区又转为下降;2005—2013 年,除 C 区继续下降外,A、B1 和 B2 区依然增加,但 B2 区成为增加速率最高的区域(杨瑞敏,2016)。

7.2.3 青藏高原湖泊水量对气候变化的响应

自 20 世纪 90 年代末以来,青藏高原的大部分湖泊开始迅速扩张。湖泊水量与冰川变化对区域气候变化响应敏感,并对流域质量平衡变化起主导作用。过去 40 多年间(1970—2013 年)在青藏高原发现了 99 个新湖和广泛的湖泊扩张。这与邻近的蒙古高原湖泊消失和湖区急剧萎缩形成鲜明对比:208 个湖泊消失,其余 75% 的湖泊萎缩。冰川补给湖泊在数量和面积上都占优势(>70%),并且与非冰川补给湖泊相比总体展现出更快的扩张趋势。因此,冰川融水可能在第三极冰湖大面积扩张中发挥主导作用(Zhang et al.,2015)。研究结果表明,青藏高原与蒙古高原在气候变化的响应方面已经发生了相反的变化(Zhang et al.,2017)。使用 2001—2012 年期间 MODIS/Terra 8 d LST(夜间)产品(MOD11A2)进行了检验,发现 52 个湖泊的水温平均变化率为 0.012 ± 0.033 ℃·a^{-1}。在这 52 个湖泊中,31 个湖泊(60%)的平均升温速率为 0.055 ± 0.033 ℃·a^{-1},21 个湖泊(40%)的平均降温速度为 -0.053 ± 0.038 ℃·a^{-1}。13 个湖泊的水温变化率具有统计学意义,其中包括 9 个变暖湖泊和 4 个冷却湖泊。在附近存在气象站观测的 17 个湖泊中,9 个湖泊(53%)显示出比附近的空气/陆地更快地变暖。温暖的湖泊可能是由于当地空气和地表温度升高以及其他因素如湖泊结冰减少等原因造成的。冷却湖大部分位于高海拔地区(>4200 m),并且这种趋势可能是由于加速的冰川/融雪导致湖泊冷水排放增加所致。

1979—2012 年,研究区整体降水显著增加,且 1998—2012 年多年平均降水显著高于 1979—1997 年;气温显著上升,且 1993 年前气温波动较小,1993 年后气温波动剧烈(图 7.4)。除个别湖泊外,大部分湖泊流域的年降水呈现显著增加趋势;除内流区中北部少量湖泊流域内气温呈现不显著的上升趋势外,内流区东部、南部和西部以及外流区流域内气温均呈现显著上升趋势(图 7.5)(杨瑞敏,2016)。

1976—2013 年降水对湖泊水量的增加有显著的促进作用,而增温则通过加强蒸发在整体上抑制了湖泊快速扩张。从各时段来讲,1976—1990 年,降水量较低,无法维持湖泊水量平衡,湖泊处于萎缩状态,较低的降水对湖泊水量无显著作用;气温也较低,虽然低温不利于冰川融化,但其所提供的少量融水使得湖泊水量的快速下降得到抑制。1990—2000 年,降水和气温均有微弱上升,对湖泊水量有不显著的促进作用,使得湖泊由微弱的负平衡转为微弱的正平衡。2000—2005 年,降水达到极大值,显著促进了湖泊水量的快速上升;而升温则通过加强蒸发对湖泊水量的增加有不显著的抑制作用。2005—2013 年,降水依然对湖泊的扩张有着显著的加强,且随着气温的进一

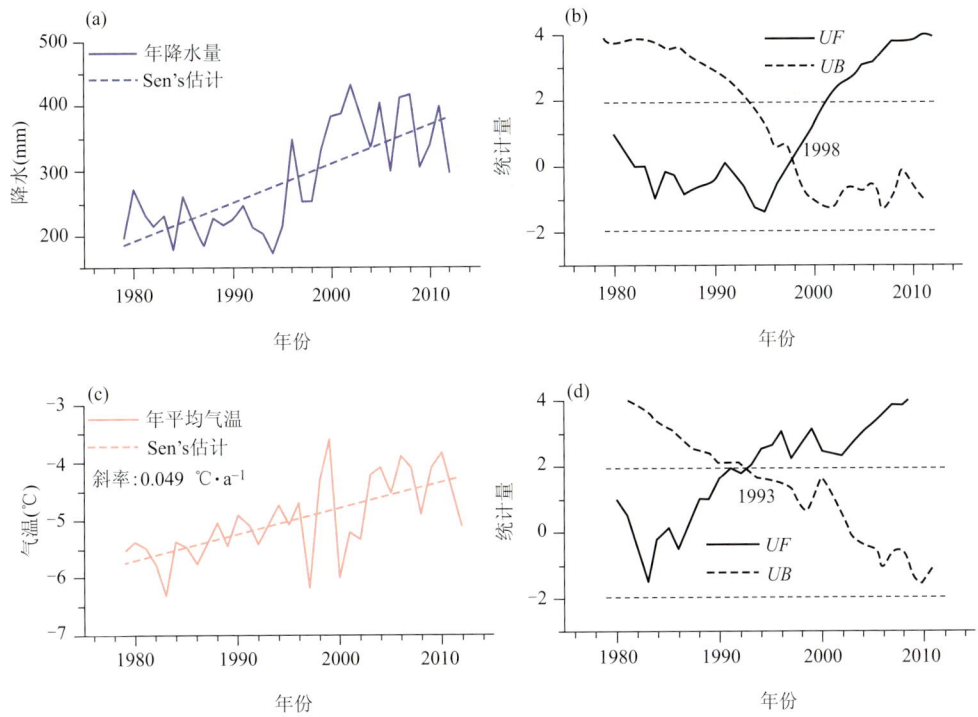

图 7.4 研究区 1979—2012 年平均年降水（a，b）和年气温（c，d）变化曲线（a，c）及其突变分析（b，d）（杨瑞敏，2016）

步上升，升温显著抑制了湖泊水量的增加（杨瑞敏，2016）。

从湖泊补给类型的角度，论述了有无冰川补给湖泊水量变化对降水和气温的响应，结果表明在"相对较暖"的环境（A区）下，有冰川补给湖泊比无冰川补给湖泊对气候变化响应更为敏感，冰川对湖泊水量的扩张有明显的加强。在"相对较冷"的环境（B2区）下，无冰川补给湖泊比有冰川补给湖泊波动更为剧烈，在由"冷干"（1976—2000年）转向"冷湿"（2000—2013年）的过程中，冰川对湖泊水量变化起到了缓冲作用（杨瑞敏，2016）。

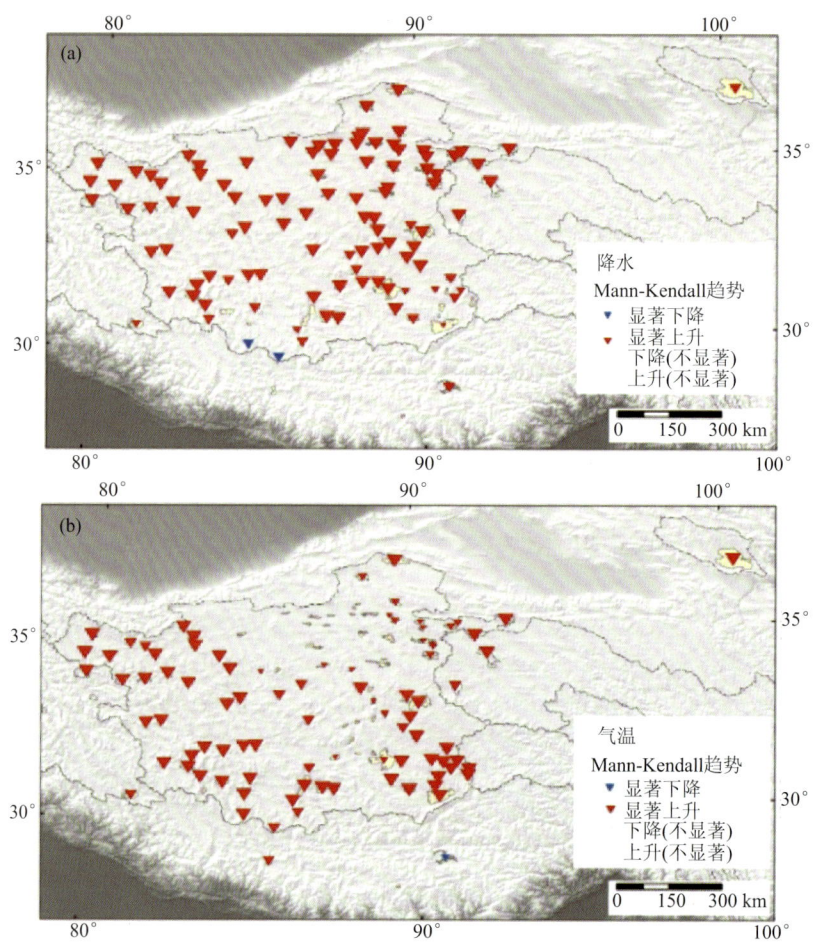

图 7.5 Mann-Kendal 检验 1979—2012 年湖泊流域内年平均降水
(a)和年平均气温(b)的变化趋势（杨瑞敏，2016）

7.3 青海湖水资源变化

青海湖是国家级自然保护区，也是我国最大的内陆湖泊，其巨大的湖体及湖周丰茂的草地植被控制和调节着湖区流域的生态环境(李晓东等,2012)。随着气候变化,青海湖生态环境恶化是不争的事实,加之人类活动间接影响了青海湖地区水资源分配量(周立华等,1992),青海湖水位在2004年前下降,湖面萎缩,鸟岛连陆,湖体分离;并且环湖地区生态环境脆弱,有恶化的趋势。

此前,国内很多学者研究了青海湖水位的变化情况,并对青海湖的水量收支以及青海湖地区的气候等做了大量的研究,探讨了自然因素和人为因素对青海湖水体的影响。殷青军和杨英莲(2005)利用EOS/MODIS遥感数据计算了青海湖湖泊水域面积;沈芳和匡定波(2003)计算了1975年和2000年的湖水面积,并利用遥感数据分析了湖水面积萎缩的原因。李晓东等(2012)利用MODIS卫星遥感数据分析青海湖水体面积、年平均气温和年降水量的变化(图7.6),指出随着气温和降水量的波动增加,青海湖水位从2004年开始呈现逐年增加的趋势,湖水面积也呈现波动增加的趋势。青海湖周边年平均气温升高,降水增加,气候出现了明显的暖湿化特征(李晓东等,2012)。由图7.7可以看出,气温从1961年开始逐渐上升,2001—2010年的10 a间增幅明显;年降水量虽有波动,但总体也呈现上升趋势。

1961—2010年青海湖水位呈现出两个不同的变化阶段(图7.7):1961—2004年青海湖湖水位连续下降趋势非常明显,变化倾向率为-0.65 m·$(10\ a)^{-1}$($P<0.01$);2004—2010年青海湖水位表现出明显的连续上升趋势。1961年青海湖水位为3196.08 m,而至2004年青海湖水位下降至50 a最低,仅为3192.87 m;2004年之后水位连续抬升,至2010年水位增加至3193.59 m,平均每年上升10.97 cm(李晓东等,2012)。

另外遥感监测结果显示,青海湖湖水面积总体上呈现增加的趋势(图7.8)。冯钟奎和李晓辉(2006)对1986—2005年青海湖的水域变化及湖岸演变遥感监测指出,湖水面积呈现增加的趋势且沙岛湖和海晏湾一带有明显的回升现象。根据青海湖流域气象站和水文站的观测资料,1958—2004年入湖水量入不敷出,水文呈现明显的下降趋势,面积缩小;而2004—2009年,青海湖水位逐渐上涨,已经从2004年的3182.77 m上升到2009年的3193.69 m,湖水面积也相应扩大了130多平方千米。

青海湖周边年平均气温升高、降水增加,气候出现了暖湿化的特征。2001—2010年青海湖周边年平均气温均呈增加趋势,且增加的幅度明显,年降水量总体也呈现显著的上升趋势。施雅风等(2003)、秦大河(2002)对中国西北气候的研究指出,西北气候由暖干型逐渐向暖湿型转型,造成气温升高、降水增加这种暖湿化的气候变化特征。时兴合等(2005)对青海北部地区降水变化的最新研究结果显示,青海北部地区年和季度降水量均呈增加的趋势,说明在全球气候变化的背景下,以青藏高原东部地区为主的青海湖流域气候向暖湿化转型的趋势非常明显,这也造成了青海湖周边地区年平均气温增加和降水量增多的趋势。研究(施雅风等,2003)认为,青海北部的一些地区降水量增多或气候变湿很可能是气候转型的一种信号,而暖湿型的气候导致的降水量增

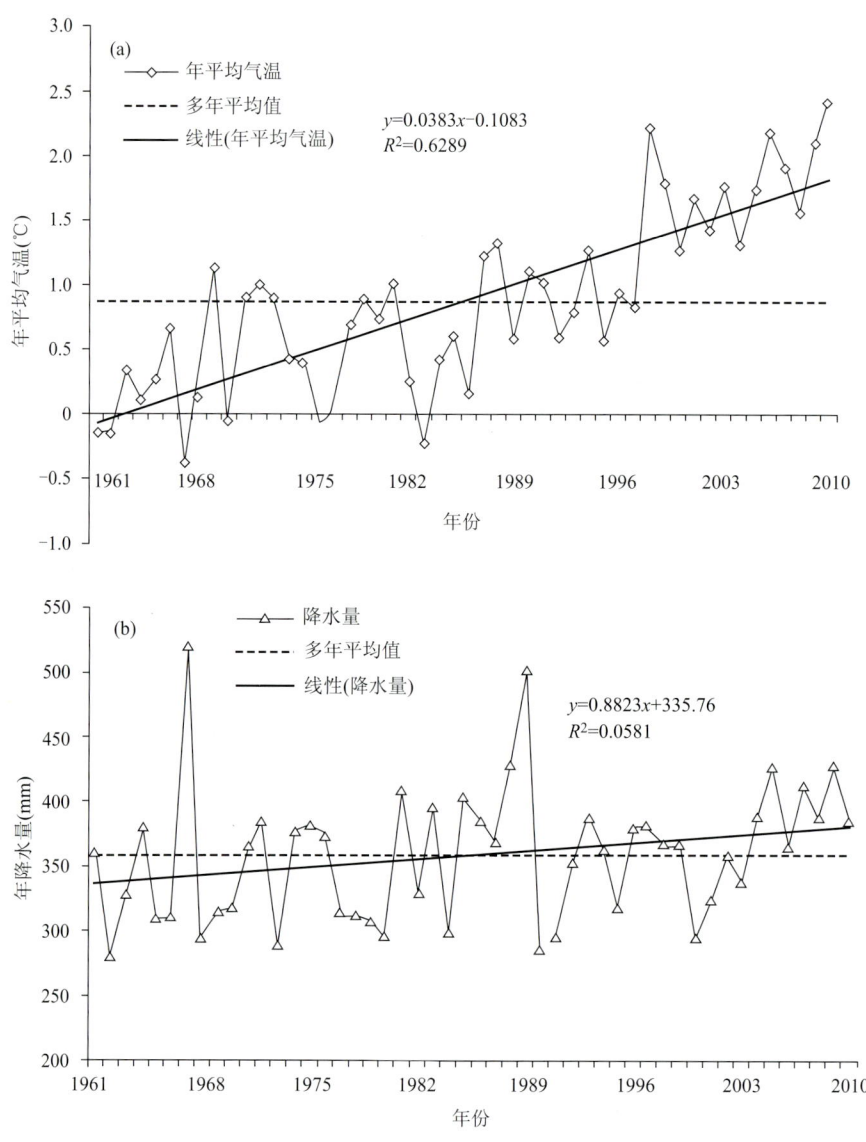

图 7.6　青海湖流域年平均气温（a）和年降水量（b）的年际变化（李晓东等，2012）

多导致入湖河流径流量的增加，最终可能是水位升高的主要原因，而且这种气候变湿的趋势使青海湖水位抬升面积增加趋势明显。刘宝康（2016）对青海湖流域1961年以来的气温和降水的研究指出，青海湖流域气温升高、降水量增加是流域气候暖湿化的主要原因。1961年开始湖水位逐年下降，从2004年开始湖水位逐年增加，增加趋势明显且水位达到了20世纪70年代末的水平，也是近55 a（1961—2015年）来首次出

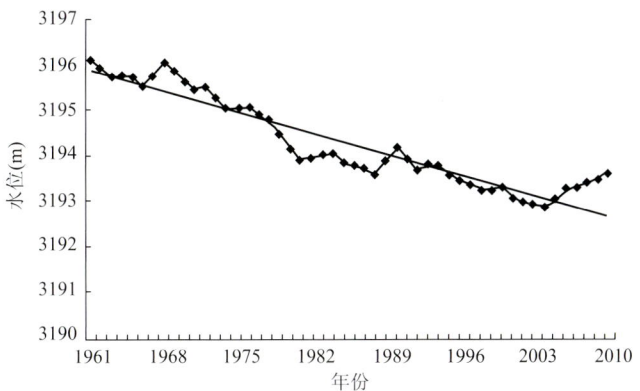

图 7.7 青海湖水位的年际变化（李晓东等，2012）

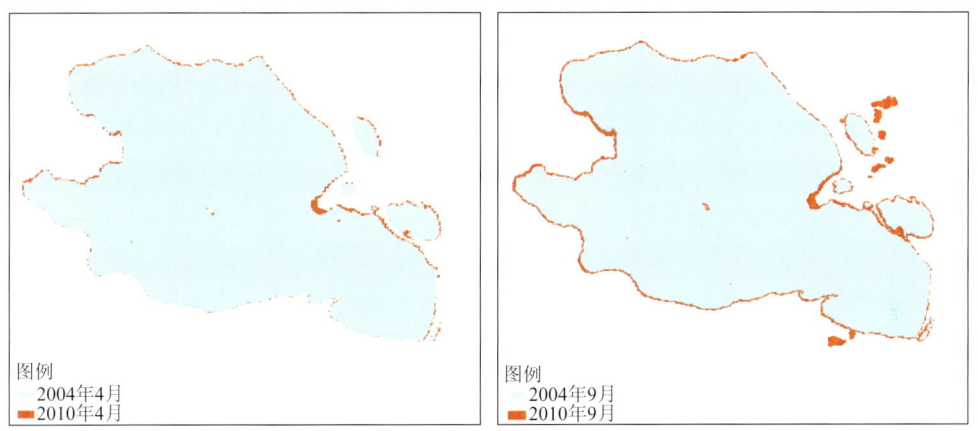

图 7.8 2004 年和 2010 年 4 月（a）、9 月（b）青海湖面积的变化（李晓东等，2012）

现的水位持续 10 a 保持上升的趋势。对于青海湖水位，伊万娟等（2010）研究发现，湖水位在 2004 年之前呈明显的下降趋势，但自 2004 年以来水位出现连续上升的趋势，并指出降水量的增加是水位呈现回升的主要来源。周陆生和杨卫东（1992）统计表明，气候暖干是水位下降的主要原因，冷湿年水位上升幅度远大于暖湿年。而范建华和施雅风（1992）通过分析湖泊水量收入变化认为，青海湖水位年际波动变化主要受降水的影响。李凤霞等（2008）通过环青海湖地区降水、气温的研究指出，20 世纪 60—70 年代降水偏少以及 90 年代气温显著升高是造成青海湖水位下降、面积萎缩的主要原因。对青海湖流域植被特征的研究，刘宝康（2016）分析青海湖流域遥感监测结果认为，近 14 a（2002—2015 年）来流域中覆盖草地面积快速增大，高覆盖草地面积也呈波动增加；

流域草地生物量呈现增加态势,降水量对草地生物量具有一定的促进作用。草地产量以及 NDVI(归一化差分植被指数)的增加,为流域内草场资源增加以及促进畜牧业发展提供了良好的条件。李林等(2011)、郭武(1997)、李凤霞等(2008)、舒卫先等(2008)的研究均指出,青海湖水位及面积动态变化的主要原因是流域降水量以及河流流量增加所致。

Zhang 等(2011)通过 ICESat 测高数据和实地测量,研究了青海湖水位的时间变化。结果表明,从 2003 年到 2009 年,平均水位上升了 0.67 m,增长速度为 0.11 m·a^{-1};从 2004 年到 2006 年,湖泊水位的上升是 2006—2008 年的 3 倍;从 2005 年 2 月到 2006 年 2 月,水位上升了 0.58 m,湖泊水位上升的部分原因可能是由于近几十年来该地区的冰川及常年积雪的融化。

研究表明:20 世纪 80 年代中期是青海湖流域气候由暖干向暖湿变化的转折时期,2000 年后暖湿的气候特征更加明显;气温和地温均呈现显著上升趋势,气温的变化率为 0.27~0.31 ℃·$(10 a)^{-1}$,5~320 cm 地温的增加趋势比气温显著,地温的变化率为 0.49~0.64 ℃·$(10 a)^{-1}$;地温与水位的线性关系更明显,相关系数为 −0.66~−0.8,随着土层深度的增加,线性关系增强;当年的干旱情况影响次年水位的变化,降水和气温的变化对次年水位的影响大于对当年水位的影响;当年的水位变化量与前一年冬季气温的变化量呈显著的负相关,与前一年秋季降水的变化量呈显著的正相关(伊万娟等,2010)。青海湖水位虽然在近 50 a(1963—2012 年)呈持续下降趋势,而在 2001—2012 年呈现逐年增加的趋势,且增加趋势非常明显。基于 MODIS 遥感资料的青海湖 10 a 湖水面积监测结果显示,青海湖面积在 2001—2010 年呈现波动上升趋势,且与 4 月与 9 月的水位呈极显著相关关系。近年来,由于气候变化导致青海北海北部一些地区降水量增多或气候变湿,而暖湿型气候导致的降水量增多最终可能是水位升高的主要原因,且这种气候变湿的趋势使 10 a 来青海湖面积增大趋势明显(李晓东等,2012)。

7.4 青藏高原湖泊对区域气候变化的影响

黄安宁等(2018)利用 WRF 模式,通过敏感性试验揭示了青藏高原湖泊群对夏季 2 m 气温和降水的影响,结果表明湖泊群对这些气象要素的影响不仅呈现鲜明的季节和日变化特征,同时湖泊效应也存在明显的区域性差异(图 7.9)。总的来说,高原湖泊对大气有显著影响的区域限于湖泊及附近地区,具体表现为降低 2 m 气温和增强降水。随着季风的推进,湖泊对 2 m 气温的削弱作用会逐渐减小,但对降水的促进作用却不断增强。在白天,湖泊会降低 2 m 气温,大幅抑制午后对流降水。而在夜间,湖泊会提高湖泊上方 2 m 气温,促进对流性降水的发生。以纳木错湖的观测和模拟为例,纳木错湖的冷湖效应可以推迟边界层湍流混合及对流边界层出现的时间,且湖陆风控制范围常超过边界层高度,可达对流层中部(吕雅琼等,2008a);而基于 NCAR MMSV3 的中尺度模式(吕雅琼等,2008b),模拟结果显示纳木错湖存在明显的冷/暖湖效应,并通过影响感热和潜热通量来影响边界层特征和局地环流变化,也解释了该地区中小尺度天气剧烈变化的原因。Li 等(2009)基于 WRF 模式,模拟湖表温度对纳木错流域降雪事件的影响,发现纳木错湖的最大降雪量发生在纳木错湖的下风向湖岸地区。此外,从日尺度上看,位于中部高原西部和东北部的湖泊会显著降低 2 m 气温并抑制降水,但东南部湖泊群对上方大气表现为略微增暖和显著增强降水的作用,这主要是由于这些湖泊的垂直混合强度较高,其在夜晚时能够释放大量热量使得近地层大气增温进而激发边界层不稳定层结,从而促进对流降水的发生(图7.10)。

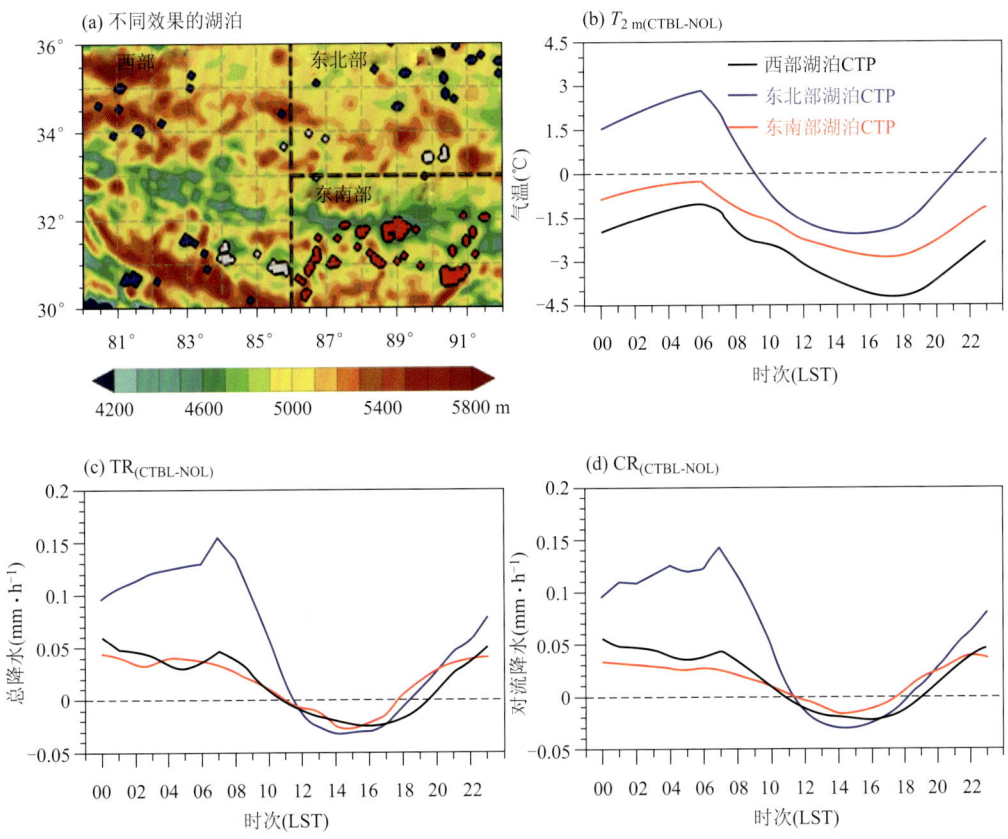

图 7.9　高原湖泊群(a)对上方 2 m 气温(b)、总降水(c)和对流降水(d)的影响

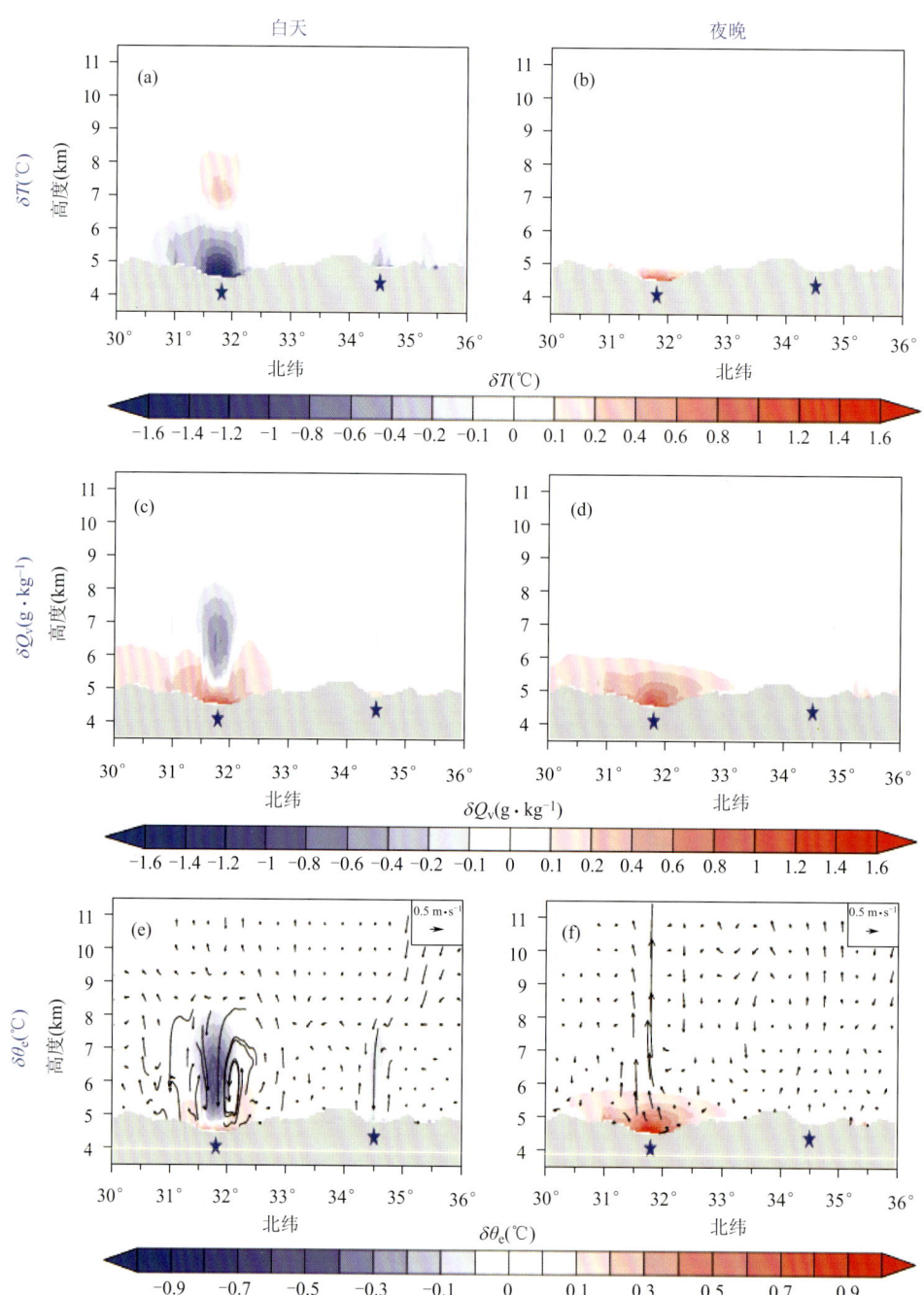

图 7.10 白天（a, c, e）和夜晚（b, d, f）时高原南部色林错湖和多格错仁湖对上方大气气温（a, b）、比湿（c, d）和相当位温（e, f）的影响

青藏高原分布着世界上海拔最高、数量最多和面积最大的高原内陆湖区,这些湖泊对高原及周边地区的气候与环境有着重要的影响。准确模拟湖泊物理过程对探究湖泊季节与年际变化及湖泊对区域气候的影响非常重要。金继明等(2017)利用陆面模式 CLM 中改进的一维湖泊模型模拟了 2003—2012 年高原典型湖泊的物理过程,并将模拟结果与卫星遥感数据做对比,发现湖泊模型对湖表温度的模拟存在较大偏差;与湖冰的 2012 年遥感数据对比,湖泊模型不能准确地模拟湖冰的冻融期,而湖水混合参数化的不准确则是湖表温度模拟误差的主要原因。利用 2013 年湖内温度廓线的实测资料与模拟的湖内温度对比发现,在非冰期,湖泊模拟的上表面温度偏高,大量能量聚集在上表层,中下层扩散较弱,能量较少;在冰期,湖泊内部模拟温度较高,湖冰消融较早。通过敏感性试验,将扩散系数增大到一定倍数,则湖泊模型对湖表温度及湖冰的模拟有较大的改善。湖泊模型中的扩散方案主要考虑了风速及浮力作用,故中下层扩散系数的模拟相对偏小。

由于青藏高原海拔高、地形复杂,故高原上的湖泊对局地及区域气候的影响仍未得知。金继明等(2017)利用包含一维湖泊模式的区域气候模式 WRF,对 2000—2010 年高原气候进行高分辨模拟试验,之后将湖泊区域用邻近点土地利用类型代替进行填湖试验,通过对比两组试验来考察高原湖泊过程对局地及区域气候的影响。结果发现,模式可以较好地模拟出高原湖泊的湖表温度,但在冬季偏低许多,这可能是因为模式对湖水混合方案及湖冰过程描述不足造成的(图 7.11)。通过对比两组试验在春、夏、秋三个季节的结果发现,高原湖泊改变了表面能量收支,加强了湖面风速以及蒸发,并且在春季起冷却作用,秋季起增温作用。同时,湖泊的存在会引起局地降水在春季减少、秋季增多。而在夏季,不同湖泊会引起局地降水产生不同的变化;湖泊的水热过程进一步改变了区域大气环流,并引起非湖泊区域降水的变化。

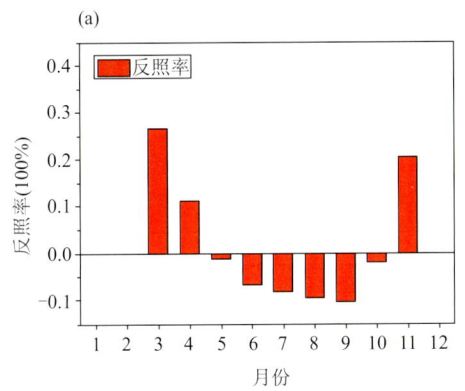
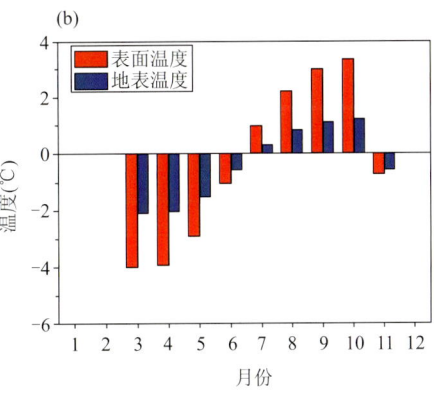

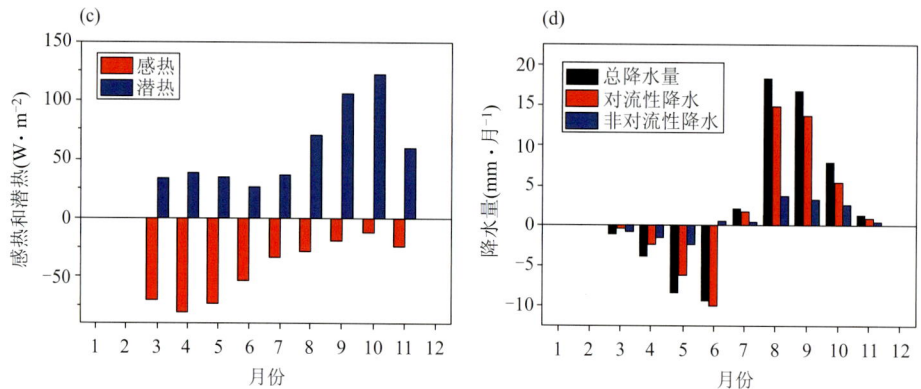

图 7.11 由湖气耦合模式模拟得到的因 2000—2010 年青藏高原湖泊引起的湖泊区域反照率（a）、表面温度和近地表温度（b；单位℃）、感热和潜热（c；单位 W·m^{-2}）以及总降水量、对流性降水和非对流性降水（d；单位 mm·月$^{-1}$）的季节性变化

7.5 青藏高原湿地对气候变化的响应

青藏高原主要湿地类型包括河流湿地、沼泽湿地、湖泊湿地和泥炭湿地，主要分布在江河源地区和湖泊河流周边地区。受气候变化和人类活动的影响，过去 49 a 间（1960—2008 年），青藏高原湿地面积总体呈现持续退化状态，但退化的幅度从 2000 年以后有所减缓并出现局部逆转趋势。其中湖泊湿地面积持续减少，河流湿地、沼泽湿地、泥炭湿地面积先减少后增加。降水量增多和气温升高的气候变化特征对湿地的影响各不相同，降水量增多有利于湿地的发展，而气温升高则增加了湿地的水分损失和脆弱性。

7.5.1 气候变化对湿地生态系统的影响

气候变化主要表现为气温升高和降水在时空上的重新分配（苏洁琼和王烜，

2012)。湿地作为地球上一种重要的生态系统,对气候变化最为敏感。气候变化对气温、降水与干旱洪涝等极端水文事件的发生频率和强度产生直接影响,从而改变湿地蒸散发、径流、水位、水文周期等关键水文过程,最终影响到整个湿地生态系统的结构和功能,致使湿地生态系统演替规律和发展趋势发生变化,表现为湿地景观格局(分布和面积)、植物群落和土壤特征的变化。气温是控制湿地消长最根本的动力因素,气温升高会引起水温和土温的升高,加大湿地蒸发量,影响湿地水能平衡。同时,气温升高增加湿地的蒸散发从而加剧湿地水文应对气候变化的脆弱性。降水事件对湿地水文情势的影响表现在降水总量、降水频率、降水强度以及降水量在时空分布上的不稳定性和不均匀性,对湿地水量平衡的变化产生影响,进而影响湿地的分布状况(孟焕,2017)。

7.5.2 气候变化对湿地面积的影响

气候变化对湿地最直观和最明显的影响是湿地面积、分布格局及景观的变化(刘立刚,2012)。湿地面积的变化一般与气温变化呈负相关关系,与降水、湿度变化呈正相关关系。由于湿地水源补给方式存在差异,故不同区域上气候变化对湿地面积的消长影响不同(孟焕,2017)。青藏高原沼泽和河湖湿地主要分布在青海湖及其北部祁连山前、柴达木盆地北部、三江源区、若尔盖地区以及羌塘高原南部和东部地区(图7.12)(邢宇等,2009)。过去49 a间(1960—2008年),青藏高原湿地总体呈现持续退化状态,总面积减少了2970.31 km^2,但其变化幅度从2000年以后逐渐减弱,大部分地区退化幅度明显减缓并出现局部逆转趋势。其中湖泊湿地面积持续减少,河流湿地、沼泽湿地、泥炭湿地面积先减少后增加,而湖泊水体面积总体持续增加(图7.13)(邢宇等,2009)。柴达木盆地中西部湿地萎缩主要是受温度升高、人类活动加剧等因素的影响,而盆地边缘湿地面积的少量增加则是受降雨量增加的影响。

7.5.3 气候变化对湿地水文过程的影响

在高海拔和高纬度地区,融雪径流是湿地的主要水分来源,导致以该方式为主要补给的湿地水资源量对气候变化的响应极为敏感。李林等(2010)对黄河源区湿地水文与气候变化的关系研究表明:20世纪90年代以来气温升高、蒸发量增大、降水量减少是黄河源区湖泊湿地水位下降、河流径流量降低以及沼泽湿地退化的主要因子;并且沼泽湿地水系统较之于湖泊湿地、河流湿地而言,其水量和水位均较低,脆弱性更强,更易受到气候因子波动的影响。近30 a(1978—2007年)来若尔盖高原湿地也呈现出气温升高、降水减少、蒸发增大的暖干化趋势,沼泽湿地蒸散发量增大、湿地水位

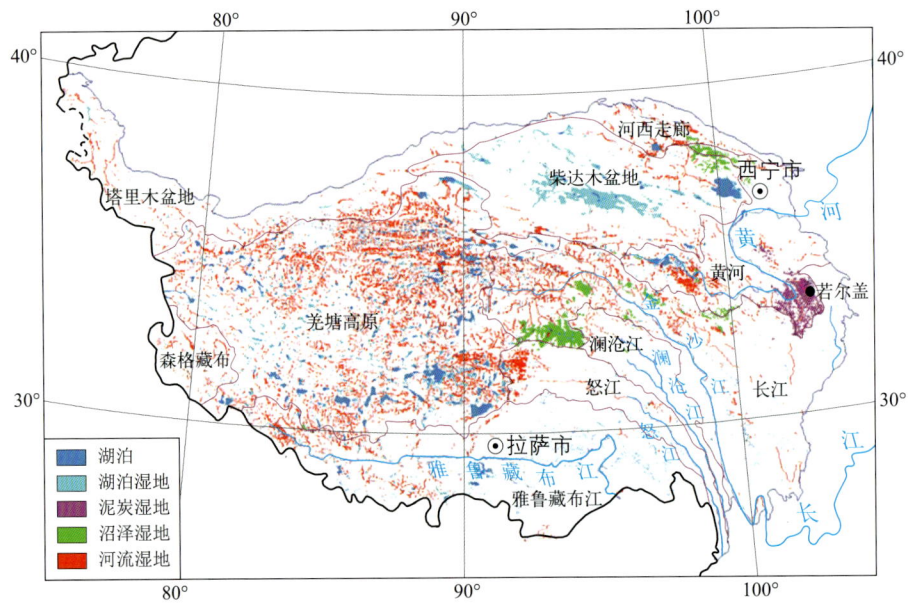

图 7.12 青藏高原湿地景观类型（邢宇等，2009）

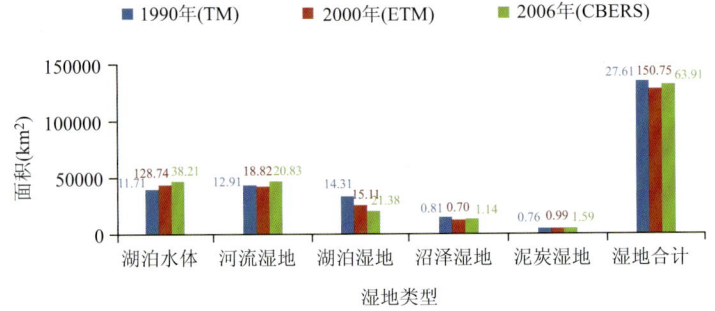

图 7.13 基于 TM、ETM、CBERS 三期遥感数据的青藏高原湿地面积和斑块个数
（每个柱子上面的数据表示斑块个数；单位：千个）（邢宇等，2009）

下降,沼泽湿地的储水量明显减少。

7.5.4 气候变化对湿地植被的影响

气候变化是高原湿地早期退化阶段最重要的因素,青藏高原高寒湿地的面积已经

减少了10%(王根绪等,2007)。湿地退化伴随着湿地植物群落组成发生变化,在高寒湿地的退化过程中,植被类型更替明显,群落内毒杂草比例随着退化进程逐渐增加,使群落的结构发生改变,从而弱化了湿地的功能(刘凯等,2017)。后源等(2009)研究了黄河首曲湿地自然退化过程中植物群落组分和物种多样性的变化;结果表明:在黄河首曲湿地自然退化过程中,经沼泽、沼泽化草甸、高寒草甸到草原化草甸,优势种向中生和旱生种演替,丰富度指数和多样性指数逐渐增大。

7.5.5 气候变化对湿地土壤的影响

刘凯等(2017)研究了黄河源玛多县湖泊湿地退化过程土壤的变化过程;结果表明:随着退化程度的加剧,土壤含水量减少,土壤温度升高,土壤质地为沙壤土,小于0.01 mm物理黏粒含量下降了,土壤pH值由8.42升高到8.52;湿地土壤有机质、全氮随退化程度的加剧而减小。王淇等(2017)研究了尕海湿地退化过程中土壤微生物碳、氮的动态变化;结果表明:随着退化程度的加剧,土壤微生物碳和氮含量均逐渐减少。

7.6 本章小结

青藏高原的气候状况正经历着空气增温变湿、太阳辐射减弱和风速减小的变化,气候正在从暖干向暖湿转变。在此背景下,基于卫星遥感资料的研究结果显示,青藏高原的湖泊面积呈现出显著的面积增加、数量增多和水量增大的现象,而这些现象主要受湖泊流域降雨增多、冰川融化、冻土消融和湖面蒸发增加等一系列水量平衡因素的影响。同时,湖泊气候和环境要素的变化也显示出了明显不同的时间和空间分布差异:比如,高原周边区域(如高原南部区域)的湖泊存在着面积减小和降雨量减小的变化特征。包含湖泊模块的区域气候模式模拟结果显示:湖泊对流域尺度的空气温度、湿度和湖陆风循环等边界层特征存在明显的影响,可以显著影响局地降雨和降雪过程。同时,气候变化对湿地土壤和植被、湿地面积的变化、湿地水文过程和湿地生态系统有显著影响。然而,由于高原湖泊和湿地边界层观测的匮乏,湖泊和湿地模型参数化方案对青藏高原高海拔湖泊和湿地的边界层过程的描述仍存在诸多问题,结合卫星遥感资料、站点观测实验和数值模型模拟的研究仍是目前青藏高原湖泊和湿地研究的焦点问题。

参考文献

陈志明,1981.西藏高原湖泊的成因[J].海洋与湖沼,12(3):178-186.

丁一汇,任国玉,石广玉,等,2006.气候变化国家评估报告（Ⅰ）:中国气候变化的历史和未来趋势[J].气候变化研究进展,2(1):3-8.

范建华,施雅风,1992.气候变化对青海湖水情的影响——Ⅰ.近30年时期的分析[J].中国科学 B 辑:化学,22(5):537-542.

冯钟奎,李晓辉,2006.青海湖近20年水域变化及湖岸演变遥感监测研究[J].古地理学报,8(1):131-141.

郭武,1997.青海湖水位下降与湖区生态环境演变研究[J].干旱区资源与环境,11(2):75-80.

后源,郭正刚,龙瑞军,等,2009.黄河首曲湿地退化过程中植物群落组分及物种多样性的变化[J].应用生态学报,20(1):27-32.

黄安宁,吴阳,拉珠,2018.夏季青藏高原湖泊群区域气候效应及其作用机理的数值模拟研究[C]//青藏高原地-气耦合系统变化及其全球气候效应.2018青藏高原前沿科学研讨会文集:31-32.

姜永见,李世杰,沈德福,等,2012.青藏高原近40年来气候变化特征及湖泊环境响应[J].地理科学,32(12):1503-1512.

金继明,朱陵晶,张群慧,等,2017.青藏高原地气系统及湖泊过程的模拟[C]//青藏高原地-气耦合系统变化及其全球气候效应.2017青藏高原前沿科学研讨会文集:94-95.

李凤霞,伏洋,杨琼,等,2008.环青海湖地区气候变化及其环境效应[J].资源科学,30(3):348-354.

李林,陈晓光,王振宇,等,2010.青藏高原区域气候变化及其差异性研究[J].气候变化研究进展,6(3):181-186.

李林,时兴合,申红艳,2011.1960—2009年青海湖水位波动的气候成因探讨及其未来趋势预测[J].自然资源学报,26(9):1566-1574.

李晓东,李凤霞,周秉荣,等,2012.青藏高原典型高寒草地水热条件及地上生物量变化研究[J].高原气象,31(4):1053-1058.

刘宝康,2016.气候变化背景下青海湖流域草地与湖泊时空变化特征研究[D].兰州:兰州大学.

刘凯,李希来,金立群,等,2017.黄河源湖泊湿地退化过程土壤和植被的变化特征[J].生态科学,36(3):23-30.

刘立刚,2012.湿地系统的生态作用与全球变暖的关系研究[J].绿色科技(2):1-2.

鲁安新,王丽红,姚檀栋,2006.青藏高原湖泊现代变化遥感方法研究[J].遥感技术与应用,21(3):173-177.

鲁安新,姚檀栋,王丽红,等,2005.青藏高原典型冰川和湖泊变化遥感研究[J].冰川冻土,27(6):783-792.

吕雅琼,马耀明,李茂善,等,2008a.青藏高原纳木错湖区大气边界层结构分析[J].高原气象,27(6):1205-1210.

吕雅琼,马耀明,李茂善,等,2008b.纳木错湖夏季典型大气边界层特征的数值模拟[J].高原气象,27(4):733-740.

马荣华,杨桂山,段洪涛,等,2011.中国湖泊的数量、面积与空间分布[J].中国科学 D 辑:地球科学,41(3):394-401.

孟焕,2017.气候变化对三江平原沼泽湿地分布的影响及其风险评估研究[D].长春:中国科学院研究生院(东北地理与农业生态研究所).

秦大河,2002.中国西部环境演变评估第一卷[M].北京:科学出版社:54-67.

任国玉,郭军,2006.中国水面蒸发量的变化[J].自然资源学报,21(1):31-44.

沈芳,匡定波,2003.青海湖最近 25 年变化的遥感调查与研究[J].湖泊科学,15(4):289-296.

施雅风,1990.山地冰川与湖泊萎缩所指示的亚洲中部气候干暖化趋势与未来展望[J].地理学报,45(1):1-13.

施雅风,沈永平,李栋梁,2003.中国西北气候由暖干向暖湿转型问题评估[J].北京:气象出版社:17-44.

时兴合,赵燕宁,戴升,2005.柴达木盆地 40 多年来的气候变化研究[J].中国沙漠,25(2):164-169.

舒卫先,李世杰,刘吉峰,2008.青海湖水量变化模拟及原因分析[J].干旱区地理,31(2):229-236.

宋辞,裴韬,周成虎,2012.1960 年以来青藏高原气温变化研究进展[J].地理科学进展,31(11):1503-1509.

苏洁琼,王烜,2012.气候变化对湿地景观格局的影响研究综述[J].环境科学与技术,35(4):74-81.

王根绪,李元寿,王一博,等,2007.长江源区高寒生态与气候变化对河流径流过程的影响分析[J].冰川冻土,29(2):159-168.

王淇,王立,马维伟,等,2017.尕海湿地退化过程中土壤微生物量碳、氮的动态变化[J].甘肃农业大学学报,52(4):103-109.

王苏民,窦鸿身,1998.中国湖泊志[M].北京:科学出版社.

吴国雄,张永生,1998.青藏高原的热力和机械强迫作用以及亚洲季风的爆发:I.爆发地点[J].大气科学,22(6):825-838.

吴绍洪,尹云鹤,郑度,等,2005.青藏高原近 30 年气候变化趋势[J].地理学报,60(1):3-11.

邢宇,姜琦刚,李文庆,等,2009.青藏高原湿地景观空间格局的变化[J].生态环境学报,18(3):1010-1015.

徐影,丁一汇,李栋梁,2003.青藏地区未来百年气候变化[J].高原气象,22(2):451-457.

杨瑞敏,2016.基于 SRTM DEM 的青藏高原封闭湖泊水量变化的时空特征及其对气候的响应研究[D].北京:中国科学院大学.

姚檀栋,朱立平,2006.青藏高原环境变化对全球变化的响应及其适应对策[J].地球科学进展,21(5):459-464.

姚晓军,刘时银,李龙,等,2013.近 40 年可可西里地区湖泊时空变化特征[J].地理学报,68(7):886-896.

叶笃正,罗四维,朱抱真,1957.西藏高原及其附近的流场结构和对流层大气的热量平衡[J].气象学报,2(1):20-33.

伊万娟,李小雁,崔步礼,等,2010.青海湖流域气候变化及其对湖水位的影响[J].干旱气象,28(4):375-383.

殷青军,杨英莲,2005.基于 EOS/MODIS 数据的青海湖遥感监测[J].湖泊科学,17(4):356-360.

周立华,陈桂琛,彭敏,1992.人类活动对青海湖水位下降的影响[J].湖泊科学,4(3):32-38.

周陆生,杨卫东,1992.青海湖流域近六百年的气候变化与水位下降原因[J].湖泊科学,4(3):25-31.

FLOHN H,1957. Large-scale aspects of the summer monsoon in South and East Asia[J]. J Meteor Soc Japan,75:180-186.

HARTMANN H C,1990. Climate change impacts on Laurentian Great Lakes levels[J]. Climatic Change,17:49-67.

HUANG L,LIU J,SHAO Q,et al,2011. Changing inland lakes responding to climate warming in Northeastern Tibetan Plateau[J]. Climatic Change,109:479-502.

KANG S,XU Y,YOU Q,et al,2010. Review of climate and cryospheric change in the Tibetan Plateau[J]. Environmental Research Letters,5:015101.

LEI Y,YAO T,BIRD B W,et al,2013. Coherent lake growth on the central Tibetan Plateau since the 1970s:Characterization and attribution[J]. Journal of Hydrology,483:61-67.

LI B,ZHANG L,YAN Q,et al,2014. Application of piecewise linear regression in the detection of vegetation greenness trends on the Tibetan Plateau[J]. International Journal of Remote Sensing,35(4):1526-1539.

LI M S,MA Y M,HU Z,et al,2009, Snow distribution over the Namco Lake area of the Tibetan Plateau[J]. Hydrol Earth Syst Sci,13:2023-2030.

LIN C,YANG K,QIN J,et al,2013. Observed coherent trends of surface and upper-air wind speed over China since 1960[J]. J Climate,26:2891-2903.

QIN B,SHI Y,WANG S,1991. The relationship between inland lakes evolution and climatic fluctuation in arid zone[J]. Chinese Geographical Science,1(4):316-323.

SONG C,SHENG Y,2016. Contrasting evolution patterns between glacier-fed and non-glacier-fed lakes in the Tanggula Mountains and climate cause analysis[J]. Climatic Change,135(3/4):493-507.

SONG C,YE Q,CHENG X,2015. Shifts in water-level variation of Namco in the central Tibetan Plateau from ICESat and CryoSat-2 altimetry and station observations[J]. Science Bulletin,60:1287-1297.

WANG B,BAO Q,HOSKINS B,et al,2008. Tibetan Plateau warming and precipitation changes in East Asia[J]. Geophys Res Lett,35(14):L14702. doi:10.1029/2008gl034330.

WANG B,MA Y,CHEN X,et al,2015. Observation and simulation of lake-air heat and water transfer processes in a high-altitude shallow lake on the Tibetan Plateau[J]. J Geophys Res:Atmos,120(24):12327-12344. doi:10.1002/2015JD023863.

WANG B,MA Y,MA W,et al,2017. Physical controls on half-hourly,daily and monthly turbulent flux and energy budget over a high-altitude small lake on the Tibetan Plateau[J]. Journal of Geophysical Research:Atmospheres,122:2289-2303. doi:10.1002/2016JD026109.

WANG B,MA Y,SU Z,et al,2020. Quantifying the evaporation amounts of 75 high elevation large dimictic lakes on the Tibetan Plateau[J]. Science Advances,6(26):eaay8558. doi:10.1126/sciadv.aay8558.

WANG Y,ZHAO P,YU R,et al,2010. Inter-decadal variability of Tibetan spring vegetation and its associations with eastern China spring rainfall[J]. International Journal of Climatology,30:856-865.

YANG K,WU H,QIN J,et al,2014. Recent climate changes over the Tibetan Plateau and their impacts on energy and water cycle:A review[J]. Global & Planetary Change,112(1):79-91.

YE D Z,WU G X,1998. The role of the heat source of the Tibetan Plateau in the general circulation[J]. Meteorology and Atmospheric Physics,67:181-198.

YE Q,ZHU L,ZHENG H,et al,2007. Glacier and lake variations in the Yamzhog Yumco basin,southern Tibetan Plateau,from 1980 to 2000 using remote-sensing and GIS technologies[J]. Journal of Glaciology,53(183):673-676.

ZHANG B,KANG S,ZHANG L,2007. Estimation of seasonal crop water consumption in a vineyard using Bowen ratio-energy balance method[J]. Hydrological Processes,21(26):3635-3641.

ZHANG G,YAO T,PIAO S,et al,2017. Extensive and drastically different alpine lake changes on Asia's high plateaus during the past four decades[J]. Geophysical Research Letters,44(1):252-260.

ZHANG G,YAO T,XIE H,et al,2015. An inventory of glacial lakes in the third pole region and their changes in response to global warming[J]. Global & Planetary Change,131:148-157.

ZHANG X,REN Y,YIN Z Y,et al,2009. Spatial and temporal variation patterns of reference evapotranspiration across the Qinghai-Tibetan Plateau during 1971—2004[J]. Journal of Geophysical Research:Atmospheres,114(D15).

ZHANG Z,ZHANG Q,CHEN X,et al,2011. Statistical properties of moisture transport in East Asia and their impacts on wetness/dryness variations in North China[J]. Theor Appl Climatol,104(3):337-347. doi:10.1007/s00704-010-0346-z.

ZHAO P,ZHOU Z,LIU J,2007. Variability of Tibetan spring snow and its associations with the hemispheric extratropical circulation and East Asian summer monsoon rainfall:An observational investigation[J]. J Climate,20(15):3942-3955.

ZHU L,XIE M,WU Y,2010. Quantitative analysis of lake area variations and the influence factors from 1971 to 2004 in the Nam Co basin of the Tibetan Plateau[J]. Chinese Science Bulletin,55:1294-1303.

第8章 青藏高原冰川和冻土对气候变化的响应

8.1 青藏高原现代冰川变化概况

8.2 青藏高原冻土分布及其宏观变化

8.3 青藏高原冰川和冻土对气候变化响应的"强信号"特征

8.4 本章小结

被称作地球第三极的青藏高原及其周边地区分布着约 10 万 km² 的冰川,维系着众多高原湖泊,是长江、黄河等大江、大河的发源地。关于青藏高原冰川的变化格局、变化幅度和原因存在很大的争议。姚檀栋等(2016)提出,应从西风与季风的相互作用切入,通过对冰川状态的大范围遥感观测和实地观测结合,全面评估青藏高原地区冰川变化的整体格局、幅度及其驱动因素。研究发现,在气候变暖影响下,青藏高原地区冰川呈整体退缩趋势,但也存在明显的空间差异。在季风控制的喜马拉雅山等地区,冰川退缩严重,在季风环流与西风环流交汇的青藏高原腹地,冰川退缩较弱,在西风环流控制的帕米尔高原等地区,冰川退缩不明显,甚至存在部分冰川扩张。基于卫星遥感技术监测青藏高原冰川变化,也发现喜马拉雅山等地区冰川消融最快,从青藏高原东南缘往高原内陆地区消融减慢,而羌塘高原、阿尔金山脉、昆仑山脉直到帕米尔高原东部等地区冰川变化几乎处于平衡状态,甚至有所积累(叶庆华等,2016)。

姚檀栋等(2016)认为,大气环流对冰川变化有强烈影响,季风减弱、降水减少的区域冰川退缩严重。青藏高原地区冰川退缩已经引起大范围的湖泊扩张和径流增加。湖泊的扩张将引起冰湖溃决等灾害,径流的增加将引起洪水等灾害,这将影响其下游地区人类的生存环境。

在全球性气候变暖的背景下,随着高原地区人类社会经济活动的日益增加,青藏高原冻土特征也有明显的变化:冻土地温上升,季节性冻土冻深减少,多年冻土下界升高,冻土呈退化趋势(王绍令,1997)。气候变化影响着青藏高原多年冻土的发育和分布,而多年冻土温度、厚度及空间分布的变化则是对气候变化的响应,但多年冻土的退化程度和速度在时空分布上存在很大的差异。同时,青藏高原大量的监测研究结果表明,气候变化情景下多年冻土退化、多年冻土温度和活动层厚度的时空变化趋势显著并引发大量的冻融灾害(Wu et al.,2000;南卓铜等,2004)。

8.1
青藏高原现代冰川变化概况

在全球变化的背景下,中国山地冰川面积近 50 a(1961—2010 年)来退缩了约 18%,但区域差异较大;高原上冰川自 20 世纪 80 年代以来呈现全面退缩的状态,且退缩速率在逐渐加剧,特别是 21 世纪以来退缩速率快于 20 世纪的任何时期,而温度升高是唯一能够合理解释该现象的因素。中国山地冰川均分布在西部地区。中国西部主要寒区流域1961—2006年间冰川物质平衡主要为负增长,呈现以青藏高原为中心冰川物质损失由中心向外围逐步增加的变化趋势。由于流域间气候系统、冰川规模、地形条件等的差异,冰川融水对河流的补给比例各地不一,总的分布趋势是由青藏高原外围向高原内部随着干旱度的增强与冰川面积的增大而递增。

中国1961—2006年平均冰川融水量为629.56×10^8 m^3(内流水系占39.9%,外流水系占60.1%),冰川融水量占寒区流域径流量的12.2%,约为全国河川径流量的2.3%。受冰川萎缩影响,中国冰川融水量自20世纪60年代以来呈逐步增加的趋势,60、70、80、90年代和2001—2006年中国冰川融水量分别为517.8×10^8、590.9×10^8、615.2×10^8、695.5×10^8和794.7×10^8 m^3。2000年之后是46 a来冰川融水径流量最大的时期,平均融水径流量达794.7×10^8 m^3(高出多年平均26.2%),相对于20世纪60年代增加了约50%(陈仁升等,2018)。

冰川对西部流域的径流具有重要的调丰补枯作用。研究(叶柏生等,1999)表明,若流域冰川覆盖率大于5%,则冰川融水对于稳定流域径流具有很大的作用。在丰水年份,由于降水较多,积累了较多的水量,而且降水期间相对于非降水期间的气温偏低,冰川消融相对较慢;这些水量在干旱少雨年份释放,由于气温较高,冰川消融量较大,从而补给流域更多的冰川融水量。越干旱地区的流域,冰川融水比例越大。但近几十年来,受全球变暖影响,冰川普遍萎缩,冰川的这种调丰补枯作用正在发生着显著变化,萎缩的冰川面积降低了冰川的多年调节作用,使得这种作用正在减弱。以黑河干流山区流域为例,气候越暖干的年份,流域冰川融水径流量越多、融水比例也越大。该流域多年平均冰川融水比例仅为3.5%,但在干旱年份却接近5.0%,在干旱月份则高达16%。再例如,冰川持续萎缩的阿克苏河流域,径流的年径流变差系数随着冰川萎缩而增加,冰川面积在2000年和2007年相对1990年分别减少了8.9%和13.2%,年径流变差系数则分别增加了2.4%和3.2%(陈仁升等,2018)。

此外,冰川是不断由积累区向消融区运动,将积累区存储的冰量缓慢地向消融区运移,从而减缓了冰川的萎缩速率。正是由于冰川的这种运动和调丰补枯作用,才使得多数干旱区河流具有相对稳定的河川径流,绿洲得以保持稳定。

8.2
青藏高原冻土分布及其宏观变化

Zou等(2017)利用遥感地表温度数据和实际调查获得的土壤数据编制了新的青

藏高原冻土分布(图8.1)。最新的结果显示,青藏高原多年冻土和季节冻土的面积分别为 106.4×10^4 km² 和 145.6×10^4 km²(不包括冰川和湖泊面积),分别占高原总面积的 40.2% 和 56.0%。

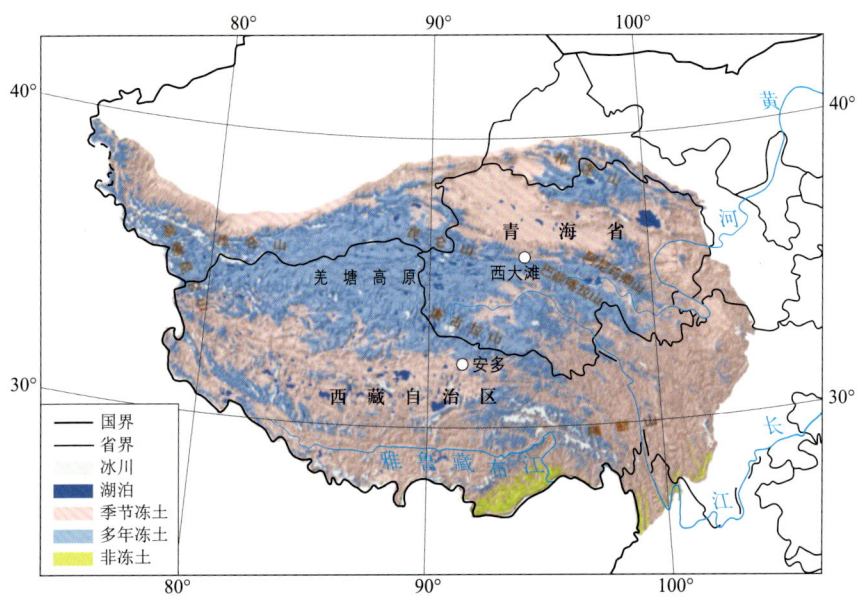

图 8.1 2017 年青藏高原冻土分布(Zou et al.,2017)

多年冻土的分布以羌塘高原为中心向周边展开,羌塘高原北部和昆仑山是多年冻土最发育的地区,基本连续或大片分布。由此向周边地区,随地面海拔降低,地温逐渐升高,过渡为岛状多年冻土区。由青藏公路穿过的惊仙谷北口往南直至唐古拉山南边的安多附近,地段内除局部有大河融区和构造地热融区外,多年冻土基本连续分布。连续多年冻土带由此向西、西北方向延伸,直至喀喇昆仑山。由安多往南至藏南谷地为岛状冻土带。在青藏公路以东地区,地势自西向东降低,但由于存在阿尼玛卿山、巴颜喀拉山和果洛山等海拔 5000 m 以上的山峰,区内有片状、岛状多年冻土与季节冻土并存,在横断山区为岛状山地多年冻土。值得注意的是,整个青藏高原上,除了存在多年冻土和季节冻土外,在边缘地区(如藏东南等)仍存在少量非冻土区。

表 8.1 不仅列出了 Zou 等(2017)给出的青藏高原多年冻土和季节冻土的面积,还列出了李树德和程国栋(1996)根据多年从事冻土考察研究的第一手资料及前人研究论文、文献,并详细研究与参阅了航空相片、卫星影像及青藏公路沿线多年冻土图,给出的青藏高原多年冻土和季节冻土的面积,也列出了南卓铜等(2002)利用青藏公路沿线钻孔实测年平均地温数据,进行回归统计分析,获取年平均地温与纬度、高程的关系,基于年平均地温绘制青藏高原冻土分布图而给出的青藏高原多年冻土和季节冻土

的面积。可以看出,自1996年以来青藏高原总的冻土面积变化不大,减少了5.8×10^4 km²,但是多年冻土的面积在1996—2002年和2002—2017年分别减少了16.4×10^4 km²和13.1×10^4 km²,而季节冻土面积分别增加了16.3×10^4 km²·$(10\ a)^{-1}$和7.4×10^4 km²。近21 a来,青藏高原多年冻土面积和季节冻土面积的总体变化趋势分别为-14.05×10^4 km²·$(10\ a)^{-1}$和11.29×10^4 km²·$(10\ a)^{-1}$,冻土总面积变化趋势为-2.76×10^4 km²·$(10\ a)^{-1}$;呈现出连续多年冻土向岛状多年冻土退化、多年冻土向季节性冻土退化的趋势。

表8.1 青藏高原冻土面积分布统计结果(单位:10^4 km²)

文献	多年冻土面积	季节冻土面积	冻土总面积
Zou等(2017)	106.4	145.6	252.0
南卓铜等(2002)	119.5	138.2	257.7
李树德和程国栋(1996)	135.9	121.9	257.8

8.3 青藏高原冰川和冻土对气候变化响应的"强信号"特征

8.3.1 三江源冰川及冰川径流变化

三江源地区的气候变化向暖湿方向发展,其中气温升高趋势非常明显,升高的速率也多大于全国平均水平。自小冰期以来,三江源地区的冰川以退缩为主要特征,最近几十年出现加速退缩的趋势(图8.2)。

1980—2000年降水量减少是长江源区该时段径流量减少的直接原因,温度升高有利于融冰融雪和降水形式的变化,但由于融冰融雪占径流补给的比率相对较小,所以该时段温度升高导致融冰融雪的增加,不足以抵消降水量的减少对径流的影响。长江源区春季径流呈增加的趋势,可能与融雪过程提前以及融雪量增加有关(曹建廷等,2007)。

冰川物质平衡是联结冰川波动与气候变化的关键因子,与冰川的末端、面积及厚度变化不同,冰川物质平衡变化是冰川对气候变化的直接反映。特别是20世纪90年代以来,随着气温的急剧升高,物质平衡亏损严重,许多冰川出现巨额"赤字",最终导

图 8.2　1982 与 2006 年冰川退化比对状况（《三江源地区生态环境地图集》编撰委员会，2013）

致了冰川的全面退缩（蒲健辰等，2004）。三江源大多数冰川呈退缩状态，鲁安新等（2005）的研究表明，1969—2000 年，研究区内的 70 条冰川，有 6 条冰川前进，26 条冰川没有明显变化，其余的 38 条则普遍处于退缩状态。退缩长度最大的冰川是姜古迪如南侧冰川，1969—2000 年退缩了 1288 m，平均每年退缩 41.5 m；退缩幅度最大的冰川是编目为 5K451F3 冰川，其退缩量是 1966 年冰川长度的 19.4%。在 1966—2000 年期间，黄河源区阿尼玛卿山地区的冰川退缩比较严重，退缩的冰川占到冰川总数的 91%，冰川总面积减少 17.3%；1969—2000 年长江源格拉丹冬地区冰川总面积减少了 1.7%，而黄河源阿尼玛卿山地区冰川面积减少是长江源区的 10 倍，同期，长江源区冰川末端的最大退缩速率为每年 41.5 m，而黄河源区为每年 57.4 m（杨建平等，2003）。从 20 世纪初以来的考察研究都表明，近百年来青藏高原地区大多数冰川末端变化的总趋势是处于退缩状态，在总的退缩过程中，也曾出现过两次退缩速度减缓或相对稳定甚至前进的过程（蒲健辰等，2004）。图 8.3 为 1970—2008 年中国两次编目的冰川总变化（刘时银等，2011）。

长江流域冰储量的近 70.9% 集中于长江源区，虽然冰川融水对整个长江水系的

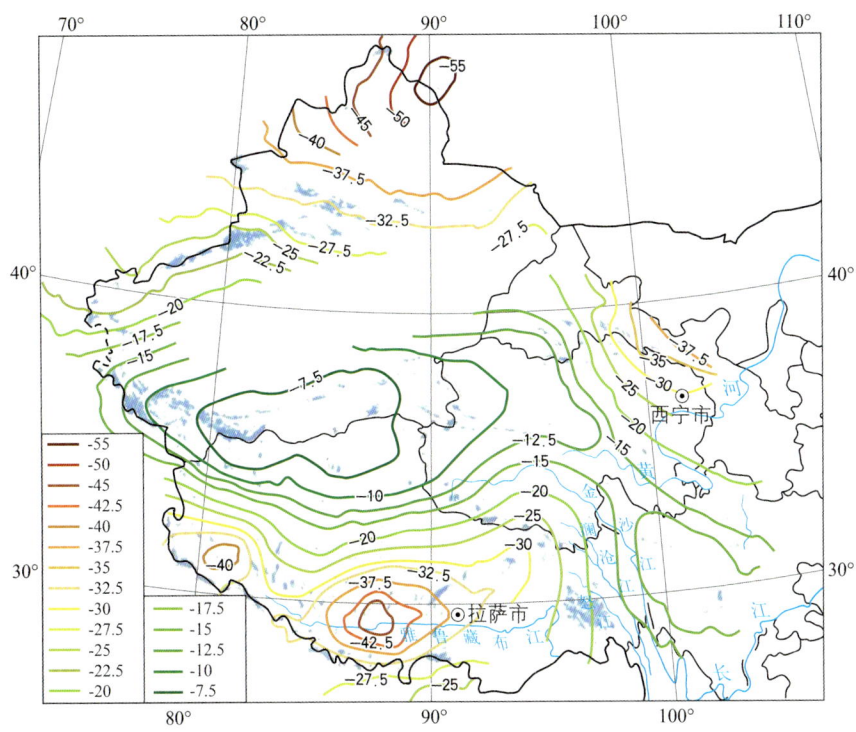

图 8.3　1970—2008 年中国两次编目的冰川总变化（单位：%；刘时银等，2011）

补给作用较小，但由于冰川集中发育在江源区，其冰川融水的补给比率增至 25% 以上。有关研究认为，1956—2005 年期间，长江源地区的径流量增加了 28.4×10^6 m³。黄河源区冰川数量少、面积小，冰川融水只对流域上游有重要补给作用（Liang，2013）。

黄河源区冰川数量少、面积小，冰川融水只对切木曲和曲什安河等小支流有补给作用，对整个流域而言，补给价值不大。由于长江源区居高原腹地，冰川为极大陆型；冰川退缩幅度很小，只为位于高原东部边缘黄河源区冰川退缩幅度的 1/10，为较稳定的冰川区。近几十年来，虽然冰川总体上在退缩，但也出现过明显的前进，1969—1995 年长江源区、1966—1981 年黄河源区的大多数冰川处于前进或稳定状态，只是从 20 世纪 80 年代以来，冰川才出现大幅度的退缩。虽然冰川退缩，冰川融水径流量有所增加，但由于长江源区冰川变化幅度小，所以对径流的影响程度相对较小。由于格拉丹冬地区的冰川有 70% 属长江水系，这部分冰川面积占到了长江源区冰川总面积的一半，是长江源区冰川作用的主体，因此，可以用该区冰川变化结果来推算整个长江源区的冰川变化（杨建平等，2003）。计算结果表明，在 1969—2000 年 31 a 间，长江源区冰川储量减少了 2250 m³，相当于冰川水资源损失 20.3×10^8 m³，年均损失约 0.65×10^8 m³。同理，以阿尼玛卿山冰川面积 17.3% 的萎缩量作为黄河源区冰川的平均萎缩量计算,自 1966 年以来,整个黄河源区冰川面积缩减了 22.74 km², 冰川储量亏损了 2.66 km³,相当于冰川水资源损失达 23.9 km³(杨建平等,2003)。

Yao 和 Chen(2007)研究认为,气候变暖(尤其是夏季气温的升高)可导致冰川消融增加,冰川末端退缩。从短期看,冰川消融可导致湖泊扩大以及径流量增加。从长期看,淡水资源将最终会减少(Yao and Chen,2007)。Liang(2013)研究认为,1956—2005 年期间,长江源地区的径流量增加了 28.4×10^6 m³,澜沧江径流量增加了 8.8×10^6 m³,增加的径流量部分是由于冰川融化量增加引起的。1956—2005 年黄河源区的径流量减少了 47.3×10^6 m³,其主要原因是由于气温升高引起的蒸散消耗量增大所致。

冯蜀青等(2008)选取了 2000、2004 年的 TM/ETM 影像数据,采用计算机屏幕人工解译的技术方法对三江源地区湖泊、湿地、冰雪水资源信息进行提取,并对 2000、2004 年三江源地区面积≥0.5 km² 的湖泊做了专题调查。结果表明:2000 年已萎缩或消失的湖泊,在 2004 年又重现湖泊特征;2004 年与 2000 年相比,≥0.5 km² 湖泊面积增加 9.2%,内陆沼泽面积减少 1.9%,冰川萎缩 1.4%,河流面积减少 1.3%。分析 2000、2004 年水资源对气候变化的响应表明,降水量对全区湖泊面积的影响较大,气温的升高是导致湿地减少、冰川萎缩的原因之一。

姚檀栋等(2010)指出,长江流域冰储量的近 70.9% 集中于长江源区,冰储量折合水量为 887.52 亿 m³,相当于金沙江直门达站年径流量(182 亿 m³)的 5 倍。虽然冰川融水对整个长江水系的补给作用较小,但由于冰川集中发育在江源区,其冰川融水的补给比例增至 25% 以上。冰川融水既是河流的重要补给来源,又是长江源区游牧业及生活用水的重要来源,也是高原野生动物赖以生存的淡水资源。长江源区冰川多为极大陆型冰川,消融期一般集中在 5—9 月,同时当值源区的雨季,而冰川的洪峰流量一般出现在 7—8 月,降水补给也在此期间发生,从而加剧了源区河川径流年内分配的不均匀性。在 20 世纪 90 年代之前,源区大多数冰川处于前进或稳定状态,在此之后,源区冰川出现了大规模的退缩。冰川面积的萎缩,集中反映在对河川径流的影响上,其中以布曲流域的影响最大,估计由此增加水量 940×10^4 m³,其次是沱沱河水系,估计增加水量为 550×10^4 m³,长江出源径流的总体影响估计为 0.19×10^8 m³(孙鸿烈,2008)。

白路遥和荣艳淑(2012)的研究结果表明,1961—2010 年长江源区和黄河源区降水、气温和蒸发都有明显变化,尤其是近 20 a 有明显增加趋势,但是两个源区的变化并不一致,黄河源区水资源量一直呈波动变化,而长江源区水资源量在 21 世纪以来有明显增多现象。降水增多可直接增加水资源量,但是气温升高会促进蒸发,导致更多的水资源消耗,因此降水和气温的变化可相互抵消对水资源的影响,这是黄河源区水资源量变化不大的原因。但是 21 世纪以来长江源区气温显著增高,导致更多冰川融化,这可能是近年来长江源水资源量增多的原因。

8.3.2 青藏高原冻土对气候变化的响应

Wu 和 Zhang(2008)通过对青藏公路沿线 10 个钻孔资料的分析,指出在过去的几十年里,6 m 深度处的年平均冻土温度升高了 0.12~0.67 ℃,平均约 0.43 ℃,同期的气温增加 0.6~1.6 ℃。近年来青藏公路沿线冻土地温监测结果表明,20 世纪 70—90 年代青藏公路沿线的季节冻土、融区及岛状多年冻土区的地温升高了 0.3~0.5 ℃,连续多年冻土区年平均地温升高了 0.1~0.3 ℃,天然状态下北界向南退化 0.5~1.0 km,南界向北退化 1~2 km,而在工程作用下,多年冻土北界向南退化 5~8 km,南界向北退化 9~12 km。由此可见,叠加于冻土自然退化趋势之上的工程引起的冻土退化现象更为剧烈。

在过去的几十年里,多年冻土温度发生了显著的升温,20 世纪 70—90 年代季节冻土和岛状多年冻土年平均地温(地表下 12~15 m 深)升高了 0.3~0.5 ℃,大片连续多年冻土年平均地温升高 0.1~0.3 ℃(Jin et al.,2000),1996—2001 年多年冻土上限附近温度升高了 0.1~0.7 ℃(Wu and Liu,2004)。21 世纪以来多年冻土呈现出更明显的升温趋势,多年冻土上限附近升温速率达 0.06 ℃·a^{-1}(Zhao et al.,2010),如图 8.4 所示,6 m 深多年冻土年平均温度升高了 0.12~0.67 ℃,升温速率为 0.01~0.06 ℃·a^{-1},平均达 0.04 ℃·a^{-1}。吴青柏等(2005)对 1995—2004 年青藏高原多年冻土温度监测资料的分析也指出,在气候变暖背景下,高原多年冻土温度呈现上升趋势,其中多年冻土上限温度升幅明显,高温和低温多年冻土上限升温率分别达到 0.022 ℃·a^{-1} 和 0.1 ℃·a^{-1}。青藏高原多年冻土温度在空间和时间上也表现出显著的差异,中高山区低温多年冻土区,多年冻土升温速率达 0.05 ℃·a^{-1},而谷地和高平原高温多年冻土区,多年冻土升温速率为 0.023 ℃·a^{-1}(吴青柏和牛富俊,2013)。多年冻土的相变过程显著地影响了多年冻土对气候变化的响应。

刘明浩等(2014)指出,尽管各监测场地均经历着一定的升温过程,但受局地因素影响,升温幅度并不一致(图 8.5)。在低温冻土区,风火山和可可西里同属于高山地貌,年平均地温低于-2.0 ℃,升温最为显著,而五道梁盆地年平均地温约-1.7 ℃,相对于前两者,升温幅度较小。同样,在高温冻土区,安多谷底年平均地温约-0.12 ℃,属于较高温度的高温冻土区,升温幅度非常微弱,而开心岭年平均地温约-0.8 ℃,其升温幅度明显高于安多,最高升温幅度接近于低温冻土区的五道梁盆地。如果忽略其他局地因素的影响,随着监测场地年平均地温的升高,升温幅度逐渐减小,而且高山地带升温幅度要大于盆地和丘陵等地势平坦区域。吴青柏等(2005)研究也指出,青藏高原高温多年冻土区活动层厚度增大趋势大于低温多年冻土区。

青藏公路沿线监测场地数据分析结果显示,在气候变化下,受地温增加的影响,青藏公路沿线多年冻土监测场地活动层厚度处于持续增加过程,如图 8.6 所示,活动层

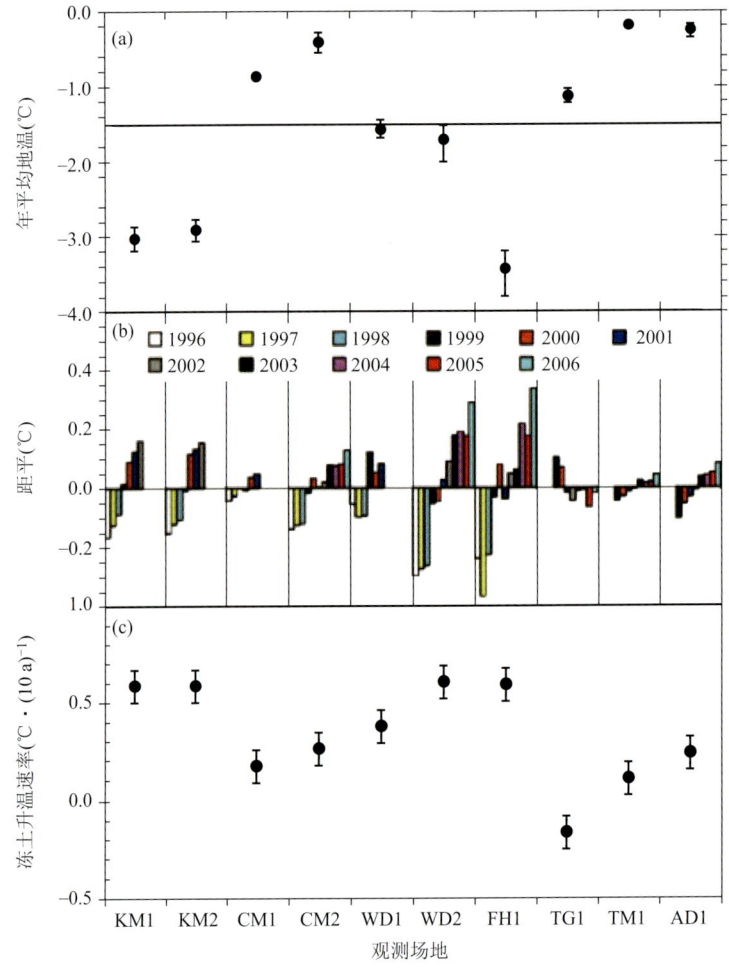

图 8.4 6 m 深度处多年冻土温度（a）、温度距平（b）和升温速率（c）

厚度平均增大了 67 cm，增加率为 2.1～16.6 cm·a^{-1}，平均增加率为 7.5 cm·a^{-1}，其他场地活动层厚度年增加率约为 4 cm·a^{-1}（Zhao et al.，2010）。同时，青藏高原活动层厚度在空间和时间上表现出显著的差异，中高山区低温多年冻土区（年平均地温低于 −1.5 ℃），活动层厚度变化速率为 5 cm·a^{-1}，而谷底和高平原高温多年冻土区（年平均地温高于 −1.5 ℃），活动层厚度变化速率达 11.2 cm·a^{-1}。青藏高原多年冻土分布下界的北界发生了较大幅度的退缩（Wu et al.，2005），多年冻土厚度减薄也较为明显（金会军等，2006）。同时，青藏高原季节冻结深度表现出了显著的时空变化特征（Zhao et al.，2004）。钻孔监测资料显示，在过去 30 a（1978—2007 年）中高原北部多年冻土下界升高了 25 cm，在过去 20 a（1988—2007 年）中南部多年冻土下界升高了 50～80 cm，1995—2007 年活动层厚度以 7.5 cm·a^{-1} 的速度不断增加（Wu et al.，2010a）。

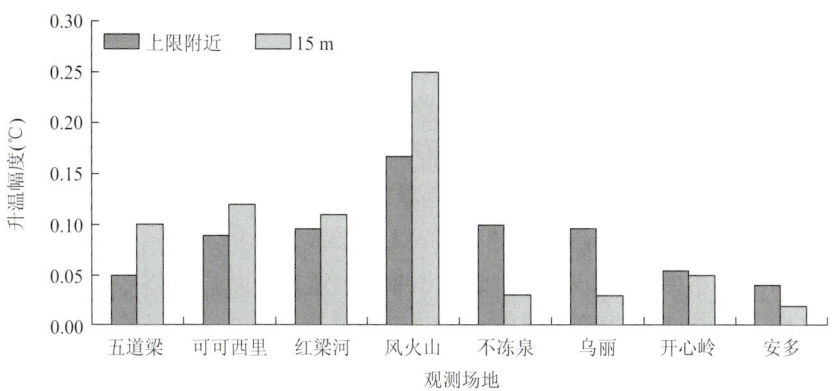

图 8.5 不同监测场地多年冻土升温幅度对比

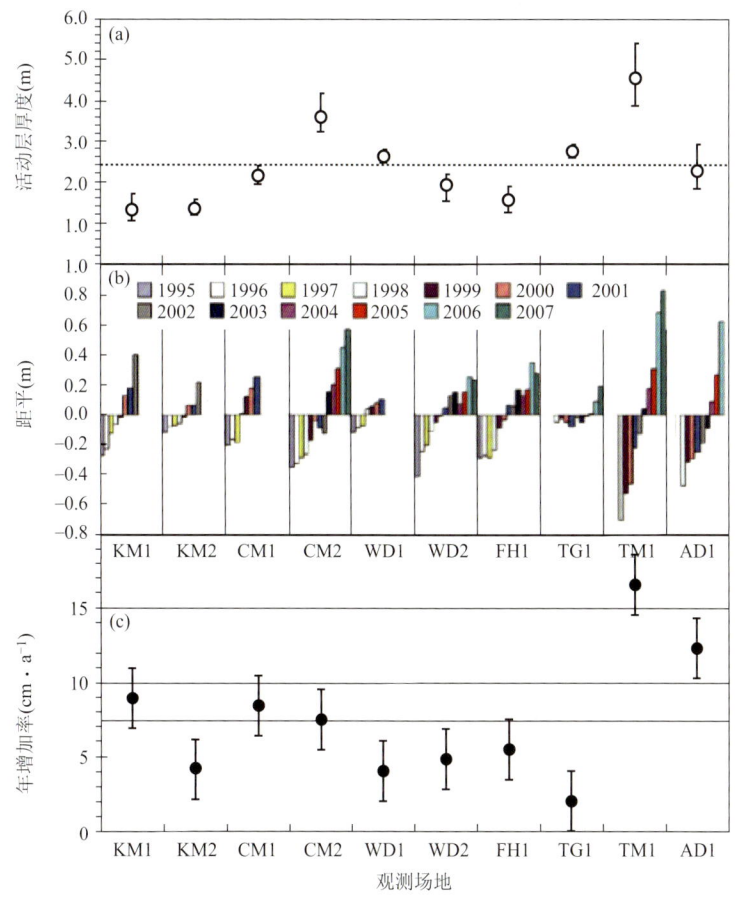

图 8.6 活动层厚度（a）、活动层厚度距平（b）和活动层厚度年增加率（c）

徐晓明等(2017)利用 Stefan 公式模拟了 1981—2010 年青藏高原多年冻土区活动层厚度的分布和空间变化特征;结果表明,在气候变化条件下,青藏高原多年冻土区活动层厚度呈整体增大的趋势,1981—2010 年活动层厚度的变化量为 -1.54~2.24 m,变化率为 -5.90~10.13 cm·a^{-1},平均每年变化 1.29 cm,活动层厚度变化区域主要是多年冻土边缘地区和高山多年冻土区(图 8.7 和图 8.8),且活动层增厚趋势与年平均气温增大的趋势基本一致。

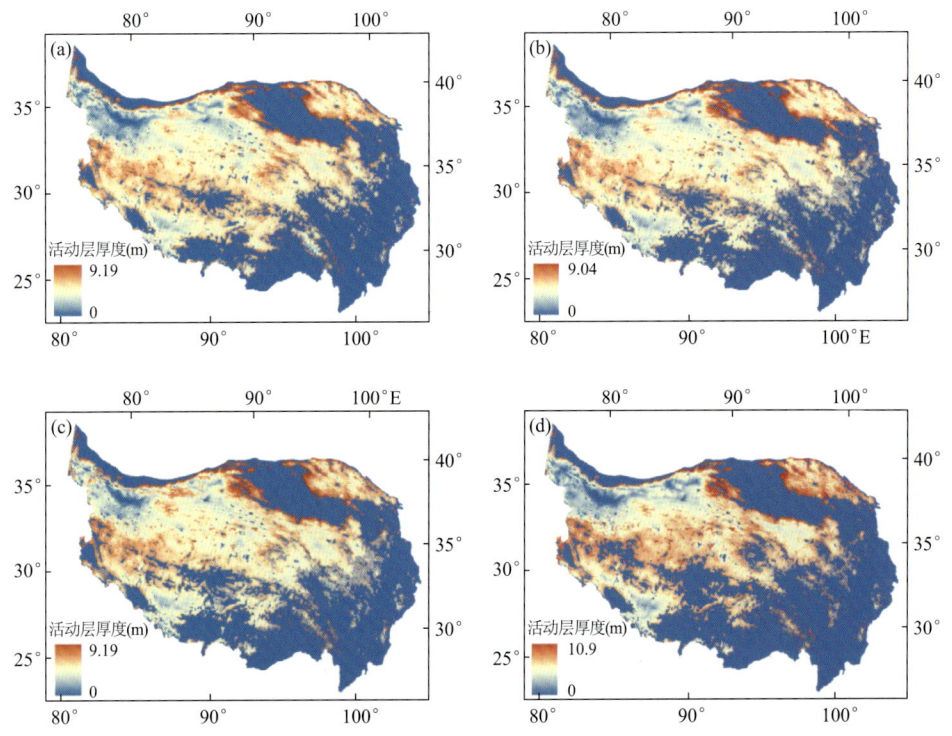

图 8.7 青藏高原 1981—2010 年活动层厚度分布变化(单位:m)
(a)1981 年;(b)1991 年;(c)2001 年;(d)2010 年

青藏高原活动层厚度和多年冻土温度变化显著大于我国其他多年冻土区的变化,对气候变化的响应区域差异显著,在空间和时间上呈现出相反的变化趋势,可能是局地因素起到了重要的作用。此外,气候因素如气温和降水,也控制着多年冻土温度和活动层厚度的变化。从活动层厚度变化与夏季浅层土体平均温度统计关系来看,活动层厚度变化与夏季(6—8 月)土体平均温度的升高有密切关系,与冬季(12 月—次年 2 月)土体平均温度变化关系不显著。21 世纪以来,青藏公路沿线四站(五道梁、风火山、沱沱河和安多)气温升高了 0.6~1.6 ℃,这一升温幅度足以引起多年冻土升温,但夏季降水和冬季降雪增加对土体温度升高有一定减缓作用。6 m 深多年冻土温度升高主要在春夏季节较为显著,但青藏公路沿线四站冬季气温平均升高了 2.9~4.2 ℃,考虑到气温对 6 m 深多年冻土的影响一般要滞后 6 个月左右,因此,冬季气温升高是多年冻土升温的主要原因(吴青柏和牛富俊,2013)。

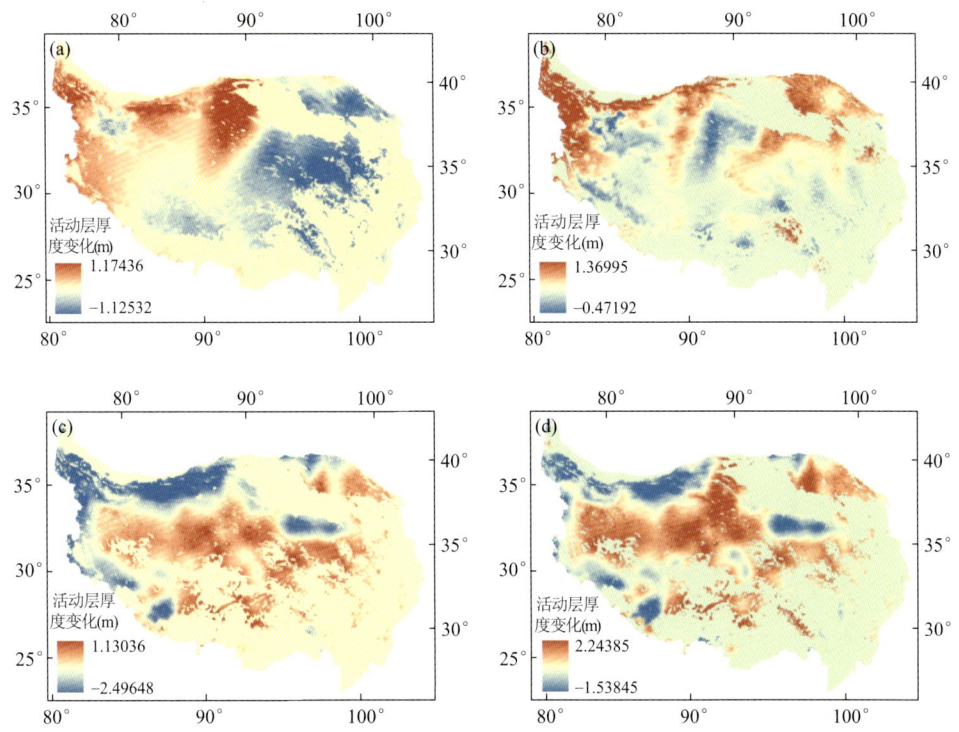

图 8.8　20 世纪 80 年代(a)、20 世纪 90 年代(b)、21 世纪 00 年代(c)和 1981—2010 年(d)的活动层厚度变化

8.3.3　青藏高原多年冻土变化对冻土工程的影响

多年冻土的演化受气候环境变化的影响显著,而冻土的演化又直接影响建设于其上的冻土工程的稳定性。多年冻土上修筑工程构筑物,由于改变了地表物理性质,导致了辐射能量结构和地表能量平衡发生变化,引起工程结构物下部土体的冻融过程、多年冻土上限和冻土温度变化以及上限附近地下冰融化,其将通过承载力丧失、降低及土体水分条件发生变化,进而影响工程结构物的稳定性(Yu et al.,2002;Wu et al.,2006)。突出的病害表现将使得路基长期持续地沉降变形,甚至在短时间内塌陷。同时,伴随着多年冻土退化、上限变化以及地下冰融化,降水将会产生热融滑塌、热融湖

塘、融冻泥流等次生热融灾害。

杨永鹏等（2018）分析青藏铁路沿线天然场地多年冻土天然上限的变化指出，沿线多年冻土天然上限在2007—2015年间发生了较大幅度的变化，多年冻土整体处于退化状态，且从天然上限变化幅度来看，天然上限抬升仅占9%（场地编号：19#，21#，31#），而天然上限下降却占91%，天然上限下降0.5～1 m的占59%（图8.9），对青藏铁路的安全稳定运营造成了很大的威胁。当青藏高原年平均地温高于−1.5 ℃时，青藏公路路基变形速率达到了4～10 cm·a^{-1}；当年平均地温低于−1.5 ℃时，路基变形要小于4 cm·a^{-1}。高含冰量多年冻土（体积含水量>25%）发生融化常导致较大路基沉降，路基沉降速率与多年冻土融化速率成正比，相关系数均在0.85以上（Wu et al.，2010b），说明较大的路基变形是以冻土融化为主要的变形源。

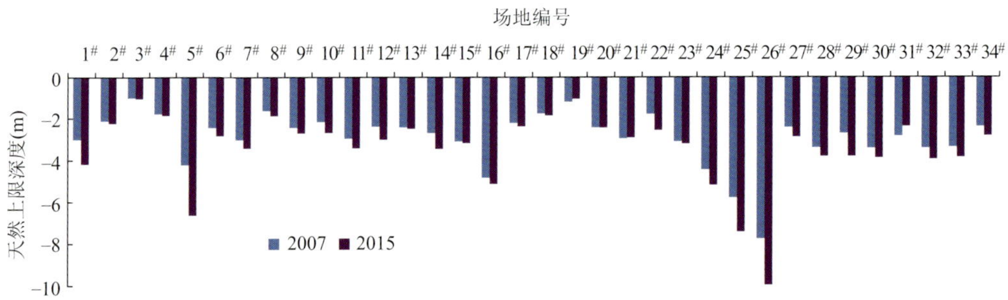

图8.9　2007年和2015年青藏铁路运营以来沿线多年冻土的天然上限深度

由于太阳辐射对路基边坡的热影响，使得路基向阳坡和背阴坡接收的太阳辐射差异较大，从而引起多年冻土温度差异和上限表现出不均匀现象（胡泽勇等，2002；盛煜等，2005）。根据青藏铁路长期监测数据，路基边坡阴阳坡下部冻土温度场和多年冻土上限存在较大差异，但低温多年冻土区路基的阴阳坡效应差异明显比高温冻土区路基要弱，路基阳坡下多年冻土上限比阴坡深1.5～2 m，使路基下部形成倾斜的冻融界面（Wu et al.，2011）。所有监测断面温度差异较大，整体上路基边坡下部阴阳坡温度相差0.5～3 ℃。普通路基下部浅层阴阳坡温度平均相差0.7～1.58 ℃，有工程措施的路基下部浅层阴阳坡温度平均相差0.23～1.2 ℃，说明工程技术措施显著抑制路基的阴阳坡差异，路基阴阳坡温度差主要是由冬季温度差异造成的（Wu et al.，2011）。通过对这些断面的阴阳坡太阳辐射和边坡表面温度的计算发现，太阳辐射和边坡表面温度差异与路基走向成正相关关系（图8.10）；这就给了我们一个极为重要的启示，即未来路基设计需要考虑路基走向对阴阳坡效应的影响（Wu et al.，2011）。

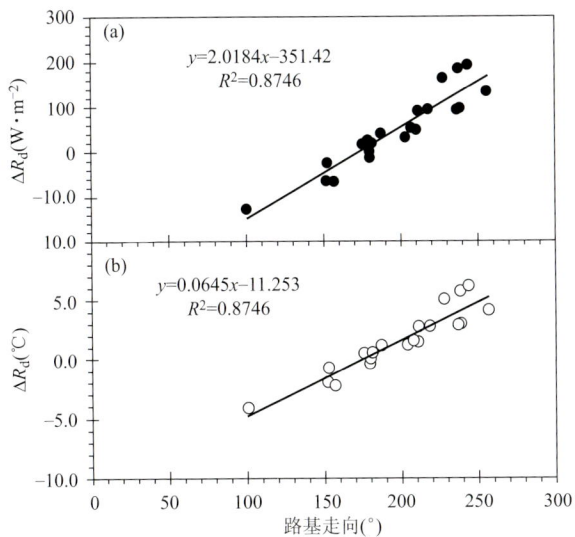

图 8.10　路基走向与路基边坡太阳辐射差（a）和表面温度差（b）的关系

8.4 本章小结

在全球变暖和冰川退缩加快的大背景下，中国西部主要寒区流域 1961—2006 年间冰川物质平衡主要为负增长，呈现以青藏高原为中心冰川物质损失由中心向外围逐步增加的变化趋势。由于流域间气候系统、冰川规模、地形条件等的差异，冰川融水对河流的补给比例各地不一，总的分布趋势是由青藏高原外围向高原内部随着干旱度的增强与冰川面积的增大而递增。青藏高原七大江河径流量亦呈现出不稳定的变化。从趋势上看，短期内冰川退缩将使河流水量呈增加态势，但亦会加大以冰川融水补给为主的河流或河段的不稳定性；而随着冰川的持续退缩，冰川融水将锐减，以冰川融水补给为主的河流，特别是中小支流将面临逐渐干涸的威胁。

作为全球最主要的高海拔冻土区，青藏高原现存多年冻土面积约为 $126×10^4$ km²，约占高原总面积的 56%。近几十年气候变暖是冻土退化的基础因素，人为活动在局部加速了冻土退化。多年冻土的面积在1996—2002年和2002—2017年分别减少了16.4×10^4 km^2和13.1×10^4 km^2,而季节冻土面积分别增加了16.3×10^4 km^2和7.4×10^4 km^2,呈现出连续多年冻土向岛状多年冻土退化、多年冻土向季节性冻土退化的趋势。

参考文献

白路遥,荣艳淑,2012.气候变化对长江、黄河源区水资源的影响[J].水资源保护,28(1):46-50.

曹建廷,秦大河,罗勇,等,2007.长江源区1956—2000年径流量变化分析[J].水科学进展,18(1):29-33.

陈仁升,张世强,阳勇,等,2018.冰冻圈变化对中国西部寒区径流的影响[M].北京:科学出版社.

冯蜀青,苏文将,肖建设,等,2008.2000年以来三江源地区水资源变化遥感调查研究[J].青海科技(5):20-26.

胡泽勇,钱泽雨,程国栋,等,2002.太阳辐射对青藏铁路路基表面热状况的影响[J].冰川冻土,24(2):121-128.

金会军,赵林,王绍令,等,2006.青藏公路沿线冻土的地温特征及退化方式[J].中国科学D辑:地球科学,36(11):1009-1019.

李树德,程国栋,1996.青藏高原冻土图[M].兰州:甘肃文化出版社.

刘明浩,孙志忠,牛富俊,等,2014.气候变化背景下青藏铁路沿线多年冻土变化特征研究[J].冰川冻土,26(1):22-30.

刘时银,上官冬辉,钟方雷,2011.冰川融化对我国西北干旱地区的影响及其适应对策[M]//气候变化对中国的影响评估及其适应对策——海平面上升和冰川融化领域.北京:科学出版社.

鲁安新,姚檀栋,王丽红,等,2005.青藏高原典型冰川和湖泊变化遥感研究[J].冰川冻土,27(6):783-792.

南卓铜,李述训,程国栋,2004.未来50与100 a青藏高原多年冻土变化情景预测[J].中国科学D辑:地球科学,34(6):528-534.

南卓铜,李述训,刘永智,2002.基于年平均地温的青藏高原冻土分布制图及应用[J].冰川冻土,24(2):142-148.

蒲健辰,姚檀栋,王宁练,等,2004.近百年来青藏高原冰川的进退变化[J].冰川冻土,26(5):517-521.

《三江源地区生态环境地图集》编撰委员会,2013.三江源地区生态环境地图集[M].北京:中国地图出版社.

盛煜,马巍,温智,等,2005.多年冻土区铁路路基阴阳坡面热状况差异分析[J].岩石力学与工程学报,24(17):3197-3201.

孙鸿烈,2008.长江上游地区生态与环境问题[M].北京:中国环境出版社:43-45.

王绍令,1997.青藏高原冻土退化的研究[J].地球科学进展,12(2):164-167.

吴青柏,陆子建,刘永智,2005.青藏高原多年冻土监测及近期变化[J].气候变化研究进展,1(1):26-28.

吴青柏,牛富俊,2013.青藏高原多年冻土变化与工程稳定性[J].科学通报,58(2):115-130.

徐晓明,吴青柏,张中琼,2017.青藏高原多年冻土活动层厚度对气候变化的响应[J].冰川冻土,39(1):1-8.

杨建平,丁永建,刘时银,等,2003.长江黄河源区冰川变化及其对河川径流的影响[J].自然资源学报,18(5):595-602.

杨永鹏,孟进宝,韩龙武,等,2018.青藏铁路工程走廊多年冻土对全球气候变化的响应[J].中国铁道科学,39(1):1-7.

姚檀栋,姚治君,2010.青藏高原冰川退缩对河水径流的影响[J].自然杂志,32(1):4-8.

姚檀栋,余武生,杨威,等,2016.第三极冰川变化与地球系统过程[J].科学观察(6):55-57.

叶柏生,韩添丁,丁永建,1999.西北地区冰川径流的变化的某些特点[J].冰川冻土,21(1):54-58.

叶庆华,程维明,赵永利,等,2016.青藏高原冰川变化遥感监测研究综述[J].地球信息科学,18(7):920-930.

JIN H J,LI S X,CHENG G D,et al,2000. Permafrost and climatic change in China[J]. Global and Planetary Change,26:387-404.

LIANG L Q,LI L J,LIU C M,et al,2013. Climate change in the Tibetan Plateau Three Rivers Source Region:1960—2009[J]. International Journal of Climatology,33:2900-2916.

WU Q B,CHENG G D,MA W,et al,2006. Technical approaches on permafrost thermal stability for Qinghai-Tibet Railway[J]. Geomechanics and Geoengineering,1(2):119-127.

WU Q B,LI X,LI W J,2000. The prediction of permafrost change along the Qinghai-Tibet highway, China[J]. Permafrost and Periglacial Processes,11(4):371-376.

WU Q B,LIU Y Z,2004. Ground temperature monitoring and its recent change in Qinghai-Tibet Plateau[J]. Cold Regions Science and Technology,38(2-3):85-92.

WU Q B,LIU Y Z,HU Z Y,2011. The thermal effect of differential solar exposure on embankments along the Qinghai-Tibet Railway[J]. Cold Regions Science and Technology,66(1):30-38.

WU Q B,ZHANG T J,2008. Recent permafrost warming on the Qinghai-Tibetan Plateau[J]. Journal of Geophysical Research:Atmospheres,113.

WU Q B,ZHANG T J,LIU Y Z,2010a. Permafrost temperatures and thickness on the Qinghai-Tibet Plateau[J]. Global and Planetary Change,72(1-2):32-38.

WU Q B,ZHANG Z Q,LIU Y Z,2010b. Long-term thermal effect of asphalt pavement on permafrost under an embankment[J]. Cold Regions Science and Technology,60:221-229.

WU T H,LI S X,CHENG G D,et al,2005. Using ground-penetrating radar to detect permafrost degradation in the northern limit of permafrost on the Tibetan Plateau[J]. Cold Regions Science and

Technology, 41:211-219.

YAO Z J, CHEN C Y, 2007. Runoff variation and responses to precipitation in the source regions of the Yellow River[J]. Resources Science, 29(3):67-73.

YU S, ZHANG J M, LIU Y Z, et al, 2002. Thermal regime in the embankment of Qinghai-Tibetan highway in permafrost regions[J]. Cold Regions Science and Technology, 35(1):35-44.

ZHAO L, CHEN P L, YANG D L, et al, 2004. Changes of climate and seasonally frozen ground over the past 30 years in Qinghai-Xizang (Tibetan) Plateau, China[J]. Global and Planetary Change, 43(112):19-31.

ZHAO L, WU Q B, MARCHENKO S S, et al, 2010. Thermal state of permafrost and active layer in central Asia during the international polar year[J]. Permafrost and Periglacial Processes, 21(2):198-207.

ZOU D F, ZHAO L, SHENG Y, et al, 2017. A new map of permafrost distribution on the Tibetan Plateau[J]. Cryosphere, 11(6):2527-2542.

第9章
气候变暖背景下青藏高原区域气候和水资源未来趋势预估

- 9.1 气温变化
- 9.2 降水变化
- 9.3 极端事件变化
- 9.4 积雪变化
- 9.5 冰川变化
- 9.6 径流变化
- 9.7 冻土变化
- 9.8 干湿状况和植被变化
- 9.9 长江源区冰川及冰川年径流量预估
- 9.10 青海湖水位变化预估
- 9.11 本章小结

随着全球变暖,青藏高原的气候和环境都发生了显著的变化(秦大河等,2012;Yang et al.,2014)。青藏高原气候变化的独特性及其热力和动力作用对下游的中国东部季风气候乃至全球大气环流和气候产生显著的影响,因此预估未来青藏高原的气候与环境变化,除了其本身具有重要的科学意义外,对于认识对高原区域的经济、社会和生态系统产生的影响、应对气候变化国家战略的制定乃至国家安全也具有重要的战略意义。截至目前,许多研究工作开展了青藏高原区域未来气候和环境变化的研究,这些预估研究利用的手段包括气候模式和物理统计模型。

9.1 气温变化

基于 IPCC AR4 所采用的耦合模式比较计划第 3 阶段(CMIP3)的 20 个气候模式在 SRES A1B 排放情景下模拟结果的集合平均以及一个全球气候模式模拟输出驱动下的动力降尺度分析结果,对于高原未来气候变化趋势的预估(刘晓东等,2009)表明,相对于 1980—1999 年气候平均值,2030—2049 年青藏高原大部分地区年平均地面气温的上升幅度在 1.4~2.2 ℃之间,高海拔地区的增温一般更为显著,西藏西部的冬季增温将达到 2.4 ℃以上。另外一项基于 CMIP3 中 28 个耦合模式的研究结果(Chen et al.,2011)表明,在 SRES A1B 情形下,2011—2040 年冬夏季增温超过 1 ℃的概率超过 80%;冬季增幅大于 1.5 ℃的概率为 60%以上;对于 21 世纪末期(2070—2099年),气候变化信号更加显著,如冬季温度将很可能(概率近于 100%)增加 3 ℃,增加 4 ℃的概率也在 80%以上。

利用 IPCC AR5 所采用的第 5 次耦合模式比较计划(CMIP5)模式结果,在 RCP2.6 和 RCP8.5 两种情景下,Su 等(2013)预估在 RCP2.6 情景下,高原在近期(2006—2035 年)有较弱的增温,但在远期(2036—2099 年)会出现较弱的降温趋势,在 RCP8.5 情景下 21 世纪高原将持续升温。两种情景下预估的气温在近期差异不大,年平均气温相对于基准期(1961—2005 年)将升高 1.1~1.4 ℃,而远期(2036—2099年)两种情景下的差异较大,相对于基准期 RCP2.6 情景下年均气温将升高 1.7~2.0 ℃,而 RCP8.5 情景下年均气温将升高 3.9~4.6 ℃。在两种情景下近期地面气温的预估结果随季节的变化不明显,冬季和春季的增暖略大于夏季和秋季的增暖;但在远期,增暖在冬季最强,而在夏季最弱。胡芩等(2015)选取了 30 个 CMIP5 模式的集合平均,取 1986—2005 年作为参考时段,在 RCP4.5 情景下得到 21 世纪早期(2016—2035 年)、中期(2046—2065 年)和晚期(2081—2100 年),青藏高原区域年平均地面气温分别增高 1.1、2.1 和 2.7 ℃。

区域气候模式对东亚气候有更好的模拟能力,其对青藏高原气候变化预估试验结果(Ji and Kang,2013a)表明,相对于 1996—2005 年,在 RCP4.5 情景下,未来(2090—2099 年)高原年平均、冬季和夏季平均气温表现为一致升高。年平均气温升幅为 1.5~2.4 ℃,升温中心位于高原西南部,而东南部升温相对较小。冬季增温相对较强,基本在 1.8 ℃ 以上。夏季的增温幅度小于冬季,整个高原的升温在 2.1 ℃ 以内,其中高原东部相对较小,范围为 0.8~1.2 ℃,高原西部及北部的柴达木盆地为高值区,升温为 1.8~2.1 ℃。RCP8.5 情景下气温变化的空间分布与 RCP4.5 情景下较一致,但升温幅度明显增强,其中年平均升温在 3.9 ℃ 以上,冬季升温在大部分地区超过 4.5 ℃,夏季气温的升幅为 3.3~3.6 ℃。最新区域模式集合模拟结果(徐影等,2018)[①]显示,在未来全球和我国持续变暖的背景下,相对于基准期(1986—2005 年),在 21 世纪近期(2021—2050 年),青藏高原地区年平均、冬季、夏季平均气温都将升高。冬季升温幅度大于夏季,冬季增温多为 1.5~2.1 ℃,而夏季增温多为 1.1~1.5 ℃。除柴达木盆地和喜马拉雅山东端外,冬季的升温普遍比夏季偏高 0.4 ℃,区域平均增温比夏季高约 0.46 ℃。并且冬季升温幅度的空间差异要大于夏季,冬季升温大值区位于高原东南部的横断山区域,最大值可超过 2.2 ℃;而夏季升温大值区位于北部的祁连山、南部的喜马拉雅山及其东端,最大值可超过 1.4 ℃,其他地区的升温幅度差异不大(图 9.1)。从升温速率来看,冬季气温的变化趋势也较夏季更快。到 2050 年时,冬、夏季高原平均气温分别增加约 2.5 ℃ 和 1.4 ℃,年平均气温增加 1.9 ℃(图 9.2)。气温的线性变化趋势有明显的空间差异。在冬季,升温速率较快的区域位于昆仑山和巴颜喀拉山以北及喜马拉雅山周边,趋势值普遍超过 0.45 ℃·(10 a)$^{-1}$。而在夏季,高值区位于藏南河谷和横断山河谷地区,趋势值多为 0.3~0.35 ℃·(10 a)$^{-1}$(图 9.3)。

此外,降尺度统计结果表明:整个高原东部地区未来气温都将呈逐渐上升趋势,青海高原上升趋势要显著大于川西高原地区。至 21 世纪中叶,整个高原东部地区气温将上升 2.5~3.0 ℃,川西高原将上升 2.0~2.5 ℃,青海高原将上升 2.5~3.5 ℃(杨淑群等,2013)。

李红梅和李林(2015)利用 CMIP5 耦合模式的情景预估结果,以 1890—1900 年为基准气候,确定了对应全球变暖 2.0 ℃,在三种情景下(RCP2.6、RCP4.5、RCP8.5)全球变暖分别发生在 2063、2040 和 2036 年,对应着高原地区的平均气温将显著增温,分别上升 2.99、3.22、3.28 ℃。

---

① 引自:徐影,韩振宇,石英,2018.区域气候模式模拟结果,下同。

气候变化与青藏高原大气水分循环

总体来说,未来高原地面气温将升高,但升温幅度存在明显的地域和季节性差异,其中冬季的升温高于夏季,高原西南部冈底斯山和喜马拉雅山的升温高于高原中部地区。

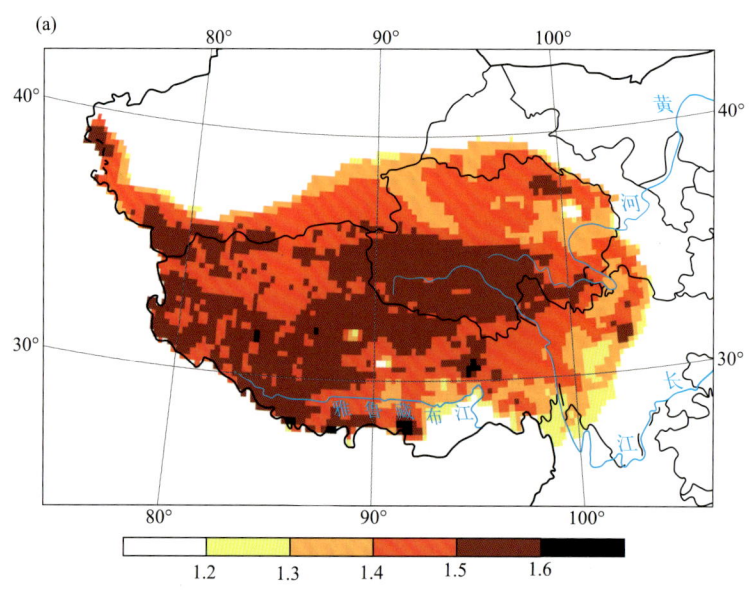

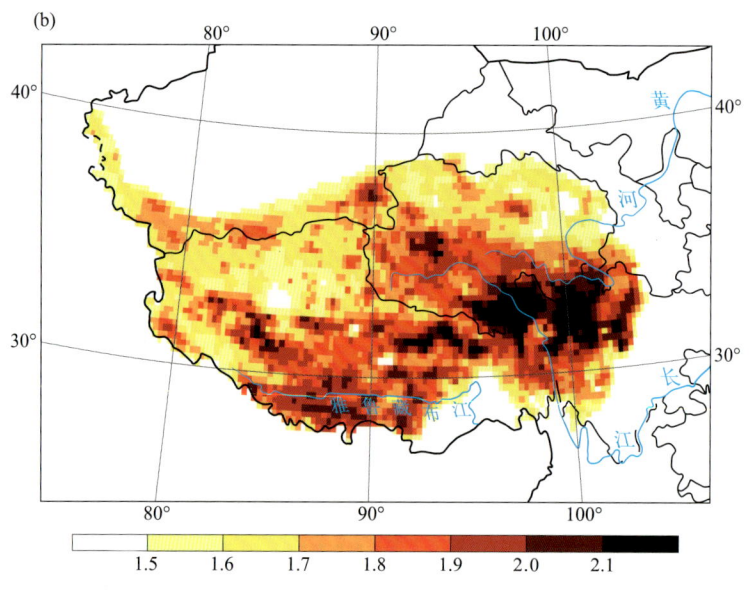

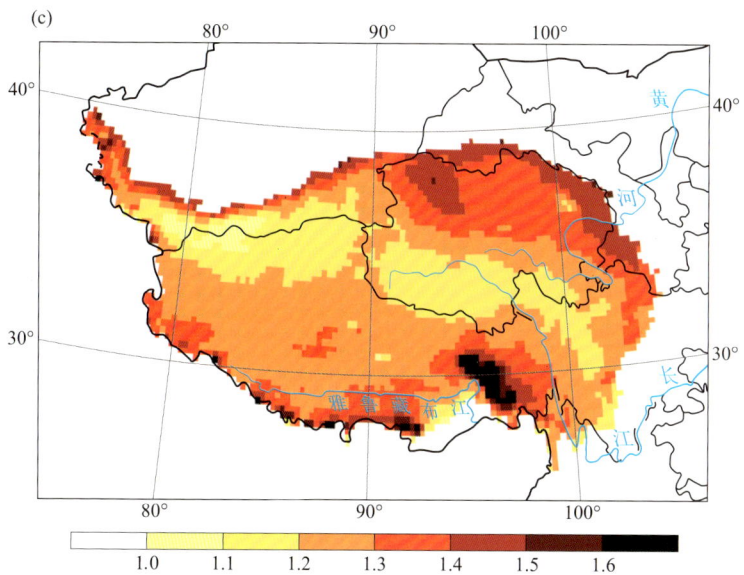

图 9.1 21 世纪近期(2021—2050 年)青藏高原地区气温的变化
(单位:℃;相对于 1986—2005 年)(徐影等,2018)
(a)年平均;(b)冬季;(c)夏季

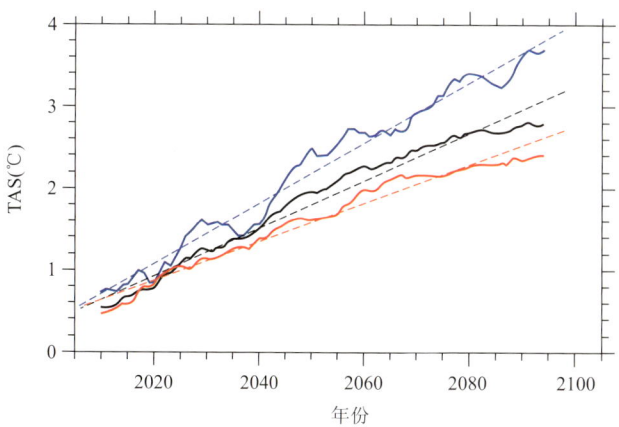

图 9.2 青藏高原地区未来气温的变化(单位:℃;相对于 1986—2005 年;对序列进行了 9 a 滑动平均;黑线为年平均,蓝线为冬季,红线为夏季;徐影等,2018)

气候变化与青藏高原大气水分循环

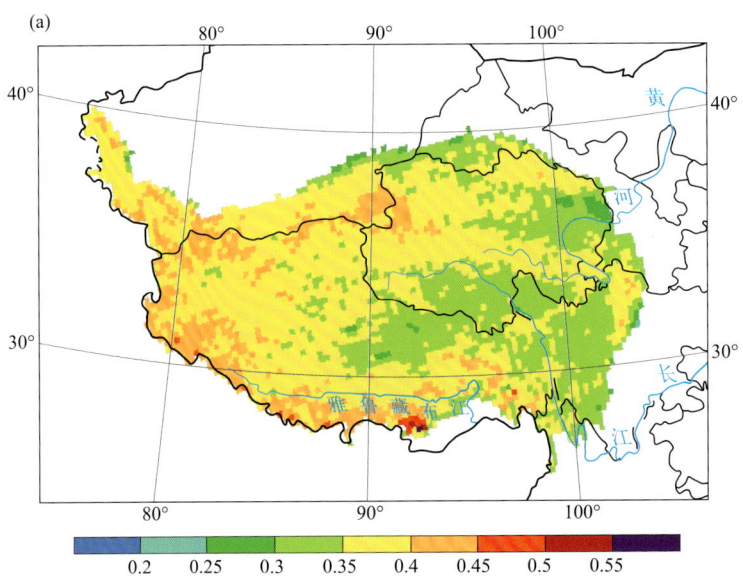

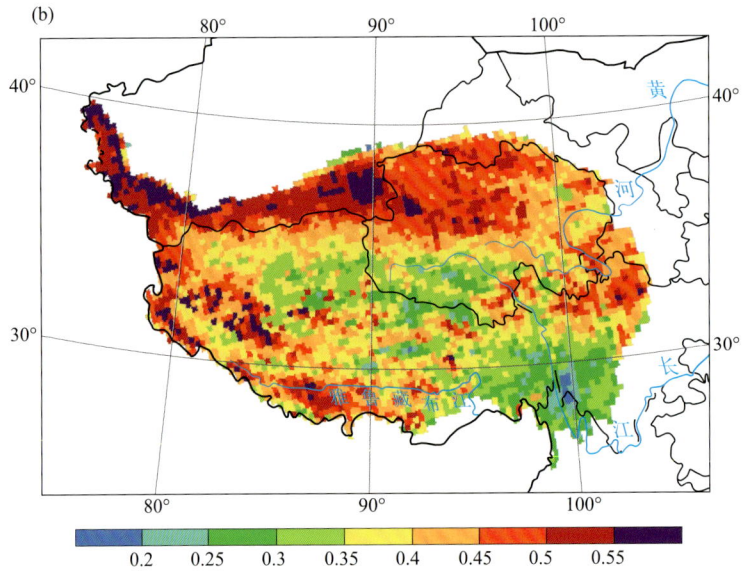

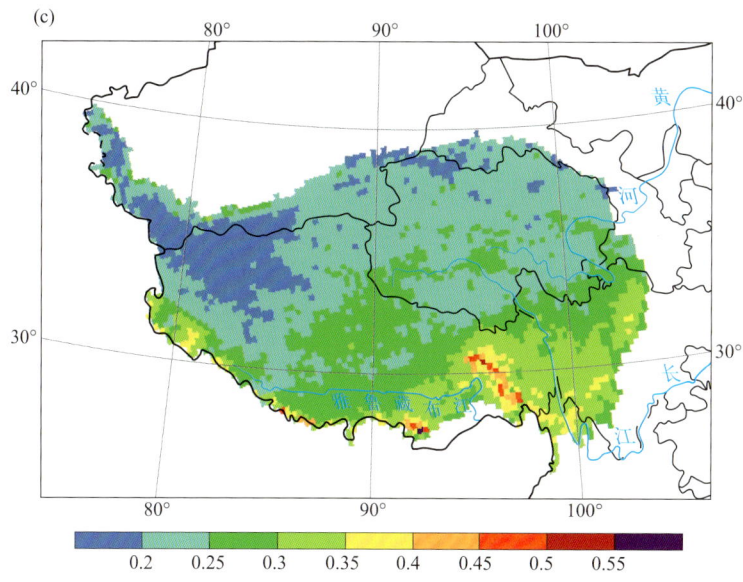

图 9.3 21世纪近期(2021—2050年)青藏高原地区气温的
线性变化趋势(单位:℃·(10 a)$^{-1}$;徐影等,2018)
(a)年平均;(b)冬季;(c)夏季

9.2 降水变化

  刘晓东等(2009)的预估结果表明,相对于1980—1999年,2030—2049年青藏高原大部分地区降水量的变化相对较小。青藏高原大部分地区和全年多数季节降水可能增加,但未来30~50 a青藏高原地区降水率增量通常不超过5%。Chen等(2011)的结果表明,2011—2040年期间青藏高原降水将增加,高原气候将会更加湿润,如夏季降水增加的概率大于60%;21世纪末期(2070—2099年),青藏高原冬夏季降水都将显著增加,其概率分别为60%和80%。Su等(2013)利用CMIP5中的24个模式对青藏高原21世纪降水变化的预估表明,在RCP2.6和RCP8.5情景下,高原在近期

(2006—2035年)年平均降水相对于基准期(1961—2005年)将增加3.2%;而在远期(2036—2099年)相对于基准期年均降水将增加12%以内。降水的增加具有季节差异,在近期,夏季、秋季和春季的降水增加为5.0%~7.0%,冬季为2.0%~4.0%。不同情景之间的差异在远期随时间增加而变大。在RCP8.5情景下,春季、夏季和秋季在远期降水的增加为10.0%~15.0%,冬季为6.0%;在RCP2.6的情景下,远期降水的增加约为RCP8.5情景下的一半。最大的降水增幅出现在夏季,冬季降水增幅最小。胡芩等(2015)选取了20个CMIP5模式的集合平均,取1986—2005年作为参考时段,在RCP4.5情景下得到21世纪早期(2016—2035年)、中期(2046—2065年)和晚期(2081—2100年)青藏高原区域年平均降水分别增加4.4%、7.9%和11.7%。Ji和Kang(2013a)利用区域气候模式对青藏高原未来降水变化的预估表明,RCP4.5情景下年平均降水的变化基本以增加为主,相对于当代(1996—2005年),未来(2090—2099年)高原北部、西部及东南部的降水增加10%~25%,而东部地区略有减少;冬季降水在整个高原均表现为增加,部分地区增幅超过25%;夏季降水增加高值区位于喀喇昆仑山区,中心值超过75%,其他地区为正负相间的分布,变化均较小。RCP8.5情景下,降水变化的空间分布与RCP4.5情景下基本一致,但变化幅度增大。

徐影等(2018)的最新研究表明,在21世纪近期(2021—2050年),青藏高原地区年平均及冬季、夏季平均降水也以增加为主,局地存在不足5%的减少趋势。冬季降水增加幅度普遍大于夏季,高值区位于柴达木盆地和昆仑山附近,相对增加值超过30%(图9.4)。从增长速率来看,冬季降水持续增加,到2050年时,高原平均降水增加约6%。而夏季降水的增加幅度变化不大,维持在1%附近。年平均降水在2050年时增加约3%(图9.5)。降水的线性变化趋势也有明显的空间差异。在冬季,高原南缘少数区域存在3%·(10 a)$^{-1}$以内的减少趋势,其他区域均是增加趋势,高值位于柴达木盆地附近,趋势值超过6%·(10 a)$^{-1}$。在夏季,线性趋势呈东西相反分布,90°E以西的高原腹地为3%·(10 a)$^{-1}$以内的减少趋势,其他区域为增加,高值仍位于柴达木盆地附近(图9.6)。总体来说,降水在整个高原以增加为主,高原北部和西部地区为增幅大值区。两种情景相比,RCP8.5情景与RCP4.5情景下的空间分布趋势基本一致,但前者的变化强度增大。

降尺度统计结果表明,整个青藏高原地区随着年代增加,降水线性变化趋势并不明显,基本一直维持着南北多、中间少的降水空间分布特征,具体表现为:川西高原和青海高原边缘交界处降水有一定程度的减少,其减少程度在50 mm左右,其余大部地区有一定程度的增加趋势,其中青海高原北部地区和川西高原地区年降水量增加范围都在200 mm以内(杨淑群等,2013)。

近年来,随着高性能计算机的发展,高分辨率全球气候模式开始被用于区域气候变化预估。冯蕾和周天军(2017)使用日本气象研究所(Meteorological Research Institute,MRI)大气环流模式在20 km分辨率下的国际大气模式比较计划(Atmospheric

第9章
气候变暖背景下青藏高原区域气候和水资源未来趋势预估

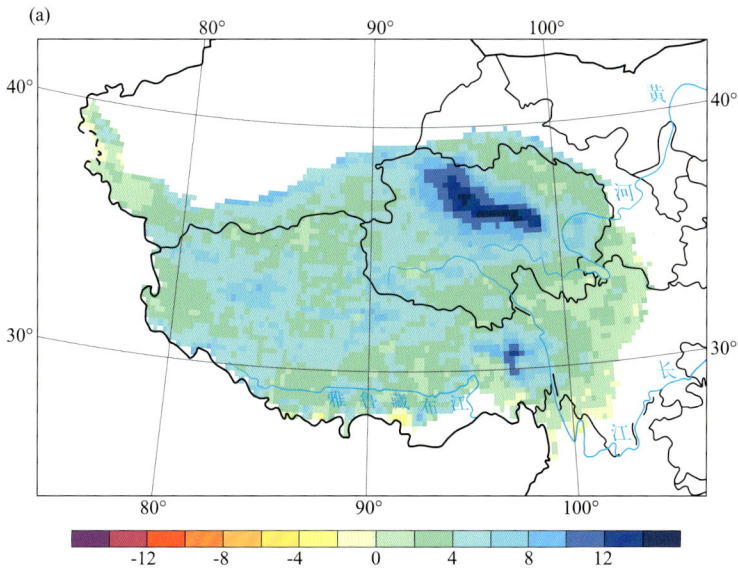

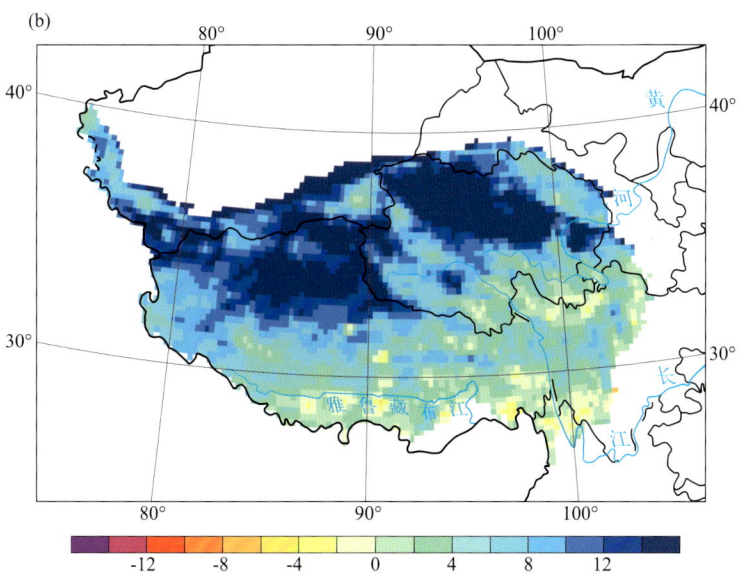

247

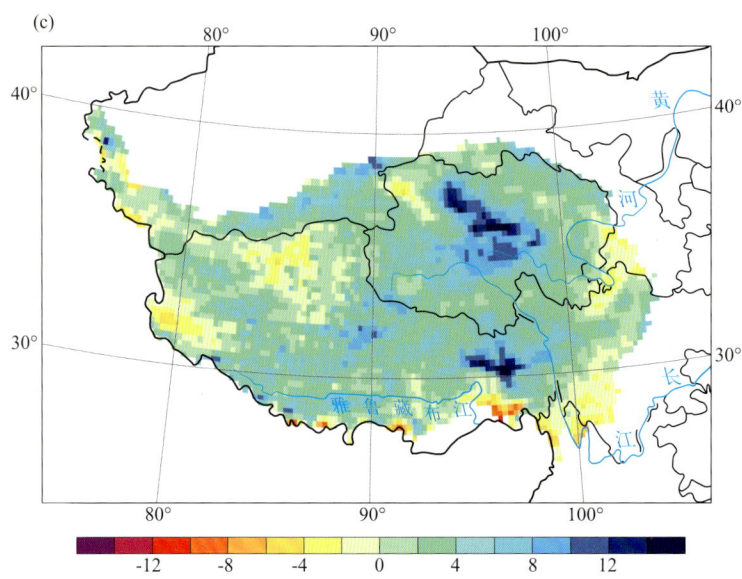

图 9.4 21世纪近期（2021—2050 年）青藏高原地区降水的相对变化
（单位：%；相对于 1986—2005 年；徐影等，2018）

(a)年平均;(b)冬季;(c)夏季

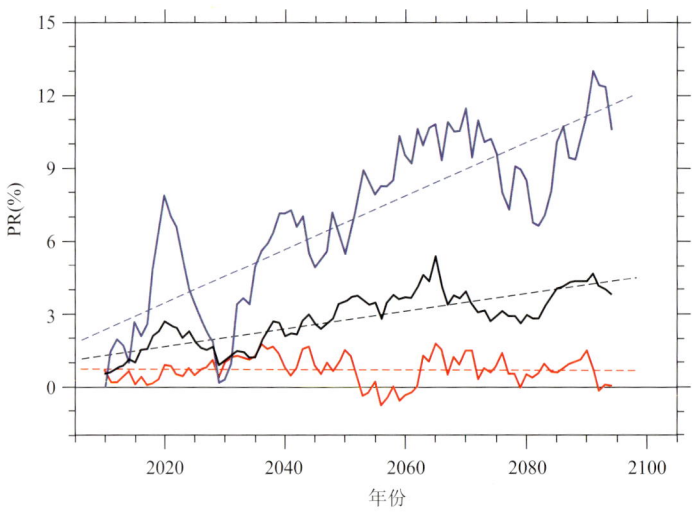

图 9.5 青藏高原地区未来降水的相对变化（单位：%；相对于 1986—2005 年；对序列进行了 9 a 滑动平均；黑线为年平均，蓝线为冬季，红线为夏季；徐影等，2018）

第9章
气候变暖背景下青藏高原区域气候和水资源未来趋势预估

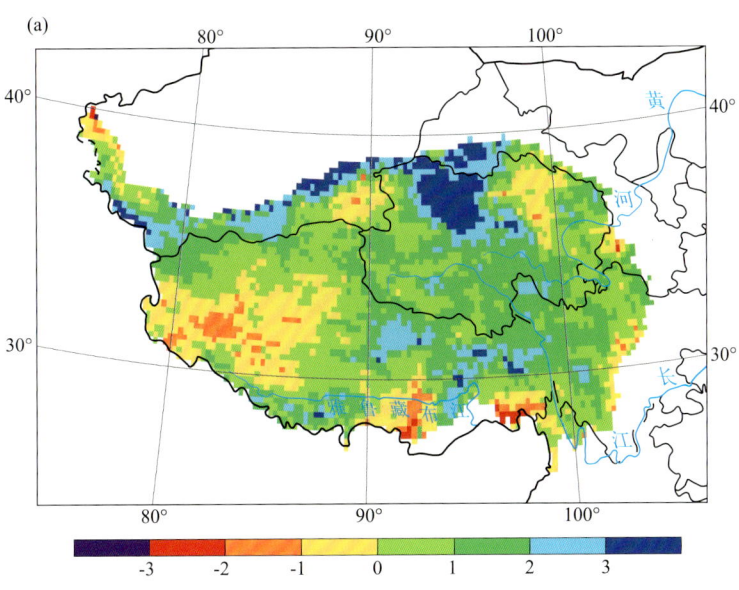

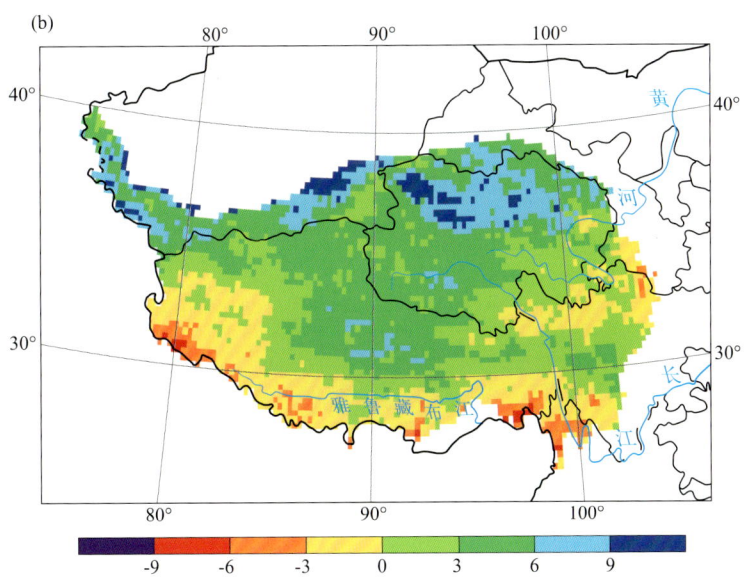

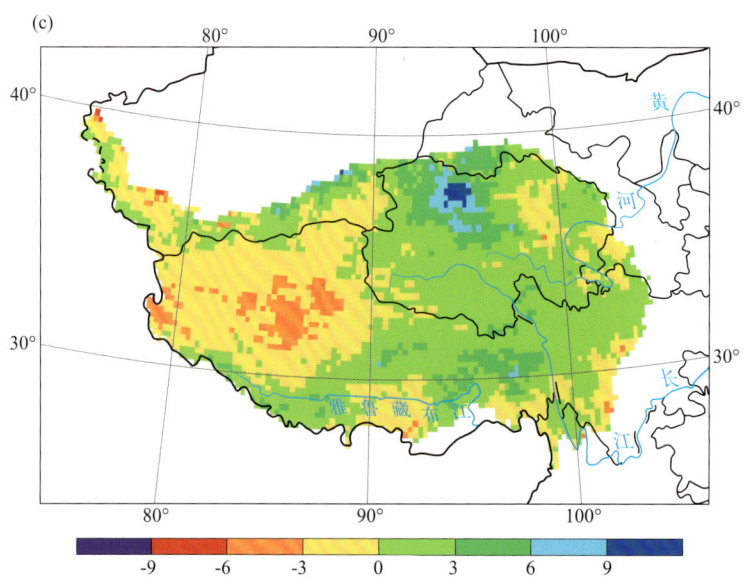

图 9.6 21 世纪近期(2021—2050 年)青藏高原地区降水的线性变化趋势
(单位:%·(10 a)$^{-1}$;相对于 1986—2005 年;徐影等,2018)
(a)年平均;(b)冬季;(c)夏季

Model Intercomparison Project,AMIP)试验结果以及 A1B 情景下的预估试验数据,对青藏高原夏季(6—8 月)降水的变化做预估分析;结果表明,A1B 情景下,高原大部分地区夏季平均降水量表现出显著的增加趋势。降水增加的中心位于高原东南部,增幅达 1.2 mm·d^{-1}。高原西北大部分地区夏季降水量增加不足 0.3 mm·d^{-1},但也通过了 0.05 信度的显著性检验。降水减少的区域主要位于高原南部、东北部以及西北部边缘地区,最大减小值为 0.2 mm·d^{-1} 左右。高原夏季降水的相对变化表现出明显的南北差异,北部地区降水量的增加达 40% 以上,次大值位于高原东南部,降水增加达 40%,高原中部夏季降水的增加不足 10%。总体来看,高分辨率 MRI 模式预估的青藏高原夏季降水变化与较低分辨率的耦合模式预估结果基本一致,但它提供了更详细的局地变化信息。

9.3 极端事件变化

相对于 1961—1990 年,分析多个气候模式在 SRES 情景下的预估结果(江志红等,2009;Jiang et al.,2012)表明,21 世纪末期青藏高原区域霜冻天数将减少,其减少幅度为 10%~30%;热浪天数将显著增加(增幅为 10 倍以上),暖夜天数也将增加 4 倍以上。对于极端降水,变暖背景下其强度增强、频次增多,如降水强度将增加 10%~26%;最大连续 5 d 降水量将增加 25%~45%;极端降水贡献率的增幅则为 40%~60%。在 RCP2.6、RCP4.5 和 RCP8.5 三种情景下,Zhou 等(2014)分析 CMIP5 中 MPI_ESM_LR 模式的集合预估结果表明,青藏高原 2006—2100 年期间,白天极端低温日数(TX10)、夜间极端低温日数(TN10)和冰冻日(ID)明显变小,夜间极端高温日数(TN90)、白天极端高温日数(TX90)、热浪期指数(HWDI)和暖日指数(HWFI)明显变大,而日较差(DTR)没有发生明显的变化。各种指数在 RCP8.5 情景下具有最大的变化趋势,而在 RCP2.6 情景下变化趋势最小。对于 RCP8.5 和 RCP4.5 两种情景,除了日较差(DTR)外,所有的变化趋势都是显著的,超过了 0.05 显著性水平。日较差(DTR)变化不显著是由于白天极端高温日数(TX90)和夜间极端高温日数(TN90)具有相当的上升趋势所致。另外,在所有增加的线性变化趋势中夜间极端高温日数(TN90)的上升趋势最大,而在所有减小的线性变化趋势中冰冻日(ID)的减少趋势最大。对于 RCP2.6 情景,夜间极端高温日数(TN90)的增加趋势是唯一显著的,说明了在所有情景下夜间极端高温日数(TN90)具有显著的增加趋势。此外,Zhou 等(2014)利用 CMIP5 中 24 个气候模式结果的集合,预估了相对于 1986—2005 年,在 RCP4.5 和 RCP8.5 两种情景下,包括青藏高原在内的中国西南区域(77°~106°E,22°~36°N)在 21 世纪末期(2081—2100 年)极端温度和降水的变化;结果表明:与高温有关的极端事件(日最低气温最低值、日最高气温最高值、高于 20 ℃的暖夜数、高于 25 ℃的夏日数、暖期、暖夜、暖日)均增加,并且 RCP8.5 情景比 RCP4.5 情景的增幅更大;而与低温有关的极端事件(霜冻日数、冰冻日数、冷期、冷夜、冷日)均减少,RCP8.5 情景比 RCP4.5 情景的减少幅度更大;与降水有关的极端事件(总湿日降水量、平均日降水强度、极端降水日数、连续 5 d 降水量)增加,表现为 RCP8.5 情景比 RCP4.5 情景的增幅更大;由于温度和降水的增加,生长季长度也表现出增加,

RCP8.5情景比RCP4.5情景的增幅更大。徐影等(2018)的最新研究表明,青藏高原地区极端降水也显著增加。强降水日数的增加在多数区域不足1 d,在横断山河谷附近存在2~4 d的增幅,增幅的极值可超过5 d。强降水量的相对增加在多数区域超过10%,高值区在柴达木盆地东南部和横断山河谷附近,增幅可超过30%(图9.7)。

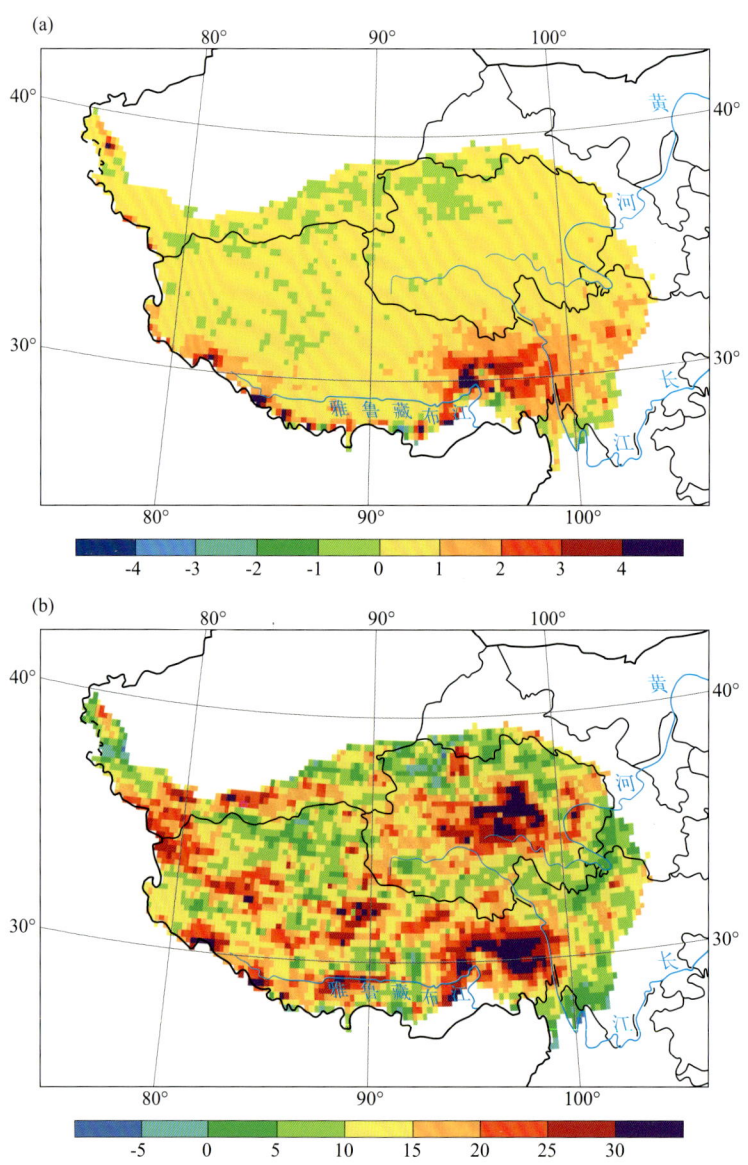

图9.7 21世纪近期(2021—2050年)青藏高原地区极端降水的变化(相对于1986—2005年;徐影等,2018)
(a)强降水日数的变化(单位:d);(b)强降水量的相对变化(单位:%)

此外，冯蕾和周天军(2017)的分析进一步表明：在 A1B 情景下，高原南部中雨和大雨日数显著增加，小雨日数显著减少；高原北部降水日数的增加主要集中在小雨和中雨强度，大雨日数的变化并不显著。在 A1B 情景下，高原夏季第 95 百分位阈值极端降水量(R95p)和 5 d 最大降水量(RX5day)都表现出大范围的增加。极端降水增加最显著的地区为高原东南部，R95p 和 RX5day 分别增加 20 mm 和 15 mm 以上，其次为高原东北部和西南部。极端降水减少的区域位于高原中部，但未通过 0.05 信度的显著性检验。对于最大持续干旱日数(CDD)和最大持续降水日数(CWD)的变化，两者变化趋势相反，且呈现显著的南北差异。高原北部和东南部，最大持续干旱日数减少 25% 以上，最大持续降水日数增加 25% 以上。高原中东部和南部，最大持续干旱日数增加 25% 左右，最大持续降水日数减少 10% 左右，这意味着高原北部干旱化程度将有所减缓。以上分析表明，在 A1B 情景下，几乎整个高原地区的夏季降水总量和降水强度均增加，增加的中心位于高原东南部。高原南部降水频率减少，意味着该地区降水强度的增加速率比降水总量的增加速率快。另有研究表明，在 RCP4.5 情景下，中雨日数、强降水量、降水强度均增加，持续干旱天数减少(李红梅和李林，2015)。

9.4 积雪变化

利用区域气候模式预估的 SRES A1B 情景下高原积雪在 21 世纪将减少(Shi et al.，2011)，并且减小的趋势远大于中国的东北和西北。2021—2099 年间的线性趋势表明，高原积雪日数的减少趋势为 11 d·(10 a)$^{-1}$，积雪深度(雪水当量)的减少趋势为 1.5 mm·(10 a)$^{-1}$，积雪开始日期的推迟趋势为 6 d·(10 a)$^{-1}$，积雪结束日期的提前趋势为 7 d·(10 a)$^{-1}$。在 RCP4.5 和 RCP8.5 两种情景下，Ji 和 Kang(2013b)分析区域气候模式对青藏高原未来 2006—2099 年积雪变化的预估结果表明，相对于 1986—2005 年，高原和全国平均的积雪日数均呈下降趋势，RCP8.5 情景下的下降趋势明显大于 RCP4.5，高原的下降趋势明显大于全国平均(图 9.8)；在 RCP8.5 情景下，高原的下降趋势为 3.7 d·(10 a)$^{-1}$，高于全国平均(2 d·(10 a)$^{-1}$)。对于雪水当量来说，两种情景下也为下降趋势，青藏高原区域的下降趋势要明显强于全国平均。在高原区域，RCP8.5 情景下雪水当量的下降趋势(0.5 mm·(10 a)$^{-1}$)要大于

RCP4.5情景下的下降趋势(0.3 mm·(10 a)$^{-1}$)。此外,积雪在21世纪未来的变化具有明显的空间差异,如在RCP4.5情景下,在21世纪中期(2040—2059年),积雪日数最大减少区域在高原东部(10~20 d),其他区域相对较小;雪水当量的最大减少区域在高原的东部和南部,减少的量可达到10 mm,但在高原中部略有增加,增加的幅度为0.1~1 mm。到21世纪末期(2080—2099年),积雪日数减少幅度增大,三江源区域和高原南部一些区域的积雪日数可减少30 d以上;雪水当量的空间分布与21世纪中期类似,减少的幅度略有增加。

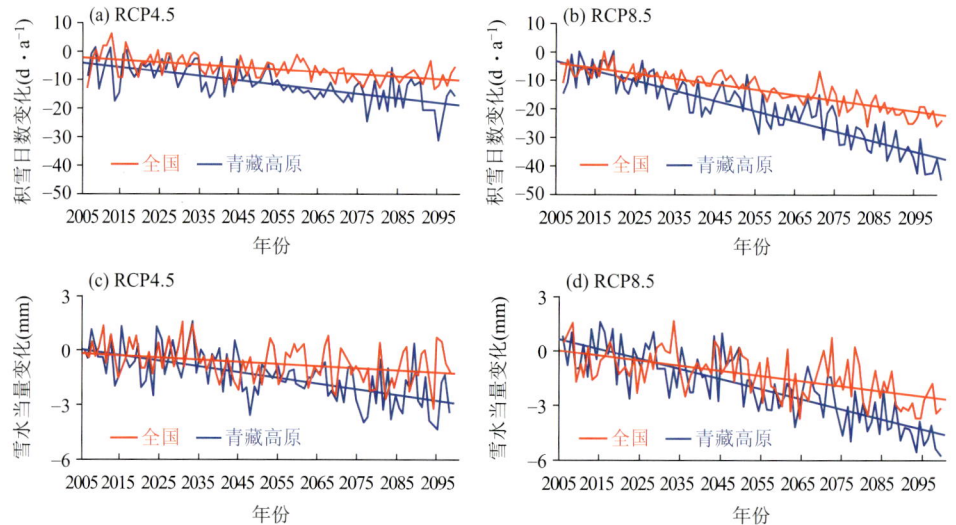

图9.8 2006—2099年青藏高原(TP)和全国区域平均(CN)的积雪日数(a,b)和雪水当量(c,d)在RCP4.5(a,c)和RCP8.5(b,d)情景下的变化(直线为线性趋势)(Ji and Kang, 2013b)

9.5 冰川变化

近数十年来,在全球变暖和冰川退缩加快的大背景下,青藏高原江河径流量亦呈现出不稳定的变化。从变化趋势可知,短期内冰川退缩将使河流水量呈增加态势,但亦会加大以冰川融水补给为主的河流或河段的不稳定性;而随着气候持续变暖、冰川持续退缩,冰川融水将进一步减少,以冰川融水补给为主的河流,特别是中小支流将面临逐渐干涸的威胁(姚檀栋和姚治君,2010)。冰川的这种调丰补枯作用正在发生着显著变化,萎缩的冰川面积降低了冰川的多年调节作用(陈仁升等,2018)。

  对于稳定型冰川来说,在气温升高 0.03 ℃·a^{-1} 的情景下,到 2050 和 2100 年这种类型的冰川面积将分别减少 9% 和 23%(相对于 20 世纪 80 年代的面积);如果气温升高 0.05 ℃·a^{-1},这种类型的冰川面积到 2050 和 2100 年将分别减少 18% 和 25%(相对于 20 世纪 80 年代的面积)。对于敏感型冰川来说,在气温升高 0.03 ℃·a^{-1} 的情景下,到 2050 和 2100 年这种类型的冰川面积将分别减少 30% 和 60%(相对于 20 世纪 80 年代的面积);如果气温升高 0.05 ℃·a^{-1},敏感型冰川的面积到 2050 和 2100 年将分别减少 48% 和 84%(相对于 20 世纪 80 年代的面积)(图 9.9)(陈德亮等,2015)。

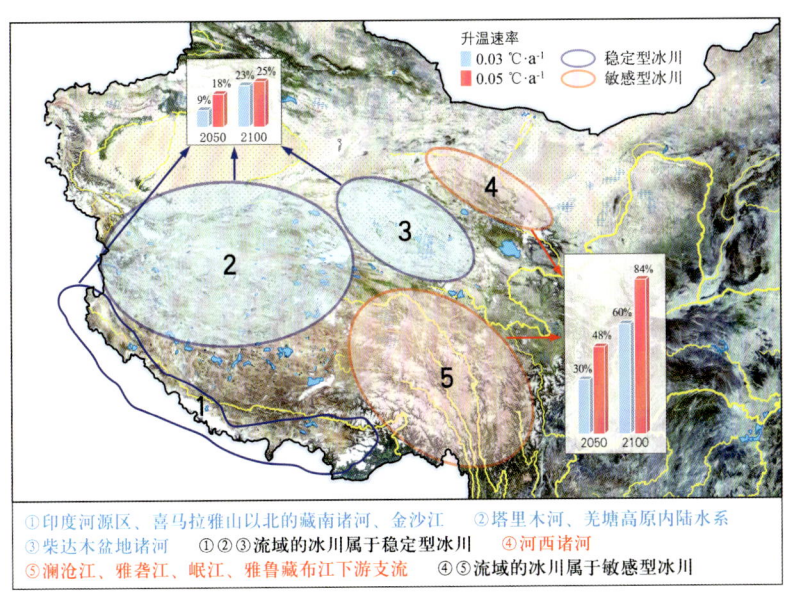

图 9.9 青藏高原冰川面积变化与预估(基准期为 20 世纪 80 年代)
(谢自楚,2006;陈德亮等,2015)

  Immerzeel 等(2013)利用 CMIP5 气候模式预估结果的集合,驱动一个高分辨率冰-水文模型,对位于青藏高原的巴尔托洛(Baltoro)区域和朗塘(Langtang)区域21世纪冰川的未来变化进行了预估(图9.10)。结果表明:在RCP8.5的情景下,相对于1961—1990年,到2100年对于冰川相对较大并且较厚的巴尔托洛区域,冰川面积和冰量分别减少33%和50%,而对于冰川相对较小并且较薄的朗塘区域,冰川面积和冰量的减少更显著,分别为54%和60%。冰川面积的减小程度在21世纪的后半段更大,如在朗塘区域,在RCP4.5和RCP8.5的情景下,2021—2050年平均的冰川面积分别减少9%和14%,而2071—2100年平均的冰川面积分别减少37%和54%。从已有的研究结果来看,总体而言,未来几十年中国冰川将持续退缩,到21世纪后半期退缩幅度更大。但需要注意的是,冰川对气候变化具有滞后响应,并且面积较小的冰川退缩更显著。由于中国冰川中80%以上都是面积小于 $1~km^2$ 的小冰川,未来几十年中国冰川条数将会减少(任贾文和效存德,2012)。陈德亮等(2015)以当前(1961—1990年)状态为参照,考虑多种情景,分别对青藏高原近期(现今—2050年)和远期(2051—2100年)冰川作出如下预估:冰川以后退为主,敏感型冰川的后退幅度大于稳定型冰川,以每10 a增温0.3 ℃计算,在近期和远期,敏感型冰川的面积相对于20世纪80年代将分别减小31%和63%,而稳定型冰川面积也将分别减小11%和27%(图9.10)。张人禾等(2015)应用冰川系统对气候变化响应的功能模型(谢自楚等,2006),在升温率为0.01、0.03及$0.05~℃·a^{-1}$三种情景下,计算得到中国敏感型冰川和稳定型冰川的面积变化;结果表明,不同敏感型冰川区冰川面积变化的过程和速率是不同的,两类冰川的面积随温度的增高都减小,增温率越大冰川面积减少的速率越大。敏感型冰川区冰川面积减小速率更大,表现为急速减少;在增温率为$0.05~℃·a^{-1}$的情景下,到2100年冰川面积减少约86%。稳定型冰川区冰川面积的退缩率则比敏感型冰川小得多,在$0.05~℃·a^{-1}$的情景下,到2050年冰川面积减小率平均约为18%,到2100年约为45%。

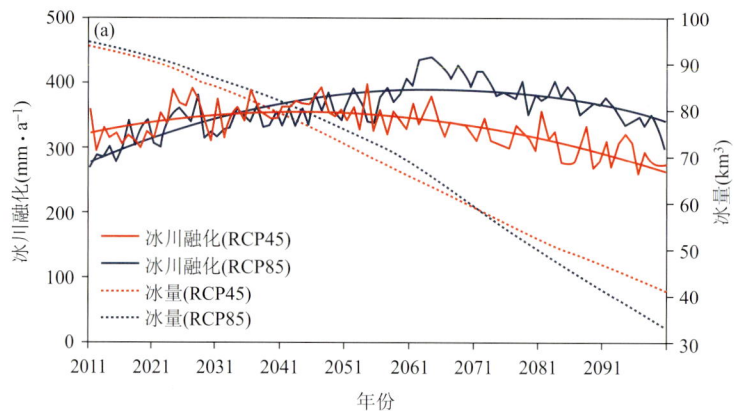

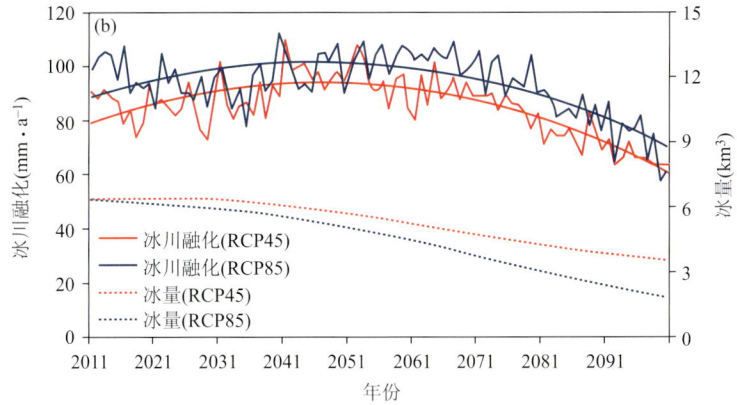

图 9.10 预估（2100 年）的巴尔托洛（Baltoro）区域（a）和朗塘（Langtang）区域（b）冰川和冰量的变化（Immerzeel et al.，2013）

9.6 径流变化

杨淑群等（2013）利用 HadCM3 模式的 SRES A2 排放情景资料，根据多元回归方法建立了高原东部地区 4 个水文站（直门达、唐乃亥、甘孜、雅江）年平均径流量的预报模型。结果表明：直门达站将出现微弱的下降趋势，唐乃亥站将出现显著的下降趋势，甘孜站表现为微弱的上升趋势，而雅江站将出现明显的上升趋势。以上说明未来青海高原年平均径流量将出现减少趋势，川西高原年平均径流量将出现增加趋势。其中未来黄河上游源区年平均径流量将持续减少，雅砻江下游地区径流量将持续增加，而长江上游源区和雅砻江上游地区年平均径流量将经历减少→增多→减少的趋势。相对于 1961—1990 年气候平均值，2011—2049 年长江上游源区年平均径流量将下降 3.6%，黄河上游源区下降 21.1%，雅砻江上游地区上升 1%～5%，雅砻江下游地区上升 12.4%。利用 CMIP3 中 20 个气候模式和 2 个降水-径流模型，在全球增暖 1 ℃时（大约在 2030 年），取所有气候模式在雅鲁藏布江流域各格点年平均降水的中间百分位，结果表明气候变化使得整个流域的年平均径流增加 13%，增加的区域主要在雅鲁藏布江中游及其支流拉萨河和年楚河流域，增加的时段主要在 5—9 月的湿季（Li et al.，2013）。Immerzeel 等（2013）利用

CMIP5 中的 4 个气候模式预估结果的集合,驱动一个高分辨率冰-水文模型,结果表明,相对于 1961—1990 年,在 RCP4.5 的情景下,2021—2050 年时段朗塘和巴尔托洛流域的年径流量分别增加 31% 和 46%,而在 RCP8.5 的情景下,2071—2100 年时段年径流量分别增加 88% 和 96%(图 9.11)。Lutz 等(2014)利用一个高分辨率冰冻圈-水文模型,集成 4 个 CMIP5 气候模式,在 RCP4.5 的情景下预估高原未来的气候变化,并研究了青藏高原河流径流量对气候变化的响应。结果表明,相对于 1998—2007 年,到 21 世纪中期径流呈增加的趋势。考虑不同气候模式预估结果平均的径流变化情况,处于青藏高原的印度河、恒河、雅鲁藏布江、莎尔温江和湄公河上游流域的年径流量到 2041—2050 年将分别增加 6.8%、6.7%、5.0%、9.1% 和 11.0%。

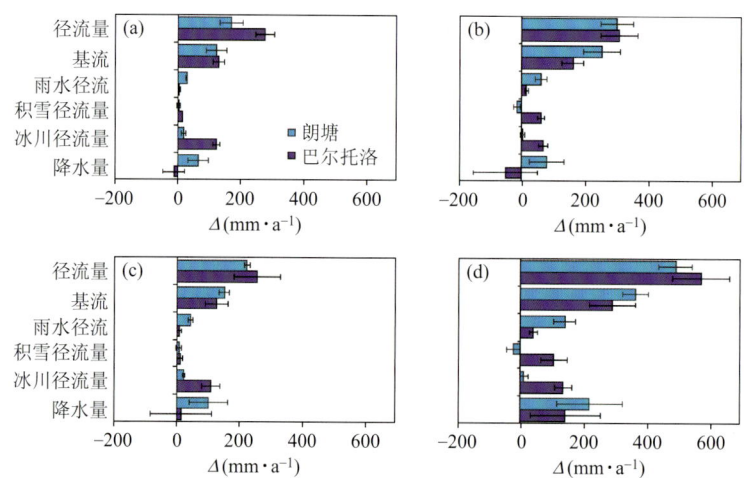

图 9.11 预估(2100 年)的巴尔托洛(Baltoro)区域和朗塘(Langtang)地区水分平衡要素的变化(a、b 为 RCP4.5;c、d 为 RCP8.5)(Immerzeel et al.,2013)

9.7 冻土变化

常燕等(2016)利用第五次耦合模式比较计划(CMIP5)多个模式的模拟结果,预估了未来不同典型浓度路径(RCPs)情景下高原地表层多年冻土的可能变化。结果表明:高原地表层多年冻土呈现区域性退化趋势,高原东部、南部及北部边缘地区冻土带退化较为明显,多年冻土区有从外围向西北部逐步退化的趋势(图9.12)。RCP2.6、RCP4.5、RCP6.0和RCP8.5情景下未来50 a地表层多年冻土面积分别减少约 23.9×10^4 km²(20.8%)、33.5×10^4 km²(27.7%)、25.6×10^4 km²(21.1%)和 43.5×10^4 km²(35.3%),到21世纪末期不同情景下多年冻土面积分别约为 91.4×10^4 km²、70.9×10^4 km²、72.8×10^4 km²和 41.7×10^4 km²(图9.13)。

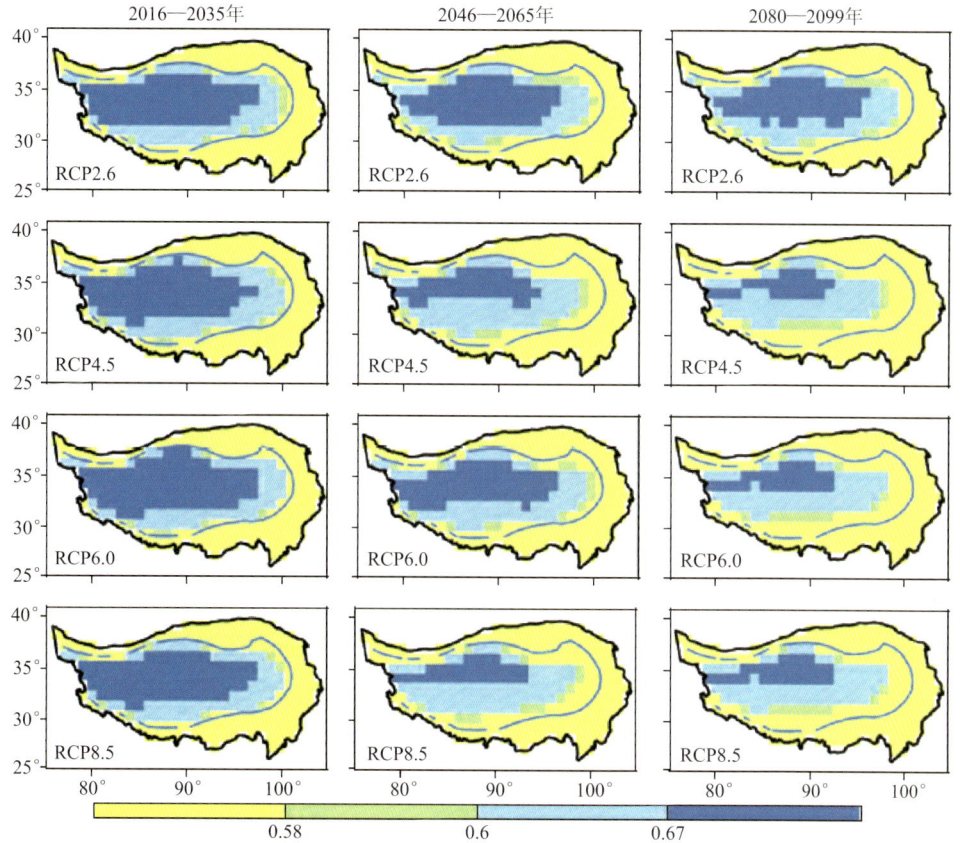

图9.12 RCP2.6、RCP4.5、RCP6.0、RCP8.5情景下多模式集合平均预估
不同时期高原冻土的空间分布(SFI指数>0.58为连续性多年冻土分布;
蓝色等值线为2006年地表层多年冻土分布;常燕等,2016)

其他一些数值模拟结果和基于地理信息系统技术的区域预估结果表明,高原多年冻土在21世纪将会继续退化。在青藏高原气温升高2.2~2.6 ℃的情况下,未来30~50 a青藏高原现今存在的岛状冻土将有80%~90%退化,冻土面积减小10%~

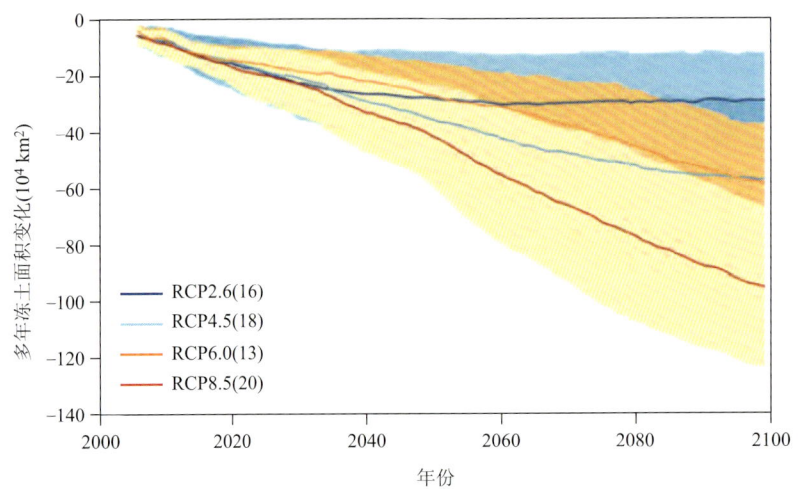

图 9.13 不同排放情景下多模式集合平均预估的 2006—2099 年高原多年
冻土相对于 1986—2005 年的面积变化
（彩色区代表模式间平均的标准差；常燕等，2016）

15%。Guo 等（2012）指出，在 A1B 温室气体排放情景下（青藏高原 1980—2100 年间的增温幅度约为 0.58 ℃），青藏高原冻土面积到 21 世纪中叶预计将减少约 39%，而到 21 世纪末将减少 81%（图 9.14、图 9.15a），而 2030—2050 年间，活动层厚度将从 0.5~1.5 m 增加至 1.5~2.0 m，并且将进一步在 2080—2100 年间增加至 2.0~3.5 m（图 9.15b、图 9.16）。Nan 等（2005）在假定气候年升温率分别为 0.02 ℃·a^{-1} 和 0.052 ℃·a^{-1} 两种情景下，对 50 a 和 100 a 冻土面积进行了预测。结果表明，在前一种情形下，多年冻土面积 50 a 后约为 109.4×10^4 km^2，面积缩小约 8.8%，100 a 后冻土面积减少 13.4%；升温率为 0.052 ℃·a^{-1} 时，高原冻土面积在 50 a 后退化 13.5%（与年增温率为 0.02 ℃·a^{-1} 时 100 a 后的情形相当），而未来 100 a 整个高原多年冻土发生大规模的退化，退化面积达 46%，多年冻土可能退化成季节冻土甚至非冻土，高原面上保留的主要是羌塘高原大片连续多年冻土与极高山地多年冻土。

基于未来温室气体中等排放情景下气候模式给出的气候预测结果，得到高分辨率降尺度分析结果（程志刚和刘晓东，2008）：到 21 世纪中期（2030—2049 年），高原多年冻土面积减少约为 87.26 万 km^2，退化率达到 31.82%；而到 21 世纪末期（2080—2099 年），高原多年冻土面积只有 69.25 万 km^2，较目前将退化 45.89%。王澄海等（2014）利用第三次耦合模式比较计划（CMIP3）中模拟结果相对较好的模式，对未来 50 a 高原多年冻土在不同气候情景下冻土变化趋势进行了模拟计算。结果显示，未来 50 a 高原地区的多年冻土在不同气候情景下都呈现出退化趋势。参照 2006 年冻土面

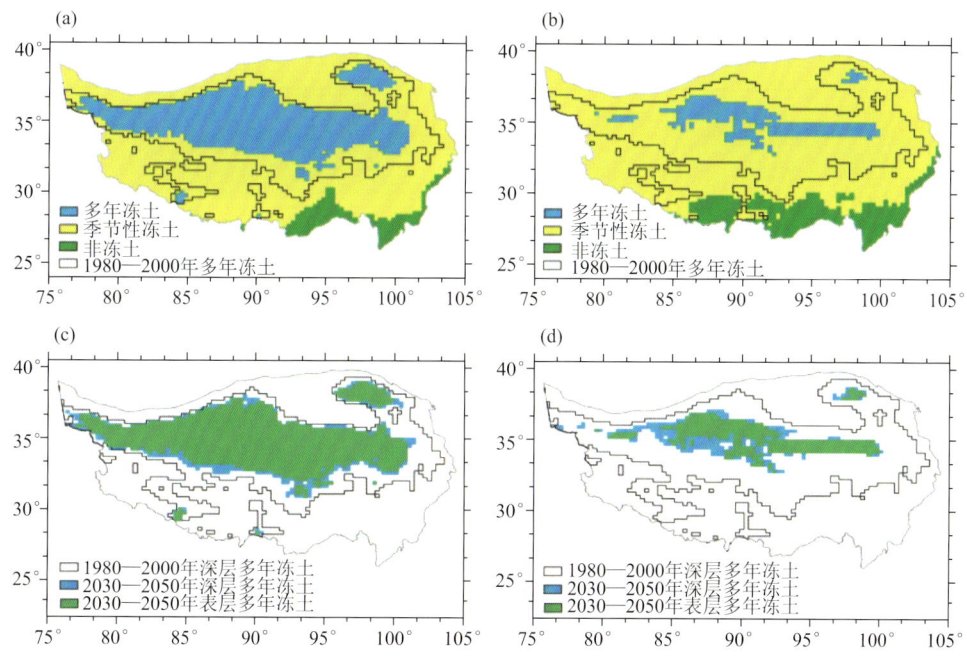

图 9.14 CLM4 模拟的青藏高原多年冻土空间分布（Guo et al., 2012）

(a)2030—2050 年；(b)2080—2100 年；(c)2030—2050 年；(d)2080—2100 年

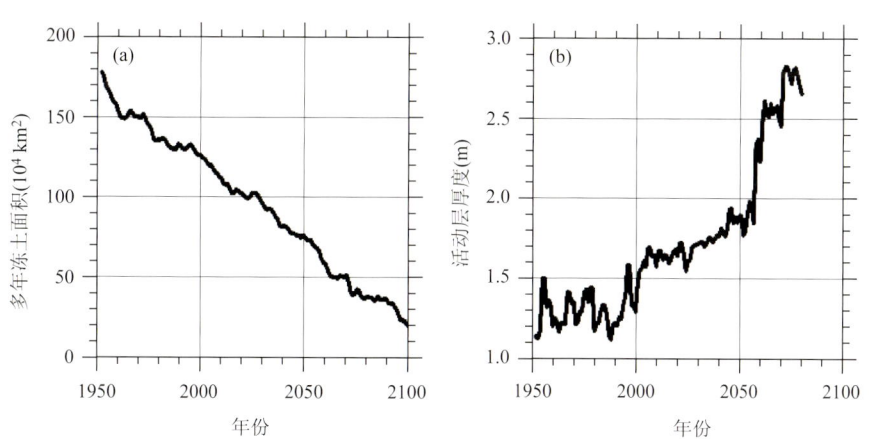

图 9.15 模拟的青藏高原多年冻土面积（a）和活动层厚度（b）的时间变化（Guo et al., 2012）

积，SRESA2 高排放情景下多年冻土平均在 2020 年减少约 5.4%，在 2050 年减少约为 36%。常燕等（2016）利用 CMIP5 多模式集合预估结果指出，高原地表层多年冻土呈现区域性退化趋势，高原东部、南部及北部边缘地区冻土带退化较为明显，有从外围

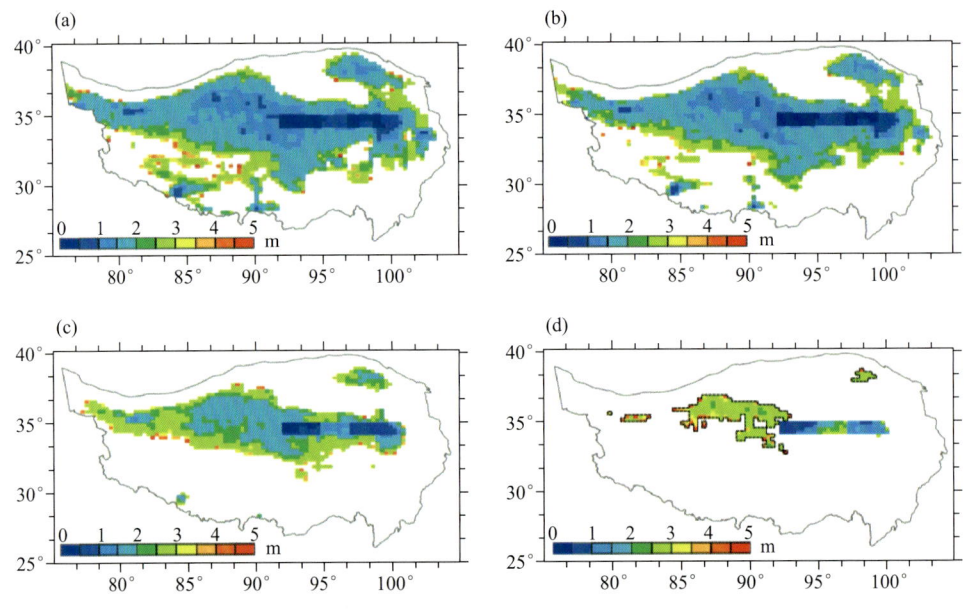

图 9.16　CLM4 模拟的青藏高原活动层厚度的空间分布（Guo et al.，2012）
(a)1951—1971 年；(b)1980—2000 年；(c)2030—2050 年；(d)2080—2100 年

向西北部多年冻土区逐步退化的趋势。政府间气候变化专门委员会(IPCC)第五次评估报告进一步证实了全球气候变暖的结论，高原气候在 21 世纪很可能会进一步变暖，从而进一步加剧高原冻土的退化。

虽然不同模式模拟的未来气候变暖背景下青藏高原冻土退化的程度和速度存在较大的差异，且预估结果仍存在着较大的不确定性，但是绝大部分的研究结果均指出，青藏高原多年冻土都呈现出退化的趋势，只是退化的程度和速度存在明显的时空差异。

9.8
干湿状况和植被变化

赵俊芳等(2011)选取区域气候模式 PRECIS 输出的未来 A2 气候情景(2011—2050 年)，预估了西藏地区 2011—2050 年干湿状况时空变化趋势(相对于基准气候条件:1961—1990年),2021—2050年的30 a,西藏气候总体上来说湿润趋势明显,干旱化程度在逐步减小,但是不同气候区在不同时段干湿状况变化趋势不完全相同,未来2021—2030年干旱、半干旱地区的缩小趋势以及湿润、半湿润地区的扩大趋势都很明显,2031—2040、2041—2050年,干旱、湿润地区的缩小趋势以及半干旱、半湿润地区的扩大趋势均很明显。干旱区、半干旱区的面积在2021—2030年分别缩小了20%和15.3%,而干旱区的面积在2030—2040、2041—2050年缩小趋势更为明显,分别缩小了50%和35%。总体来说,在未来A2气候情景下,青藏高原气候总体上呈暖湿化趋势,2021—2030年干旱、半干旱区的缩小趋势以及2031—2040、2041—2050年半干旱区的扩大趋势都非常明显,且年平均气温上升的幅度远远大于湿润指数增加的幅度。未来年份中环境水热要素相对提高,干旱化程度逐步减小,有利于生态环境的改善,尤其对干旱、半干旱的西部草地荒漠化过程有抑制作用。

Ni(2000)利用海气耦合模式(Hadley Center GCM2)的气候变化情景驱动BIOME3模型,模拟发现未来气候变化和CO_2增加将使青藏高原温性荒漠、高寒草原、高寒荒漠以及冰雪/荒漠带大幅度减少,冷温性针叶林、温性灌丛/草甸和温性草原将大幅度增加,所有的植被带将向西北方向移动,不同生物群区的生产力将有不同程度的增加。Jiang(2008)利用7个气候模式在SRES A2和B2情景下的预估结果驱动BIOME3模型;结果显示:到21世纪中期(2051—2060年),青藏高原大约90°E以东区域将出现常绿林/森林,取代了当代(1961—1990年)的高山苔原,两种未来情景下的预估结果类似,只不过在SRES A2情景下常绿林/森林的范围比SRES B2情景下更大;21世纪末期(2091—2100年)与中期相比,在SRES B2情景下常绿林/森林出现在高原东部和南部,在SRES A2情景下,除了高原中西部较小的区域外,几乎整个高原都被常绿林/森林所覆盖。Wang等(2011)设计气温与降水的梯度变化以及CO_2浓度倍增(360~720 ppm)[①]来驱动BIOME4模型,结果表明青藏高原的植被对气候变化非常敏感,尤其是对升温的响应,表现出大范围的植被类型更替,现存的高寒植被因升温而被森林入侵,或者因干旱而被草地或者荒漠所取代。Wang等(2013)基于植被分布现状与关键生物气候指标定量关系所建立的统计模型模拟发现,青藏高原北部和南部的高寒植被将随温度升高而被温带草原所取代,在东部被温带落叶林、寒温带针叶林和亚高山森林灌丛所取代;CO_2浓度升高有利于提升木本植物的竞争力,将进一步加剧高寒植被被亚高山森林和灌丛所替代的趋势。Wang(2014)基于7个气候模式的预测也进一步证实:到21世纪末期,青藏高原南部地区的高寒植被将被具有更高生产力的寒温带针叶林、亚高山森林灌丛所取代,西部的高寒稀疏植被将从高原面上消失,温带草原仅零星、局限分布在高原的边缘地区。郭亚奇(2012)的研究表明,21世纪末期(2071—2100年)较基准时段(1961—1990年)的增幅在不同情景下分别为

---

① 1 ppm=10^{-6},下同。

78.8%（RCP4.5 情景）和 133.6%（RCP8.5 情景）。未来气候变化情景下青藏高原各地区的 NPP 均不断上升，增幅由东向西逐渐增大，但却随时间的推移逐渐降低。

9.9 长江源区冰川及冰川年径流量预估

长江源区是青藏高原冰川分布集中的地区之一，冰川总面积达 1276.02 km²。基于冰川编目资料，采用有关对长江源区未来 50 a 内的气温和降水预测数据，应用冰川系统对气候响应的模型，对该区未来 50 a 内冰川变化趋势进行预测。结果表明：到 2030、2050 年该区冰川面积平均将减少 6.9% 和 11.6%；冰川径流平均将增加 26% 和 28.5%；零平衡线上升值为 30 m 和 50 m 左右（王欣等，2005）。较为悲观的预测是到 2050 年前后，长江源冰川区消融冰量超过积累冰量，冰川出现变薄后退现象，初期以变薄为主、融水量增加，后期冰川面积大幅度减少，融水量衰退，至冰川消亡而停止（施雅风，2001）。

对未来气候变化情景下冰川变化预估（Liu et al.，2009）显示，2050 年长江源区冰川年径流量比 1961—1990 年平均值增加 29%，洪峰季节的 7—8 月径流量减少 19%~23%，而洪峰前 4—6 月径流量增加 121%~136%。结果表明：到 2030、2050 年该区冰川径流平均将分别增加 26% 和 28.5%；零平衡线将分别上升 30 m 和 50 m 左右（图 9.17）。总体上，冰川径流的变化对长江源区的径流量将起到"消峰增流"的效果。

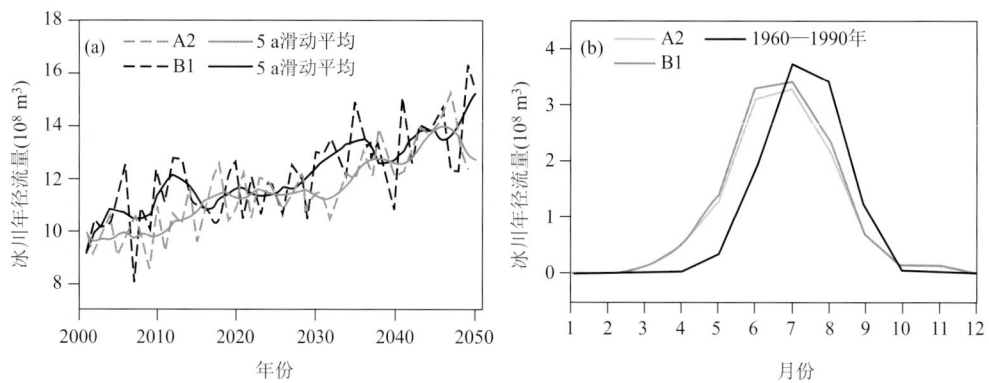

图 9.17　在不同排放情景下到 2050 年长江源区冰川年径流量的预估（Liu et al.，2009）
(a)年际变化；(b)逐月变化

9.10 青海湖水位变化预估

运用改进的水热平衡模型预测了2050年以前青海湖逐年的湖面蒸发量,并运用多元线性回归的方法估算出流域未来径流量的变化,最终通过水量平衡的方式对2050年以前青海湖水位的变化趋势进行了定量预测。预测表明未来几十年内,青海湖水位会经历先相对稳定再继续下降的过程,2020年以前青海湖水位会相对稳定在3192.7 cm,之后会继续下降,到2050年约下降到3191.22 cm,总体上2010—2050年青海湖水位下降趋势将有所缓和。董春雨等(2009)以分布式水文模型SWAT为基础,结合湖泊水量平衡模型,建立了青海湖水位(水量)模型。结果表明未来30 a径流增加的可能性比较大,青海湖水位下降速度将会减缓甚至出现上升趋势。这一结果成真将会缓解青海湖流域水资源日益紧张的局势,并有利于植被的恢复,减少土地沙化面积,对流域生态环境的改善和社会经济的发展将会有极大的帮助。舒卫先等(2008)采用一阶周期性自回归模型进行人工生成序列,建立了相应的降水和蒸发序列。青海湖水位仍会继续下降,2030年是未来50 a序列中水位最低的时期,最低水位将达3191.35 cm,此后水位开始小幅度回升并逐渐趋稳。同时,在历史平均气候条件下对青海湖水位进行了预测,预计2035年后水位的持续下降速率开始变缓并趋于稳定,2100年左右稳定在3192.2 cm。刘佳等(2009)分析青海湖未来水位的变化趋势发现:2030年以前水位总体上仍呈下降趋势,10组预测结果平均水位累计下降1.55 cm;青海湖自2040年后进入比较稳定的高水位期,其最低水位介于3190.73~3192.32 cm之间,高于生态最小水位(3190.53 cm)。图9.18为不同水文情形下未来50 a的青海湖逐月水位变化,图9.19为平均状况下2003—2052年水位的年变化及其10 a滑动平均结果。

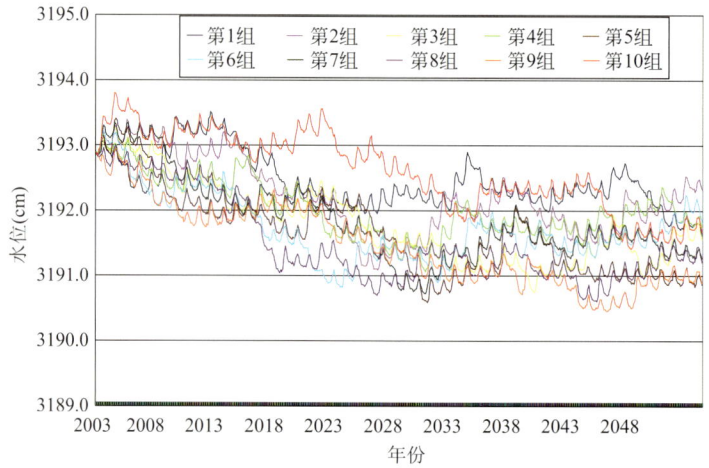

图 9.18 不同水文情形下未来 50 a 的青海湖逐月水位变化（刘佳等，2009）

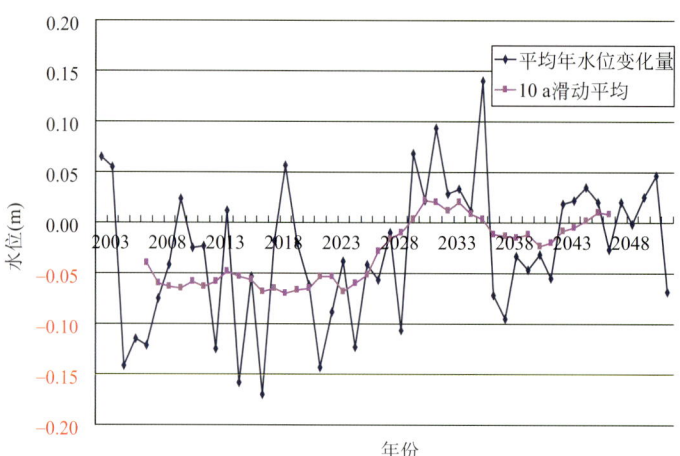

图 9.19 平均状况下 2003—2052 年水位的年变化及其 10 a 滑动平均结果（单位：m；刘佳等，2009）

9.11 本章小结

在对未来 21 世纪青藏高原区域气候和环境变化研究进行调研的基础上(主要基于 2011 年以来的文献),并结合最新的研究结果,对青藏高原地区未来的气温、降水、极端天气气候事件、冻土、积雪、冰川、径流等给出了一个较为全面的综合预估,预估结果主要来自于 2011 年以来未来 RCP 排放情景下气候模式的预估以及物理统计模型的预估。主要结论为:未来青藏高原地面气温将升高,21 世纪后期增温更显著;总体来说 21 世纪高原降水以增加为主,极端天气气候事件增加;高原未来冻土面积缩小,冻土活动层厚度增加;积雪日数和积雪深度减少;冰川将以退缩为主;径流的未来变化较复杂,不同流域之间的差异较大,径流在不同流域表现为增加和减少并存现象。青藏高原植被对气候变化的响应敏感而脆弱,21 世纪中后期青藏高原的生长季长度增加,常绿林/森林出现在高原东部和南部,灌丛植被类型将会扩展并入侵高寒草原,种植作物将向高纬度和高海拔地区扩展,冬播作物的适应范围将会进一步增加,复种指数提高(表 9.1)(陈德亮等,2015;张人禾等,2015)。

表 9.1 在多种未来人类活动的可能情景下青藏高原区域气候与环境要素未来变化预估综合集成结果

要素	2050 年以前(近期)	2051—2100 年(远期)
气温	气温增加 1.1~3.5 ℃	气温增加 1.5~6.9 ℃
降水	降水增加 3.2%~11.0%	降水增加 6.0%~21.4%
极端事件	高温日数增加 0.6~27.2 d	高温日数增加 1.4~61.3 d
积雪	积雪深度减少 1.2~3.0 mm; 积雪日数减少 10~14 d	积雪深度减少 2.7~10.5 mm; 积雪日数减少 10~43 d
冰川	冰川退缩 2%~31%; 长江源区退缩 11.6%	冰川退缩 8%~63%
径流	长江流域和黄河流域上游径流减少 3%~25%,其他流域均增加 2%~50%	径流增加更显著,为 80%~100%

续表

要素	2050年以前（近期）	2051—2100年（远期）
冻土	冻土面积减少8.8%~39.0%；活动层厚度增1.5~2.0 m；三江源多年冻土退化约为32%	冻土面积减少46.0%~81.0%；活动层厚度增至2.0~3.5 m；三江源多年冻土退化约为46%
植被	东部常绿林/森林增加；青藏高原的植被净初级生产力增长68%~79%	南部植被被寒温带针叶林、亚高山森林灌丛取代；西部高寒稀疏植被消失；青藏高原的植被净初级生产力增长92%~134%
青海湖水位	下降1.5 cm左右	—

参考文献

常燕,吕世华,罗斯琼,等,2016.CMIP5耦合模式对青藏高原冻土变化的模拟和预估[J].高原气象,35(5):1157-1168.

陈德亮,徐柏青,姚檀栋,等,2015.青藏高原环境变化科学评估:过去、现在与未来[J].科学通报,60(32):3025-3035.

陈仁升,张世强,阳勇,等,2018.冰冻圈变化对中国西部寒区径流的影响[M].北京:科学出版社.

程志刚,刘晓东,2008.未来气候变暖情形下青藏高原多年冻土分布初探[J].地域研究与开发,27(6):80-85.

董春雨,王乃昂,李卓仑,等,2009.基于水热平衡模型的青海湖水位变化趋势预测[J].湖泊科学,21(4):587-593.

冯蕾,周天军,2017.20 km高分辨率全球模式对青藏高原夏季降水变化的预估[J].高原气象,36(3):587-595.

郭亚奇,2012.气候变化对青藏高原植被演替和生产力影响的模拟[D].北京:中国农业科学院.

胡芩,姜大膀,范广洲,2015.青藏高原未来气候变化预估:CMIP5模式结果[J].大气科学,39(2):260-270.

江志红,陈威霖,宋洁,等,2009.7个IPCC AR4模式对中国地区极端降水指数模拟能力的评估及其未来情景预估[J].大气科学,33(1):109-120.

李红梅,李林,2015.2 ℃全球变暖背景下青藏高原平均气候和极端气候事件变化[J].气候变化研究进展,11(3):157-164.

刘佳,王芳,于福亮,2009.青海湖水位动态趋势预测[J].水利学报,40(3):319-327.
刘晓东,程志刚,张冉,2009.青藏高原未来30～50年A1B情景下气候变化预估[J].高原气象,28(3):475-484.
秦大河,董文杰,罗勇,2012.中国气候与环境演变:2012(第2卷)[M].北京:气象出版社:432.
任贾文,效存德,2012.冰冻圈变化[M]//秦大河.中国气候与环境演变:2012(第1卷).北京:气象出版社:114-161.
施雅风,2001.2050年前气候变暖冰川萎缩对水资源影响情景预[J].冰川冻土,23(4):333-341.
舒卫先,李世杰,刘吉峰,2008.青海湖水量变化模拟及原因分析[J].干旱区地理,31(2):229-236.
王澄海,靳双龙,施红霞,2014.未来50 a中国地区冻土面积分布变化[J].冰川冻土,36(1):1-8.
王欣,谢自楚,冯清华,等,2005.长江源区冰川对气候变化的响应[J].冰川冻土,27(4):498-502.
谢自楚,王欣,康尔泗,等,2006.中国冰川径流的评估及其未来50 a变化趋势预测[J].冰川冻土,28(4):457-466.
杨淑群,杨小波,游泳,等,2013.基于统计降尺度法的青藏高原东部地区未来气候变化预估[J].西南大学学报(自然科学版),35(11):147-156.
姚檀栋,姚治君,2010.青藏高原冰川退缩对河水径流的影响[J].自然杂志,32(1):4-8.
张人禾,苏凤阁,江志红,等,2015.青藏高原21世纪气候和环境变化预估研究进展[J].科学通报,60(32):3036-3047.
赵俊芳,郭建平,房世波,等,2011.未来气候情景下西藏地区的干湿状况变化趋势[J].中国农业气象,32(1):61-66.
CHEN W,JIANG Z,LI L,2011. Probabilistic projections of climate change over China under the SRES A1B scenario using 28 AOGCMs[J]. J Climate,24(17):4741-4756.
GUO D L,WANG H J,LI D,2012. A projection of permafrost degradation on the Tibetan Plateau during the 21st century[J]. Journal of Geophysical Research:Atmospheres,117:D05106. doi:10.1029/2011JD016545.
IMMERZEEL W W,PELLICCIOTTI F,BIERKENS M F P,2013. Rising river flows throughout the twenty-first century in two Himalayan glacierized watersheds[J]. Nature Geosci,6(9):742-745.
JI Z,KANG S,2013a. Double-nested dynamical downscaling experiments over the Tibetan Plateau and their projection of climate change under two RCP Scenarios[J]. J Atmos Sci,70(4):1278-1290.
JI Z,KANG S,2013b. Projection of snow cover changes over China under RCP scenarios[J]. Clim Dyn,41(3-4):589-600.
JIANG D,2008. Projected potential vegetation change in China under the SRES A2 and B2 scenarios[J]. Adv Atmos Sci,25(1):126-138.
JIANG Z,SONG J,LI J,et al,2012. Extreme climate events in China:IPCC-AR4 model evaluation and projection[J]. Clim Change,110(1-2):385-401.
LI F,ZHANG Y,XU Z,et al,2013. The impact of climate change on runoff in the southeastern Tibetan Plateau[J]. J Hydrol,505:188-201.
LIU S Y,ZHANG Y,ZHANG Y S,et al,2009. Estimation of glacier runoff and future trends in the

Yangtze River[J]. Journal of Glaciology,55(190):353-362.

LUTZ A F,IMMERZEEL W W,SHRESTHA A B,et al,2014. Consistent increase in high Asia's runoff due to increasing glacier melt and precipitation[J]. Nat Clim Change,4:587-592.

NAN Z T,LI S X,CHENG G D,2005. Prediction of permafrost distribution on the Qinghai-Tibet Plateau in the next 50 and 100 years[J]. Science in China Series D:Earth Sciences,48:797-804.

NI J,2000. A simulation of biomes on the Tibetan Plateau and their responses to global climate change[J]. Mt Res Dev,20(1):80-89.

SHI Y,GAO X,WU J,et al,2011. Changes in snow cover over China in the 21st century as simulated by a high resolution regional climate model[J]. Environ Res Lett,5(6):045401.

SU F,DUAN X,CHEN D,et al,2013. Evaluation of the global climate models in the CMIP5 over the Tibetan Plateau[J]. J Climate,26(10):3187-3208.

WANG H,2014. A multi-model assessment of climate change impacts on the distribution and productivity of ecosystem in China[J]. Reg Environ Change,14(1):133-144.

WANG H,NI J,PRENTICE I C,2011. Sensitivity of potential natural vegetation in China to projected changes in temperature,precipitation and atmospheric CO_2[J]. Reg Environ Change,11(3):715-727.

WANG H,PRENTICE I C,NI J,2013. Data-based modelling and environmental sensitivity of vegetation in China[J]. Biogeosciences,10:5817-5830.

YANG K,WU H,QIN J,et al,2014. Recent climate changes over the Tibetan Plateau and their impacts on energy and water cycle:A review[J]. Global & Planetary Change,112(1):79-91.

ZHOU B,WEN Q H,XU Y,et al,2014. Projected changes in temperature and precipitation extremes in China by the CMIP5 multimodel ensembles[J]. J Climate,27(17):6591-6611.

第10章
青藏高原暖湿化及其影响监测

10.1 青藏高原生态系统特征与地面综合观测

10.2 开展青藏高原多圈层观测的必要性

10.3 青藏高原暖湿化特征

10.4 青藏高原生态影响监测

10.5 青藏高原湖泊影响监测

10.6 青藏高原冰川影响监测

10.7 青藏高原冻土影响监测

10.8 青藏高原土壤温湿度自动组网观测

10.9 本章小结

气候变化与青藏高原大气水分循环

大约距今几千万年前，青藏高原隆起以前从我国北方到长江流域都是广阔的干旱气候带。喜马拉雅造山运动以来，高原抬升才形成了亚洲的季风气候。高原隆升及随之伴生的断裂活动和地壳的水平位移，对独具特色的西部水系的形成有直接的作用，使高原成为中国和亚洲众多著名江河的发源地，成为"中国水塔"和"亚洲水塔"。另外，高原三江源已成为亚洲水塔的核心区，高原东南缘及西南地区（含西藏、四川、贵州、广西）地表水资源十分丰富，约占中国地表水资源的47.0%。而西南地表水丰富主要得益于大气降水。青藏高原也是地球中低纬度高海拔多年冻土和山地冰川的"王国"。冰冻圈是地球气候系统中特殊的组成部分，其对气候的反馈效应对全球气候的影响不能低估。青藏高原东南部也是中国生物多样性最丰富的地区，具有显著的热带雨林特征。高原东南部的生态结构表达了高原与东亚季风系统相互作用的区域性气候特殊性，如喜马拉雅山、念青唐古拉山、横断山这些位于低纬度且为江河所纵深切割的山地，呈现从基带的热带亚热带阔叶林，经针阔叶混交林、针叶林、灌丛林、草甸和苔藓地衣，向高山冰雪带过渡的完整垂直带谱。青藏高原隆升奠定了中国三级阶梯的大地貌框架，形成了三大区域的自然环境基本格局和世界上最为齐全典型的三向地带性景观，对当今中国气候变化有着深刻的影响（图10.1）。

图 10.1 青藏高原典型地貌

青藏高原通过近地面层及边界层辐射、感热和潜热的输送形成了一个高耸入自由大气中的大范围"台地"型特殊热力强迫，构成了促使对流云发展的独特边界层动力和热力结构，有利于形成频发的高原对流云，使高原成为造成中国东部夏季洪涝的对流云系统的重要源地之一。夏季高原感热加热叠加在大范围海陆分布所造成的热力差异上，使高原成为北半球大气运动的重要外源强迫，它的异常变化不仅影响局地环流的异常，而且可以影响亚洲乃至北半球的大气环流异常。巨大的高原在固定的地理区域使大气经常产生强迫性的爬绕运动,由此形成持久性前后连贯的流型,对气候的形成产生重要作用。高原积雪和冰川对天气和气候也有很重要的影响。已有的研究表明,青藏高原的存在是亚洲季风区气候分布的重要影响因子;其高大地形的动力作用,加上地面冷(冬季)、热(夏季)源的热力影响,对亚洲季风的形成与演化,进而对我国、东亚乃至全球天气和气候具有十分重要的作用。

国内外科学家普遍认为,青藏高原地区的能量和水循环过程是全球气候系统中能量和水循环的重要组分部分。然而,相对于我国东部地区而言,在高原辽阔、复杂的冰川、雪山、湖泊、河流、森林、草地、湿地等下垫面上,多圈层气象站还十分稀少,且建站时间短、资料积累不足。人们对青藏高原多圈层陆面过程不是很了解。高原生态-大气-水文过程对亚洲季风影响的研究已成为 20 世纪 90 年代以来国际上广泛关注的焦点问题。而青藏高原的水分循环与生态系统变化,尤其包括温室气体输送的重要性渐渐被科学家与社会意识到,它对气候和生态环境的贡献有待研究。也就是说对青藏高原多圈层过程总体效应还缺乏系统的认识和理解。

10.1
青藏高原生态系统特征与地面综合观测

以往对考虑青藏高原影响的天气和气候模式本身以及模式的应用研究等方面更多的是注重青藏高原对大尺度大气环流和气候的影响,同时把整个青藏高原当作单一的下垫面来对待。然而,青藏高原本身是由冰川、雪山、湖泊、裸土、草甸和湿地及亚热带森林等不同下垫面、尺度大小不等的地理子系统构成的。

高原地区人类活动-气候变化-区域生态系统的相互影响及机制有大量尚未解决的科学问题,需要地面综合观测与研究的支持。如高原东南缘川滇地区是中国重要的木材基地,近几十年来大面积的森林被砍伐,造成森林生态系统退化、面积缩小、质量下降、功能和结构退化。森林面积的锐减造成动物栖息地的破碎化,使大量珍稀野生生物物种出现濒危。此外,森林生态系统的退化使系统内的能量流、物质流过程不能正常进行,光合生产率低,林木蓄积量下降,森林向疏木、灌木和草地方向转变。特别是石灰岩森林,一旦遭受破坏,原来很薄的土壤经雨水冲刷而流失,岩石裸露,植被难以恢复。因此毁林是造成水土流失的直接原因。滇西北高海拔原始森林,在国内甚至国际上也是罕见的,且高原东南缘川滇地区处于澜沧江和金沙江的上游,森林的存在可减少土壤侵蚀,且高原东南缘川滇对中下游有着重要影响,但这一带大量原始林已经被砍伐。

此外,高原东南缘天然森林生态系统被树种单一的经济林代替后,可能会引起气候环境的变化。以云南西双版纳为例,30多年来共发展橡胶林8万多公顷,其中50%是砍伐热带森林,40%是砍伐松及竹林混交林种植的,仅10%是开垦荒山种植的。树种单一的经济林在气候、温度、水土保持及物种多样性等各方面与森林生态系统很不一样。资料分析表明,近年来西双版纳的相对湿度下降,降水量减少16~46 mm,雾日减少14~16 d,蒸发量增加8~54 mm,这些就是天然森林生态系统被破坏和改为单一经济林的结果。川滇地区处于我国云贵高原爬升青藏高原的二级阶梯,是我国东部季风区与青藏高寒区的气候过渡带,是多种气候带的缩影,由于特殊的地理环境造就了此处是地球历史变迁中生物种类的避难所,是生物活化石的场所,是重建历史气候信息的载体库,又是研究物种生物多样性演化和育种的丰富基因库。

在全球气候变化的背景下如何保护和利用该植物基因库,需要研究气候变化对高原地区原生生态系统的可能影响与机制,该研究需要设计综合观测计划。该地区是我国裸子植物种类最丰富的地区,不仅有许多特有种而且还保留有许多古老残遗种。据初步统计,川滇地区裸子植物特有种有3种苏铁、14种冷杉、8种油杉、2种落叶松、8种云杉、6种松树、5种铁杉、3种柏木、7种圆柏等,约占中国裸子植物特有种的65%。古老残遗种有水杉、银杏、水松、攀枝花苏铁、梵净山冷杉、油杉、红豆杉,都是我国极为珍贵的树种。被子植物在该地区分布也十分广泛。中国被子植物有291科约27000种,仅云南省被子植物就有230科,约15000种,占中国被子植物物种总数55%以上。

整个青藏高原森林上限高差变幅达1000~2000 m(阴坡)。和全球高山地区相比较,川藏东山地森林上限居世界之冠,高达海拔4400 m(阴坡)~4600 m(阳坡),分别由川西云杉林和大果圆柏林组成。在全球变化的背景下这一独特的立体生态-气候环境的演变规律需要研究,同样这些研究需要地面观测的支持。川滇地区以山地高原为主,谷坝镶嵌其中。西部是横断山地,东部是云贵高原的一个组成部分。地势由北向南呈阶梯下降,其中西北山地最高,可达5000 m以上,东南最低,河谷底部最低点在100 m以下。地貌成因和类型多样复杂,山地、高原、丘陵、坝子和盆地等都有分布。它是由内外力长期作用、相互制约的结果。不同的地貌组合和不同的地貌部位,可以形成不同的生态环境条件,从而间接深刻影响生物和农业生产条件、结构和布局,使植被格局表现出强烈的地区差异,各项自然条件在垂直地带上的差异,使植被、农业产生"立体"特点。立体生态与生物多样性特征:高原东南缘(川滇)地区南北距离仅1000多千米,但是海拔高度从0~5000 m,分布着从寒温带到热带7种不同的气候类型,伴随不同的气候带其生态系统变化非常明显,形成了独具特色的立体生态-气候环境。该区的西部属青藏高原山地,其气候特点与植被的分布都具有垂直区域分异的特点。该区垂直自然带的分布受到季风的强烈影响,属季风性带谱系统。该区山地森林各分带组成了垂直自然带的主体。从下往上温湿条件从湿润向半湿润和高寒半湿润逐渐过渡，自然带也发生了相应的变化，从森林带逐渐过渡到高山灌丛草甸带。其中森林带分为山地常绿阔叶林带、山地(暖热性)松林带、山地针阔叶混交林带和山地暗针叶林带。作为垂直自然带谱中区分高山和山地的一条重要界线，森林上限的分布高度随区域不同而变化。通常在湿润地区分布低，在半湿润地区则较高；纬度位置越往北分布高度往往越低。

高山、深谷、高原、盆地交错组合构成复杂多样的地貌类型，并形成立体生态环境，孕育出各种植被带。生物种类丰富，有不少被称为"活化石"的珍稀植物种类。本区植物种类丰富，是植物的基因库，有"植物王国"之称，该区处于冷北极植物区和古热带植物系的交汇地带，寒、温、热三带的植物均有，滇西北高寒地区具有冷北极区的植物种类，如红杉、冷杉和云杉广泛分布，滇南还有许多古老树种，被称为"活化石"的如木莲、拟合笑、东京龙、香脑和苏铁等。植被分布一般是从南到北随纬度和海拔高度的增加，依次分布着热带雨林、热带稀树草原、旱生植被；亚热带常绿阔叶林、混交林和针叶林；温带、寒温带针叶林。植被分布有几个特征：①垂直地带性明显；②普遍存在植被分布的倒置现象；③迎风坡与背风坡植被差异明显。冬季降温以辐射冷却为主，许多山体有辐射逆温现象，生物带谱出现突变"倒置"的独特景观，在暖区暖层喜温植被生长不仅超越海拔高度上限，而且还可延长生长期，减轻早、晚霜冻，减轻经济果林木的越冬冻害。在生态环境脆弱性方面主要表现在山区气候资源稳定性差，自然灾害发生频繁，如春旱期长，秋绵雨，山洪、泥石流、滑坡、山顶冷冻，干旱河谷水资源亏缺等。与当地生物气候类型密切关系的地带性土壤有：植被为热带雨林和季雨林的砖红壤，植被为亚热带常绿阔叶林的红壤，本区北部有山地黄壤、棕壤、高山针叶林土、高山草甸土。高山针叶林主要分布在海拔2800～4000 m之间；云南森林分布广泛，主要在海拔1500～2800 m的山地，思茅森林分布在海拔600～1800 m之间，热带、南亚热带常绿阔叶林分布在海拔80～2300 m之间。当前森林资源存在的主要问题是：森林破坏严重，资源下降。水土流失严重，生态环境恶化，尤其是金沙江流域植被破坏对长江中下游水质的影响令人担忧。

10.2 开展青藏高原多圈层观测的必要性

青藏高原作为长江和黄河的源头，从水资源角度来讲，人们能够有效利用的水资源有限,水资源是基础性自然资源,是与粮食和石油资源并列的三大战略资源之一,水资源的安全对我国社会发展影响深远。全球变化背景下青藏高原的植被、积雪、冰川和湖泊等地表特征的变化都会影响到区域天气、气候的变化,并进而影响到长江和黄河等大江大河的水资源分配。开展这些地区不同陆面特征的长期观测和研究对充分有效地利用我国有限水资源也是十分必要的。

一方面这种复杂的多系统组成的下垫面会造成大尺度模式网格点上的非均匀性,需要由一些单点试验来推出网格点上的有效陆面过程参数。同时,不同下垫面(包括山谷、湖泊、湿地等)之间的热力差异以及山谷地形的热力作用会在青藏高原上形成一系列局地环流及对流活动,这些环流结构及对流活动很可能会影响到高原区域,如谷地气候,特别是降水的变异,分析卫星资料就初步发现了青藏高原湖泊的蒸发及其引起的局地热力环流与云和降水的形成有关。所以,青藏高原本身各种地理子系统之间的相互作用以及它们与区域气候和大气环流之间的相互作用是目前中国气候观测系统中青藏高原陆面观测区亟待开展的课题。

由于青藏高原面积广大,地表状况又十分复杂,现有台站远不能满足天气与气候研究和预测需求。目前高原台站布局存在如下问题:①现有的台站大部分处于城市和城镇附近,不能很好地代表多圈层自然环境下高原下垫面和大气的基本情况;②相对于东部而言,高原西部现有的台站非常稀少,青藏高原上很多地区上万平方千米的区域内没有一个固定观测台站,大气和地表状况的多圈层观测更是处于稀缺或空白状态,从天气、气候多圈层生态环境和水资源利用等方面的需求来讲迫切需要改变目前的这种状况;③各部门现有高原台站的多圈层观测项目相对比较少,高原上现有各部门的观测站点设置与国际计划的观测站点观测项目又不一致。另外除数次我国及我国与其他国家或国际组织合作进行的较大规模青藏高原的科学考察试验的现场观测外,高原边界层的观测几乎空白;气象台站的密度难以描述出青藏高原特殊地形上的大气边界层结构以及陆面过程的气候特征。这就需要设计一套完整的青藏高原陆面观测系统。也就是说,一方面必须增加观测站点数,另一方面增加多圈层相关观测项目,使各观测站点的观测项目基本统一,只有这样才能够取得全面、系统而实用有效的观测资料,从而为了解高原地区、东亚乃至全球天气气候以及全球变化背景下高原区域气候的响应研究和预报、预测能力的改善提供科学数据。

青藏高原在内的我国西部地区幅员辽阔,矿产资源丰富,有极大的开发前景。实施西部大开发战略,是我国现代化建设第三步战略目标的重要保证,也将促进民族团结、社会稳定和边防巩固。在西部大开发中生态环境的改善既是其主要的工作内容之一,也是其各项工作全面开展的基础。而对青藏高原生态环境的改善必须从了解生态的能量和水分循环过程开始,这也是青藏高原陆气相互作用研究的主要内容之一。

因此,建立"青藏高原大气水分循环变化跨部门优化多圈层监测系统"的目标在于,理解青藏高原水-土壤-植被-大气界面物质和能量交换过程、青藏高原主要生态系统演化机理以及青藏高原生态系统可持续发展的理论和方法等科学问题,并提高我国天气、气候灾害预报能力,以保护西部环境、生态,促进经济社会可持续发展。

10.3 青藏高原暖湿化特征

研究表明,青藏高原的气候变化具有超前性,它不仅是中国气候变化的启动区,也是全球气候变化的驱动机和放大器。在全球持续增温背景下,高原气候也在发生显著的变化,同时具有相对独特的特征(段安民等,2016)。

平均海拔达 4500 m 的青藏高原是一个气候变化的"敏感区",对全球气候的响应快速、敏感,同时也对全球气候变化产生强烈的反馈,并且由于高原的高海拔和对气候变化反应敏感的冰冻圈环境,使得其在不同时段的气候变化同其他区域相比具有幅度大、频率高、变化提前的特点(李潮流和康世昌,2006)。

青藏高原年平均气温变化较为明显,多年平均变化率为 $0.34 \sim 0.51$ ℃·$(10\ a)^{-1}$,高于全球气温的上升率 0.26 ℃·$(10\ a)^{-1}$。青藏高原气候变化的总体特征是气温呈上升趋势,降水呈增加趋势,最大可能蒸散呈降低趋势,大多数地区的干湿状况呈现由干向湿发展的趋势(吴绍洪等,2005)。

近年来,青藏高原特殊的气候特征及地理形态成为气候研究的热点。根据青藏高原过去 10 万年、过去 2000 年和现代几个关键时期的气候变化特征有关研究发现,高海拔地区的气候变化幅度大于低海拔地区。在近现代全球气候变暖背景下,青藏高原整体呈现出增温、变湿、风速减弱、降雨增加、冰川退缩、湖泊扩张、积雪融化、冻土消融的变化特征,但局地地区呈现降雨减小、湖泊面积减小、冰川扩张等空间差异性变化。

在全球变暖的大背景下,青藏高原的升温比周边地区更快(Qin et al.,2009)。近50 a 来其变暖幅度超过北半球和同纬度的其他地区,被认为是"全球气候变化的驱动机和放大器"(潘保田和李吉均,1996;冯松等,1998),受到科学家的广泛关注。1960—2010 年,青藏高原年均气温整体上呈明显的上升趋势(图 10.2),数值从 20 世纪 60 年代的 1.5 ℃左右,增加到 21 世纪 00 年代的 3.5 ℃左右,其中从 1980 年开始,其上升幅度增加显著。1984—2009 年,青藏高原的增温率为 0.46 ℃·$(10\ a)^{-1}$,高于北半球和全球平均的增温率(分别为 0.38 ℃·$(10\ a)^{-1}$ 和 0.32 ℃·$(10\ a)^{-1}$)。除了青海省的河南站点年均气温以 0.24 ℃·$(10\ a)^{-1}$ 的趋势减少外,青藏高原近 50 a 来大部分站点气温都呈增加趋势,具有较强的空间一致性。高原作为一个高大地形,海拔高度从周围的平原地区上升到 8000 m,其增温幅度与海拔高度有密切的关系,表现在高原的增暖幅度要大于周围低海拔地区,且高原内部不同海拔高度的增暖幅度也不一致。Liu 等(2009)发现高原对全球气候变化极为敏感,台站资料和高分辨率数值模式模拟结果都表明高原增暖幅度随海拔高度上升而增加,且这种差异性在春季和冬季最明显。

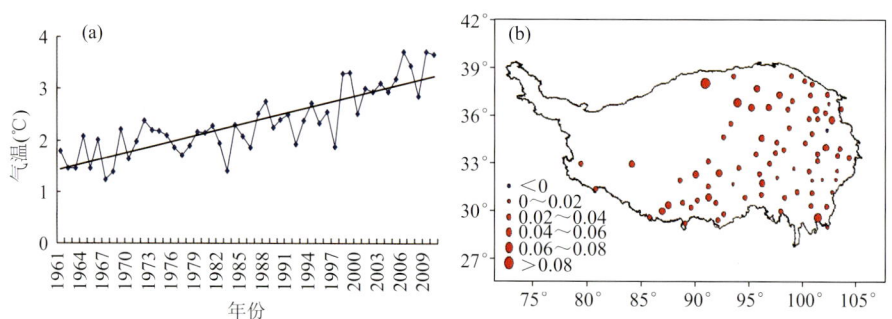

图 10.2　1961—2015 年青藏高原年均气温变化(a;单位:℃)
和青藏高原站点温度变化趋势分布(b;单位:℃)

自 20 世纪 60 年代以来,青藏高原的降水略有增加,呈现出增湿的趋势,从图 10.3 可以看出,1960—2010 年青藏高原年降水量呈持续上升趋势,从 20 世纪 60 年代的 360 mm,增加到 21 世纪 00 年代的 390 mm 左右。其中,1997—1998 年降水量增幅最为明显,且 1998 年降水量达到历年最大。但一些研究发现降水的增加趋势没有像温度那样显著,自 20 世纪 60 年代以来区域年均降水量每 10 a 增加 3.99～16.84 mm,其中西北部每 10 a 增加 3.99 mm,东南部每 10 a 增加 16.84 mm。1971—2011 年整个青藏高原的降水量平均每 10 a 增加 7.5 mm。杜军和马玉才

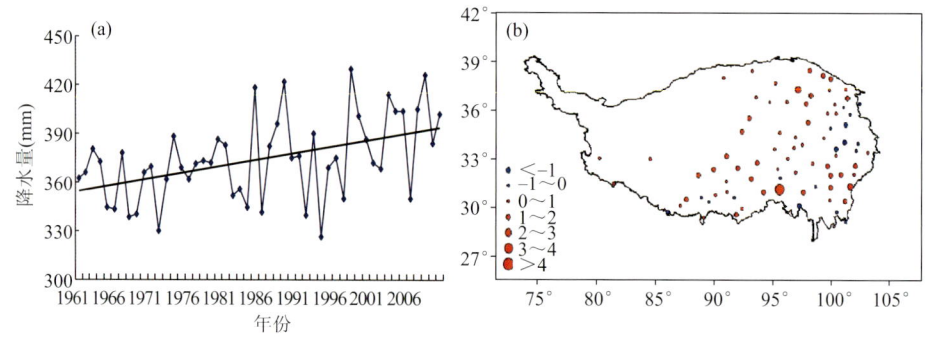

图 10.3　1961—2015 年青藏高原降水变化(a;单位:mm)和
青藏高原站点降水变化趋势分布(b;单位:mm)

(2004)利用1971—2000年的降水数据分析发现,西藏大部分地区年降水量变化为正趋势,降水倾向率为$1.4\sim66.6\ mm\cdot(10\ a)^{-1}$,而阿里地区呈较为明显的减少趋势。另外,青藏高原降水变化的空间分布十分复杂,年均降水量并没有呈现出一致的增加或是减少的趋势(图10.4)。青藏高原的一些子区域呈现出变湿的趋势,而另一些子区域则呈现出相反的变干的趋势(Kang et al.,2010)。

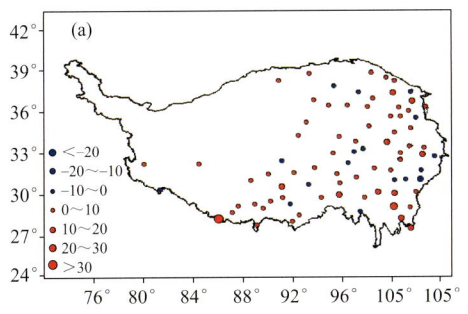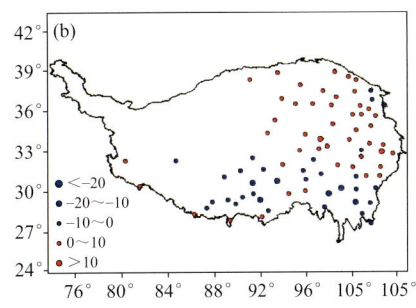

图10.4 青藏高原降水变化趋势分布(单位:mm)

(a)1990—1999;(b)2000—2015年

近几十年来,随着全球的变暖,大气对青藏高原的水汽供给有显著增加的趋势,这将增加高原地区的水汽含量和降水。自20世纪90年代以来,特别是夏季,青藏高原地区大气中的水汽具有明显的增加趋势。目前,针对青藏高原降水变化原因的研究仍比较有限。前人提出了不同机制来解释青藏高原大气中水汽增加的原因。Xu等(2013)指出高原水汽增加可能存在着两种机制,第一是季风环流的增强导致水汽输送的增加,第二是因为温度升高导致空气湿度的增加。Zhang等(2013)也提出了两种机制来解释高原水汽增加的原因,第一是由于全球变暖导致了高原上的冰川和积雪融化,第二是因为从阿拉伯海来的水汽输送有少量增加。

10.4
青藏高原生态影响监测

气候变化主要通过水热平衡、干湿变换以及局地气候对青藏高原NDVI产生直接影响,其中气温、降水以及风速的变化对 NDVI 影响最为显著,相对湿度以及日照时数的变化对 NDVI 的影响较小。总体上青藏高原 NDVI 的变化属于气温-降水驱动类型,其中气温变化对 NDVI 的影响占主导地位。不同自然地带的 NDVI 与气候因子之间的关系有着明显的地域性:青南地区、川西藏东地区、阿里地区以及东喜马拉雅南翼的降水变化是 NDVI 的主要影响因子,关联度达到 0.39~0.63,均通过了 0.05 显著性水平,其中川西藏东山地针叶林地带 NDVI 与降水-气温的偏相关性通过了 0.01 显著性水平;青藏高原其余区域 NDVI 主要受到气温-降水的影响,关联度达到 0.38~0.65,除柴达木地区以外,其余地区相关系数都通过了 0.05 显著性水平,其中果洛那曲地区、青东祁连山地区以及昆仑山北翼地区的偏相关都通过了 0.01 显著性水平(纪迪,2012)。

2017 年西藏自治区植被覆盖状况分析如下:根据 2000、2010 和 2017 年卫星遥感数据(表 10.1)分析发现,2017 年全区植被仍以低覆盖度(0~20%)为主,面积为 41.52 万 km^2,占全区总面积的 40.60%。与 2010 年比较,除低覆盖度植被(0~20%)面积有所减少外,其余范围植被面积均有所增加,其中 20%~40%、40%~60% 的面积增加幅度较大,平均增长率分别为 17.06%、18.67%。与 2000 年比较,低植被覆盖度(0~20%)面积有所减小,年减少率为 2.21%,植被覆盖度在 20%~40%、40%~60% 的面积增加幅度较大,年增长率大于 10%。各植被覆盖度由于受水体、冰川和积雪面积变化影响,植被面积增大和减小的数值存在一定差异。在空间分布上,全区高覆盖度植被集中于藏东南区域;低覆盖度植被集中在藏北、藏西北的牧区和无人区一带;而中覆盖度植被则位于西藏中部和南部地区。

表 10.1 2000、2010 和 2017 年西藏自治区植被覆盖度变化分类统计结果

覆盖度分类(%)	2000 年面积(万 km^2)	2010 年面积(万 km^2)	2017 年面积(万 km^2)	2010—2017 年面积变化率(%)	2000—2017 年面积变化率(%)
0~20	42.46	44.13	41.52	−5.91	−2.21
20~40	24.57	24.15	28.27	+17.06	+15.06
40~60	10.59	10.23	12.14	+18.67	+14.64
60~80	9.17	8.89	9.67	+8.77	+5.45
80~100	10.18	9.97	10.67	+7.02	+4.81

注:面积变化中"+"表示面积增大,"−"表示面积减小。

2017 年全区草地生物量分析如下:通过卫星遥感反演模型计算(表 10.2、图 10.5)可以看出,2017 年全区草地(含干草)总生物量最高值为 2852.5 $kg \cdot hm^{-2}$,最低值为 194.3 $kg \cdot hm^{-2}$,平均值为 942.2 $kg \cdot hm^{-2}$,鲜草生物量最高值为 3001.7 $kg \cdot hm^{-2}$,最低值为 109.4 $kg \cdot hm^{-2}$,平均生物量为 806.7 $kg \cdot hm^{-2}$,生物量明显

高于 2015、2016 年。

表 10.2　全区 2015—2017 年草地总生物量和鲜草生物量（单位：kg·hm^{-2}）

年份	最高总生物量	平均总生物量	最高鲜草生物量	平均鲜草生物量
2015	2299.6	582.9	2784.6	457.8
2016	2587.3	579.7	2959.2	515.3
2017	2852.5	942.2	3001.7	806.7

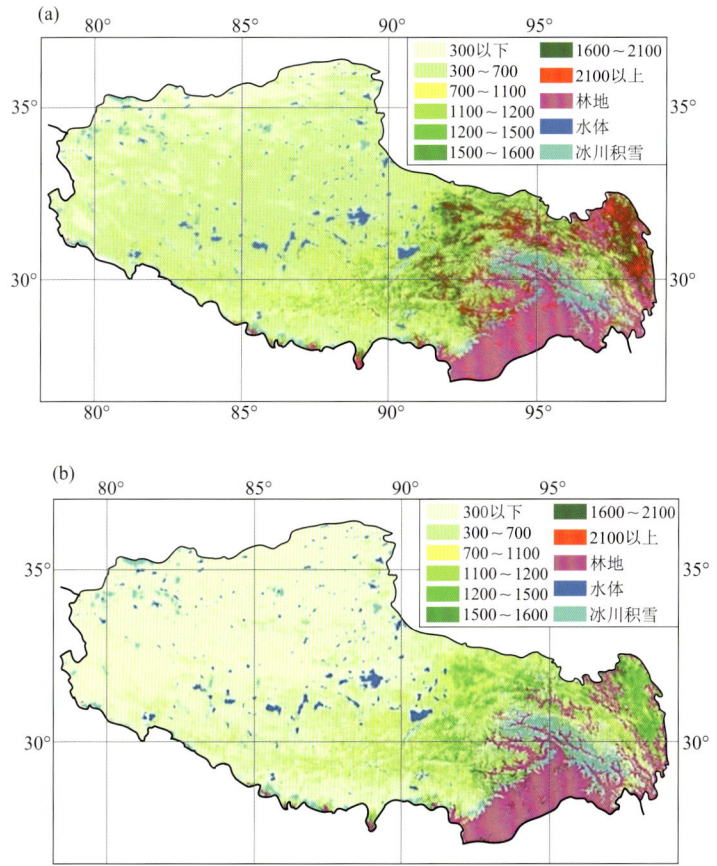

图 10.5　2017 年全区草地地上生物量（a）和草地鲜草生物量（b）分布（单位：kg·hm^{-2}）

个例分析如下：边多等（2014，2015）根据 2000—2012 年 MOD17A3 NPP 遥感数据和气温、降水等气象资料，在 GIS 支撑下，结合多种统计计算方法，对西藏 NPP 时空格局与气候因子的关系进行研究（图 10.6）。结果表明：2000—2012 年间西藏陆地植被的 NPP 为 119.3~148.4 g·m^{-2}·a^{-1}，平均为 135.2 g·m^{-2}·a^{-1}；近年来西藏

NPP呈不显著上升趋势,NPP值总体上由东南向西北逐渐变小。13 a(2000—2012年)来西藏NPP在总体不变(面积占61.11%)的基础上略有增加(面积占10.7%);不同植被类型中阔叶林的NPP最大,为1185.2~1430.2 g·m^{-2}·a^{-1},其次是混交林,为535.1~741.2 g·m^{-2}·a^{-1},其后依次是稀树草原、针叶林、农用地、草地和灌丛;西藏NPP与气温、降水因子分别有较好的正、负相关性。所有植被类型都与年均气温呈正相关关系,其中草地的NPP与年均气温的相关系数达0.88,其次是针叶林(相关系数为0.76),相关性最差为热带稀树草原(相关系数为0.13);与年降水量的相关性,除了热带稀树草原为正相关(0.26)外,其余都是负相关,草地、针叶林的相关系数分别为-0.79、-0.73。

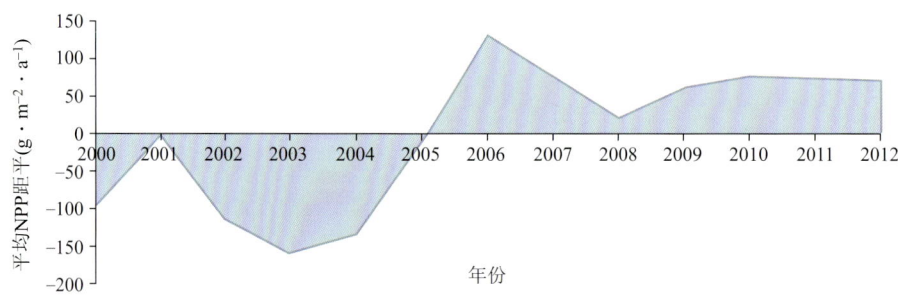

图10.6　2000—2012年西藏年均NPP距平(边多等,2014)

边多等(2014)利用MODIS MOD13Q1(V005 L3)遥感数据和GIS技术,结合多种统计方法,研究结果(图10.7)如下:①阿里地区NDVI总体呈正态分布,平均植被

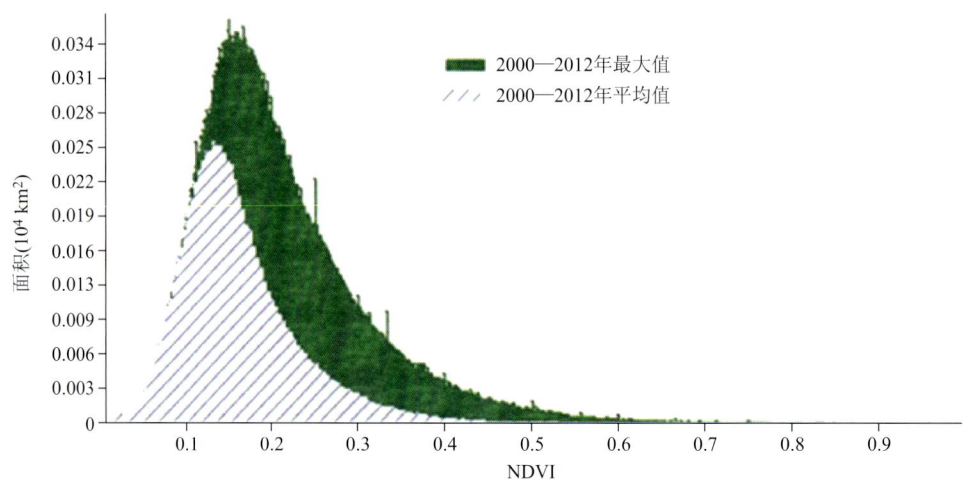

图10.7　2000—2012年阿里地区NDVI分布(边多等,2014)

覆盖度为18.6%，其中覆盖度20%~40%所占面积最大，占总面积的46%，表明阿里地区植被总体长势较稀疏。②从植被覆盖度变化趋势看，稳定或无变化区域占整个地区面积的69%，而轻微退化和显著退化区域占13.3%，轻微改善和显著改善区域占13.2%，表明阿里地区植被覆盖度处于较稳定状态，年际变化分析表明进入21世纪10年代以来植被长势有所改善。从空间分布上看，变好区域主要分布在改则、措勤、普兰等县，特别是改则县北部羌塘自然保护区改善比较明显，退化的区域主要分布在革吉、噶尔、日土等县的部分区域。③16 d、月、季的分析结果表明，从每年的6月初至9月底为植被生长最好季节，8月最好，2月最差。季节上，春、冬、秋、夏植被依次变好，特别是秋、冬季好于春季，说明阿里地区由于受降水的影响植被返青期较晚，随着温度的上升枯黄期也推迟。

10.5 青藏高原湖泊影响监测

色林错：色林错又名奇林湖，地处西藏自治区申扎、班戈和尼玛三县交界处，位于冈底斯山北麓，申扎县以北，曾是西藏第二大咸水湖，湖面海拔4530 m。

根据1975—2017年卫星遥感监测资料（图10.8）分析发现，43 a里色林错湖面面积呈显著的扩张趋势，湖面面积平均上涨率为38.48 km²·a⁻¹。其中，2000年以后湖泊面积持续扩张，2000年湖泊面积与1975年相比，扩大了267.28 km²，扩张率为

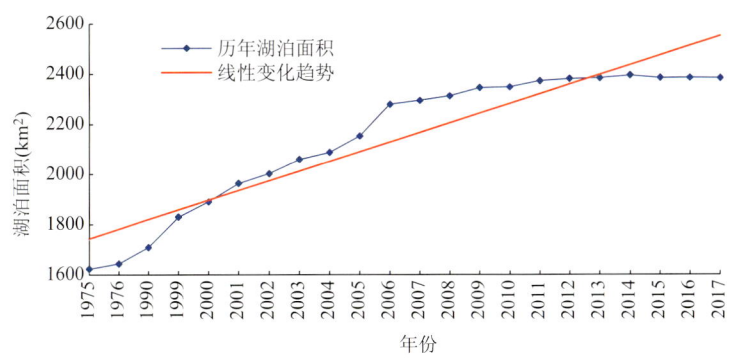

图10.8　1975—2017年西藏色林错湖面面积的变化（杜军等，2018）

16.48%;2003年湖泊面积达到2058.09 km², 超过纳木错面积, 成为西藏第一大咸水湖;2014年湖泊面积高达2393.33 km², 为43 a来最大值。

2017年, 色林错湖面面积为2382.39 km², 较1975年(1621.77 km²)扩张了46.9%;与2016年比较, 湖面面积略有减少, 减少了1.58 km²。

从空间变化(图10.9)来看, 色林错湖变化较明显的区域位于该湖的北部、西南部和东南部。2005年与1976年比较, 湖的北部、西南部和东南部湖岸线分别向北、西南和东南方向扩展明显, 特别是湖的北部扩展非常明显, 扩张了607.57 km²。2017年与1976年比较, 同样也是湖的北部、西南部和东南部湖岸线分别向北、西南和东南方向扩张, 扩张程度比前者更明显。此外, 2000年影像资料显示, 色林错的西北角是半岛, 但2010年这个地方已与湖相连;2004年影像资料显示, 色林错和雅根错开始相连, 2005年色林错和雅根错已连成一片(边多等, 2009)。

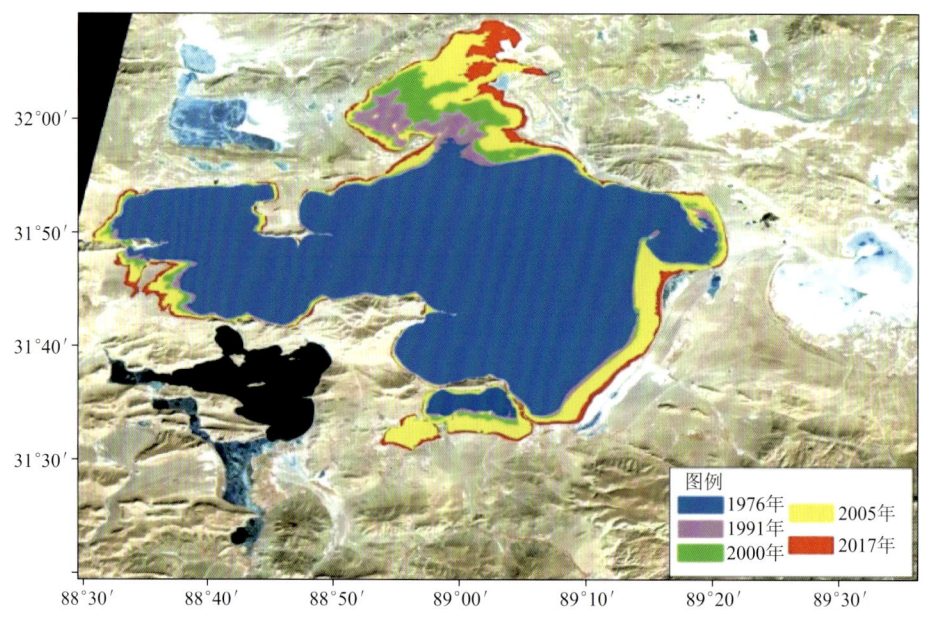

图10.9　1976—2017年西藏色林错湖面面积的对比(杜军等, 2018)

班公湖:班公湖(班公错), 又称错木昂拉红波, 藏语意为"长脖子天鹅", 有世界上海拔最高的鸟岛, 位于阿里地区日土县城西北约12 km, 阿里地区和克什米尔交界处。湖的东段和西段一部分在中国境内, 西端伸入克什米尔, 湖面海拔4241 m。

根据2018年5月与2017年6月高分1号WFV数据对比分析, 西藏阿里地区日土县班公湖水域面积略有增加。2017年6月班公湖水域面积为707.0 km², 2018年5月为711.0 km², 湖泊水域面积共增长4.0 km²。湖泊水域面积空间变化(图10.10)

显示,西藏境内班公湖面积从 1993 年的 440.8 km² 扩张到 2017 年的 485.7 km²,扩张了 44.9 km²(表 10.3)。由于气候变暖导致以冰雪融水为主要补给的色林错、班公湖等呈扩张趋势。

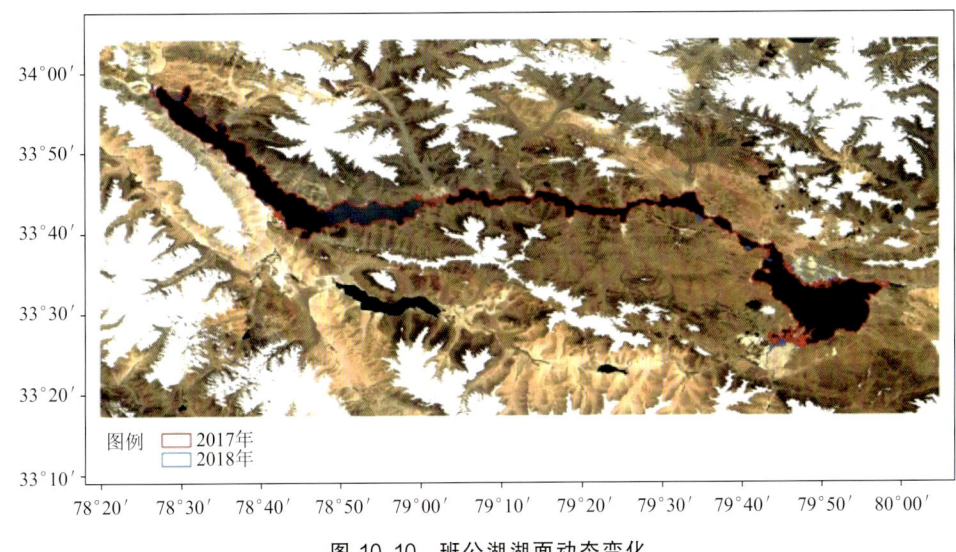

图 10.10　班公湖湖面动态变化

表 10.3　西藏境内班公湖面积变化情况(单位:km²)

年份	1993	1998	2008	2017
面积	440.8	444.6	481.2	485.7

10.6 青藏高原冰川影响监测

杰马央宗冰川:杰马央宗冰川位于青藏高原西南部边缘的喜马拉雅山中西段交界处,西藏日喀则市仲巴县境内,是雅鲁藏布江的正源。2010 年 10 月现场实测得到冰川长 8.2 km,面积 20.67 km²,垭口海拔 5750 m,末端海拔 5035 m。分析发现在 1974—2010 年期间,杰马央宗冰川的面积减小了 5.02%(21.78 km² 减小至

20.67 km²),冰川末端退缩了768 m(21 m·a⁻¹),自2000年开始末端退缩速度明显加快;冰湖面积增加了63.7%(0.70 km² 增加至1.14 km²),冰湖体积扩大约 9.8×10^6 m³。

高分西藏中心利用1976—2017年Landsat系列数据分析了杰马央宗冰川的变化情况,结果表明,42 a来冰川平均面积为21.77 km²,呈明显减少趋势(图10.11),冰川面积从1976年的22.97 km²减少到2017年的21.48 km²,42 a来共减少了1.49 km²,冰川面积年平均变化速率为-3.54%;2005年之后冰川面积持续减少,其中2016年冰川面积降至最低。由图10.12可见,冰川末端的冰湖明显增大,冰湖面积从1976年的0.71 km²增大至2017年的1.23 km²,42 a来冰湖面积增大了0.52 km²,年平均变化速率为1.24%,2007年之后冰湖面积均大于平均值。

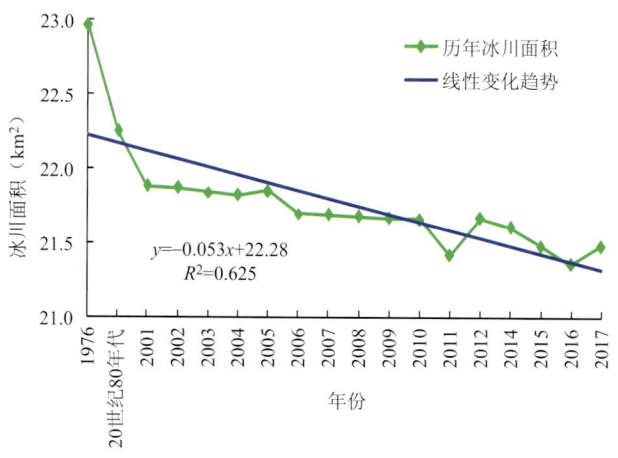

图10.11 1976—2017年西藏杰马央宗冰川面积变化(杜军等,2018)

杰马央宗冰川空间变化特点显示,42 a来冰川末端退缩最明显,导致末端冰湖面积增大,使发生冰湖溃决的危险性增加;距离冰川最近的普兰县气象站气候数据显示,1989—2016年,普兰县年平均气温为3.76 ℃,呈升高趋势;平均年降水量为142.66 mm,降水量变化波动较大;降水量与冰川面积无明显关系,气温升高是冰川退缩的主要原因。

普若岗日冰川:普若岗日雪山位于那曲市双湖县东北部,多尔索洞错湖西北,是羌塘高原内部最大的雪山,冰川分布范围介于33°44′~34°04′N、89°20′~89°50′E之间,最高峰海拔6482 m,是一个穹隆断块山。冰川分布区域位于青藏高原腹地羌塘高原的中部,属于高原寒带季风干旱地区。

高分西藏中心根据卫星遥感资料分析表明,1976—2017年普若岗日冰川平均面积为406.77 km²,冰川面积总体呈显著退缩趋势,1976年冰川面积为435.57 km²,

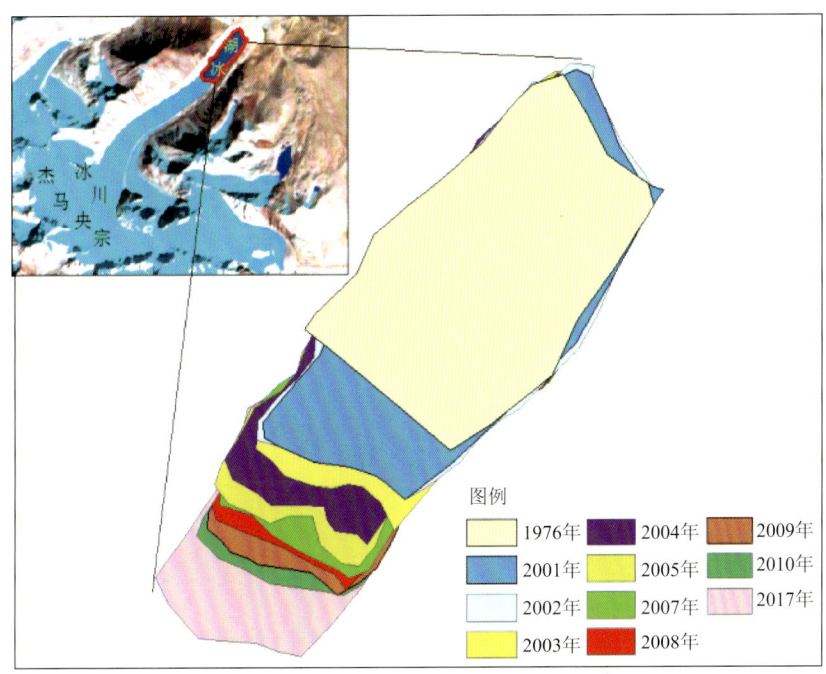

图 10.12　1976—2017 年西藏杰马央宗冰川末端冰湖的空间变化（杜军等，2018）

2017 年冰川面积为 399.1 km², 冰川面积减少了 36.47 km², 冰川面积变化率为 8.37%, 平均每年减小 0.2%; 1976—1983 年冰川面积减少了 7.1 km², 8 a 内平均每年减小 0.2%; 1984—1991 年冰川面积减少了 11.89 km², 平均每年减小 0.35%; 1992—1999 年冰川面积减少了 1.53 km², 平均每年减小 0.05%; 1999—2017 年连续 19 a 内, 冰川面积平均每年以 0.20% 的速率减少。

根据 2017 年影像叠加矢量分析, 发现普若岗日冰川退缩严重的区域位于冰川西北部、北部、东部和东南部的冰川末端位置, 其中北部和东部冰川末端由于冰川融水积累, 形成了小冰湖。1976—2016 年, 冰川西北部面积由 77.91 km² 减少到 65.62 km², 冰川面积萎缩了 12.29 km², 年均萎缩率为 0.39%, 是面积萎缩值最大的一个区域; 其次是冰川北部, 面积萎缩了 10.24 km², 年均萎缩率为 0.42%; 冰川东部面积萎缩了 6.40 km², 年均萎缩率为 0.37%; 冰川东南部面积萎缩了 4.64 km², 年均萎缩率为 0.4%; 冰川南部面积变化最小, 萎缩了 3.58 km², 年均萎缩率为 0.27%。

10.7 青藏高原冻土影响监测

作为全球最主要的高海拔冻土区,青藏高原现存多年冻土面积约为 126×10^4 km², 约占高原总面积的 56%(金会军等,2014)。其中,高原型冻土作为主体主要发育在青藏高原腹地,而高山型冻土主要发育在其周边的山地,如喜马拉雅山、祁连山、横断山、昆仑山等(图 10.13)。气候变暖是近几十年冻土退化的主要因素,人为活

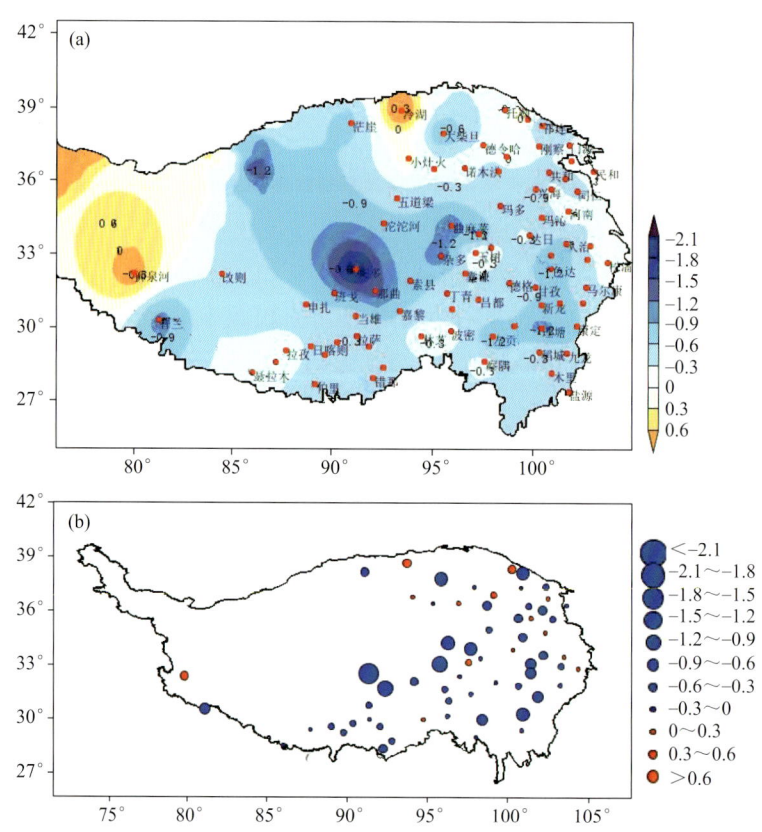

图 10.13 冻土年变化(1961—2015 年)(a;单位:cm)及 1961—2015 年青藏高原站点最大冻土深度变化趋势分布(b;单位:cm)(金会军等,2014)

动加速了局部冻土的退化。高原冻土在1976—1985年间基本处于相对稳定状态，1986—1995年逐渐向区域性退化趋势发展，1996年至今已演变为加速退化阶段，推测未来几十年内冻土退化仍会保持或加速（金会军等，2014）。

在全球性气候变暖背景下，随着高原地区人类社会经济活动日益增加，青藏高原气候具有明显的变化，冻土地温上升，冻土呈退化趋势（王绍令和赵秀锋，1997）。气候影响着青藏高原多年冻土的发育和分布，但多年冻土的退化程度和速度在时空分布上存在很大差异。同时，青藏高原大量的监测研究结果表明，气候变化情景下多年冻土退化、多年冻土温度和活动层厚度的时空变化趋势显著并引发大量的冻融灾害（南卓铜等，2004）。

Zou等（2017）利用遥感地表温度数据和实际调查获得的土壤数据编制了新的青藏高原冻土分布（图8.1）。为了比较冻土分布的变化，图10.14给出了1996年的冻土分布。研究结果显示，青藏高原多年冻土和季节冻土的面积分别为106.4×10^4 km^{2}和145.6×10^4 km^2（不包括冰川和湖泊面积），分别占高原总面积的40.2%和56.0%。

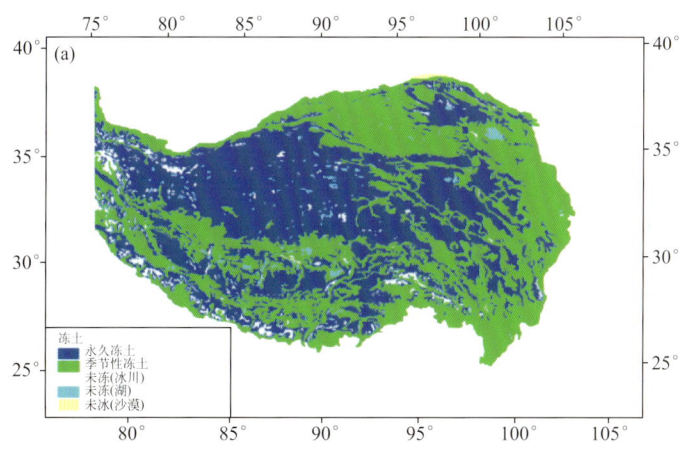

图10.14　1996年青藏高原冻土分布（Zou et al.，2017）

Zou等（2017）给出了青藏高原多年冻土和季节冻土的面积：1996年以来青藏高原总的冻土面积变化不大，减小了5.8×10^4 km^2，但是多年冻土面积在1996—2002年和2017年分别减少了16.4×10^4和13.1×10^4 km^2，多年冻土面积总体变化趋势为-14.05×10^4 km$^2 \cdot (10 \text{ a})^{-1}$，而季节冻土面积分别增加了$16.3 \times 10^4$和$7.4 \times 10^4$ km^2，季节冻土面积的总体变化趋势为11.291×10^4 km$^2 \cdot (10 \text{ a})^{-1}$，冻土总面积变化趋势为$-2.7 \times 10^4$ km$^2 \cdot (10 \text{ a})^{-1}$，呈现出连续多年冻土向岛状多年冻土退化，

多年冻土向季节性冻土退化的趋势。

高海拔地区冻土变化对植被生态系统的影响分析如下：冻土对气候变化的高度敏感性及其对冻土圈生态系统的影响，是目前全球变化研究的热点问题。北极高纬度冻土地区生态系统的研究表明，近年来由于气温升高而导致冻土活动层加深、生态系统各种生态要素如植被群落结构、生物生产量以及生物多样性等发生了显著变化，同时释放大量温室气体与大量水分，引起区域水分循环系统发生深刻变化，继而对整个地球系统将产生一定影响。青藏高原冻土退化伴随着土壤温湿度梯度发生显著的变化，由于区内植物的水分传导性脆弱，故其生长将受到抑制，致使冻土区内的植被发生相应的演变，出现植被退化的趋势。初步研究结果表明，高原地区冻土活动层越浅，植被退化越严重，稳定的永久冻土层和较深的季节冻土对植被有很好的保护作用。冻土是影响高寒植被生态系统的重要环境因子。

最大冻土深度分析如下：西藏 16 个气象观测站冻土监测记录表明，1961 年以来西藏季节最大冻土深度呈持续减小趋势，不同海拔地区减小特征趋同存异。其中，海拔 4500 m 以上地区减小趋势最为明显，平均每 10 a 减小 15.85 cm；3000～4500 m 中等海拔地区最大冻土深度减幅为 4.65 cm·$(10 a)^{-1}$；海拔 3000 m 以下地区呈弱的增大趋势（0.05 cm·$(10 a)^{-1}$）。

2017 年 4500 m 以上高海拔地区最大冻土深度为 157 cm，创 1961 年以来最低值，较常年值减小 88 cm；3000～4500 m 中等海拔地区最大冻土深度为 33 cm，较常年值减小 16 cm；3000 m 以下低海拔地区最大冻土深度为 5 cm，较常年值偏浅 5 cm。

10.8 青藏高原土壤温湿度自动组网观测

卫星遥感是一种重要的获取大尺度数据的技术手段，但同样由于缺乏匹配卫星像元尺度的观测数据，使得卫星反演产品精度的有效验证大打折扣。因此，亟需匹配卫星像元尺度的地面观测数据为产品验证和校正提供支持。

董立新等（2015）在那曲藏北草原建立了一个面向卫星像元的青藏高原多尺度土壤温湿度自动组网观测系统（图 10.15），以支持多个卫星产品验证与应用、气候模式同化及陆表过程研究。该观测网络在微波土壤温湿度产品的 1 个像元中布设了 4 个空间尺度（1,5,15,25 km）观测 5 个深度（2,5,10,20,30 cm）的土壤温湿度。整个组网空间范围为 50 km×50 km,正好匹配微波土壤温湿度产品的 2×2 个像元,因此,其空间尺度可以扩展到 8 个尺度(1,2,5,10,15,30,25,50 km)。其中,1、2 km 尺度可以匹配极轨气象卫星及主动雷达 3 km 的像元大小,其他尺度可匹配被动微波产品像元大小。该观测网络可为多个卫星产品验证和算法改进及气候模式同化产品校验提供地面数据支持,是一个全新的组网观测网络,对我国卫星气象定量产品的精度提高具有重要意义和潜在作用。

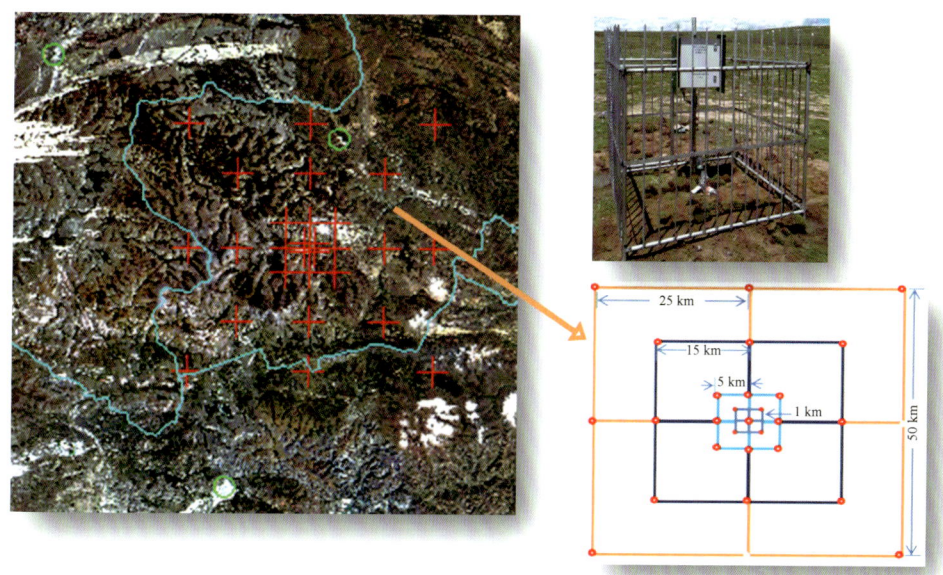

图 10.15 面向卫星像元的青藏高原多尺度土壤温湿度自动组网观测系统(董立新等,2015)

同时,该系统还有以下区别于国内外组网观测的特点:①试验区位于藏北冻土环境区域的羌塘草原,地势平坦,草地类型单一,植被覆盖较高,土壤温湿度的空间变化较为平缓,是典型的纯像元代表样区;②区域分布有 33 个网络节点,规则地分布于海拔 4000 m 以上的各个像元尺度节点上,每个节点增加了 2 cm 的要素观测;③各节点同时辅助观测了土壤质地、介电常数、红外发射率、植被类型、覆盖度等不变要素;④各节点还采用了自主知识产权无线网络传输子系统,实现了数据的实时观测与传输。

对该网络获取的数据做了严格的质量控制和数据校正,利用初步获取的观测数据来验证多个卫星反演产品(FY3、AMSR2 和 SMOS)和同化的结果(ERA、NCEP 再分析资料)。

气候变化与青藏高原大气水分循环

10.9 本章小结

  青藏高原由冰川、雪山、湖泊、裸土、草甸和湿地及亚热带森林等不同下垫面、尺度大小不等的地理子系统构成，全球变化背景下青藏高原地表特征的变化影响到区域天气、气候的变化，进而影响到长江和黄河等大江大河的水资源分配。高原地区人类活动-气候变化-区域生态系统的相互影响及其机制有大量尚未解决的科学问题，需要地面综合观测与研究的支持。为了深入理解青藏高原的动力作用和热力影响，需要对青藏高原开展全方位的影响监测研究，本章从地面综合观测、多圈层观测的必要性以及青藏高原各圈层影响监测等方面进行了阐述。监测结果表明：

  (1)青藏高原气候变化的总体特征是气温呈上升趋势，降水呈增加趋势，最大可能蒸散呈降低趋势，大多数地区的干湿状况呈现由干向湿发展的趋势。

  (2)青藏高原NDVI的变化属于气温-降水驱动类型，其中气温变化对NDVI的影响占主导地位。与2010年比较，除低覆盖度($0\sim20\%$)植被面积有所减少外，其余范围植被面积在2017年均有所增加。

  (3)1975—2017年色林错湖面面积呈显著的扩张趋势，由于气候变暖导致以冰雪融水为主要补给的色林错、班公湖等呈扩张趋势。

  (4)杰马央宗冰川1976—2017年平均面积呈明显减少趋势，其中2016年冰川面积降至最低。1976—2017年普若岗日冰川平均面积总体呈显著退缩趋势，1999—2017年连续19 a内，普若岗日冰川面积平均每年以0.20%速率减少。

  (5)高原型冻土作为主体主要发育在青藏高原腹地，而高山型冻土主要发育在其周边的山地。高原冻土在1976—1985年间基本处于相对稳定状态，1986—1995年逐渐向区域性退化趋势发展，1996年至今已演变为加速退化阶段。1961年以来西藏季节最大冻土深度呈持续减小趋势，不同海拔地区减小特征趋同存异。近几十年气候变暖是冻土退化的基础因素，人为活动在局部加速了冻土退化。

  需要指出的是，目前卫星遥感是一种重要的获取大尺度数据的技术手段，但由于缺乏匹配卫星像元尺度的观测数据，使得卫星反演产品精度的有效验证大打折扣。因此，在青藏高原这种地广人稀的区域，建立面向卫星像元尺度的自动组网观测系统，以支持卫星产品验证和算法改进，具有重要意义和潜在作用。目前已经在藏北草原建立了多尺度土壤温湿度自动组网观测系统，可为青藏高原各圈层影响监测提供支持。

参考文献

边多,边巴次仁,拉巴,等,2009.1975—2008 年西藏色林错湖面变化对气候变化的响应[J].地理学报,65(3):313-319.

边多,普布次仁,尼珍,等,2014.基于 MODIS-NDVI 时序数据的西藏阿里地区草地覆盖时空变化[J].中国草地学报,36(3):73-78.

边多,杨秀海,普布次仁,等,2015.西藏 NPP 时空格局与气候因子的关系[J].中国沙漠,35(3):830-836.

董立新,唐士浩,王富,等,2015.面向卫星像元的青藏高原多尺度土壤湿度自动组网观测系统[C]//青藏高原地-气耦合系统变化及其全球气候效应.2015 青藏高原前沿科学研讨会文集:36-37.

杜军,边多,黄晓清,等,2018.西藏气候变化监测公报(2017 年)[M].北京:气象出版社.

杜军,马玉才,2004.西藏高原降水变化趋势的气候分析[J].地理学报,59(3):375-382.

段安民,肖志祥,吴国雄,2016.1979—2014 年全球变暖背景下青藏高原气候变化特征[J].气候变化研究进展,12(5):374-381.

冯松,汤懋苍,王冬梅,1998.青藏高原是我国气候变化启动器的新证据[J].科学通报,43(6):633-636.

纪迪,2012.青藏高原气候变化及其 NDVI 的响应[D].南京:南京信息工程大学.

金会军,吕兰芝,何瑞霞,等,2014.基于气候干燥度的青藏高原多年冻土区分类新方案[J].冰川冻土,36(5):1049-1057.

李潮流,康世昌,2006.青藏高原不同时段气候变化的研究进展[J].地理学报,61(3):327-335.

南卓铜,李述训,程国栋,2004.未来 50 与 100 a 青藏高原多年冻土变化情景预测[J].中国科学 D 辑:地球科学,34(6):528-534.

潘保田,李吉均,1996.青藏高原:全球气候变化的驱动机与放大器[J].兰州大学学报(自然科学版),32(1):108-115.

王绍令,赵秀锋,1997.青藏公路南段岛状冻土区内冻土环境变化[J].冰川冻土,19(3):231-238.

吴绍洪,尹云鹤,郑度,等,2005.青藏高原近 30 年气候变化趋势[J].地理学报,60(1):3-11.

KANG S C,XU Y W,YOU Q L,et al,2010. Review of climate and cryospheric change in the Tibetan Plateau[J]. Environmental Research Letters,5(1):01510.

LIU X D,CHENG Z G,YAN L B,et al,2009. Elevation dependency of recent and future minimum surface air temperature trend in the Tibetan Plateau and its surroundings[J]. Global and Planetary Change,68(3):164-174.

QIN J,YANG K,LIANG S,et al,2009. The altitudinal dependence of recent rapid warming over the Tibetan Plateau[J]. Climatic Change,97(1/2):321-327. doi:10. 1007/s10584-009-9733-9.

XU X D,LU C G,DING Y H,et al,2013. What is the relationship between China summer precipitation and the change of apparent heat source over the Tibetan Plateau? [J]. Atmospheric Science Letters,14(4):227-234. doi:10. 1002/asl2. 444.

ZHANG G L,ZHANG Y J,DONG J W,et al,2013. Green-up dates in the Tibetan Plateau have continuously advanced from 1982 to 2011[J]. Proc Natl Acad Sci USA,110(11):4309-4314.

ZOU D F,ZHAO L,SHENG Y,et al,2017. A new map of permafrost distribution on the Tibetan Plateau[J]. Cryosphere,11(6):2527-2542.

第11章
青藏高原大气-陆面-生态多圈层过程综合观测

11.1 综合观测系统的目标

11.2 研究背景与需求

11.3 综合观测系统的设计思路

11.4 综合观测系统的技术途径

11.5 多圈层综合观测系统

11.6 本章小结

在全球气候变化背景下,青藏高原发生了巨大的变化。然而,关于青藏高原气候变化系统及其影响机制的认识还很匮乏,所以研究青藏高原对我国及全球气候变化的影响及响应就显得十分重要(Ma et al.,2017)。为了深入认识全球变暖背景下我国灾害性气候的复杂成因,解决青藏高原影响中国区域、全球重大气候灾害事件预测理论与灾害天气预报技术,研究高原对水资源、生态环境影响及其对策等核心科学难题,有必要持续开展青藏高原长期大气科学试验,并在这全球与区域重大气候灾害发生前兆性"强信号"关键区与区域气候环境、生态高影响敏感区,构建青藏高原大气科学试验研究中心与地基、空基、天基相结合的多时空、多手段、全方位、高精度、多要素综合一体化的多圈层综合观测基地。这样才能够较全面地定性和定量了解青藏高原对我国东亚乃至全球天气和气候的影响,从而改善大气环流模式和气候模式对亚洲季风系统的描述能力。

青藏高原大气-陆面-生态多圈层过程综合观测对于认识全球变化背景下青藏高原多圈层之间热量、动量、水分以及其他物质的交换过程及青藏高原环境变化对全球变化的响应特征,揭示青藏高原暖湿化多圈层相互作用及水循环过程及其对中国、东亚乃至全球天气和气候的影响规律具有重要的意义。

11.1 综合观测系统的目标

"青藏高原大气水分循环多圈层中国气候观测系统"的目标是从"地球系统"的整体观和"相互作用"的科学理念,认识全球变化背景下青藏高原多圈层之间热量、动量、水分以及其他物质的交换过程及青藏高原环境变化对全球变化的响应特征。在GCOS、CCOS的整体目标的基础上,针对青藏高原地区需要解决和回答的科学问题,揭示气候变暖背景下青藏高原不同下垫面地表过程和地气相互作用的变化规律,促进对青藏高原暖湿化多圈层的物理、化学、生物过程响应及其相互作用的认知,为青藏高原环境变化学科交叉研究及其应对决策提供科学依据。

"青藏高原大气水分循环多圈层监测中国气候观测系统"将逐步实现对高原气候系统近地层、边界层及自由大气的综合观测,进行大气与其他各圈层相互作用过程的监测,所设计的青藏高原陆面观测区观测网将强调高原地面观测系统和卫星观测系统的结合,逐步实现以地基为主,地基、空基、天基相结合的多时空、多手段、全方位、高精度、多要素综合一体化自动观测(Ma et al.,2017)。实施对青藏高原基本气象要素、大气结构、大气成分与各类天气气候灾害进行长期、动态、自动化和高分辨率的综合立体监测，并建成青藏高原地面及卫星综合观测的科学数据处理与共享平台。长期而有效地积累高原各类复杂下垫面（亚热带森林、高原草甸、高原湿地、多年冻土、季节性冻土、冰川等）气候要素资料（包括基本气候要素、大气边界层、大气成分、地表及土壤、水文资料等）。本着一站多点、功能互补、多用途的原则，同时，充分利用经向分布具有多种气候带、垂直方向有立体垂直气候带和生态带谱的特点，按不同气候带和海拔高度布设综合生态观测系统的各种气候-生态观测站点，为实现 GCOS、CCOS 的整体目标及解决该地区生态与环境相关的科学问题提供基础数据。该观测区的设计目标主要为开展立体气候带、生物多样性的有关参数的综合观测研究服务，为研究该区气候-大气-植被-土壤-水文各圈层相互作用过程，植被生物多样性对气候变化的响应及其对气候变化的反馈作用提供基本科学数据，为评价人类活动的影响及调控优化生态环境的对策选择提供科学依据。该观测系统将揭示全球变化背景下的青藏高原暖湿化影响水循环规律和生态、水、气候环境的相互作用机理，有利于掌握青藏高原作为我国气候关键区影响天气（灾害性天气）的强信号信息，并揭示青藏高原暖湿化多圈层相互作用及水循环过程及其对中国、东亚乃至全球天气和气候的影响规律。青藏高原大气-陆面-生态多圈层过程综合观测可促进天气、气候系统模式技术的发展，并提升我国极端天气气候事件预报能力及应对决策水平（Ma et al., 2011）。

11.2 研究背景与需求

青藏高原及周边地区的大范围对流云系和独特水分循环亦是中国东部及长江流域梅雨带的重要水汽源之一，高原水汽最终以固态形式储存于冰冻圈，从而使高原成为包括长江、黄河在内的众多亚洲大江大河的发源地，被誉为"亚洲水塔"。高耸的青藏高原对大气的加热，在夏季风环流的形成、爆发和维持过程中起着重要的推动作用，高原表面感热加热是决定亚洲夏季风爆发地点的一个决定性因素，同时也是南海夏季风爆发的触发因子。高原的存在使亚洲季风划分为印度季风和东亚季风两个特性各异、相互独立的子系统。高原动力、热力效应亦是形成东亚季风区水汽分布非均匀特征的重要因子，青藏高原作为南北热量和水汽交换的巨大屏障，对来自低纬海洋的远距离输送水汽有"转运站"作用，是长江流域季风梅雨带水汽输送机制的关键因素。青藏高原直接影响我国的旱涝分布气候格局和生态环境演变。因此,高原影响在全球及东亚气候研究中有着特殊的地位。

由于青藏高原对我国、东亚乃至全球天气和气候具有十分重要的作用,到目前为止在青藏高原复杂下垫面上已经建立了一定数量的气象和水文台站。而且在国际上,世界气候研究计划(WCRP)的几个大型科学计划,比如"全球能量水循环试验计划(GEWEX)亚洲季风试验(GAME)之青藏高原试验研究"(GAME/Tibet)和"全球能量与水循环协调观测计划(CEOP)亚-澳季风研究(CAMP)之青藏高原试验研究"(CAMP/Tibet)都把青藏高原作为其核心区来研究(Ma et al.,2003;马耀明等,2006a,2006b,2009)。在真实大气中,地形对大气环流的影响效应往往表现为机械强迫和热力强迫的综合作用。青藏高原气候观测系统长期、连续观测将有助于理解高原在不同季节的影响作用及其对东亚气候变化规律的影响。

青藏高原亦是亚洲大江大河,尤其是我国的主要河流长江与黄河的发源地。高原东南侧是东亚夏季风系统中重要的水汽通道。来自相邻近的印度洋、南海等地区含有丰沛水汽的暖湿气流在季风急流引导下向北输送,在高原南侧构成水汽异常辐合,并沿高原东南侧进入我国和东亚地区,对我国和东亚地区的夏季降水有重要影响(苏中波等,2006)。同时,高原中东部强对流活跃区亦构成了东亚季风活跃区内高原及周边地区特殊的水汽输送及其水循环过程,因此它是东亚气候系统中陆气相互作用最敏感和最有影响的区域之一。如:1998年以及1991年长江流域出现异常洪涝,其中大部分特大暴雨过程的对流云系都可追溯到青藏高原及其周边地区。针对青藏高原对流系统东移并引发下游强降水的过程,进行了合成理想试验,揭示了此类过程机理,得到了相关的概念模型(图11.1)(许小峰等,2018)。高原上东移的对流系统往往和西风带的短波槽或高原涡的活动密切相关。夏季强烈的太阳辐射使得高原地表迅速升温,造成了地表对大气强烈的感热加热,对流被激发并迅速发展,此时在stretching(拉伸)项的作用下,高原涡形成。高原涡进一步强化了高原对流的活动,高原涡与高原对流系统一并东移出高原的过程就是高原涡消亡的过程。敏感性试验和动力诊断的结果均表明,高原对流本身并不是西南低涡形成的必要条件,但它可以调节雨带的位置,使主雨带位于长江流域,从而通过这种方式影响下游降水。动力诊断也表明,东移云团影响下游降水过程中,正压非平衡强迫和斜压动力作用对强降水分别起到启动和维持作用。拉格朗日轨迹模式结果证明,来自青藏高原南侧的水汽输送通道为暴雨提供了重要的水汽来源。

Flohn(1957)的研究表明,青藏高原的降水大多是对流性降水。戴加洗(1990)研究发现,在青藏高原各类云状中,强对流云出现比例达$4\%\sim21\%$,其中高原中部积雨云出现比例为21%,是其他非青藏高原地形区的5倍左右,说明青藏高原地形作用对产生强对流云是有贡献的。青藏高原整体年平均积雨云出现次数是我国其他区域整体平均的2.5倍。因此,高原上强烈发展的对流云特征早已为广大气象工作者所重视。根据卫星云图估算高原地区积雨云的密度,发现高原东南部巨大的积雨云对上层

第11章 青藏高原大气-陆面-生态多圈层过程综合观测

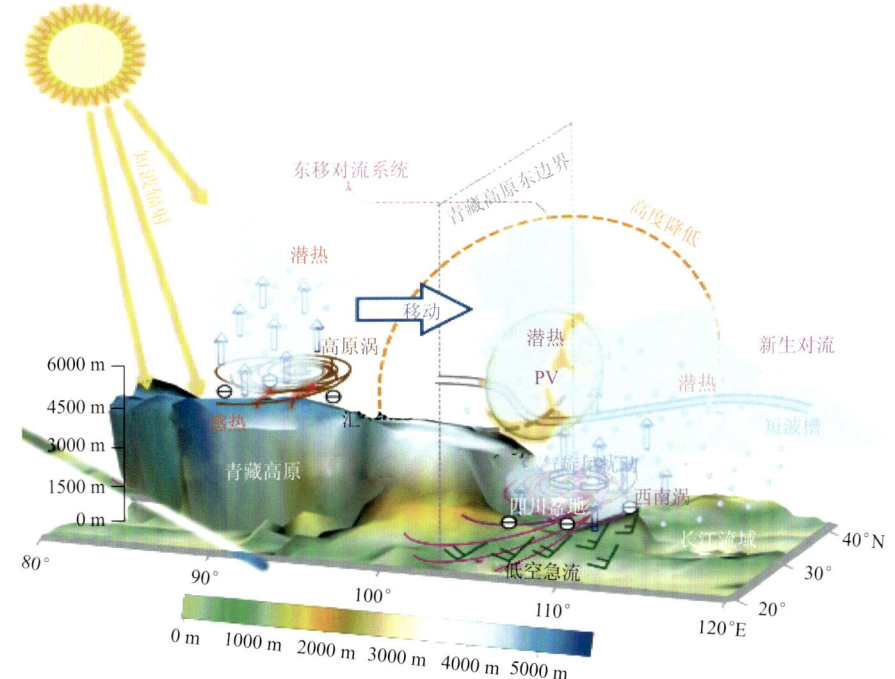

图 11.1 高原对流系统东移和影响下游的概念模型（许小峰等，2018）
橙色粗虚线椭圆代表了高原对流产生位涡所对应的高度负扰动区（降压效应）

大气热量输送有"烟囱"效应。夏季东亚季风活跃区水汽流东起菲律宾，经过南中国海流至高原及中国南方地区，西起东非索马里、阿拉伯海、印度洋，经孟加拉湾至青藏高原东部，两支水汽流共同转向中国长江流域和日本列岛，该地区是中国区域洪涝异常水汽输送的"大三角形"关键区。根据气候异常旱涝年水汽输送距平场分布特征分析亦可发现，青藏高原及周边区域水汽输送及其"转运站"效应，对高原周边异常降水及梅雨带特征具有重要作用。

青藏高原作为全球最大与最高的高原大地形区，在其南侧有来自印度洋、南海等地区异常显著的暖湿气流及与之相伴的水汽输送，高原东南侧存在水汽异常辐合，高原中东部存在强对流活跃区，构成了东亚季风活跃区内高原及周边地区特殊的水循环过程，因此它是东亚陆气相互作用最敏感的区域之一（马耀明和姚檀栋，2005；马耀明等，2009，2014）。1958—1995 年多年平均水汽通量矢量场（图略）表明，水汽流东起菲律宾以东洋面，经过南中国海，西起东非索马里、阿拉伯海、印度洋，并从孟加拉湾经青藏高原东部转向中国长江流域和日本列岛，是造成中国及东亚地区洪涝异常水汽输送的关键区。与亚洲季风爆发相关的水汽通道、高原周边水汽源、东亚季风水汽源、中低纬海洋潜热源的作用都突出表现在这一区域，它是高原与中低纬季风系统成员活动及其能量、水分循环的"活跃区"（图 2.19 中"大三角扇形"阴影区域）。

青藏高原、印度洋、孟加拉湾和南海是影响东亚地区干旱、洪涝异常的关键区,其综合相关特征揭示了高原与南亚季风活动具有多因素显著相互作用,高原地区构成了长江流域及东亚地区季风水汽输送的源地或"转运站",在长江流域及东亚区域性旱涝年阶段,高原-季风"大三角扇形"影响域水汽分布呈异常特征。

与高原对流系统密切相关的高原加热问题一直是研究的焦点问题,第一次、第二次青藏高原科学试验(TIPEX)研究就此问题提出了许多新观点(徐祥德和陈联寿,2000)。有关高原加热影响问题亦启发人们进一步探讨高原异常地气过程如何影响亚洲季风爆发及海陆差异因素如何形成季风爆发的"推动力"等问题。高原的非绝热加热对于季风环流和行星尺度环流的维持起了重要作用。夏半年青藏高原上空大气的物理属性与赤道低纬地区有许多相似之处。青藏高原是低涡、切变线(类似热带辐合带和台风)产生的源地,存在强烈发展的对流活动,对流云出现的频数及平均云量比邻近的印度北部平原都更高、更多。

由于青藏高原动力和热力作用的影响,使得其对亚洲季风的形成与演化以及对我国、东亚乃至全球天气和气候具有十分重要的作用,所以研究青藏高原对我国及全球气候变化的影响及响应就显得十分重要(王同美等,2008,Han et al.,2013;马耀明等,2014)。但如何去研究呢?一般认为可以通过观测试验资料分析、数值模拟及卫星遥感分析等三个途径进行。观测试验研究是基础性的研究,只有在青藏高原上建立一套完整的陆面过程观测系统,实现对高原气候系统各圈层的全程、实时、定量综合监测,并建成青藏高原地面及卫星综合观测的信息数据处理与共享平台,才能够较全面地定性和定量了解青藏高原对我国、东亚乃至全球天气和气候的影响,从而改善大气环流模式和气候模式对亚洲季风系统的描述能力。

青藏高原特殊地形上多圈层相互作用以及全球变化背景下区域气候响应是目前中国气候观测系统中陆面观测区重要观测目标之一。到目前为止,有关青藏高原特殊地形上的大气边界层研究很少,主要地气过程观测资料缺乏,尤其在青藏高原的西部尤为稀少(Ma et al.,2015,2017)。另外青藏高原地形复杂,与其相关的动力、热力非均匀性也是研究青藏高原大气边界层的难点(Chen et al.,2013)。因此"青藏高原大气水分循环变化跨部门优化多圈层监测系统"的建立,对于研究青藏高原特殊地形上的大气边界层结构、生态环境保护以及改进数值模式系统有关青藏高原地表过程的参数化方案具有重要意义。

1998年,中日科学家联合实施的第二次高原大气科学试验(JICA),揭示了高原边界层地气过程综合物理图像及其高原"气泵"的动力结构,亦启发我们思考此类特殊边界层结构是否可能形成高原独特的大气热源及其水循环特征?是否是构成影响东亚及中国区域灾害性天气气候的重要因子?此外,高原地区对流云团对长江流域洪涝灾害的影响进一步提示,青藏高原为季风"大三角扇形"偏南水汽输送"端点",具有水汽输送"转移站"效应。这些都是东亚地区灾害性天气预报需要研究的关键问题。

夏季盛行的东南风和西南风将南海和孟加拉湾的暖湿气流输送到高原东南部,使得高原东南部产生丰沛的降水,大部分地区年降水量达到 400~800 mm。喜马拉雅山南侧盛行西南气流,水汽输送量巨大,西南地区诸河出境水量大。我国西南地区地表水资源十分丰富,占中国西部地表水资源的 83.7%,全国的 47.0%。西南地表水丰富主要来源于大气降水。西部水资源合理开发利用和调配是西部大开发的重要条件,该区域水资源蕴藏量很丰富,长江上游、广西红水河流域、云南三江流域、雅鲁藏布江等流域是水能资源的"富矿区",是我国西电东送、南水北调的主要基地,也是未来我国及南亚、东南亚周边诸国重要的水资源源地。因此,对该地区水资源、水循环机理的研究及水资源的合理开发,将是社会经济发展和周边区域社会稳定的重要保障。如金沙江、怒江、澜沧江和雅砻江的上游还是我国南水北调西线的提水区,因此该地区的水资源状况和水文循环的变化对我国下游地区水资源状况以及西线能否为我国的华北地区调出足够的水资源影响重大。西线工程水源区有效水资源的时空变化,决定了西线工程在不同时间域上的可调水量,从而从根本上决定了西线工程效益能否高效发挥。从工程水源区水资源的形成来看,主要受到降水和下垫面变化导致的天然水循环的影响,同时还受到人工取用水过程的人工侧支水循环过程的影响,从影响的程度来看,前者占据主导地位。

高原东南缘地处长江、元江、红河、澜沧江、雅鲁藏布江、怒江的上游,研究该区域气候的变化及大气圈-生态圈的耦合作用,对上述江河流域的生态保护和环境修复具有重要的现实意义,是长江上游天然林保护工程、水土保持工程的关键区域,也是东南亚湄公河流域有关邻国生态环境保护最为关键的敏感区。实施该项目将有助于实施该区域的环境保护工程,恢复和保护该区域的生态环境和生物多样性。

青藏高原可以作为东亚地区及全球气候变化的预警区(Gao et al.,2019)。另外,西藏冰川面积达 2.756 万 km^2,占全国冰川面积的 48%,冰川融水占全国冰川融水总量的 60%。青藏高原积雪峰值年变幅非常剧烈,丰雪年与枯雪年相差高达 300 亿 m^3 水当量。青藏高原冰川及其水循环特征对全球变化的响应,对长江源头及其西南地区、东南亚国家水资源将产生重大影响。青藏高原中部与东南部生态气候长期监测,对东亚特别是中国、日本等国家地区有关全球变化响应及区域可持续发展具有重大价值,并对青藏铁路、三峡、南水北调等重大工程具有重要经济价值及社会意义。该地区还是目前世界上气候类型多样性、物种多样性和生态多样性最为典型和最为集中的区域之一,处于气候、生物和生态的过渡带,该地区的气候生态环境对全球变化十分敏感,例如,西双版纳地区的雾日在过去 50 a 显著减少。全球气候变化对该区域的影响十分重要。此项目生态气候长期观测不仅可以揭示全球变化特征,也可以揭示全球变化对东亚区域物种栖息、生态圈的影响机理及其变化趋势,可为东亚地区生态保护及其可持续发展决策提供重要依据。

"全球气候观测系统"(GCOS)计划的基本思路是:在统一的发展计划和技术规范的指导下,对世界上现有的地球环境方面的观测系统进行必要的改进、补充和整合,以便为正确认识气候变化及其影响,以及气候变化中自然因子与人类活动的作用等提供所需的高质量、连续、均一的各类观测资料。这意味着：未来大气综合观测系统的设计思路需考虑气候系统的各分量观测，对描述多圈层及其相互作用的组成分量特征的各种变量都要进行观测，每一种观测资料都应有足够长的时间序列、覆盖足够大的地理区域、有足够的代表性及高精度。这也意味着，现有的任何一个观测系统还不可能提供天气气候及气候变化研究需要的全部信息，必须建立一个具有高新技术探测工具的多圈层综合观测系统，对多圈层及其相互作用的关键变量进行系统性观测。

在全球变化的背景下生态系统的结构（如植物叶面积指数、植物高度和物种组成）和功能（如蒸散、碳吸收和生物化学循环的速率）正在发生相应的变化，而这些变化又可以通过大量的反馈机制增强或减弱全球变化，同时也影响那些依赖于生态系统的经济系统。全球变化还可以通过改变人类的行为来改变生态系统的结构、功能和空间分布。生态系统对全球变化的适应性很脆弱，全球变化对生态系统的影响表现在多种时空尺度上。生态系统对太阳辐射的反射或吸收可影响地球表面的温度。生态系统中的各种物理、化学和生物分量之间的联系对短期和中长期尺度、局地和全球尺度的大气运动都是非常重要的。

青藏高原现场观测项目立体结构框架总体设计思路见图 11.2。

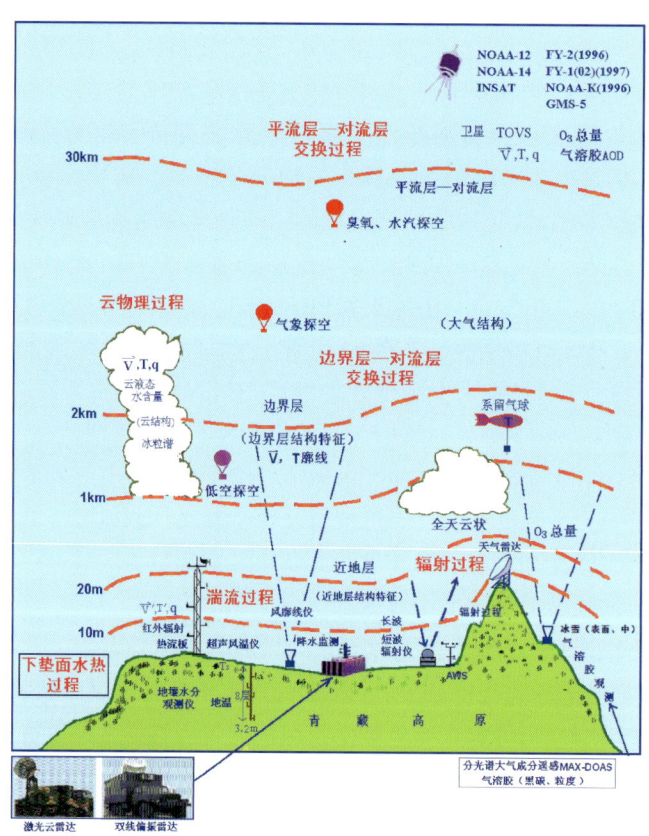

图 11.2 青藏高原现场观测项目立体结构框架的总体设计

11.3 综合观测系统的设计思路

(1) 重点加强气候变化高原暖湿化生态"强信号"区（森林、草原、湿地）及高原中东部站点空白区大气-水文-生态综合监测

构建高原及周边复杂山谷地形、不同特征下垫面（湖泊、冰川、森林、草原、荒漠等）大气-水文-生态过程以及大气结构、能量、物质（水汽）多圈层相互作用的综合观测网，为高原暖湿化生态"强信号"提供多圈层下垫面大气-生态过程"三维"立体多源信息数据及相互影响理论依据，剖析高原暖湿化时空分布特征及其对区域生态过程影响机理，为气候变暖背景下高原生态安全保障及其气候应对策略提供科学依据及数据信息支撑。

(2) "亚洲水塔"河源区水分循环过程综合观测

通过对三江源（长江、黄河、澜沧江）及水汽输送通道区域等关键缺测区的综合观测，结合该区域已有气象、水文业务观测数据和卫星遥感数据，研究青藏高原"亚洲水塔"大气水分循环规律，揭示"亚洲水塔"关键水汽通道及其陡峭南坡大气三维结构特征，以认知青藏高原气候变暖下"亚洲水塔"水资源及其下游的水汽输送演变特征；剖析气候变暖下河源区水汽输送变化时空分布多尺度特征及其对水文过程影响机理，为气候变暖背景下高原水资源环境变化的气候应对策略及其有效措施提供科学依据及数据信息支撑。

(3) 青藏高原气候变暖下雪盖、冰川及相关流域等大气-冰川-水文过程综合观测

选择青藏高原气候变暖不同变化速率的典型冰川及其相关流域，建立冰冻圈特征水循环过程及其对流域径流、生态环境影响研究区，以及冰川、雪盖、水文、生态多圈层相互作用综合观测区，剖析气候变暖下冰川区融化速率特征及其对水文过程影响的时空分布特征，为气候变暖背景下高原冰川退化影响水资源环境的气候应对策略及有效措施提供科学依据及数据信息支撑(Yao et al., 2019)。

(4) 青藏高原气候变暖下冻土退化时空分布的大气-冻土-水文过程综合观测

选择青藏高原气候变暖下不同退化速率的典型冻土区，建立冻土退化对生态环境影响研究区，以及冻土-水文-生态多圈层相互作用综合观测区，剖析气候变暖下冻土退化时空分布及其对生态环境影响机理，为气候变暖背景下高原冻土退化影响生态环

境的气候应对策略及其有效措施提供科学依据及数据信息支撑。

(5) 重点加强气候变化下高原暖湿化湖泊变化"强信号"区及高原中西部站点空白区大气-水文-生态综合监测

选择青藏高原的典型湖泊群及其相关流域,研究气候变暖下湖泊水分循环特征,以及湖泊水位、面积变化速率及其对水资源、生态环境的影响。建立湖泊群变化对生态环境影响研究区,以及大气-湖泊-河流水文-生态过程多圈层相互作用综合观测区,剖析气候变暖下湖泊群变化时空分布及其影响因素,并探讨高原湖泊群变化对水资源、生态环境的影响,为气候变暖背景下高原湖泊影响环境的气候应对策略及其有效措施提供科学依据及数据信息支撑。

(6) 根据青藏高原地区的气候变化影响防灾减灾应对技术的需求,选择青藏高原气候变暖下不同时间尺度极端事件易发区,构建气候变化"强信号"敏感区综合观测网

加强高原东西向剖面与高原东缘南北向剖面地气过程不同下垫面代表性区域边界层及大气结构探测(重点在不同的大地形结构);选择高原区域不同的地形、地表特征建立综合观测基地(六个区域观测中心),实施包括可移动边界层通量塔、移动性车载大气廓线仪与探空系统的边界层-对流层-平流层能量、水分循环及其大气结构垂直廓线综合观测;实施高原复杂的大地形中尺度及水分循环流域大气-水文过程现场观测试验。

为推进高原大气综合观测系统的建设,采用卫星遥感与地面综合观测相结合的技术途径,需要联合组成相关领域专家跨学科的攻关队伍,发展气象、水文、环境与生态跨学科的卫星遥感-地面综合观测的再分析应用平台技术(图 11.3、图 11.4)。

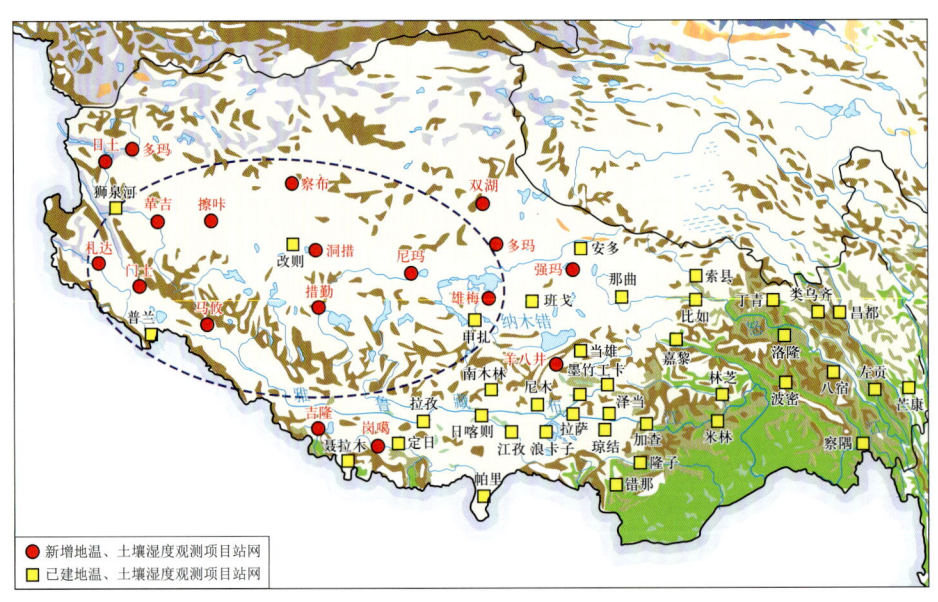

图 11.3　卫星遥感-地面土壤温、湿度观测网

第11章
青藏高原大气-陆面-生态多圈层过程综合观测

近年来,国际联合观测试验的目标焦点越来越集中在青藏高原及亚洲季风活动关键区水分循环问题上,在全球变化背景下亚洲季风活动水汽输送关键区水分和热量的平衡及其再分配结构变化,可进一步影响中国及东亚区域气候异常及其洪涝、干旱灾害发生频数和水资源状况等变化趋势。季风活动关键区高原与低纬海洋间海-陆-气相互作用对全球变化的响应问题已成为国际大气科学界十分关注的"热点",迫切需要回答如下的科学问题:中国大陆高原地气过程是否与中低纬度海洋区域海气过程同样导致海陆差异效应? 全球变化背景下青藏高原与中低纬海洋构成的热力差异有多大程度变化? 全球气候变化如何影响东亚季风及其洪涝、干旱天气持续性灾害发生频率和强度? 上述国际大气科学界"聚集"的前沿性科学问题,均为本计划青藏高原大气综合观测系统工程建设与试验研究设计的重点及其关键研究目标。

面对气象业务发展与能力建设的重大支撑需求,考虑科研成果业务转化与技术应用潜力的充分发挥,有必要在青藏高原大气综合观测系统工程建设与试验研究中采用科学试验-观测工程-应用平台系统工程的总体设计。近年高原地区观测站网及其观测系统现代化水平已有突破性改善,尤其在青藏高原及周边省区(西藏、青海及川滇各省)中国气象局业务系统在装备的先进性与站点布局上已有了质与量的飞跃,并通过 JICA 项目国际合作计划的实施,在高原及东缘区域构建了 AWS 无人值守自动气象站、大气廓线仪、边界层通量站与 GPS 水汽观测站网,初步组成了具有国际先进水平的综合气象监测系统。青藏高原大气综合观测系统工程建设与试验研究观测系统设计将与长期业务观测网优化布局紧密结合,研究目标将与灾害性天气气候预测、气候变化应对的应用平台紧密结合,研究成果将与防灾减灾紧密结合,青藏高原大气综合观测系统工程建设与试验研究的总体设计强调了卫星遥感-地面综合观测(包括双偏振雷达、边界层通量站网、GPS 水汽与 GPS 探空、大气廓线仪等先进技术系统)、三维立体天基、空基与地基相结合的一体化观测系统工程构建思路,使观测试验目标更适用于科研与业务需求,尤其对高原区域数值模式物理过程参数化新技术发展具有关键作用。上述科研与应用相结合技术途径亦是本设计总体思路与研究特色(图 11.4)。

天气灾害强信号与气候敏感区-高原影响问题是中国区域灾害性天气气候预测的核心环节之一;占中国区域陆地近 1/4 面积的高原动力、热力结构变化和物质输送不仅影响中国及至全球的天气与气候变化,而且关系高原及其邻近生态环境变化问题,亦是中国区域防灾减灾与气候适应对策(气候灾害、生态环境、水资源等)的关键所在。

前期的高原试验和研究取得了一些有理论意义的成果,奠定了新的研究基础(马耀明等,1997,2006a,2006b;胡泽勇等,1998;冯璐等,2016)。但由于经济、技术基础相对薄弱,大气探测技术与装备能力有限,台站布局密度稀少、观测要素单一、试验时间

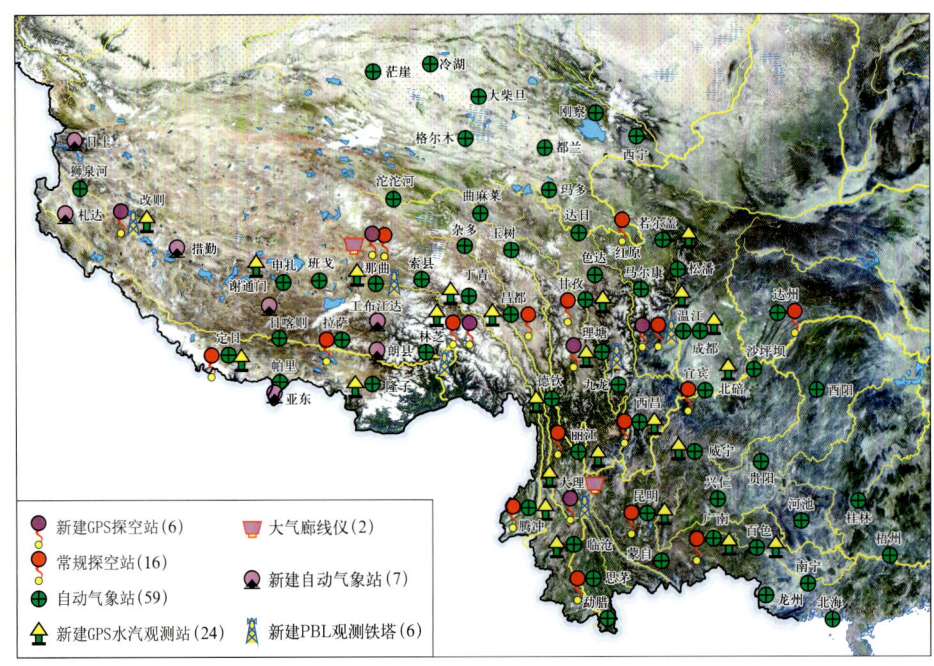

图 11.4　中国气象局新一代综合气象观测系统观测布局（Xu et al.，2008）

较短。主要集中在高原主体，对高原周边区域观测、研究不够。科学试验尚未与观测优化布局以及业务应用紧密结合。在高原热源结构、水分循环多尺度时空特征、云物理过程、对流层-平流层交换等前沿性科学研究方面存在较大差距。

历次青藏高原科学试验过程中，中国气象局、中国科学院大气物理研究所、国家海洋局环境预报中心、北京大学等几十个国家重点研究院、所与业务单位及有关省气象局投入了各类先进的仪器装备与人力、物力。同时，历次青藏高原科学试验实施了与国际重大科学试验同步的科研大协作，取得了一系列具有国际影响的研究成果，使中国科学家与业务部门专家携手走上了攻克国际前沿研究领域理论难题与防灾减灾技术系统发展的"大舞台"。JICA 计划为青藏高原大气综合观测系统工程建设与试验研究奠定了观测与技术基础，高原气象业务观测网建设与观测技术现代化水平明显提升，风云卫星遥感技术水平及其产品进入了国际先进行列（张人禾和徐祥德，2012；刘瑞霞等，2013）。

11.4 综合观测系统的技术途径

以高原中部那曲为基地的综合观测系统,将强调以高原大气动力-物理、化学过程研究为目标,综合观测基地实现科研与业务需求结合,逐步实现天基、地基、空基一体化的多时空、多手段、多源信息综合一体化观测系统工程,以点-面结合实施对青藏高原重点观测区基本气象要素、大气结构进行长期、动态、自动化和高分辨率的综合三维立体监测,为研发适用于高原区域复杂大地形大气动力-物理、化学参数化的新一代数值模式系统提供技术支撑。根据青藏高原地区的气候区划,针对高原区域内不同地区的地表状况和区域气候问题,选定三种青藏高原上较为典型且具有一定代表性的不同地表状况及生态环境的重点区域,分别进行有观测重点的地面监测:①高原区域中尺度边界层综合观测区,本区域下垫面观测的重点是针对高原的陆气相互作用过程;②高原区域湖泊、湿地和生态系统综合观测区,重点是针对生态过程和水循环过程的观测;③高原区域冰川、冻土区域综合观测区,重点是针对高原雪盖、冰川等白色地表的陆面过程及其与大气之间交换过程的观测。

针对高原复杂地形及特殊大气环境特征,根据陆气系统耦合气候模式中陆气相互作用过程参数化技术方案设计的需求,力求通过不同时空尺度长期监测,在不同地表状况的地区建立陆气相互作用过程大气边界层观测站点,将不同部门的观测站点纳入观测网中,将已建立的部分水文站径流观测及其地下水位的观测资料收集进来,以补充气象台站对水循环过程观测的不足。地面观测-卫星遥感资料综合应用,系统地定量认识在全球气候背景下青藏高原大气边界层结构、地表过程及其区域生态环境变化特征。

限于目前的技术手段和条件,短期内青藏高原地区的地面观测布点很难实现与东部地区台站网建设密度大体相同的布局,故使用卫星遥感探测方式对青藏高原及周边地区进行地面监测就显得更为重要和迫切。卫星遥感方式可实时直接监测高原大气的温、湿状况,高、中、低云量,水汽和CO_2状况及输送,地面的生态变化以及水面和冰川的状况等。卫星遥感资料的应用将对青藏高原地区大气水分循环变化跨部门优化多圈层监测发挥重要的作用。天基对地监测系统的建立和遥感资料的收集处理,需要全国统一的规划和建设。针对川滇地区目前相对落后的气候系统监测和服务系统,需要开展针对具有本区特色的气候系统各圈层相互作用及机制的综合观测,开展对各圈层及其相互作用、相互影响过程的监测,为开展各圈层相互作用研究和揭示该地区的生态与环境问题提供基础数据。川滇综合生态观测区综合观测系统建设主要分 4 部分组成,即:①大理生态环境综合观测基地的建设;②立体气候与生态及生物多样性的观测系统;③川滇地区水分循环综合观测系统;④特殊监测。

高原观测区观测系统的建设本着一站多点、功能互补、多种用途的原则,充分利用经向分布具有多种气候带,垂直方向有立体垂直气候带,江河网络密集的特点,按不同气候带和江河网布设本地区综合生态观测系统的各种气候-生态-水文观测站点。建设重点主要针对本地区需要解决和回答的气候-生态-水文等科学问题;重点开展气候带气候、生物多样性和水文的综合观测;为该区大气-植被-土壤相互作用过程的研究,植被生物多样性对气候变化的响应及其对气候变化的反馈作用的研究,区域水循环研究提供基础数据;为评价人类活动的影响及调控优化生态环境的对策选择提供科学依据。现阶段该区各类站点布设及观测的开展首先要满足以下几方面:人为活动及气候变化对生态系统最为脆弱和退化严重的干旱河谷的加剧影响;上游水源头的荒漠化对下游水资源和水循环特征的影响;气象水文地质灾害(滑坡、泥石流、洪水)发生规律及预警的研究;珍稀动植物所生存的生态环境的退化和保护问题研究;水汽通道及区域干湿分布的研究;水热分布及其变化对生态系统和生物多样性影响的研究。

为了深入认识全球变暖背景下我国灾害性气候的复杂成因,为解决高原影响中国区域、全球重大气候灾害事件预测理论与灾害天气预报技术等科学难题,有必要持续开展青藏高原长期大气科学试验,并在重大气候灾害发生前兆性"强信号"关键区及区域气候环境、生态高影响敏感区,构建青藏高原大气科学试验研究中心与天基-空基-地基多圈层综合观测基地,以便建立跨学科、跨部门高原大气科学试验核心研究机构,分阶段针对各类关键性科学问题与业务发展重大需求,实施长期、稳定、持续的科学试验与重大研究计划,揭示高原影响全球与区域灾害性气候发生、发展机制和演变规律,通过深入研究全球气候异常与东亚区域洪涝、干旱灾害形成机理,以提升气候变化应对能力及其预测水平。这将有望在高原影响及灾害性气候预测理论研究方面取得重大突破性进展,将对地球科学前沿领域理论研究的发展具有重大的战略意义。

通过观测系统的实施,可充分发挥已建设的覆盖高原地区以及正在设计、构建的新一代天基-地基-空基大气监测网综合优势,推进高原天气气候变化的长期、连续观测多源信息系统工程的发展,逐步构建青藏高原大气科学试验长期研究基地及多源信息共享与跨学科、跨部门的联合观测试验与研究平台。将建立青藏高原多圈层多源信息的科学数据处理与多学科、跨部门共享平台。构建联合跨学科、跨部门的科学家、技术专家从事青藏高原科学试验以及国际前沿领域科学问题的长期研究中心。

基于此项目建设,通过研究计划的实施,培养一批具有国际水平的优秀科技人才,把我国青藏高原大气科学研究进一步推向世界舞台,并处于国际的领军地位,为社会的可持续发展做出贡献。

强调揭示青藏高原气候变化敏感区与灾害天气上游"强信号"关键区三维立体多源信息为主体目标,并根据发展新一代高原区域数值预报模式技术系统的重大需求为设计原则,推进青藏高原观测网优化布局。实施构建不同地貌、代表性陆面特征的综合观测系统中心基地,采纳点-面结合观测网设计思路,计划实施强化观测布点,并强化常规与观测相结合、固定与动态观测系统协同配合的技术路线,构建地基、空基与天基组成的三维立体综合观测系统。

(1) 高原区域大气综合观测关键区与研究中心基地

考虑到上述防灾、减灾业务重大需求与数值预报模式物理参数化技术发展的难点,构建移动性综合观测系统平台,推动青藏高原区域大气水分循环变化跨部门优化多圈层监测系统布局及数值模式参数化新技术的发展,重点提升本试验室高原区域野外试验机动性平台综合探测能力。该机动性观测设备可用于灾害性天气上游关键区不同科学目标观测试验与优化设计观测试验,并为高原及周边建立天基、地基与空基相结合的长期综合观测基地提供重要的科学依据与技术支撑。根据上述研究内容与实施途径,开展不同研究目标的加密观测试验。

针对高原边界层结构、大气热源强信号区、高原对流频发区、复杂大地形水汽通道以及高原边界层-对流层-平流层物质(水汽、大气成分)输送与周边交换关键区,根据高原复杂大地形状况数值预报模式物理参数化改进的需求,考虑卫星遥感与地面综合气象观测再分析的技术途径应用,选择青藏高原地貌与下垫面特征的区域代表性站点,强化大气综合观测与优化布局试验观测网。重点加强气候变化与生态敏感区(湖泊、冰川、森林、草原)及高原中西部站点空白区、高原冷热源"强信号"区(包括强辐射区、冻土、雪盖等)、极端天气气候事件易发生区综合观测系统建设,改善青藏高原的高空探测网布局。

发展青藏高原科学试验综合观测基地及其科研-业务一体化观测试验网格,以长期、持续设计,实施青藏高原大气科学试验;逐步建立青藏高原大气科学试验研究成果转化应用、数据共享平台及其跨学校、跨部门合作研究中心与联合创新实体;推进大气综合气象监测网系统优化布局分步实施,逐步完善高原天基-空基-地基综合观测工程,发展边界层-对流层-平流层探测系统;建设青藏高原卫星遥感标定、检测基地与反演产品综合观测与研究平台。

考虑天气预警、气候预测业务需求,青藏高原大气科学试验研究聚焦于观测系统业务应用平台建设,逐步实现对高原气候系统近地层、边界层及自由大气综合观测,并进行大气与其他各圈层大气物理、化学过程及其相互作用过程综合监测,推进天基、空基与地基相结合的一体化综合观测系统工程,优化高原新一代综合业务观测网及其科学试验阶段性观测目标,使业务观测与科学试验不断适应大气科学研究与气象系统业务应用发展的重大需求。基于逐步优化、完善高原大气综合业务观测网系统工程与科学试验基地及其研究中心,根据科研与业务发展计划实施不同科学目标的科学试验计划,以获取高原大气结构及多圈层信息,深化认识青藏高原对中国和东亚、全球天气气候灾害影响的机理,推动灾害天气气候监测预报新技术系统的发展,提升高原对中国区域水资源、生态环境变化影响的理论水平及气候变化应对决策技术。

(2)高原大气科学试验研究中心

建立长期、稳定的高原现场大气科学试验研究中心,推动高原区域多圈层观测站网与跨部门观测基地研究实体联合试验体系的建设,通过打破阻碍部门协作"壁垒",积极推进国际合作,实现跨学科优势互补,充分挖掘跨部门技术、人才与设备资源的潜力,实现集约型的科技创新。

研究任务包括:推进青藏高原天基-空基-地基综合观测多信息再分析技术;发展高原复杂大地形大气动力、物理-化学过程数值模式参数化技术;构建灾害天气上游多源信息观测、分析、预警的业务技术系统;发展青藏高原区域极端天气气候事件预警与应对业务技术系统;提升高原影响研究与灾害性天气气候预报、预测理论水平。

(3)高原机动性综合气象观测系统建设,构建高原区域机动性大气科学试验平台

由于高原地区站点稀少,造成高原及中国东部区域灾害性天气、气候预测前兆性信号的捕捉存在较大的不确定性,数值模式技术发展在高原复杂陆面过程及物理参数化所需多元信息具有很强的区域性特征,但高原地形复杂、空间范围大,布设固定的先进设备及其观测网站经费耗资大,难以实现,且不符合经济有效的优化布局原则。

依托中国气象局灾害天气国家重点实验室的中尺度综合观测系统,增设移动梯度观测系统、自动气象站、卫星数据通信系统、移动式GPS探空系统。

(4)高原综合观测资料处理系统建设

针对各种新型探测设备,开发由数据质量控制、数据反演(GPS大气可降水量、雨量、云水含量、云冰含量、三维风场等)和多源数据融合的再分析等子系统组成的观测数据处理系统。

(5)实施重点观测项目

① 高原气候敏感区地面气象观测

(a)在青藏高原及周边重点加强气候变化与生态敏感区(湖泊、冰川、雪盖、森林、草原、湿地、荒漠)及高原中西部站点空白区观测,在西部站点空白区(昆仑寒带干旱区、羌塘亚寒带半干旱区)、青藏高原昆仑山、喀喇昆仑山区、黄河重要水源补给区建立无人值守自动气象站,通信采用DCP通信或基于物联网通信,完成数据上传工作。

(b)针对青藏高原及周边地区永久性冻土区及雪灾频发区增加固态降水观测项目。

② 高原大气结构——水汽通道GPS/MET水汽观测

为改进区域模式边界层及陆气过程参数化的需求,选择高原区域不同的地形、地表特征综合观测基地,针对高原及周边边界层及其大气结构特征关键区,加强大气结

构高空探测。针对高原区域地气过程代表性区域,实施边界层-对流层-平流层能量、水分循环及其大气结构垂直廓线综合观测。为加强高原大气结构探测,考虑青藏高原西部大气结构探测的需求,拟建立狮泉河全自动高空气象观测系统,并将高原中部那曲的 L 波段探空系统更新为 GPS 探空系统。在近年青藏高原及周边 JICA 计划实施及青海湖流域、四川、云南、西藏 GPS/MET 水汽观测业务网已建站的基础上,进一步加强西藏及周边区域水汽输送通道主体区域 GPS/MET 水汽观测站网的合理布局。

③ 高原代表性下垫面地气过程边界层通量观测

针对气候变化"强信号"高原敏感区及其大气结构特征关键区,加强高原东西向剖面与高原东缘南北向剖面地气过程不同下垫面代表性区域边界层垂直廓线及通量移动塔观测(重点在不同大地形结构);在青藏高原及周边(四川、云南、西藏)JICA 计划实施已建的边界层通量观测站的基础上,进一步在青藏高原具有地表特征的典型下垫面区域(草原、荒漠、湿地、复杂地形)以及边界层通量站点空白区,增建边界层通量梯度观测站。

④ 青藏高原云物理过程与水循环遥感、遥测-地面综合观测

建立业务 GPS 水汽、AWS(图 11.5、图 11.6;业务与加密探空、高原中东部风廓线雷达、多普勒天气雷达网等);建立高原及周边多功能遥感遥测-地面观测综合网:建有用于天空状况监测的全天空成像仪系统、湿度廓线测量的微波辐射计、地表水热平衡监测的大口径闪烁仪;开展青藏高原卫星反演产品校验评估,改进陆面边界层参数;建立青藏高原卫星遥感-地面土壤温、湿度观测网;建立高原中部天基-地基-空基综合观测基地。

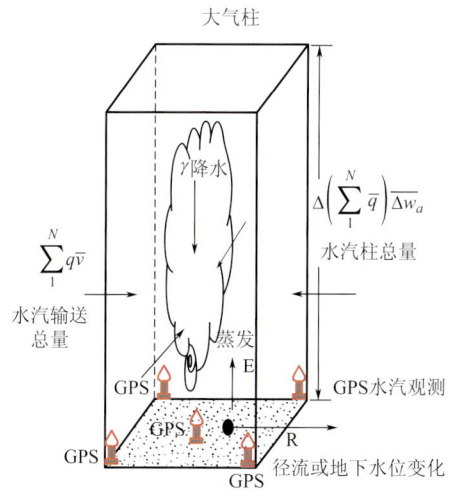
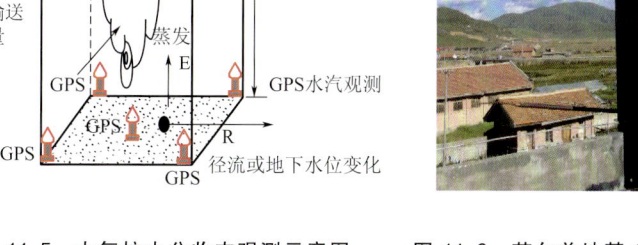

图 11.5 大气柱水分收支观测示意图　　图 11.6 若尔盖地基 GPS 水汽观测系统现场

11.5 多圈层综合观测系统

(1)高原区域陆气过程综合观测

重点加强气候变化下高原暖湿化生态"强信号"区(森林、草原、湿地)及高原中东部站点空白区大气-水文-生态综合监测。

由于在陆面过程和边界层耦合模式中不同地表状况的水、热通量交换和能量平衡存在显著差异,考虑气候系统多圈层耦合模式大气-生态-陆面过程参数化设计需求,根据青藏高原上不同区域不同的气候特点,按照其陆面状况自然区划带(青藏高原亚湿润地区、青藏高原亚寒带亚湿润地区、青藏高原温带半干旱地区),并根据其典型下垫面特征,选取适当位置建立能够长期观测的针对不同下垫面观测重点的综合观测系统。进行侧重点不同的地表层大气-生态-陆面过程和大气边界层业务观测,如土壤层结构及其物理化学特性,冰雪面温度和积雪深度,蒸发散(腾)量以及水循环过程,长、短波辐射平衡过程,植被生理生化过程和植物形态变化过程等。从中选取部分有代表性的站点建立大气边界层观测塔,以获取近地层风廓线,地表热量、动量和物质(水汽)通量等观测资料。

选择适当台站增加湍流观测仪,以获取青藏高原不同下垫面上湍流过程时空变化资料。由于湍流观测仪器费用较为昂贵,目前已建台站很少进行湍流观测。目前,中国科学院和中国气象科学研究院等单位已建 10 余个湍流观测站,进行了近地层湍流观测。因为湍流过程是了解地表与大气之间能量和物质交换的重要过程,应在青藏高原地区适当增加此类型的观测台站,以覆盖高原不同类型地理单元和气候区域,全面了解高原地区的陆气交换特征,为高原及周边复杂山谷地形、不同特征下垫面(湖泊、冰川、森林、草原、荒漠等)大气-水文-生态过程及其大气结构、能量、物质(水汽)垂直交换以及模式物理参数化技术改进,提供"三维"立体多源信息数据及理论依据。

网站布局:在青藏高原地区本着通盘考虑和一站多用的原则,从观测站点系统布局的科学性和可行性出发,布设综合气候观测台站(点)网,争取涵盖青藏高原约 250 万 km^2 区域内的各个不同的自然区划带以及各种陆面过程特征,便于开展较为完整的青藏高原地表过程观测,建立完整的陆面过程观测数据集,为进行青藏高原对区域、亚洲乃至全球大气环流和气候影响的理论和数值模拟研究提供基础保障。应用卫星遥感、计算机等高新技术建立地表不同陆地植被类型、不同通道的光谱响应函数库；建立高精度土地利用类型、植被分类、植被指数、叶面积指数、陆表反照率、土壤湿度和雪深参数数据库；积极采用新技术（如 GPS 技术、GIS 技术）提高森林火险预测预报的准确率，对森林火灾提供实时监测。

青藏高原陆面观测系统中观测台站的建设是最关键的环节，根据青藏高原地区气候区划以及高原不同地区陆气相互作用的特征，在青藏高原地区设立了高原生态系统长期定位观测站、气象基本（基准）站、农业气象站、水文站、酸雨站、城市空气环境站、GUAN-GSN 站、GCOS-GSN 站、雷达站、探空辐射站、地面辐射站、探空站、区域本底站以及边界层综合观测塔等一系列野外台站观测网络。在青藏高原的三个自然区划带不同下垫面（藏东南的亚热带森林、高原草甸、高原湿地、多年冻土、季节性冻土、冰川及江河源区）的区域上建立涵盖基本气候要素、大气边界层结构、大气成分和地表及其以下（2 m）土壤的组成、物理化学特性及温、湿度的观测系统。包括高原区域中尺度大气边界层综合观测，高原区域湖泊、湿地和生态系统综合观测区，以及高原区域冰川、冻土区域综合观测区。以最终达到阐明青藏高原地表过程、湖泊、主要生态系统和土地覆盖在不同气候条件下的变化特征，阐明青藏高原环境变化与地表过程对全球变化的响应特征，揭示青藏高原热力与动力过程对不同气候系统变化的影响，进而达到更好地为我国、东亚乃至全球天气和气候研究及预报有所贡献的科学研究和实际应用的双重目的。

陆气相互作用是高原观测区的重点观测目标之一，青藏高原对大气的各种热力和动力效应都是通过高原近地层与边界层影响到自由大气的。然而，目前在高原辽阔、复杂的下垫面上，气象水文台站较为稀少，资料年份较短。要全面理解整个高原地区的地气相互作用过程，主要是地气间能量和水分的交换过程，就必须增加观测点数，在有代表性的中尺度区域内，开展长期监测，监测项目应涵盖地表层以下 2 m 土壤到自由大气之间物质的物理和化学特性，以及地气系统之间的热量、动量和物质交换。主要监测项目包括土壤温度和湿度（地表、1 m、2 m）、地表热通量和水汽通量、长波和短波辐射通量（双向）、近地层的动量通量和风廓线观测、边界层大气湍流过程的监测、大气的气压和风矢量、大气温度和湿度等，以期获得高质量的边界层湍流时空变化特征及地气之间热量、动量、水汽等物质交换过程的观测资料，以满足气候系统模式陆气过程参数化技术方案设计的需求。

(2) 河源区水分循环过程综合观测

为重点推进三江源流域（长江、黄河、澜沧江）、湖泊或复杂地形地貌大气水分循环结构研究与模式物理参数化改进，提供多源信息数据与理论依据，选择高原三江源、高原东缘云南、四川等湖泊、河流流域大气-水文过程为重点观测目标，以该区域综合观测基地为主体，充分应用水利部门相关水文资料。加强高原及周边复杂大地形水分循环过程综合观测，选择高原及周边多尺度复杂大地形结构水汽通道各关键区，设置可移动性GPS探空、GPS水汽观测系统及与自动气象站相结合的综合观测网。

针对三江源流域(长江、黄河、澜沧江),在高原南坡坡面不同海拔高度上布设多源气象综合观测系统,形成三江源流域南坡面的大气三维立体观测网,以描述水汽、风、温的三维结构特征,研究山谷地形对水汽输送影响的物理机制。揭示"亚洲水塔"三江源流域关键水汽输送通道空间分布及其多尺度输送物理机制。通过模式多源信息提取、融合、同化分析,揭示三江源流域河谷"大气水塔"水汽输送通道特征及其大气三维结构,研究"亚洲水塔"源自低纬海洋水汽源的雅鲁藏布江河谷主要水汽通道输送规律,并利用大气边界层观测系统对该区域典型下垫面的地表-大气水热交换通量和输送参数进行综合观测。基于中国气象局、中国科学院青藏高原科学试验与业务观测网基础,充分利用中国气象局、中国气象科学研究院、中国科学院青藏高原研究所等单位在西藏地区多源信息综合观测网及其科研、业务平台,实施过程还采用云雷达、边界层与地面AWS观测系统、GPS探空、微波辐射计、风廓线仪、GPS水汽观测等综合观测系统,获取业务与加密观测试验资料,结合卫星遥感与地基、空基综合观测一体化再分析,重点揭示"亚洲水塔"高原南坡主要水汽通道及其对流活动规律,以深化"亚洲水塔"南坡水汽爬升及其云物理过程特征的认知。同时,提升科考研究手段,实现三江源流域的地气水热交换、大气三维结构与云物理过程综合观测,揭示青藏高原水资源失衡下的大峡谷水汽输送变化,为该地区水资源的合理规划提供科学数据与科技服务。

(3)高原区域湖泊、湿地和生态综合观测

重点加强气候变化下高原暖湿化湖泊群水分循环过程综合观测(高原中西部站点空白区大气-水文-生态综合监测)。

湖泊群及其湿地:水循环过程和生态过程亦为高原暖湿化影响重点观测目标之一。青藏高原气候复杂,生态类型众多,不同生态系统之间的差异甚大。湖泊、湿地是青藏高原两类典型的生态系统,其湖气、湿地地气间水、热通量交换和地表能量平衡存在显著差异(Wang et al.,2017)。因此,根据其有代表性的地表特征,除进行通常的陆面过程监测外,还要有针对性地进行湖面、湿地大气三维结构及其水、热通量,水体、土壤层结构及物理化学特征观测,进行水体、植被生物过程,形态变化过程,湖面、湿地大气水分及地面能量平衡观测,进行地下径流和地表水循环过程观测,建立高原湖泊、湿地生态系统监测站。进行不同生态系统的碳循环的监测以及植被指数、叶面积指数、生物量、日照百分率、生态能量等的监测。

观测区站点的重点观测项目除了常规陆面过程和大气项目的监测之外,还重点对高原湖泊和湿地的水平衡以及水循环过程及其与大气之间的相互作用过程进行监测。部分台站还需要进行高原植被的生态过程以及植被与大气间的碳循环过程监测。

(4)高原区域冰川、冻土综合观测

针对高原雪盖、冰川及相关流域等大气-水文过程以及冰川与大气间特殊交换过程,建立高原区域冰川、雪盖、冻土区域多圈层综合观测区。针对高原雪盖、冰川等陆面过程及其与大气之间交换过程的观测,是高原观测区的另一重点目标。建立高原区域冰川、冻土区域综合观测站网,除了进行常规气象要素和大气边界层的观测之外,重点监测雪盖、冰川等白色地表陆面过程及其与大气之间的交换。其中冰川观测包括:冰川物质平衡(积累量、消融量)、冰川表面反照率、表面湿度、冰川运动、冰川融水径流、冰川面积变化、积雪深度以及辅助气象项目等。冻土观测包括:冻土分布范围、冻土类型、冻土日期、融化日期、地温、冻土深度、土壤含水量等。

开展较为完整的青藏高原陆面过程观测及模拟研究需要国内各部门之间的广泛合作、互相支持以及强大的设备和资金投入。观测系统建设应本着节约的原则通盘考虑,从站点系统布局的科学性和可行性出发,将各部门已有的各固定台站和野外观测台站纳入高原陆面观测系统,一站多用,布设综合气候观测台站(点),争取涵盖青藏高原区域内的各种不同的自然区划和下垫面,能够较全面地观测、分析和研究青藏高原陆面过程的实质,从而改善大气环流模式和气候模式对亚洲季风系统的描述能力。

冰川对区域气候变化响应非常灵敏,消亡快速。因此,这些冰川的变化能够很好地指示区域气候的变化。为了在该区观测冰冻圈与大气之间的热量和水分交换,并为遥感地面验证及区域气候研究提供基础数据,需建立冰川-气候观测站。观测区除进行常规大气项目观测外,重点需要观测冰川地表与大气之间的能量、动量及物质的交换过程,以及冻土和冰川的状态以及水循环过程。

实施地基-空基-天基三位一体模式精准监测冰冻圈变化,建立冰冻圈资源定期调查机制,实施冰冻圈变化专项研究计划群,广泛开展国际合作交流,加强、深化冰冻圈科学研究,定期发布冰冻圈变化评估报告;高寒山区流域观测困难、数据稀少仍然是限制流域和区域尺度过程研究及系统评估精度的关键性问题;在研发新数据获取手段的同时,选择典型地区,针对个别流域开展集中性、攻关性、综合性的观测研究;观测与研究内容包括冰川-积雪-冻土-径流-生态-社会经济。

(5)天基-地基-空基综合观测

根据青藏高原地区的气候变化影响防灾减灾应对技术的需求,针对不同时间尺度极端天气气候事件易发生前兆性"强信号"敏感区,建立以那曲为核心基地的青藏高原天基-地基-空基综合观测系统。加强高原东西向剖面与高原东缘南北向剖面地气过程不同下垫面代表性区域边界层垂直廓线及通量移动塔观测;实施高原复杂大地形中尺度及水分循环流域大气-水文过程现场观测试验。

综合设计地基、空基与天基观测基地与周边站网布局,构建大气结构、陆面过程、水分循环以及物质交换过程等三维立体综合观测区域基地,包括以下6个重点区域大气综合观测站。

① 青藏高原中部区域大气综合观测基地

区域代表性特征:对流频发区,高山草原、草甸,地形属高原"台地",为高原南坡复杂大地形影响及其模式大气-陆面过程、辐射、对流过程物理参数化提供技术支撑。

② 青藏高原西部区域大气综合观测基地

区域代表性特征：高山草甸，地形属高原"台地"，为模式大气-陆面、辐射过程等参数化提供技术支撑。

③ 高原东部与平原过渡区域大气综合观测基地

区域代表性特征：对流频发区，高原东部山谷起伏、河流纵横，属高原过渡带与平原盆地区域，为模式大气-陆面（高原与盆地）生态过程、辐射特征、对流结构特征差异对比分析及其参数化提供技术支撑。

④ 高原东南缘区域大气综合观测基地

区域代表性特征：水汽输送通道关键区，高原东缘山谷起伏、河流纵横，兼有农田、草地与森林，为模式大气-陆面-水文-生态过程及辐射、对流过程参数化提供技术支撑。

⑤ 高原东北缘区域大气综合观测基地

区域代表性特征：干旱气候，属高山草甸与沙漠、干旱带，为模式大气-陆面（沙漠、荒漠）过程、辐射过程等参数化提供技术支撑。

⑥ 高原北侧沙漠区域大气综合观测基地

区域代表性特征：高原北侧沙漠、荒漠、戈壁，地形平坦，为高原北坡复杂大地形影响研究以及模式大气-陆面（沙漠、荒漠）过程、辐射过程等参数化提供技术支撑。

天基观测系统以低轨卫星和高轨卫星等为传感器设置平台，主要包括静止气象卫星和极轨气象卫星等探测平台，以及相应的以省级为主体，拟建综合观测站为补充的地面实时接收站和处理应用系统，实现全天候且高时空分辨率、高光谱分辨率、高辐射精度监测。需要在省级建设时间分辨率 30 min 以内的静止卫星接收处理系统；建设空间分辨率达 25 m 以上的极轨卫星接收处理系统，并开发和引进资料应用技术。在昆明拟建综合观测站，建设中等规模静止卫星地面接收处理系统。

(6) 青藏高原东缘川滇大气-生态-水文综合观测

以系统开展该地区生态-气候相互作用的观测为主线，以大理综合观测基地为中心，以重点观测站的主要生态类型为代表，在全区范围内统筹布局，以现有的气象、水文、农业气象、大气本底、探空及生态等站为基础，建设青藏高原东缘川滇大气-生态-水文综合观测区。同时，基于卫星遥感技术，开展覆盖本区的地面生态、水文、气象等要素信息的遥感监测，从而实现地基-空基观测系统紧密结合的三维立体观测网，多层次、多方位、最大限度地获取该区域气候系统多圈层及其相互作用的信息。

青藏高原东缘川滇区气候复杂，生物多样，生态类型众多，不同生态系统之间的差异甚大。考虑气候系统各圈层相互作用研究、气候系统模式中大气-生态-陆面过程参数化方法发展的需求，在本区高原生态区、热带和亚热带区加强建设"中国生态系统研究网络生态站"的同时，将国家级农业气象试验站拓展为对特定农业生态系统进行监测的"生态气象站"，农业气象观测站网要根据国家主要农产品生产的布局增加一些关键性的陆地变量的观测。根据在不同地区有代表性的地表特征，进行陆气水热通量、土壤层结构及物理化学特征观测,进行植物生理生化过程、植物形态变化过程、水分及地表能量平衡等观测。青藏高原东缘川滇大气-生态-水文综合观测区总体设计如下:

① 川滇立体气候与生物多样性观测

该观测区植被带南北分布明显,植被分布一般是从南到北随纬度和海拔高度的增加,依次分布着热带雨林、热带稀树草原、旱生植被;亚热带常绿阔叶林、混交林和针叶林;温带、寒温带针叶林。热带区以西双版纳为代表,该区年平均气温为21~23 ℃,最热月平均气温为24~28 ℃,年极端最低气温大约为2 ℃,年平均最低温度大约为5 ℃,具有夏热冬暖的特征;冬季多雾露,既对近地面层起保温作用,又滋润了植物和地面,可部分弥补冬季降水的不足;冬春无寒潮大风;光照条件优于或接近于我国东部热带地区,年太阳总辐射为4900~5600 MJ·m^{-2};年降水量为1200~1800 mm,75%~80%集中于热量丰富的雨季(5—10月),且变率小;平均降水强度不大,大部分地区全年降水日数为170~200 d,平均每个降水日的降水量仅为6~10 mm;常风小,台风只带来降水,无风害。主要植被类型是热带雨林和季雨林以及过渡带热带雨林常绿阔叶林。这里蕴藏着丰富的森林资源和繁多的植物种类,成为闻名中外的热带植物宝库。西双版纳自然保护区是国家重点自然保护区之一,总面积为2420.2 km^2,它的热带雨林、南亚热带常绿阔叶林、珍稀动植物种群,以及整个森林生态都是无价之宝,是世界上唯一保存完好、连片大面积的热带森林,深受国内外瞩目。整个西双版纳有8个植被类型、11个亚型,高等植物有3500多种,国家级保护植物有99种。州内勐腊地区由于幸免于第四纪冰川袭击,保存有古生代和中生代繁盛的蕨类植物、裸子植物30多种,它们被称为一亿年前的植物化石。热带经济作物,如橡胶、剑麻、金鸡纳树、油棕榈、香茅草、咖啡、椰子、香蕉、菠萝、芒果等,在这里生长都很好。亚热带及温带山区山地垂直气候带明显,干季和雨季分明,降水充沛,蕴藏着丰富的动植物资源。观测系统主要针对川滇地区立体气候带分布特征及伴随的生态系统变化,在气候变化情景下,为该地区的区域气候-生态系统的关系及对全球气候变化的响应研究,开展相应的观测并提供基础数据。

② 川滇地区水分循环系统综合观测

为认识高原及周边水汽输送与复杂的水循环等关键过程,了解高原对流云结构对我国与日本及其他东亚国家和地区洪涝灾害影响,以及提高数值模式高原边界层参数化技术水平,将实施高原加强观测计划,其目的是进一步获取高原中尺度对流系统边界层综合数据。建立高原东西向、南北向及其周边地区(中国西南地区)GPS水汽观测与AWS自动气象站观测网。重点揭示高原中部及其东部周边地区水汽输送及其水循环结构,并进一步认识高原东南部水分循环对该区域天气、气候影响效应。根据已在高原区域建立的观测站,以及扩大至高原东南区域和长江流域上游地区的观测计划,设计与高原及东部周边地区水循环和长江流域水分循环过程有关的水汽及地面气象要素长期观测网方案,即高原及周边地区以GPS水汽观测与AWS自动气象站观测网为主体,开展高原关键区水汽输送特征、东亚季风关键区大尺度水循环结构及其影响效应综合研究(图 11.7～11.12)。

图 11.7　云南大理近地层通量观测塔　　　图 11.8　四川温江近地层通量观测塔

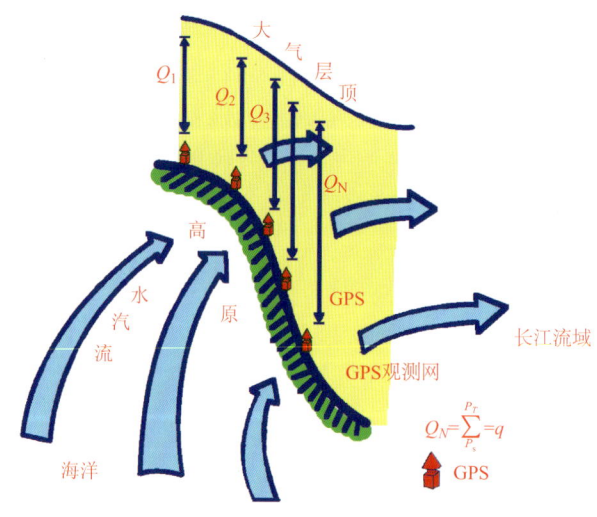

图 11.9　高原东南 GPS 观测网水汽南—北坡面垂直"廓线"与水汽流特征

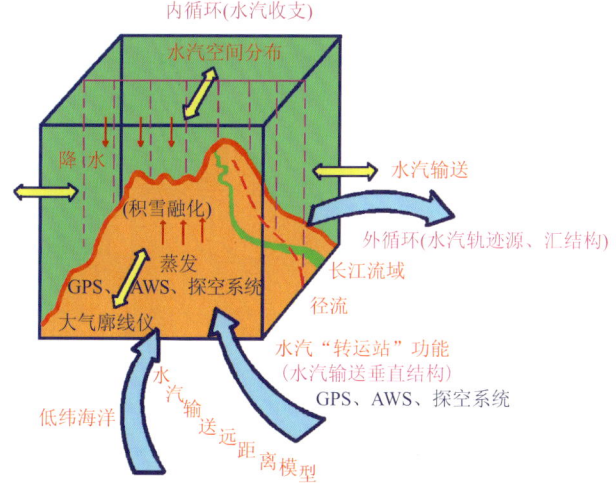

图 11.10 高原及周边水分循环模型示意图

图 11.11 青藏高原那曲风廓线雷达系统观测基地（探测高度 5~6 km）

③ 高原川滇立体气候与生物多样性观测

观测系统主要针对川滇地区立体气候带分布特征及伴随的生态系统变化，在气候变化的条件下，为该地区的区域气候-生态系统的关系及对全球气候变化的响应研究，开展相应的观测并提供基础数据。根据本观测系统的地形、地表覆盖、气候特征及现

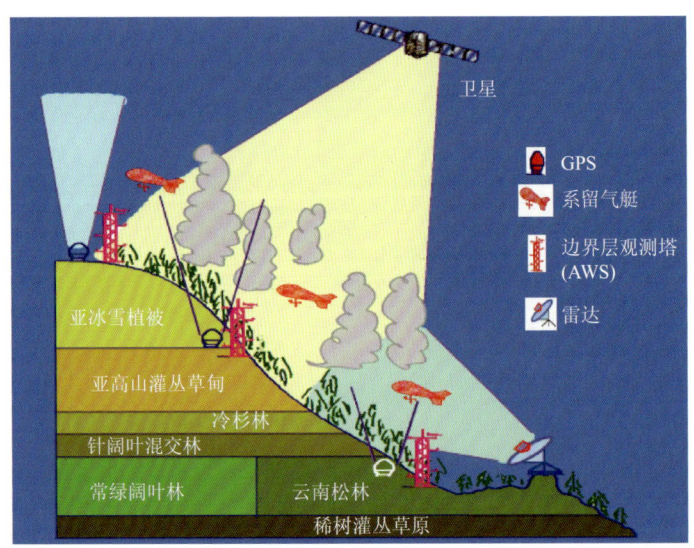

图 11.12 高原东南部植被垂直带边界层综合观测系统示意图

有的观测台站,观测实施方案如下:在该观测区内设计由南向北的剖面,在不同的纬度和海拔高度上布置了气候-生态观测站,开展代表性生态系统(典型气候植被带)、珍稀生物物种的生长发育状况以及碳通量等要素的观测。

④ 川滇综合生态观测区总体设计

以大理为中心建立大理生态-环境综合观测基地,开展水文、气候、生态、土壤及大气成分等综合监测,主要监测内容如下:

基本气象要素(自动站);边界层特征(边界层塔);大气垂直廓线(廓线仪);大气水汽总量(GPS);地气间能量及物质的通量监测(感热、潜热、动量、CO_2 通量);土壤成分;土壤含水量,地下水位;典型生态系统及生物状况;大气成分;干湿沉降。

⑤ 大气科学试验基地综合观测系统(图 11.13、图 11.14)

地面气象要素:自动气象站 AWS;

边界层与陆面过程:边界层通量综合观测系统 PBL、辐射观测系统、地热流观测;

边界层与低层大气结构:固定或移动风廓线仪;

大气结构特征:常规探空或 GPS 探空(微波辐射仪);

卫星遥感与地面综合观测:大气环境相关要素柱浓度遥感(DOAS 分光光度计)、气溶胶(太阳光度计);

大气成分观测系统:大气痕量成分(温室气体、气溶胶、反应性气体、臭氧等)、干湿沉降等。

⑥ 青藏高原卫星遥感多圈层观测系统

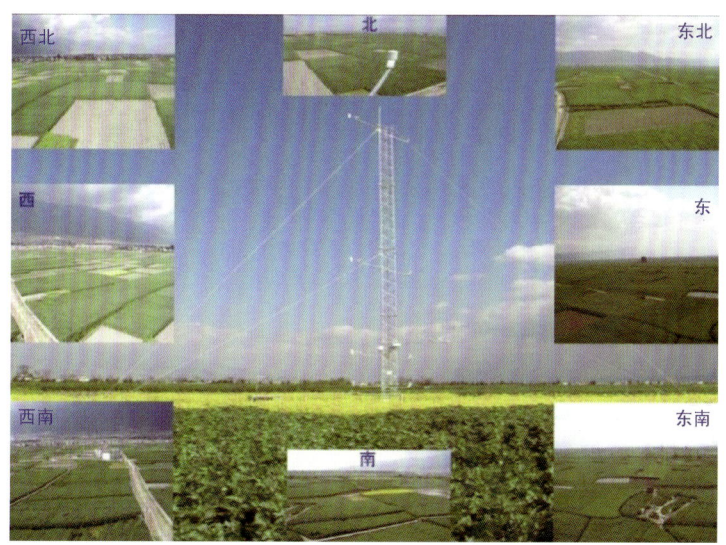

图 11.13　大理边界层综合观测基地

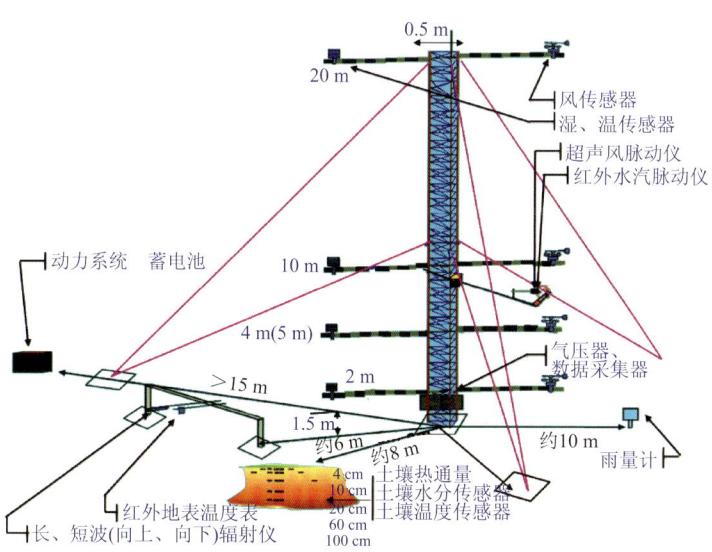

图 11.14　边界层观测塔设计

卫星应用需求的地基多圈层观测面临的问题是，虽然我国风云卫星的发展和规划已跻身在国际前几的行列，但卫星产品的效益远没有发挥出来。卫星产品的开发和应用面临以下主要的问题。

卫星面上宏观观测的优势与空基、地基点上观测的优势尚不能很好地结合，难以实现对观测目标全面、科学的认识和评价。目前的卫星观测空间尺度已经覆盖几十千米、几千米、几百米、几十米，甚至亚米级，时间尺度已经覆盖十几天、几天、一天多次、几十分钟一次，甚至几分钟一次，空基、地基的观测也由人工到自动覆盖越来越广、观测频率越来越高的范围，但是卫星观测为面观测，而地基观测为点观测，因此利用地面站点的观测对卫星资料进行验证，往往在时空匹配上不能完全达到一致，因而对卫星资料的精度往往不能非常准确评价，需要针对卫星面观测的特点加密地基、空基观测的空间密度和时间频次。

卫星遥感数据和产品的精度检验与评价，需要开展业务化的场地辐射校正和遥感产品真实性检验。目前，虽然对有些数据和产品也采用了天、地、空不同的观测手段，但受观测仪器、大气条件以及其他因素的影响，对同一目标同一要素的观测，相互之间的可比性和一致性较差，需要建立统一的观测机制和规范，使得不同观测方式的观测要素一致化，也就是要开展天、地、空一体观测的业务化。

⑦ 卫星应用地基多圈层观测

观测系统的现状需要长期有效的大气、多圈层陆地数据加密观测，用于地基、空基观测与卫星产品相互校验及实现三维观测，因此建议观测策略如下：

针对卫星面观测的特点加密地基、空基观测的空间密度和时间频次；

建立多圈层典型关键区常态化、业务化观测试验场地，开展加密观测（一个卫星像元对应多个观测站）；

建立统一的多圈层观测机制和规范，使得不同观测方式的观测要素一致化，也就是要开展天基、地基、空基一体观测的标准化；

地基多圈层观测与卫星观测的要素"互补性"，如对同一区域（小到一个像素）的云观测，卫星具备云顶观测能力，建立对应多圈层区域云底地基及天基观测，可以实现多圈层区域（小到一个像元）的天基、空基、地基三维同步观测；

建立天基、空基、地基多圈层产品统一管理平台，建立智慧管理策略，实现卫星、地基、天基数据网络的融合发展。

具体来讲，针对卫星应用开展以下观测：

辐射产品（定标）：辐射产品（定标）针对光学遥感仪器，在大气清洁、多圈层下垫面特性均匀的地区（戈壁、高原湖泊、海洋等）建立辐射校正业务观测站，包括可见-红外的上、下行光谱辐射、大气温/湿/压/风/廓线、气溶胶光学与物理特性、多圈层地表温度/湿度、水体温度/上下行光谱辐射/压力廓线业务测量、处理、分发与仪器标校能力；考虑到卫星观测与地面观测的尺度匹配问题，需要进行观测场地中的多点观测；

针对主动微波仪器，在大气干洁、多圈层下垫面特性均匀的地区（戈壁、草原）建立辐射校正业务观测站，包括雷达回波功率、后向散射系数业务测量、处理、分发与仪器标校能力；考虑到卫星观测与多圈层地面观测的匹配问题，需要进行观测场地中的多点观测；

在视宁度高的高原地区，进行月光谱成像观测，具备夜间气溶胶与水汽测量能力。

卫星多圈层过程应用产品：应用产品主要包括卫星大气产品、多圈层陆表产品，对空基、地基多圈层观测的需求较大，而且多圈层面比较广。必须采取分阶段、分层次、分主次的观测。

依托已有的气象、气候地面观测站，在其中及其周围进行观测设备增置，开展大气参数以及多圈层陆表参数的自动观测与时次加密观测，以与卫星的时空观测尺度相匹配。

在典型天气气候区、生态区新建观测试验场，开展大气及多圈层陆表要素时空自动加密观测（一个卫星像元对应多个观测站）。

典型天气气候区、生态区新建多圈层观测试验场，逐步实现常态化、业务化观测，实现长期有效的大气、多圈层陆地数据加密观测，用于与卫星产品相互校验。

开展多源多圈层观测产品的协同融合，逐步建立一体化的多圈层观测融合产品。

逐步建立长时间序列多圈层观测数据集，纳入一体化系统框架。

建立天基、空基、地基多圈层产品的统一管理平台，建立智慧管理策略，实现卫星、地基、天基数据网络的融合发展。

11.6 本章小结

青藏高原对我国及全球气候变化有着重要的影响，为了更好地对高原气候变化及其影响机制进行研究，建立青藏高原大气-陆面-生态多圈层综合观测系统显得尤为重要。该观测系统可以帮助我们更好地认识全球变化背景下青藏高原多圈层之间热量、动量、水分及其他物质的交换过程以及青藏高原环境变化对全球变化的响应特征，提高对青藏高原暖湿化多圈层的物理、化学、生物过程响应及其相互作用的认知，为青藏高原环境变化学科交叉研究及其应对决策提供科学依据。

到目前为止，在青藏高原复杂下垫面上已经建立了一定数量的气象和水文台站，并且在国内和国际上也针对青藏高原开展了许多大型科学计划，取得了一批有价值的高原边界层物理数据，建立了系统的高原边界层综合数据库。以此为基础，逐步有针对性地建立了高原区域大气综合观测关键区与研究中心基地、大气科学试验研究中心、机动性综合气象观测试验平台以及综合观测资料处理系统。

气候变化与青藏高原大气水分循环

通过高原观测人员和研究者的不懈努力,青藏高原大气-陆面-生态多圈层综合观测为研究青藏高原作为"亚洲水塔"的水分循环过程、监测高原暖湿化"强信号"区冻土、生态、湖泊多圈层的相互作用、满足对由极端事件发生带来的防灾减灾需求提供了科学技术支撑,逐步形成科研与业务需求呼应、天-地-空一体化、多时空-多手段-多源信息交叉、点-面观测结合的综合三维立体监测系统,使得研究人员可以系统、定量地认识在全球气候背景下青藏高原大气边界层结构、地表过程及其区域生态环境变化特征,揭示青藏高原暖湿化多圈层相互作用及水循环过程及其对中国、东亚乃至全球天气和气候的影响规律。

参考文献

戴加洗,1990.青藏高原气候[M].北京:气象出版社:356.

冯璐,仲雷,马耀明,等,2016.基于土壤温湿度观测资料估算藏北高原地区土壤热通量[J].高原气象,35(2):297-308.

胡泽勇,马耀明,刘黎平,1998.中日合作成功进行"青藏高原能量水分循环试验"预试验[J].中国科学院院刊(3):224-225.

刘瑞霞,徐祥德,刘玉洁,2013.JICA综合观测与卫星数据在高原地区三维云和水汽场构建中的应用[J].高原气象,32(6):1589-1596.

马耀明,胡泽勇,田立德,等,2014.青藏高原气候系统变化及其对东亚区域的影响与机制研究进展[J].地球科学进展,29(2):207-215.

马耀明,王介民,Menenti M,等,1997.HEIFE非均匀陆面上区域能量平衡研究[J].气候与环境研究,2(3):293-301.

马耀明,姚檀栋,2005.青藏高原地表能量与水循环研究[C]//青海省人民政府,中国科学院.三江源区生态保护与可持续发展高级学术研讨会论文摘要汇编.

马耀明,姚檀栋,胡泽勇,等,2009.青藏高原能量与水循环国际合作研究的进展与展望[J].地球科学进展,24(11):1280-1284.

马耀明,姚檀栋,王介民,2006a.青藏高原能量和水循环试验研究——GAME/Tibet与CAMP/Tibet研究进展[J].高原气象,25(2):344-351.

马耀明,姚檀栋,王介民,等,2006b.青藏高原复杂地表能量通量研究[J].地球科学进展,21(12):1215-1223.

苏中波,马耀明,文军,等,2006.青藏高原地区能量水分循环:地表能量平衡和湍流热通量[J].地球科学进展,21(12):1224-1236.

王同美,吴国雄,万日金,2008.青藏高原的热力和动力作用对亚洲季风区环流的影响[J].高原气象,27(1):1-9.

徐祥德,陈联寿,2000.第2次青藏高原大气科学试验(1994—2000)青藏高原地一气系统物理过程及其对全球气候和中国灾害性天气影响的观测和理论研究[J].中国气象科学研究院年报:10-11.

许小峰,崔春光,万蓉,等,2018.夏季青藏高原东移云团引发长江流域暴雨的研究[C]//青藏高原地-气耦合系统变化及其全球气候效应.2018青藏高原前沿科学研讨会文集:62-63.

张人禾,徐祥德,2012.青藏高原及东缘新一代大气综合探测系统应用平台——中日合作JICA项目[J].中国工程科学,14(9):102-112.

CHEN X, AÑEL J A, SU Z, et al, 2013. The deep atmospheric boundary layer and its significance to the stratosphere and troposphere exchange over the Tibetan Plateau[J]. Plos One, 8(2): e56909.

FLOHN H, 1957. Large-scale aspects of the "summer monsoon" in South and East Asia[J]. J Meteor Soc Japan, 75: 180-186.

GAO J, YAO T, DELMOTTE M, et al, 2019. Collapsing glaciers threaten Asia's water supplies[J]. Nature, 565(7737): 19-21.

HAN C, MA Y, CHEN X, et al, 2017. Trends of land surface heat fluxes on the Tibetan Plateau from 2001 to 2012[J]. International Journal of Climatology, 37(14): 4757-4767.

MA Y, LI M, CHEN X, et al, 2011. Third Pole Environment (TPE) program: a new base for the study of atmosphere-land interaction over the heterogeneous landscape of the Tibetan Plateau and surrounding areas[J]. IAHS Publ, 343: 110-117.

MA Y, MA W, ZHONG L, et al, 2017. Monitoring and modeling the Tibetan Plateau's climate system and its impact on East Asia[J]. Scientific Reports, 7: 44574. doi: 10.1038/srep44574.

MA Y, SU Z, KOIKE T, et al, 2003. On measuring and remote sensing surface energy partitioning over the Tibetan Plateau[J]. Physics & Chemistry of the Earth Parts A/b/c, 28(1): 63-74.

MA Y, ZHU Z, AMATYA P M, et al, 2015. Atmospheric boundary layer characteristics and land-atmosphere energy transfer in the Third Pole area[J]. IAHS Publ, 368: 27-32.

WANG B, MA Y, W MA, et al, 2017. Physical controls on half-hourly, daily, and monthly turbulent flux and energy budget over a high-altitude small lake on the Tibetan Plateau[J]. Journal of Geophysical Research: Atmospheres, 122(4): 2289-2303. doi: 10.1002/2016JD026109.

XU X, ZHANG R, KOIKE T, et al, 2008. A new integrated observational system over the Tibetan Plateau[J]. Balletin of the American Meteorological Society, 89(10): 1492-1496.

YAO T, XUE Y, CHEN D, et al, 2019. Recent Third Poles rapid warming accompanies cryospheric melt and water cycle intensification and interactions between monsoon and environment: multidisciplinary approach with observation, modeling and analysis[J]. Bulletin of American Meteorological Society, 100(3): 423-444. doi: 10.1175/BAMS-D-17-0057.1.

第12章
青藏高原暖湿化对水资源与生态系统的影响

12.1 青藏高原水环境与生态环境对生物多样性和水土保持的保护作用

12.2 暖湿化对青藏高原水资源的影响

12.3 暖湿化对青藏高原生态系统的影响

12.4 本章小结

青藏高原的隆升使西风发生绕流,海陆热力差异加大导致亚洲季风增强,从而改变了地球行星系统的大气环流,使横扫欧亚大陆的西风环流分为南北两支,北支环流与来自极地的寒冷气流加强了我国北方西部地区的干旱化程度,南支环流则在印度洋暖湿气流的作用下逐渐减弱,使中国东部在太平洋暖湿气流的影响下,避免了出现类似于相同纬度的北非、中亚等地区的荒漠景观(叶笃正和高由禧,1979;孙东怀和唐怀煜,2007)。青藏高原作为亚洲乃至北半球气候变化的"感应器"和"敏感区",是我国与东亚气候系统稳定的重要屏障;分布有丰富多样、独具特色的特殊生态系统类型和珍稀动植物种类,是全球生物多样性保护的重要区域。尤其是高原冰冻圈以及高寒环境条件下的脆弱生态系统,对全球变化和人类干预响应十分敏感,其发展趋势备受全球关注(孙鸿烈等,2012)。但是青藏高原国家生态安全屏障保护与建设的理论和技术体系尚未完全形成。面对日益加剧的气候变化和人类活动,高原冰川退缩、生物多样性受到威胁、草场退化、自然灾害增加等生态与环境问题日益突出,青藏高原国家生态安全屏障功能保护与建设的研究与科技示范工作亟待加强。构建气候变暖背景下青藏高原区域水环境与生态环境安全保障的应对策略迫在眉睫。青藏高原水资源问题涉及气象、水文、冰川、冻土、生态等许多学科,也涉及卫星、遥感等多种技术。

特殊高寒环境下,青藏高原水与生态环境极其脆弱。近几十年乃至上百年来,在气候变化和人类活动双重影响下,青藏高原生态系统的结构和功能以及重要物种的种群数量和结构均发生了深刻的变化,水资源环境压力加重,作为国家生态安全屏障面临严峻挑战。

12.1
青藏高原水环境与生态环境对生物多样性和水土保持的保护作用

青藏高原自东向西横跨 9 个自然地带。高原特有的三维地带性分异特点,使广阔高原边缘的深切谷地发育了热带季雨林、山地常绿阔叶林、针阔叶混交林及山地暗针叶林等森林生态系统类型,在宽缓的高原腹地形成了广袤的内陆湖泊、河流以及沼泽等水域生态系统类型(郑度等,1979),特别是在高亢地势和高寒气候地区孕育了高原特有的高寒草甸、高寒草原与高寒荒漠等生态系统类型。独特的自然环境格局与丰富多样的生态环境,为不同生物区系的相互交汇与融合提供了特定空间,使青藏高原成为现代许多物种的分化中心,不仅衍生出众多高原特有种(仅横断山脉地区就分布着特有种子植物 1487 种),同时又为某些古老物种提供了天然庇护场所,是全球生物多样性最为丰富的地区之一。青藏高原分布有高等植物 13000 余种、陆栖脊椎动物 1047 种(特有种 281 种,其中包括藏羚羊、野牦牛等国家一级保护动物 38 种),使之成为全球生物多样性保护的 25 个热点地区之一,尤其是高寒特有生物多样性保护的重要区域(孙鸿烈等,2012)。

由于严酷的气候条件和高亢的地势,青藏高原的植被一旦被破坏,极易在水蚀和风蚀的综合作用下产生大量的裸露沙地,不仅会给区域生态、环境以及居民生产生活带来严重影响与危害,而且地面粉尘上升后,极易远程传输(方小敏等,2004),从而影响到整个东北亚—西太平洋地区。因此,青藏高原所拥有的高寒草甸、高寒草原和各类森林是遏止土地沙化和土壤流失的重要保障,对高原本身和周边地区起到了重要的生态屏障作用。

12.2 暖湿化对青藏高原水资源的影响

实地考察和诊断分析表明,青藏高原正趋于暖湿化。这种气候变化会对这一地区的水资源和生态系统产生重要影响。

12.2.1 降水量、径流量总体略增加

21 世纪以来,长江源、黄河源、澜沧江源区降水量有所增加,其中 2003—2008 年长江源降水量较 2003 年前的气候平均值偏多 7%;黄河源区降水增加速率为 4.76 mm·$(10 a)^{-1}$;澜沧江从 20 世纪 90 年代初以来降水显著增多。2005—2012 年,整个三江源区径流增幅自东南向西北逐渐加大,源头区径流量偏多程度最大。2016—2045 年,三江源区的径流量将呈现先减少后增加的趋势。未来 30~50 a,相对于 1980—1999 年,长江源径流量可能出现较强的增加趋势,年均径流量将增加 9%;汛期径流量呈增加趋势,且远高于现在流量,长江中下游地区防洪形势严峻。黄河源区水资源量总体趋势不断降低,旱涝威胁日趋严峻。澜沧江流域降水呈明显的上升趋势。多种排放情景下三江源区降水都表现为上升趋势。

12.2.2 湖泊扩张

结合卫星图像和实地考察,证实1999—2010年青藏高原湖泊的面积和深度均明显增大(Lei et al.,2014)。统计99个青藏高原湖泊发现,自1999年以来湖泊呈现总体扩张,总面积增幅达到18.2%。1999—2010年湖面面积平均增长率是1990—1999年期间的3倍(姚檀栋等,2017)。在近期,青藏高原内陆湖泊和喜马拉雅山地区湖泊变化的空间分布存在差异,印度季风影响下的高原南部雅鲁藏布江流域湖泊面积普遍缩减,西风影响下的北部高原湖泊面积则普遍扩张(姚檀栋等,2017)。

12.2.3 冰川退缩

联合国开发计划署《2006年人类发展报告》指出,中亚、南亚和青藏高原"未来50年冰川融化可能是对人类进步和粮食安全最严重的威胁之一"(联合国开发计划署《2006年人类发展报告》编写组,2006)。世界银行在《2003年世界发展指数》(世界银行,2005)中也指出,未来喜马拉雅山冰川变化将严重影响那里的河川径流。20世纪90年代以来,随着青藏高原气温的急剧升高,物质平衡亏损严重,许多冰川出现巨额"赤字",最终导致了冰川的全面退缩。由于全球变暖,青藏高原冰川自20世纪90年代以来呈全面、加速退缩趋势。但各区域冰川消融程度不同,藏东南、珠穆朗玛峰北坡、喀喇昆仑山等山地冰川退缩幅度最大。对藏东南帕隆藏布上游5条冰川变化的监测显示,冰川末端退缩幅度为 $5.5\sim65$ m·a^{-1}。其中,阿扎冰川末端在1980—2005年间以平均每年65 m退缩、帕隆390号冰川末端在1980—2008年间以平均15.1 m·a^{-1}退缩。珠穆朗玛峰国家自然保护区冰川面积在1976—2006年间减少15.63%,珠峰绒布冰川末端退缩幅度为 9.10 ± 5.87 m·$a^{-1}\sim14.64\pm5.87$ m·a^{-1}。希夏邦马地区冰川面积在1974—2008年间减少了34.2%,体积减小了48.2%。冰川退缩导致地表裸露面积增加、冰湖增多,冰湖溃决并引起滑坡、泥石流发生频率、强度与范围增加。冰川融化使得一些湖泊水位上升,湖畔牧场被淹。冰川融化不仅直接影响河流、湖泊、湿地等覆被类型的面积变化,而且涉及更广泛的水文、水资源与气候变化(姚檀栋等,2004)。

青藏高原上分布着众多山地冰川,储存着宝贵的淡水资源。气候变化已致使多数山地冰川出现退缩现象,喜马拉雅山脉和高原东侧海洋性山地冰川退缩幅度更明显。冰川消融引起各大江河上游径流增加,湖泊水位上涨。个别冰碛湖水位的变化可能对下游地区造成一系列影响,其中冰碛湖溃决可能引起洪灾,给下游居民区带来潜在威胁。河流径流年内变化进程可能发生改变。在未来几十年,青藏高原春、秋季地面气候变暖可能致使融水径流峰值提前，融水补给季节延长。因此，应加强青藏高原气候、环境变化监测与研究，采取有效措施，主动适应气候变化的影响(任国玉，2012)。

山地冰川消融以及冻土融化可能在未来几十年内增加向雅鲁藏布江、澜沧江和长江等河流上游的融水供水量，径流量增加，湖泊水位上升，但在更久远的未来将导致融水供水量减少，河流径流年内变化进程可能发生改变，给流域水资源的调控和利用带来新的问题。因此，应开展冰川融水影响地表水和冰川融水补给河流的水文过程与预测研究，科学规划水资源的利用与开发，正确认识其对地表水资源和区域气候的调控作用(姚檀栋和朱立平，2006；赵林等，2010)。

预计未来几十年内冻土退化趋势仍会保持其或加速。在未来气候继续变暖情景下，伴随着多年冻土进一步退化，高原植被将呈沼泽-沼泽草甸-草甸-草原-荒漠草原-荒漠这样一个渐变退化过程。2050年前长江源冰川将继续保持融水径流增加的态势。黄河源与长江源相比，冰川融水径流的拐点将提前或已开始趋于融水径流"由丰转枯"的拐点，黄河源头的径流增加将不能依赖于冰川融水的增加。因此，三江源区未来的大气降水及其径流变化因素显得更为重要。

近年来，三江源大多数冰川呈退缩状态，1969—2000年研究区内的70条冰川，有6条冰川前进，26条冰川没有明显变化，其余38条冰川则普遍处于退缩状态。长江流域冰储量的近70.9%集中于长江源区，虽然冰川融水对整个长江水系的补给作用较小，但由于冰川集中发育在长江源区，其冰川融水的补给比率增至25%以上。黄河源区冰川数量少、面积小，但冰川融水对流域上游有重要补给作用。

黄河源与长江源过去几十年冰川快速萎缩，但长江源和黄河源冰川规模不同，对气候的响应有快慢之别，长江源慢，而黄河源快。长江源区1969—1995年，黄河源区1966—1981年，大多数冰川处于前进或稳定状态，只是自20世纪80年代以来，冰川才出现大幅度的退缩。三江源地区冰冻圈要素的变化主要有以下特征：冰川退缩明显，黄河源地区冰川相对退缩幅度远远大于长江源地区；最近10 a 冰川径流量较过去40 a 平均径流量有显著增加趋势。

研究认为，气候变暖(尤其是夏季气温的升高)可导致冰川消融增加，冰川末端退缩。从短期看，冰川消融可导致湖泊扩大以及径流量的增加。从长期看，淡水资源最终将会减少。长江源区冰川多为大陆型冰川，消融期一般集中在5—9月，此时段是源区的雨季，冰川的洪峰流量一般出现在7—8月，降水补给也在此期间发生，从而加剧了源区河川径流年内分配的不均匀性。

对冰冻圈不同要素的水文效应和过程机理研究程度还需要提高。目前对冰川水文研究相对比较清楚，如未来气候变化情景下冰川变化预估显示，2050年长江源区冰川年径流量比1961—1990年平均值增加29%，洪峰季节的7—8月径流量减少19%~23%，而洪峰前4—6月径流量增加121%~136%，总体上看冰川径流的变化对长江源区的径流量将起到"消峰增流"的效果，但2050年以后的预估结果，尤其是冰川径流量出现"拐点"的时间还不太清楚,需要做进一步深入研究。气候变化情景下澜沧江源区冰川径流的变化结果应该与长江源区类似。由于黄河源区冰川径流量占整个河流径流量的比例很小,故冰川的变化不会对黄河源区的未来径流量产生大的影响。

12.2.4 冻土加速退化

冻土一般是指温度在0℃或0℃以下并含有冰的各种岩土和土壤。按土的冻结状态保持时间的长短,冻土又可分为短时冻土、季节冻土和多年冻土三类。多年冻土是指地表下一定深度内地温持续两年以上处于0℃以下的土层(土壤、土和岩石),是地质历史和气候变迁背景下受区域地理环境、地质构造、岩性、水文和地被特征等因素共同影响下通过地气间物质和能量交换而发育的客观地质实体,有着独特的自身演变规律,对环境变化极为敏感。青藏高原是我国多年冻土主要分布地区。青藏高原冻土的土壤活动层内特殊的水热交换是维持高寒生态系统稳定的关键所在。冻土及其孕育的高寒沼泽湿地和高寒草甸生态系统具有显著的水源涵养功能,是稳定江河源区水循环与河川径流的重要因素。以青藏高原为主体的我国多年冻土区面积为 175.39×10^4 km^2,占国土面积的18.3%。据相关研究资料显示,青藏高原多年冻土层中地下冰储量达 9528 km^3(赵林等,2010),折合水当量约为 86000×10^8 m^3,约是我国冰川冰储量的2.0倍。观测与模型模拟结果表明,青藏高原多年冻土呈现出从边缘向中心萎缩的趋势,且随着气候持续变暖,多年冻土将进一步退化。多年冻土退化,地下冰融化,一方面将导致多年冻土区的地面变形,严重影响区域工程地质的稳定性;另一方面将导致多年冻土区水文地质条件发生改变,影响区域水循环过程与生态环境。近年来,多年冻土显著退化引发的冻融灾害在我国日益显现,且在未来几十年内呈现加剧趋势。在气候持续变暖条件下,青藏高原气温升高幅度要高于全球平均水平,导致各类冻土环境均不同程度发生了退化,活动层厚度增大、冻土地温升高、冻土分布下界抬升、面积萎缩。青藏高原冻土的这些变化对高寒生态过程格局产生何种影响?另外,这些变化相互间的关联机制如何?在气候变暖背景下,高原冻土1996年至今已演变为加速退化阶段(南卓铜等,2002;Zou et al.,2017),冻土环境变化面临着重大挑战。

(1)高海拔地区冻土变化对植被生态系统的影响

冻土是影响高寒植被生态系统的重要环境因子。研究表明,近年来由于气温升高导致冻土活动层加深、植被群落结构、生物生产量以及生物多样性等发生了显著变化,同时释放大量温室气体与大量水分,引起区域水能循环系统发生深刻变化,继而对整个地球系统产生一定影响。研究结果表明,高原地区冻土活动层越浅,植被退化就越严重,稳定的永久冻土层和较深的季节冻土对植被有很好的保护作用。

冻土上限深度与高寒植被覆盖度之间的关系因生态系统而异。高寒草甸生态系统的覆盖度与冻土上限之间具有较好的统计相关性,随冻土上限深度增加,高寒草甸草地的覆盖度显著减小,且冻土上限递减幅度在 4.0 m 以后趋于减缓。但对于高寒草原生态系统,植被覆盖度与冻土上限之间的相互关系不明显,两者不具有明显统计意义上的相关关系,反映出高寒草原生态系统的分布和变化与冻土环境变化的关系不密切。这说明了高寒草甸生态系统对区域气候变化更加敏感,随气候变化高寒草甸退化剧烈,而高寒草原相对稳定(王根绪等,2006)。1967—2008 年长江、黄河源区,与多年冻土关系密切的高覆盖草甸减少了近 20%,沼泽湿地面积减少 32%,而与冻土活动层关系不太密切的高覆盖高寒草原只减少了 8%(姚檀栋等,2013)。高寒草甸生态系统的地上植物群落生物量与冻土上限之间具有显著的负相关关系,高生物量的高寒草甸分布区,冻土上限较浅,活动层较薄,根系层的土壤水分和养分不易流失,植被覆盖度高,单位面积植物群落生物量就比较高;伴随冻土上限下降,根系层水分与养分随之向深部迁移,导致植被覆盖度和群落结构发生变化,植被生产量减少,随冻土上限从 1.7 m 下降到 4.9 m,地上生物量从 667 g·m^{-2} 减少到 344 g·m^{-2}。高寒草原生态系统地上生物量与冻土条件没有明显关系,无论冻土上限如何变化,高寒草原地上生物量变化范围为 227~420 g·m^{-2},说明冻土环境变化对高寒草原生态系统的影响微弱(王根绪等,2006)。多年冻土退化过程中物种组成在属和物种丰富度上呈现降低趋势,湿、中生植物逐渐被旱中生和旱生植物替代;青藏高原多年冻土退化会导致高寒草地生态系统的物种多样性和初级生产力的降低,影响高寒草地生态系统的稳定性(杨兆平等,2010)。由于冻结层上水滋养沼泽湿地干涸,生态环境变得更适宜鼠类生存。黄河源区有 50% 以上的黑土滩型退化草场是因鼠害所致,严重地区鼠洞密度达每亩[①] 89 个(尼玛卓玛,2015)。出现沼泽湿地干涸-鼠类致灾的"黑土滩"型次生裸地扩大-风、水蚀加剧-荒漠化-植被丧失-地面粗糙化恶性链式反应。冻土退化引起融化层和包气带增厚,不利于产流,也将导致冻土带普遍存在的短根系植物枯死、植被覆盖度下降、生物多样性减少现象发生。

(2)高海拔地区冻土变化对水文循环的影响

气候变化可通过地温升高、降水、蒸发和径流变化对寒区水文产生重要影响。冻土区的水文情势多决定于活动层的水热状况。50 a 来,在青藏高原北部边缘的祁连山区,融化层加深通过导致土壤水分逐渐散失、蒸发加强和径流减少,对河西走廊水资源的稳定性产生了重要影响。1991 年祁连山区降水量比正常年份少 6%,夏季均温高于正常年份 1 ℃,高山草原带河川径流量减少了 35%。气候变化对中国寒区水资源,特别是河川径流的影响极为复杂,仍需大力研究(金会军等,2000)。

---

① 1 亩=666.67 m^2,下同。

(3) 高海拔地区冻土变化对土壤环境的影响

青藏高原位于干旱、半干旱气候带，其多年冻土作为广泛分布的弱透水层，对高寒草甸的活动层水分保持起着关键作用。以莎草（*Cyperus rotundus L.*）为主的高寒草甸在冻土区广泛发育良好，对牧区经济和人民生活极为重要。冻土退缩导致一些地貌景观和灾害冰缘现象增强，如广泛的边坡失稳、泥流和热喀斯特作用增强，致使植被破坏，水土侵蚀加速，甚至沙漠化。另一方面，土壤温度升高和植物生长期延长，土壤根系生长空间增大，营养改善，养分循环加强。最近，青藏高原冻土区沙漠化引起了广泛关注。沙地多分布于河谷、湖盆和高平原面上，沙丘和沙层广泛分布。青藏高原的沙丘多为半固定和流动沙丘，与谷地平行分布，运动速度快。近几十年来，青藏公路沿线的沙区在不断扩展，表明在气候暖干化条件下，沙漠化在加速。研究表明，表面有沙层覆盖的地段，融化深度大、地温高、冻土薄。一些冻土区的沙区已经演化为融区。例如，沱沱河北岸的钻探表明，沙丘下无多年冻土；而相邻的谷地冻土较厚，融区和岛状冻土条带分布，宽达10 km。在沱沱河谷地，融区多分布于沙丘下，径流条件好的地段、表面干燥的地段年均地温为 $1.2\sim2.1$ ℃；多年冻土主要分布于地表裸露的盆地底部，年均地温变化为 $-0.2\sim0$ ℃。沙丘下地温一般高于其他地段。

(4) 高海拔地区冻土变化对土壤有机质的影响

从土壤表层 30 cm 深度范围内的有机质含量和粒度组成变化两个角度来分析冻土环境与高寒生态系统土壤特性之间的关系。与草地覆盖相类似，高寒草原草地土壤有机质含量大小与冻土上限深度之间没有明显的依存变化关系，大部分样点土壤有机质含量在 $10.0 \text{ g} \cdot \text{kg}^{-1}$ 以下。但高寒草甸生态系统与此不同，草地土壤有机质含量与冻土上限深度之间具有较为显著的负指数关系，随冻土上限加深，土壤活动层厚度增大，土壤上部有机质含量减少，尽管两者之间的相关系数只有 0.67，但考虑到土壤有机质含量变化受土壤组成结构、地貌与气候条件等诸多因素影响，这种关系足以说明冻土变化对于高寒草甸土壤养分要素所具有的负影响趋势。当冻土上限深度增加到 3.0 m 以上时，由于高寒草甸植被活动层上层水分向深部迁移而导致植被退化、上部土壤有机质随之大量损失。

12.2.5 水土流失加重

青藏高原地理环境复杂，水土流失类型多样，伴随着气候变化和人类活动加剧，水土流失日趋严重。2000 年调查显示，西藏地区水土流失面积达 $103.42\times10^4 \text{ km}^2$，其中冻融侵蚀面积占水土流失总面积的 89.11%，水力和风力侵蚀分别占水土流失总面积的 6.00%、4.89%。由于草地牲畜过载、工矿资源开发等人类活动加剧，20 世纪 90

年代末,青海省年输入黄河的泥沙量达 8814×10^4 t,输入长江的泥沙量达 1232×10^4 t。据 2005 年调查,青海省水土流失面积为 38.2×10^4 km² (占青海省总面积的 52.89%),其中黄河、长江、澜沧江三江源头地区水土流失面积分别占水土流失总面积的 39.5%、31.6% 和 22.5%,而且仍以每年 3600 km² 的速度在扩大,成为水土流失的重灾区(姜辰蓉,2006)。

12.2.6 土地退化显著

土地退化主要表现在冻土退化和土地沙化及草地退化方面。气候变暖引起青藏高原北部多年冻土面积减少和冻土分布海拔下界升高,特别是在多年冻土边缘地带的岛状冻土区发生了明显的退化。冻土活动层深度加深增大了地表基础的不稳定性,给区域的工程建设带来危害。2009 年全国第 4 次荒漠化和沙漠化监测结果显示,西藏自治区沙化土地总面积由 1995 年的 20.47×10^4 km² (占全区国土总面积的 17.03%)增加到 2009 年的 21.62×10^4 km² (占全区国土总面积的 17.98%)。沙化土地主要分布于山间盆地、河流谷地、湖滨平原、山麓冲洪积平原及冰水平原等地貌单元。沙化使土层变薄,土壤质地粗化、结构破坏、有机质损失,土地质量下降,草地、耕地及其他可利用土地面积减少。另外,土地沙化后,处于裸露和半裸露状态的沙化土地,缺乏植被保护,易形成风沙,对交通及水利工程设施产生影响,甚至形成沙尘天气,进而影响我国中部和东部地区。

局部高寒草地生态系统退化严重。草地是青藏高原生态安全屏障的重要组成部分,是区域牧业经济发展的基础。草地植被群落结构破坏和生物量减少,直接降低了草地生态系统的物质生产能力,加重了草畜失衡的矛盾。研究表明,1982—2009 年间,青藏高原 11.89% 的草地分布区植被覆盖度持续降低,主要分布在青海的柴达木盆地、祁连山、共和盆地、江河源地区及川西地区等人类活动强度大的区域(丁明军等,2010a)。在西藏自治区,2003 年全区不同程度的退化草地总面积为 29.286×10^4 km²,占草地总面积的 35.7%;在 1990—2005 年间,西藏草场退化面积以每年 5%~10% 的速度扩大(邵伟和蔡晓布,2008)。青海省草地退化形势也比较严峻,如在长江源头治多县,20 世纪 70 年代末至 90 年代初草地退化面积为 0.72×10^4 km² (占该县草地总面积的 17.79%),而 90 年代初至 2004 年草地退化面积达 1.11×10^4 km² (占该县草地面积的 27.65%),草地退化程度呈逐渐加剧的趋势(黄麟等,2009)。

12.3
暖湿化对青藏高原生态系统的影响

青藏高原积极响应全球气候的变化,且增暖增湿存在明显的地域性和季节性差异,而高寒植被生态系统对全球气候变化的响应十分敏感。随着全球气候变暖,青藏高原植被长势(包括高度、覆盖度和产量等)变化特征的区域性差异变大,主要表现在高原南部湿润地区、三江源的果洛地区和曲麻莱地区等地区的植被覆盖度和产量增大,而其他大部分区域生态环境恶化,植被盖度降低,且伴随地表生物总量的显著下降。此外,气候变化也影响了高原植被物种组成和群落结构,造成植被带向更高海拔地区迁移,进一步影响到植被群落的演替,是植被分布的季节变化以及植被带推移的重要影响因子。

青藏高原气候变化对植被的影响也存在明显的地域性和季节性差异,总体而言,植被与温度和降水呈正相关关系,且在大部分湿润、半湿润地区温度对植被的影响大于降水,而在大部分半干旱、干旱地区则反之。

12.3.1 生态系统现状

森林生态系统:青藏高原林地面积约占高原总面积的27%。基于2005年7月的遥感数据(NOAA/AVHRR)解译,青藏高原森林覆盖率约为11.3%(何红艳,2008)。地带性森林主要为云冷杉林、落叶松林、圆柏林、高山松林、高山栎林及混交林等,高原南部(藏东南、滇西北、川西南)较低海拔区也存在常绿阔叶林及常绿落叶阔叶混交林与针阔混交林。高原的东部与南部是青藏高原森林集中分布区,一直是中国第二大林区——西南林区的主体,也是西南林区森林经营管理重点之一,而原始云冷杉针叶林一直是过去近50 a(1950—1998年)来重要的商品木材生产对象。过去60 a(1950—2010年)来,青藏高原森林历经了大规模采伐(1950—1985年)、采伐与造林恢复并存(1986—1998年)、到近10多年(1998—2010年)来以保育和恢复为主的转变过程,森林资源在面积、蓄积、类型及空间分布格局等方面发生了显著变化。

面积和蓄积量变化:在20世纪90年代前,整体上青藏高原森林资源是急剧缩减的,不仅面积减小,蓄积量也显著降低,自1998年起实施天然林保护工程后才逐步扭转下降趋势，实现森林面积与活立木蓄积量的双增长，但区域内部各森林经营单元间的趋势变化程度差异明显。西藏自治区有林地面积一直呈增长趋势，其中天然林资源保护工程启动（2000 年）前增长趋势慢于之后的 10 余年，而林木活立木蓄积量前期呈现类似的增长趋势，但后期有减少趋势。青海省有林地面积前期呈减少趋势，而后期为增长趋势；林木活立木蓄积量一直呈增长趋势。整体而言，1998 年之前青藏高原森林面积、蓄积量及覆盖率变化主要与木材采伐量和造林成效紧密相关，而 1998 年后主要受造林面积及其成效影响（邢小方和董君来，1997；李强峰，2005；高述超和景升，2007；苏多杰和马梅英，2008；董旭，2009）。

林种组成结构变化：林种结构优化调整是青藏高原森林变化的一个重要特点。随着 20 世纪 80 年代末防护林工程的启动和 1996 年以来森林分类经营管理政策的贯彻实施，青藏高原森林中的公益林（包括防护林、特用林、薪炭林等）面积急剧增长，而商品林（如用材林、工业原料林）面积基本维持不变。从林龄结构变化来看，青藏高原森林的总体趋势是老龄林所占比例显著减少，而幼中龄林比例逐步增加（王金亮等，2000；包维楷等，2002a，2002b）。上述变化说明，处于相对稳定的演替顶级阶段的森林面积在 1998 年前逐年减少，而处于演替早中期阶段的森林面积增大，这必然会带来森林生产力的增长。青藏高原森林地上净第一性生产力在 1991—2000 年间的平均值为 $0.19\ \mathrm{PgC\cdot a^{-1}}$，年际变化基本上呈现平稳的波动上升趋势（何红艳，2008）。

类型与林分结构变化：森林资源的强烈干扰直接影响林分类型、优势树种组成与林分结构的变化。60 a 来在长期人类活动影响下，青藏高原的森林类型与林分结构发生了显著变化。近 30 a 来，森林类型表现出阔叶林、针阔混交林面积与蓄积增长的变化趋势，而针叶林面积所占比例呈现前期下降而后期略呈增加的变化趋势。例如，九寨沟在 1974—2002 年的近 30 a 间，针叶林面积减少，代之的是针阔叶混交林和落叶阔叶林面积的迅速增加（郝云庆等，2009）。自然恢复演替在森林类型变化过程中起到了不容忽视的作用。林分结构不良化变化趋势也是青藏高原森林变化另一不容忽视的特点。面积增大的幼、中龄人工林针叶化趋势明显，组成树种单一，林木密度大，株间竞争剧烈，乔木层分化困难，缺乏灌木、草本与苔藓层，导致林分立体结构简单化，林下生物多样性贫乏，生物地球化学物质循环不畅，形成大面积的低效林（包维楷等，2009）。

高山林线变化：高山林线（timberline）变化一直是森林分布格局研究中的一个热点。过去 100～200 a 来，青藏高原的高山林线位置均未发生显著变化（Wong et al.，2010；Liang et al.，2011；Guo et al.，2012），但林线树木种群密度与 100～150 a 前相比得到了显著增加（Guo et al.，2012；张立杰和刘鹄，2012）。林线气候变化尤其是极端事件及伴随放牧活动的干扰、树种种群种内种间竞争与自然更新过程等单一或综合作用控制着林线森林及其种群变化趋势（Liang et al.，2011；Wang et al.，2012）。

草地生态系统：青藏高原草地面积约为 $1.2\times 10^6\ \mathrm{km^2}$，占高原陆地面积的 48%

以上。青藏高原气候只有冷、暖两季之分,具有辐射强、年均温低、昼夜温差大、雨热同期、降雨集中在短暂的生长季、降雨变幅大、土壤湿度受降雨时间格局的影响等显著特点(中国科学院青藏高原综合科学考察队,1984)。这些气候特征非常有利于植物营养物质的合成和积累,因此,青藏高原草地生态系统对区域生态系统碳动态平衡等贡献巨大,对于维持区域乃至全球植被与大气间的碳平衡也起着极为重要的作用。

物候变化:物候指植物受环境影响而出现的以年为周期的自然现象,是全球变化最敏感的指示器。遥感数据显示,青藏高原多年(1982—2006年)平均植被生长季开始时间自东南向西北推迟。东部地区较早,在5—6月上旬,约占37.85%,中部地区约在6月中下旬,约占19.51%,西北地区较晚,在6月下旬至7月上旬,约占42.64%。喜马拉雅山北侧、雅鲁藏布江上游地区、塔里木盆地南侧和昆仑山北侧地区的生长季开始时间较早;生长季结束时间自北向南推迟。高原北部地区生长季结束时间较早,在10月中旬之前,约占52.23%,南部地区较晚,一般在10月中下旬,约占47.77%。雅鲁藏布江流域地区生长季结束时间最晚,大多在10月中下旬以后;高原生长季长度自东南向西北逐渐缩短规律显著,东南部大于125 d,中部地区为96~111 d,西北与东北地区为80~96 d,昆仑山北侧、塔里木盆地南侧地区约为120 d,雅鲁藏布江上游大于140 d(吕灿宾,2014)。

全球变化背景下,青藏高原植被的物候变化显著。基于遥感监测的结果表明,自20世纪80年代至今,青藏高原高寒的物候整体表现为返青期提前、枯黄期推迟、生长季延长的趋势(宋春桥等,2011;Shen et al.,2014),返青期提前趋势尤其在20世纪80和90年代显著(Yu et al.,2010;Piao et al.,2011),但也表现出明显的时空差异。研究表明,1982—2006年期间,生长开始时间提前的区域主要位于高原东部、东南部,约提前5 d·(25 a)$^{-1}$,约占68.34%;推迟的区域主要位于高原中部、黄河和长江上游、雅江上游地区,约推迟9.4 d·(25 a)$^{-1}$,约占31.66%。生长结束时间推迟的区域主要位于高原中部、东部,约推迟12.5 d·(25 a)$^{-1}$,约占71.66%;提前的区域主要位于青海湖周边、高原的东南部以及南部边缘地区,约提前9.8 d·(25 a)$^{-1}$,约占28.34%(吕灿宾,2014)。

有关21世纪以来青藏高原物候变化趋势的争议较大,在区域尺度上这十几年青藏高原春季物候并没有显示出显著的提前趋势(Shen et al.,2014),主要由温度上升和降水增加引起东北地区物候提前以及降水减少引起西南地区物候推迟所致(Shen et al.,2015)。

净初级生产力变化:近几十年来,随着气候变暖和人类活动的加剧,青藏高原草地植被生产力发生了显著变化。模拟气候变暖的短期开顶箱增温试验研究表明,增温降低了高寒草甸植物多样性及其生产力(Klein et al.,2007),但短期红外增温试验研究却得到了不同的研究结果,增温显著地提高了高寒草地的生产力,对植物多样性影响也不大(Wang et al.,2012)。但长期模型模拟研究的结果却较为一致,自 20 世纪 80 年代以来,青藏高原高寒草地净初级生产力得到了显著提高(Piao et al.,2011;Chen et al.,2014),尤其是 20 世纪 80—90 年代的 20 a 间,青藏高原变暖变湿,草地植被净初级生产力整体增加明显;最近 10 a,青藏高原草地植被净初级生产力亦呈增加态势,草地植被净初级生产力增加了 8.1%。虽然 21 世纪以来青藏高原草地净初级生产力增加,但存在区域性不平衡,青藏高原的西部地区变暖变干,草地生产力呈减少态势,东部地区变暖变湿,草地生产力呈增加态势(Chen et al.,2014)。1982—2009 年,青藏高原高寒草地植被年均净初级生产力呈波动上升趋势,平均净初级生产力增加区域的面积是减少区域的 5 倍以上(丁明军等,2012)。

高寒草地生态系统碳汇功能变化:在碳循环方面,目前青藏高原的研究主要限于碳储量估算以及与空间环境因子的关系方面,而对其时间变化方面的研究和积累则比较少。来自于青海海北高寒草甸生态系统定位站的碳通量观测数据表明,该地区的草地起着碳汇的作用(Kato et al.,2004,2006),但仍然无法准确回答区域尺度上青藏高原高寒生态系统在全球碳循环中起的是碳汇还是碳源的作用。对海北站内 3 种植被类型的净生态系统 CO_2 交换量进行比较后发现,矮嵩草草甸和金露梅灌丛草甸存在较强的 CO_2 吸收潜力,是一个碳汇(Kato et al.,2006),而藏嵩草沼泽草甸则具有较强的 CO_2 排放潜力,成为碳源(Zhao et al.,2005)。来自于全球大气 CO_2 浓度反演模型表明,区域尺度上青藏高原高寒生态系统是碳汇,其大小为 26 TgC·a^{-1}(1 TgC = 10^{12} gC)(Piao et al.,2009)。这一结果与基于生态系统过程模型模拟结果(14~22 TgC·a^{-1})相似(Zhao et al.,2006;Piao et al.,2012)。CO_2 和降水是碳汇的主要驱动力(张宪洲等,2015)。值得注意的是,不同草地类型的碳循环过程对温度的响应有差别,受温度限制的高寒草甸碳循环过程对温度变化的响应更敏感(Chang et al.,2012),而受水分限制的高寒草原碳循环过程则对降水变化的响应更敏感(Peng et al.,2009)。

湿地生态系统面积变化和物种多样性及生态服务功能变化:湿地作为一种特殊的生态系统,是由水陆相互作用而形成的自然综合体(刘红玉等,2003)。作为诸多江河源头的青藏高原是我国重要的湿地分布区之一,该区湿地面积为 13.3×10^4 km²(金会军等,1998),且多为高寒沼泽、高寒沼泽化草甸和高寒湖泊,具有生态蓄水、水源补给、气候调节等重要的生态功能。青藏高原湿地类型主要有湖泊水体、河流湿地、湖泊湿地、沼泽湿地和泥炭湿地五种类型(邢宇等,2009)。①面积变化:过去 49 a(1960—2008 年)间,青藏高原湿地总体呈现持续退化状态,但从 2000 年以后大部分地区退化幅度明显减缓。湖泊湿地面积持续减少,河流湿地、沼泽湿地、泥炭湿地面积先减少后增加,而湖泊水体面积总体持续增加(邢宇等,2009)。②物种多样性及生态服务功能变化:西藏地区沼泽湿地植物约有 142 种,分属于 33 科 84 属;青海省湿地植物有 428 种,分属于 39 科 146 属,占青海省总植物种数的 16.1%;青藏高原湿地在特殊的生境中形成了众多特有物种,据不完全统计,湿地系统中青藏高原特有种占20%左右,湿地动物有鸟类73种、鱼类55种、哺乳类14种以及两栖类9种,其中列为国家重点保护的珍稀物种约为21种。湿地物种多样性变化较为显著,以西藏拉鲁湿地为例,伴随湿地退化,植物物种增加了32种13科,动物物种减少了12科20种,拉萨河流域总体湿地生态服务功能总价值损失41.20亿元(表12.1)。其中贡献率最大的是大气组分调节功能价值,占生态服务总价值的80%以上;其次是科研文化、休闲娱乐、水文调节、气候调节、栖息地等生态服务功能价值;物质生产和环境净化功能价值占比较小(表12.2)(王春连,2010)。

表12.1 湿地生态系统服务功能价值量(单位:亿元)(王春连,2010)

年份	开阔水域	高寒草甸	草丛沼泽	灌丛湿地	森林湿地	滩地	合计
1976	10.11	365.79	2.88	0.34	2.44	0.30	381.87
1988	9.51	348.96	2.40	0.34	2.53	0.35	364.09
2006	9.37	326.26	1.40	0.34	2.79	0.49	340.67

表12.2 不同湿地生态服务功能的价值贡献度(王春连,2010)

年份		物质生产	大气交换	水文调节	环境净化	气候调节	栖息地	科研文化	休闲娱乐
1976	价值量(亿元)	3.74	311.06	9.69	0.202	11.46	7.90	19.00	18.82
	百分比(%)	0.98	81.46	2.54	0.05	3.00	2.07	4.98	4.93
1988	价值量(亿元)	3.56	296.26	9.24	0.20	10.99	7.57	18.22	18.05
	百分比(%)	0.98	81.37	2.54	0.05	3.02	2.08	5.00	4.96
2006	价值量(亿元)	3.27	277.19	8.72	0.22	10.23	7.11	17.00	16.93
	百分比(%)	0.96	81.37	2.56	0.06	3.00	2.09	4.99	4.97

12.3.2 暖湿化对高原生态系统的影响

(1)气候变化对青藏高原牧草长势的影响

由于青藏高原的草地类型和气候及其变化存在显著的空间上的差异,因此,各地区的气候变化对当地牧草长势的影响特征不尽相同,并表现出一定的复杂性。

针对三江源果洛地区,秦永忠(2017)利用 2003—2016 年班玛、久治、玛沁、甘德、达日和玛多 6 县牧草地面观测资料和同期气象观测资料,分析了这些地区牧草长势与气温、降水量、日照等气象条件的相关关系。结果表明,果洛地区 6 县中班玛、久治牧草长势最好,玛沁、甘德、达日次之,玛多最差;就平均长势而言,14 a 里果洛地区牧草长势趋于良好,牧草高度、覆盖度、产量均呈增加趋势。

研究表明,气温对禾本科植物产草量的影响较大,随着气温的逐渐升高,禾本科产草量逐渐增大,但对莎草科植物产草量的影响却不明显;降雨量对莎草科和禾本科产草量影响较大,产草量随着降雨量的增加而增大;不同植物个体对气温和降雨量的反应不同(晁元刚,2016)。其中班玛的气温和降水与牧草产量呈正相关的结论与秦永忠(2017)的研究结论基本一致。

针对三江源曲麻莱地区,童玉珍和赵全宁(2017)分析了该地区光、温、水和牧草产量变化特征及同期牧草产量和温湿因子之间的相关性。1990—2015 年曲麻莱地区牧草产量以 441.0 kg·hm^{-2}·(10 a)$^{-1}$ 的速率呈显著增加趋势;牧草产量和同期温湿因子之间呈显著正相关,但年降水量变化对牧草产量的影响要大于气温对牧草产量的影响,冬季气温和夏季降水量对牧草产量的影响要大于其他各季气温和降水对牧草产量的影响(童玉珍和赵全宁,2017)。

针对三江源区同德县,才吉(2012)利用 1999—2011 年天然牧草数据和气候资料,探讨了降水量、热量因子对牧草高度、覆盖度及产量形成的影响。结果表明:覆盖度以每年 0.47% 的倾向率减少,而牧草高度则以每年 0.78 cm 的线性趋势上升;牧草产量与 7 月日照时数呈显著负相关(相关系数为 −0.6621),与 4 月平均气温、4 月降水量、4—9 月生育期内总降水量以及年降水量呈显著正相关。

针对青海海南州的兴海县(海拔 3378 m,代表高寒草甸草场)和贵南县(海拔 2917 m,代表高寒草原草场),索南加和公保才仁(2013)利用 1995—2012 年共 18 a 的牧草产量和气象观测资料研究发现,影响青海海南州三江源高寒草甸、高寒草原草场的主要气象条件为水分和热量;从水热因子影响产量的时间来看,高寒草原草场降水因子的正效应时间(110 d)大于负效应时间(50 d),热量因子的负效应时间(100 d)大于正效应时间(60 d),故降水条件在草原草场中起主导作用,热量起辅助作用。影响关键期(即正效应最大的时段)出现在春季。高寒草甸草场热量因子的正效应时间(90 d)大于负效应时间(70 d),降水的负效应时间(100 d)大于正效应时间(60 d),关键期亦出现在春季。热量条件在草甸草场中起主导作用,降水条件的影响相对较小。在牧草生长前期(春季),以热量条件为主,气温高,有效积温多,牧草返青早,产量高,尤以高寒草甸草场最为明显;牧草生长中后期,以降水影响为主(索南加和公保才仁,2013)。

针对青海湖北岸的海北地区,朱宝文等(2011)利用 1997—2008 年海北牧业气象试验站西北针茅和气象观测资料研究发现,影响西北针茅返青、开花、成熟和黄枯期的主要因子是热量条件,水分和日照条件也是影响牧草生育期的因子,对于不同生育期,其影响大小有所不同;返青期主要受 2—4 月最高气温和上年 8 月降水量的共同影响,气候变化可使返青期提前,黄枯期推迟;6 月平均最低气温和 3—6 月小型蒸发量共同影响牧草高度,气候变化使西北针茅高度增加;牧草产量与 6—7 月最低气温呈正相关关系,与 6—8 月日照时数呈负相关关系,这两个因子变化趋势使产量呈增加趋势(朱宝文等,2011)。

针对青海湖西岸的铁卜加地区,宋理明等(2012)利用 1987—1996 年铁卜加牧业气象试验站天然牧草历史观测资料和气象观测资料研究表明,无论是天然牧草的返青、开花、黄枯等发育期,还是 5—7 月牧草生长高度及月增加值和 6—8 月植被覆盖度,均与前期相关时段的降水量存在显著的相关性,从而对 6—7 月干草产量及其月增加量产生决定性的影响,充分说明降水对青海环湖天然牧草生长具有长期效应(宋理明等,2012)。

针对川西北若尔盖湿地,王珊等(2017)利用 1983—2013 年(2002 年缺测)牧草产量和光、温、水等气象观测资料研究发现:影响若尔盖地区牧草产量高低的因素较多,在牧草生长季各个时期气象条件对牧草产量形成的影响也存在显著差异;热量因子是牧草产量的主导因子,温度升高将导致牧草产量下降;在牧草生长关键期 6—7 月,牧草产量高低受水分因子限制(王珊等,2017)。

针对甘南玛曲县,张起鹏等(2014)利用 2000—2010 年牧草产量和气象观测资料研究发现:玛曲县草地覆盖度与降水量、平均气温均呈比较显著的正相关,其中气温与植被覆盖度相关系数为 0.602,与降水量的相关系数为 0.208(张起鹏等,2014)。

(2)气候变化对青藏高原牧草 NDVI 的影响

研究指出,1982—2001 年青藏高原各季节植被 NDVI 以增加为主,特别是高原南部、北部和西部等地增加明显,高原中东部地区植被有所减少(郭媛媛和范广洲,2006)。Li 等(2014)利用分段线性方法对 1982—2006 年的 AVHRR NDVI 数据进行分析,以 1989 年为分界点,发现 1982—1989 年间增加趋势主要发生在青藏高原的中部、西南部、东北部,减少趋势发生在东南部;1990—2006 年间增加趋势主要发生在青藏高原的北部和东部,减少趋势发生在中部、西北部及东南部。

梁四海等(2007)利用 GIMMS-NDVI 遥感数据,定量分析了 1982—2002 年青藏高原植被覆盖度随时间的变化规律。结果表明,21 a 来青藏高原植被覆盖呈总体增加的变化趋势,平均增长率为 3961.9 $km^2 \cdot a^{-1}$,仅局部出现退化现象;空间上,高原植被的增加幅度从东部、南部向西部、北部逐渐减弱,而 1992—2002 年,中部和西北地区高原植被呈现大面积退化趋势,强烈退化地区集中在长江、黄河、澜沧江和怒江的源头地区。杨建平等(2005)通过分析 NOAA/AVHRR 和 EOS/MODIS 的 NDVI 区域分布,发现自 1982 年开始的 20 a 间,江河源区植被覆盖总体上保持原状,局部出现退化,位于黄河源头的鄂陵湖和扎陵湖周边地区、向北东延伸的部分地区以及巴颜喀拉山北部的多曲源头地区、长江源区的曲麻莱和治多一带、沱沱河沿至五道梁之间的青藏公路两侧一定范围、格拉丹东局部地区年NDVI减少明显,幅度在0~20%,植被退化严重。康悦等(2011)指出,1982—1989年黄河源区植被退化主要发生在黄河源区鄂陵湖以东地区,1990—1999年植被退化范围进一步扩大到源区北部兴海共和地区以及诺尔盖草原;2000—2008年的9 a间,植被退化范围扩大至黄河上游主要水源涵养区的玛曲草原,但黄河源区北部的兴海和共和地区植被覆盖度增大。

徐浩杰等(2012)、徐浩杰和杨太保(2013)及刘宪锋等(2013)指出,2000—2011年长江源区和黄河源区植被生长总体上呈改善趋势,而澜沧江源区植被则呈下降趋势。气候暖湿化以及生态保护工程的实施可能是黄河源植被生长改善的主要原因。徐兴奎等(2008)分析指出,自20世纪80年代初至2000年,在全球变暖的气候大背景下,青藏高原地区植被覆盖率总体上呈增加趋势,降水量是决定高原地区植被整体覆盖年际变化和波动的主要气候驱动因素。植被覆盖总体增加的同时,高原地区植被覆盖率也存在显著的南北反相位区域变化特征,气温升高加剧高原北部地区的干旱,使得植被更加依赖于水分条件,同时也造成南部湿润地区植被生长周期和覆盖度的增加,使地表植被生态系统对水分的需求量随之增多。

研究指出,青藏高原NDVI与降水量和气温均具有较好的相关关系,其中,春季NDVI与降水的相关性最好,对气候更敏感(张井勇等,2003),且春季为NDVI增加率和增加量最大的季节;夏季NDVI的增加对生长季NDVI增加的贡献相对较小(杨元合和朴世龙,2006)。从不同植被类型看,春季,青藏高原三种草地(高寒草甸、高寒草原、温性草原)NDVI均显著增加,而高寒草原和温性草原虽呈增加趋势,但并不显著;秋季,三种草地NDVI则没有明显的变化趋势。三种草地春季NDVI的增加是由春季温度上升所致;高寒草地(高寒草甸和高寒草原)夏季NDVI的增加是夏季温度和春季降水共同作用的结果,表现出对降水的滞后效应;温性草原夏季NDVI变化与气候因子并没有表现出显著的相关关系(杨元合和朴世龙,2006)。

付新峰等(2007)采用2001—2003年的NOAA/AVHRR数据分析了雅鲁藏布江流域NDVI的空间分布及其与降水、气温的关系,发现NDVI在雅鲁藏布江中下游较高,NDVI与降水量和气温均具有良好的正相关关系。丁明军等(2010b)利用1982—2000年NOAA/AVHRR卫星的NDVI数据分析了青藏高原植被覆盖对水、热条件年内变化的时滞响应及其空间特征;结果表明,青藏高原植被NDVI对气温和降水有滞后效应,且滞后水平存在空间差异,高原北部(柴达木盆地、昆仑山北麓)和高原南部植被对降水和温度的响应比较迟缓,而高原中、东部地区植被对温度和降水的响应比较敏感。不同植被类型对水热条件的响应程度也存在差异,由高到低依次是草甸、草原、灌丛、高寒垫状植被、荒漠,最后是森林。

1982—2011年间,15 a滑动平均的牧草生长季NDVI与温度、降水的偏相关系数研究表明,高寒草甸 NDVI 与温度的偏相关系数变化很小,主要是由于春季和夏季的偏相关系数增大、秋季偏相关系数减小相互抵消所致;高寒草原 NDVI 与温度的偏相关系数略有增大,是由于春季和秋季偏相关系数增大所致。NDVI 与降水的偏相关系数在高寒草甸区春季和夏季略有增大,在高寒草原区春季增大(Cong et al.,2017)。

(3)气候变化对青藏高原牧草 NPP 的影响

NPP 是描述植被生长状况和长势的另一个重要指标,是表征植被活动的关键变量,是指绿色植物吸收的净二氧化碳量,是植物光合作用与呼吸作用(释放吸收的二氧化碳量)之差,是生产者能用于生长、发育和繁殖的能量值,也是生态系统中其他生物成员生存和繁衍的物质基础,水热条件是其主要的限制因子。NPP 作为全球碳循环的重要组成部分,必然会对全球变化起到反馈作用。

孙云晓等(2014)研究指出,1983—2012 年青藏高原地区植被 NPP 整体增加,其分布总体表现为自东南向西北递减的趋势;青藏高原植被 NPP 的演变趋势存在显著的空间差异,总体上高原西北部植被 NPP 30 a 里变化相对稳定,其中 1983—1992 年 NPP 增加区域主要分布于高原中部,而高原东南部则呈现减少趋势,1993—2002 年高原大部分地区 NPP 呈增加趋势,NPP 减少区域集中在高原东部地区,2003—2012 年高原东部、南部 NPP 增加趋势明显,高原东南部 NPP 呈减少趋势。

青藏高原 NPP 的水平分布受制于水热条件组合,高原东南部由于水热条件较好,所以其 NPP 明显大于高原其他地区(程志刚等,2011);高原西北部由于受强大陆性气候控制,降水稀少,导致植被稀疏,NPP 较小(朴世龙等,2002)。Xu 等(2008)研究发现增温在湿润区增加群落生物量,而在干旱区降低群落生物量。Yang 等(2009)和李晓东等(2012)认为生长季的降水量是影响植被生产力的主要因素。叶建圣(2010)进一步分析了青藏高原净第一性生产力对降水量变化的敏感性,指出随着年降水量的增加,青藏高原植被净第一性生产力对降水量变化的敏感性逐渐减小。

陈卓奇等(2012)发现降水和温度对植被生产力的影响与降水阈值有关,降水在 450 mm 之内的区域,影响植被生产力的主要因素是降水,而在降水大于 450 mm 的地区,其主要影响因素是气温。从不同植被类型来看,青藏高原 1981—2000 年森林和草地 NPP 的变化受降水量变化的影响要高于受气温变化的影响,对灌木 NPP 来说,降水量的变化对其影响小于气温变化的影响(黄玫等,2008)。在青藏高原植被降水利用效率方面,在高原的不同降水区,植被降水利用效率与降水量的关系不同。降水量低于 90 mm 的区域,植被降水利用效率最低、波动最大,与降水量和气温不相关($P=0.38$);降水量为 90~300 mm 的地区,植被降水利用效率较低、波动较大,与降水量和气温显著相关,降水量和气温能够解释降水利用效率空间变化的 43.4%,其中降水量的影响是气温的 1.7 倍;降水量为 300~650 mm 的区域占整个青藏高原的 45%,主要植被类型为高寒草原,植被降水利用效率较高,变异系数为 155%,植被降水利用效率的空间变化与降水量和气温极显著相关,降水量和气温能够解释降水利用效率空间变化的97.8%,但以气温的影响为主导,其影响是降水量的1.5倍;降水量在650~845 mm的区域,植被降水利用效率达到最高、波动最小,降水量和气温可解释植被降水利用效率空间变化的93.1%,降水量的影响是气温的3.5倍,但其影响为负。在同一降水量条件下,高、中、低温区的植被降水利用效率最大差异近10倍,说明气温对植被降水利用效率的影响非常明显(叶辉等,2012)。然而,Klein等(2004)研究发现在青藏高原地区,如果降水量相对于温度只是较小幅度的增加,那么增温极大可能会降低植被的生产力。在青藏高原的多年冻土区,71.16%的植被NPP变化与地表温度呈正相关,并且在多年冻土区不同植被类型NPP对地表温度的变化均最敏感,其中森林植被的敏感性最高,草地的敏感性最低(Mao et al.,2015)。

在气候变化和人类活动对青藏高原植被NPP的影响方面,Chen等(2014)研究表明,1982—2001年,气候变化对青藏高原大部分地区草地生产力的影响是正面的,仅在青藏高原的中东部和北部边缘地区草地生产力呈减少或不变的趋势;人类活动导致青藏高原东南部和北部边缘地区草地生产力降低,但同时也使得青藏高原中东部草地生产力增大(图12.1a)。2001—2011年,青藏高原东部地区草地生产力以增加趋势为主,这种增加趋势主要是由气候变化导致的,但是在青藏高原南部和东北部,人类活动是导致草地生产力增加的主要驱动因素;青藏高原西部的草地生产力以减少趋势为主,且这种减少趋势主要受气候变化所致,人类活动仅在青藏高原的南部、中部和东北部使得草地生产力有所降低(图12.1b)。总体上,气候变化主导了青藏高原大部分地区的草地生产力的变化,放牧等人类活动对青藏高原草地并未构成根本性威胁。

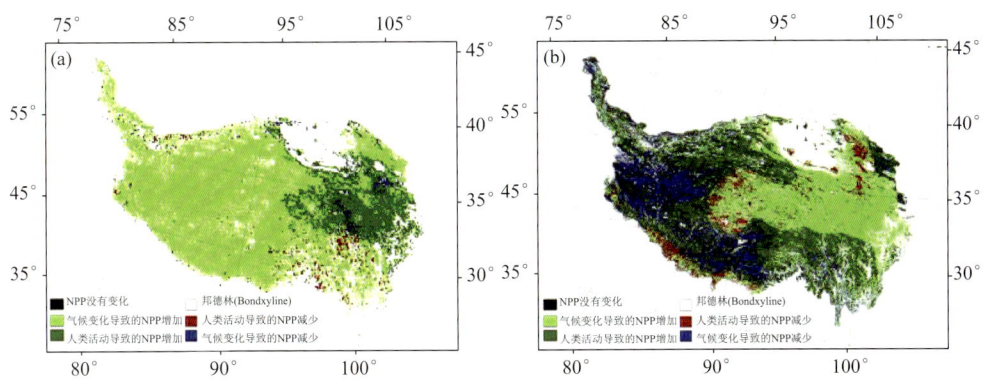

图12.1 不同因素导致的高寒草地NPP变化的空间分布(Chen et al.,2014)
(a)1982—2001年;(b)2001—2011年

(4)气候变化对青藏高原植被物候期的影响

气候变化对青藏高原不同地区植被物候期的影响程度不同。有研究表明:并没有足够的证据显示过去十多年(1998—2011年)青藏高原草地植被的返青期持续提前。有研究认为返青期提前可能是由于没有校正非生长季的NDVI导致的(图12.2)(Shen et al.,2013)。Shen等(2014)利用四个数据源(NOAA/AVHRR NDVI、SPOT NDVI、MODIS NDVI、MODIS EVI)、五种方法,均没有检测出2000—2011年青藏高原区域尺度上春季物候呈提前的趋势(图12.3)($P>0.05$)(Shen et al.,2013,2014)。但是,在青藏高原内部,不同地区物候期的变化趋势和主要驱动因素不尽相同。

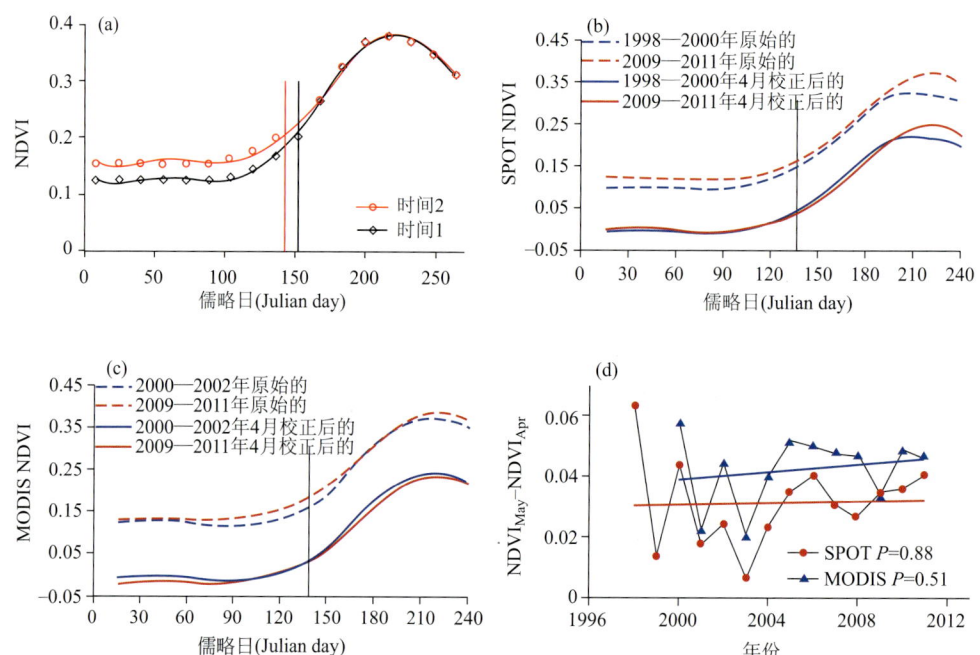

图12.2 (a)青藏高原非生长季牧草NDVI增大导致返青期提前(黑色和红色垂直线的差值),两个时间段内牧草生长季NDVI几乎没有变化,但是非生长季NDVI增大,导致返青期提前;(b)蓝色和红色虚线分别表示三年平均的(2000—2002年和2009—2011年)SPOT NDVI年内变化曲线,Apr-adjusted曲线表示年内NDVI减去了同年4月NDVI后的值,黑色的垂线表示Zhang等(2013)研究得到的1998—2011年牧草平均返青期;(c)与(b)相似,数据源是MODIS NDVI;(d)4月、5月NDVI差值的年际变化(Shen et al.,2013)

在青藏高原的西南地区,21世纪初期(2000—2001年)春季物候随着海拔高度的升高而推迟,推迟速率为$0.63\ d\cdot(100\ m)^{-1}$,21世纪10年代初期(2010—2011年)推迟速率增大为$1.30\ d\cdot(100\ m)^{-1}$。青藏高原西南地区春季物候的推迟可能主要是由于春季降水的减少引起的,并不能指示该区域春季变冷(图12.4)(Shen et al.,2014)。

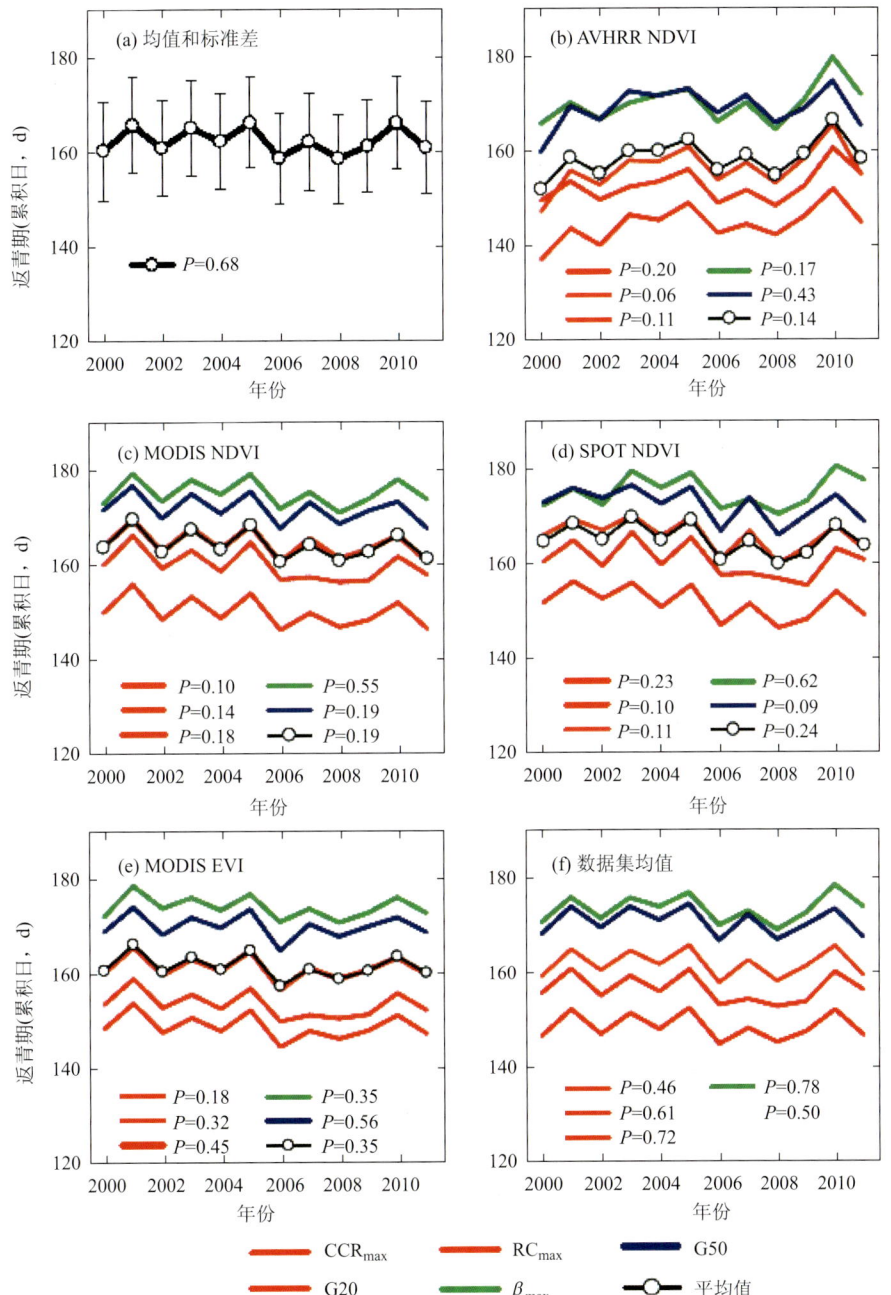

图 12.3 （a）基于不同方法和植被指数反演得到的青藏高原牧草平均返青期的年际变化曲线（误差线表示标准差）；（b）—（e）分别是基于 AVHRR、MODIS、SPOT NDVIs 和 MODIS EVI 数据利用不同处理方法反演得到的 2000—2011 年牧草返青期的年际变化曲线；（f）用同样的处理方法对四种植被指数反演得到的牧草返青期的年际变化曲线（P 值表示牧草返青期与年份线性回归的显著性水平；Shen et al.，2014）

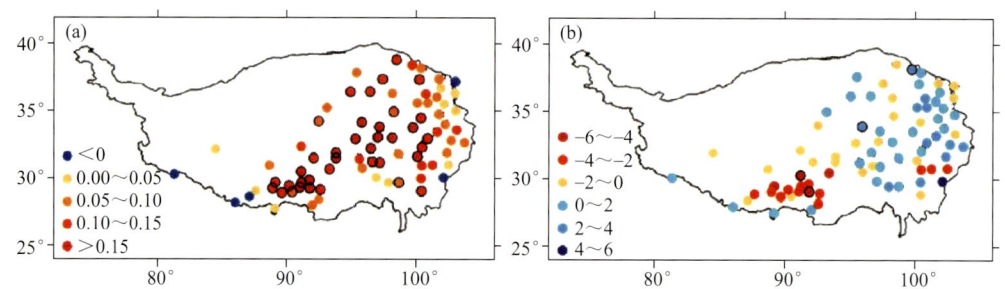

图 12.4 2000—2011 年青藏高原 79 个气象台站牧草生长季前平均温度（a；单位：℃·a^{-1}）和累积降水量（b；单位：mm·a^{-1}）的变化趋势（带有黑色边框的圆点表示达到了 0.05 的显著性水平；生长季前表示牧草返青期前 60 d；Shen et al.，2014）

在青藏高原中东部，1982—1999 年草地返青期提前约 9.9 d，相对湿润区草地返青期的提前是由春季升温提前引起的；而在相对干的地区，生长季前的降水对返青期的提前影响更大(Shen et al.，2011)。青藏高原干旱区降水量平均每增加 10 mm，会导致春季物候对降水量的敏感性降低 0.01 d·mm^{-1}；而在相对湿润一些的地区，春季物候对温度的敏感性更高，平均降水量每增加 10 mm，春季物候对生长季前温度的敏感性将提前 0.25 d·$(℃)^{-1}$(Shen et al.，2015)。

研究表明，1982—2011 年青藏高原秋季物候显示出微弱的推迟趋势，但推迟趋势并不显著。秋季物候年际间的变化主要由生长季前的温度决定，降水和日照对秋季物候的影响较弱。这表明青藏高原植被在调整生长季节的长度方面，可塑性较好，即无论春季物候何时开始，气候变化都更可能改变植被的生长季长度，而不是延长植被的生长季(Cong et al.，2017)。

(5)气候变化对青藏高原植被物种组成和群落结构的影响

气候变化影响高原植物群落、物种组成和物种多样性，从而改变群落的结构和功能，这在不同植被类型过渡带表现得尤为敏感(袁婧薇和倪健，2007)。王谋等(2004)分析高寒草原与高寒草甸过渡带样方统计资料发现，随气候变化，群落物种多样性、丰富度、均匀度及重要值方面都发生了变化。物种丰富度主要受生长季降水和温暖指数的影响，并且前者的影响大于后者(杨元和等，2004)。Klein 等(2004)研究发现增温可能导致草原植物群落减少 26%~36%物种的风险。李英年等(2004)通过试验也发现，温暖化效应使植物物种多样性比原生矮嵩草(*Kobresia humilis*)草甸群落的物种有所减少，植物种群优势度发生倾斜。另外有研究(三江源自然保护区编委会，2002)发现，青藏公路 124 道华扁穗草(*Blysmus sinocompressus*)群落在 1975、1996 年的气候变暖过程中，受冻土退化的影响，呈现显著的退化趋势：湿中生的华扁穗草群落由中生型的矮嵩草群落替代，矮嵩草群落为高山嵩草(*Kobresia pygmaea*)群落取代，高山蒿草则进一步干旱化演变为沙生苔草(*Carex praeclara*)群落。近年来,气候变化导致该区地下水位下降,土壤湿度降低,中生禾草类占据主导地位,群落结构发生改变(李英年等,1998)。由此可见,气候变化不仅影响着高原植被的覆盖度和生长状况,而且已经影响到了高原植被物种组成和群落结构,造成植被带向更高海拔地区迁移,从而会进一步影响到植被群落的演替(李英年等,2004)。

在青藏高原北部(青海省),通过检测1957—2009年植被功能类型的变化对气候因子的响应发现,在五个气候因子(降水量、空气温度、大气CO_2浓度、0~40 cm土壤温度和湿度)中,降水量是影响植被盖度最重要的正向因素,根区土壤温度的影响最小,且为负效应(图12.5)。1957—2009年,青藏高原北部大约有34%的地区植被投影覆盖度(FPC,foliar projective coverages)表现出增大趋势,13%呈减小趋势;而且不同区域的影响因素不同。在西南地区,FPC的增加主要是由气候变暖导致高寒草甸和草原增加所致;在东北地区,FPC的变化是降水、土壤湿度、CO_2浓度增加和气候变暖共同作用的结果;在西北地区,FPC的减小是由于气候暖干化对高寒草甸和草原的负面影响超过了CO_2浓度增加的正面效应;在东南地区,FPC的变化很小,可能是由于不同植被类型之间的增大减小互相抵消所致,比如温度、降水、CO_2浓度升高会导致温带常绿针叶林(TNEG)生长加快,气候变暖会降低永久性高寒草甸(PAMD),湿度和CO_2浓度增加降低了温带灌丛(TSGS);同时,在中部地区,永久性高寒草甸(PAMD)和永久性高寒草原(PAMD)对降水、空气温度、土壤湿度和CO_2浓度的变化表现出对立的响应特征,使得该区域的FPC变化很小(Lan et al.,2016)。

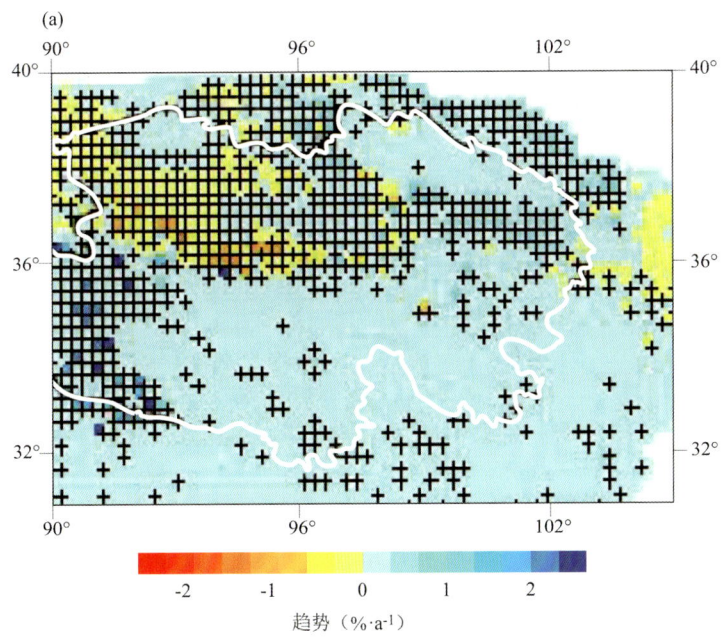

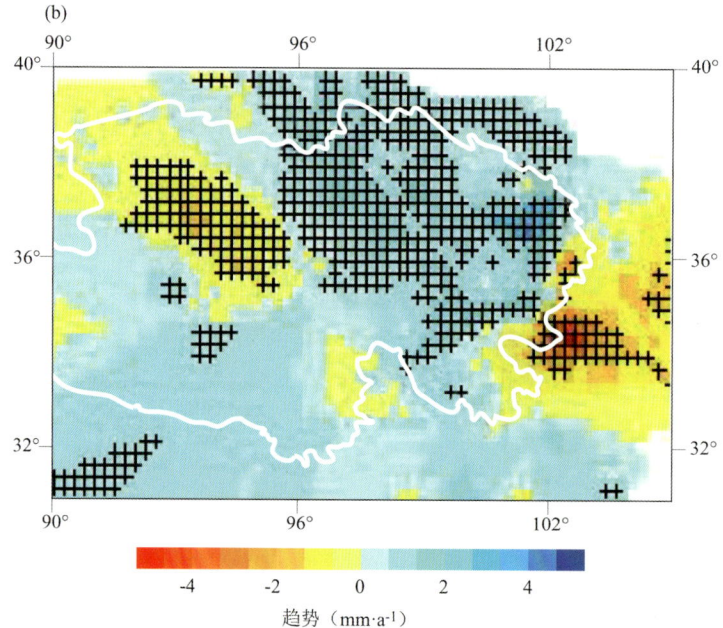

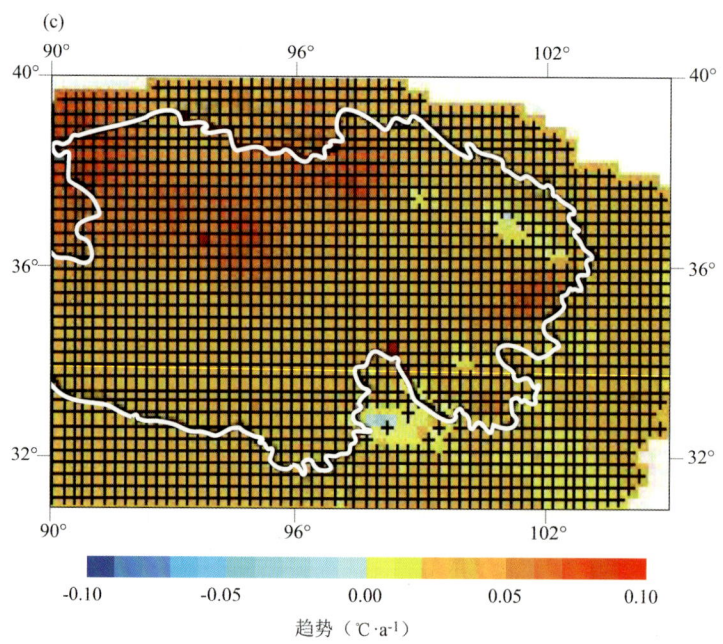

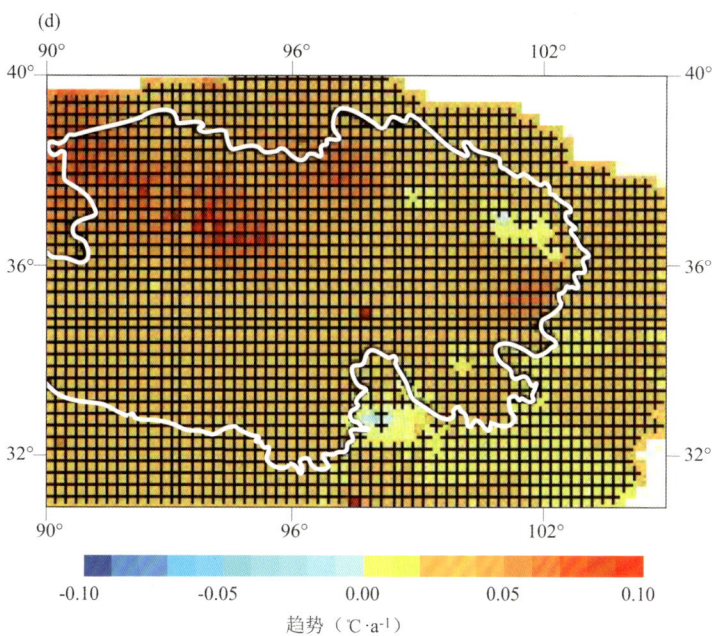

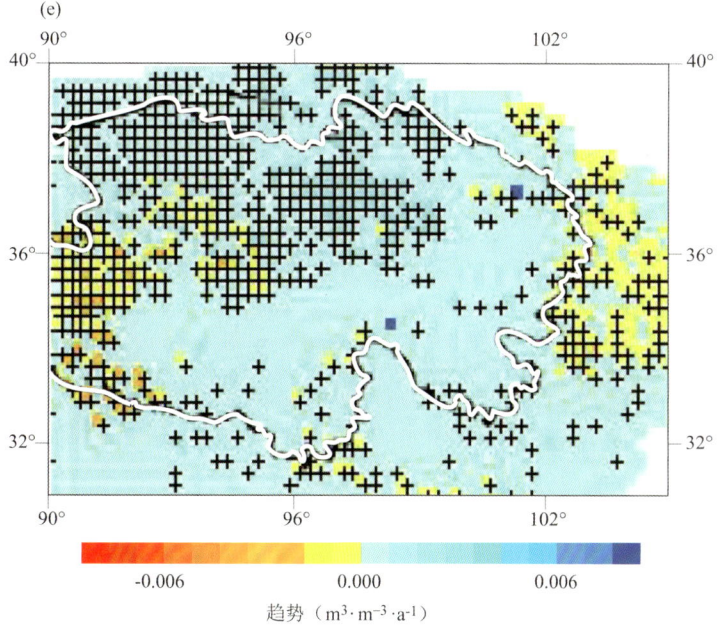

图 12.5 基于 M-K 检验的植被功能类型（FPC）(a)、降水量（PRCP）(b)、空气温度（AT）(c)、0~40 cm 土壤温度（ST1）(d) 和湿度（SM1）(e) 的变化趋势（"+"表示达到 0.05 的显著性水平；Lan et al., 2016）

12.4 本章小结

近年来,青藏高原气候变暖幅度超过北半球及同纬度其他地区,表现出暖湿化的趋势,这种气候变化对青藏高原的水资源和生态系统产生重要影响。

随着青藏高原气候变暖变湿,高原的降水量、径流量、湖泊面积和深度均呈增大趋势,但是冰川却全面、加速退缩,且在各区域的退缩程度不同,藏东南帕隆藏布上游冰川末端退缩幅度为 $5.5\sim65$ m·a^{-1},珠峰绒布冰川末端退缩幅度为 9.10 ± 5.87 m·$a^{-1}\sim14.64\pm5.87$ m·a^{-1},多年冻土呈现出从青藏高原边缘向中心萎缩的趋势,冻土消融加速,表现为土地沙化、植被退化、水土流失加重、土壤中有机质大量损失、鼠害加剧。这一变化导致青藏高原水资源环境压力加重,国家生态安全屏障面临严峻挑战。

青藏高原植被生态系统类型多样,以森林生态系统、草地生态系统和湿地生态系统为主。随着青藏高原气候趋于暖湿化,阔叶林、针阔混交林面积与蓄积量呈增加趋势,针叶林面积比例呈先下降后略增加趋势;林线树木种群密度与 $100\sim150$ a 前相比显著增加。自 20 世纪 80 年代至今,青藏高原草地生态系统物候整体表现为返青期提前、枯黄期推迟、生长季延长的趋势,但时空差异较大。青藏高原东部和东南部草地生态系统返青期约提前 5 d·$(25\text{ a})^{-1}$,约占高原总面积的 68.34%,高原中部、黄河和长江上游、雅鲁藏布江上游地区草地生态系统返青期约推迟 9.4 d·$(25\text{ a})^{-1}$,占高原总面积的 31.66%;青藏高原 71.66% 的区域草地生态系统枯黄期约推迟 9.4 d·$(25\text{ a})^{-1}$,而在青海湖周边、高原的东南部和南部边缘地区,枯黄期则提前 9.8 d·$(25\text{ a})^{-1}$。1982—2009 年,青藏高原高寒草地植被年均净初级生产力呈波动上升趋势,平均净初级生产力增加区域的面积是减少区域的 5 倍以上;青海海北高寒草甸生态系统是碳汇,但区域尺度上青藏高原的碳汇源功能仍无定论。湿地生态系统以 2008 年为拐点,呈现先退化后局部逆转的趋势;湿地总体上呈植物物种多样性增加、动物物种减少、生态服务功能价值降低的趋势。

参考文献

包维楷,雷波,庞学勇,等,2009.大渡河上游不同林龄云杉人工林与原始林下地表苔藓层片结构与物种组成评估[J].生物多样性,17(2):201-209.

包维楷,张镱锂,王乾,等,2002a.青藏高原东部森林采伐迹地早期人工重建序列梯度上植物多样性的变化[J].植物生态学报,26(3):330-338.

包维楷,张镱锂,王乾,等,2002b.青藏高原东缘大渡河上游林区的森林退化及其恢复与重建[J].山地学报,20(2):194-198.

才吉,2012.三江源区高寒草地牧草发育期及其产量与降水、热量因子的关系[J].中国草食动物科学,32(5):34-37.

晁元刚,2016.气温和降雨量对高寒草甸不同功能群植物产草量的影响[J].安徽农业科学,44(13):177-179.

陈卓奇,邵全琴,刘纪远,等,2012.基于MODIS的青藏高原植被净初级生产力研究[J].中国科学:地球科学,42(3):402-410.

程志刚,刘晓东,范广洲,等,2011.21世纪青藏高原气候时空变化评估[J].干旱区研究,28(4):669-676.

达瓦次仁,2010.全球气候变化对青藏高原水资源的影响[J].西藏研究(4):90-99.

丁明军,张镱锂,刘林山,等,2010a.1982—2009年青藏高原草地覆盖度时空变化特征[J].自然资源学报,25(12):2114-2122.

丁明军,张镱锂,刘林山,等,2010b.青藏高原植被覆盖对水热条件年内变化的响应及其空间特征[J].地理科学进展,29(4):507-512.

丁明军,张镱锂,孙晓敏,等,2012.近10年青藏高原高寒草地物候时空变化特征分析[J].科学通报,57(33):3185-3194.

董旭,2009.青海省森林资源评价[J].安徽农业科学,37(5):727-728;751.

方小敏,韩永翔,马金辉,等,2004.青藏高原沙尘特征与高原黄土堆积:以2003-03-04拉萨沙尘天气过程为例[J].科学通报,49(11):1084-1090.

付新峰,杨胜天,刘昌明,2007.雅鲁藏布江流域NDVI变化与主要气候因子的关系[J].地理研究,26(1):60-66.

高述超,景升,2007.西藏森林资源现状分析[J].林业资源管理(5):49-52.

郭媛媛,范广洲,2006.青藏高原植被变化特征及其对气候变化的影响[J].成都信息工程学院学报,

21(S1):12-17.

郝云庆,江洪,王金锡,等,2009.九寨沟保护区植被景观变化与生境破碎化研究[J].地理科学,29(6):886-892.

何红艳,2008.青藏高原森林生产力格局及对气候变化响应的模拟[D].北京:中国林业科学研究院.

黄麟,刘纪远,邵全琴,2009.近30年来长江源头高寒草地生态系统退化的遥感分析——以青海省治多县为例[J].资源科学,31(5):884-895.

黄玫,季劲钧,彭莉莉,2008.青藏高原1981—2000年植被净初级生产力对气候变化的响应[J].气候与环境研究,13(5):608-616.

姜辰蓉,2006.青藏高原水土流失严重,水环境急剧恶化[EB/OL].(2006-06-02)[2019-05-10].http://tech.qq.com/a/20060602/000241.htm.

金会军,程国栋,徐柏青,等,1998.青藏高原花石峡冻土站高寒湿地CH_4排放研究[J].冰川冻土,20(2):172-174.

金会军,李述训,王绍令,等,2000.气候变化对中国多年冻土和寒区环境的影响[J].地理学报,55(2):161-173.

康悦,李振朝,田辉,等,2011.黄河源区植被变化趋势及其对气候变化的响应过程研究[J].气候与环境研究,16(4):505-512.

李强峰,2005.青海省森林植被的遥感调查与可持续评价[D].西安:西北农林科技大学.

李晓东,李凤霞,周秉荣,等,2012.青藏高原典型高寒草地水热条件及地上生物量变化研究[J].高原气象,31(4):1053-1058.

李英年,王启基,周兴民,等,1998.高寒草甸植物群落的环境特征分析[J].干旱区研究,15(1):54-58.

李英年,赵亮,赵新全,等,2004.5年模拟增温后矮嵩草草甸群落结构及生产量的变化[J].草地学报,12(3):236-239.

联合国开发计划署《2006年人类发展报告》编写组,2006.2006年人类发展报告[M].北京:中国财政经济出版社.

梁四海,陈江,金晓梅,等,2007.近21年来青藏高原植被覆盖变化规律[J].地球科学进展,22(1):33-40.

刘红玉,吕宪国,张世奎,2003.湿地景观变化过程与累计环境效应研究进展[J].地理科学进展,22(1):60-70.

刘宪锋,任志远,林志慧,等,2013.2000—2011年三江源区植被覆盖时空变化特征[J].地理学报,68(7):897-908.

吕灿宾,2014.青藏高原植被覆盖变化的节律及驱动因子分析[D].北京:中国地质大学.

南卓铜,李述训,刘永智,2002.基于年平均地温的青藏高原冻土分布制图及应用[J].冰川冻土,24(2):142-148.

尼玛卓玛,2015.三江源鼠害成因分析及治理[J].中国畜牧兽医文摘(2):32-32.

朴世龙,方精云,郭庆华,2002.1982—1999年青藏高原植被净第一性生产力及其时空变化[J].自然资源学报,17(3):373-380.

秦永忠,2017.三江源果洛地区牧草长势特征及其与气象条件的关系[J].安徽农业科学,45(13):

174-176.

任国玉,2012.气候变化与青藏高原工程设计[J].中国工程科学,14(9):89-95.

三江源自然保护区编委会,2002.三江源自然保护区生态环境[M].西宁:青海人民出版社.

邵伟,蔡晓布,2008.西藏高原草地退化及其成因分析[J].中国水土保持科学,6(1):112-116.

世界银行,2005.2003年世界发展指标[M].北京:中国财政经济出版社.

宋春桥,游松财,柯灵红,等,2011.藏北高原植被物候时空动态变化的遥感监测研究[J].植物生态学报,35(8):853-863.

宋理明,魏永林,马宗泰,等,2012.降水对青海环湖天然牧草生长的长期效应分析[J].青海草业,21(1):6-9;23.

苏多杰,马梅英,2008.青海森林资源资产评估及生态补偿[J].青海社会科学(6):76-79.

孙东怀,鹿化煜,2007.晚新生代黄土高原风尘序列的粒度和沉积速率与中国北方大气环流演变[J].第四纪研究,27(2):251-262.

孙鸿烈,郑度,姚檀栋,等,2012.青藏高原国家生态安全屏障保护与建设[J].地理学报,67(1):3-12.

孙云晓,王思远,常清,等,2014.青藏高原近30年植被净初级生产力时空演变研究[J].广东农业科学(13):160-166.

索南加,公保才仁,2013.水热因子对青海海南州高寒草甸、草原牧草产量的影响分析[J].草地与牧草,33(4):45-46;52.

童玉珍,赵全宁,2017.曲麻莱地区光温湿度变化特征及其对牧草产量的影响[J].青海草业,26(3):2-6.

王春连,2010.拉萨河流域湿地变化研究[D].北京:中国科学院大学.

王根绪,李元寿,吴青柏,等,2006.青藏高原冻土区冻土与植被的关系及其对高寒生态系统的影响[J].中国科学D辑:地球科学,36(8):743-754.

王金亮,角媛梅,马剑,等,2000.滇西北三江并流区森林景观生态系统多样性变化分析[J].林业资源管理(4):42-46.

王谋,李勇,白宪洲,等,2004.全球变暖对青藏高原腹地草原资源的影响[J].自然资源学报,19(3):331-336.

王珊,郭斌,张菡,等,2017.基于气象适宜度指数的若尔盖湿地天然牧草产量估算模型[J].中国农学通报,33(25):93-98.

邢小方,董君来,1997.青海森林资源的战略地位及其保护对策[J].林业资源管理(3):54-57.

邢宇,姜琦刚,李文庆,等,2009.青藏高原湿地景观空间格局的变化[J].生态环境学报,18(3):1010-1015.

徐浩杰,杨太保,2013.黄河源区植被净初级生产力时空变化特征及其对气候要素的响应[J].资源科学,35(10):2024-2031.

徐浩杰,杨太保,曾彪,2012.黄河源区植被生长季NDVI时空特征及其对气候变化的响应[J].生态环境学报,21(7):1205-1210.

徐兴奎,陈红,Levy J,2008.气候变暖背景下青藏高原植被覆盖特征的时空变化及其成因分析[J].科学通报,53(4):456-462.

杨建平,丁永建,陈仁升,2005.长江黄河源区高寒植被变化的NDVI记录[J].地理学报,60(3):

467-478.

杨元合,朴世龙,2006.青藏高原草地植被覆盖变化及其与气候因子的关系[J].植物生态学报,30(1):1-8.

杨元合,饶胜,胡会峰,等,2004.青藏高原高寒草地植物物种丰富度及其于环境因子和生物量的关系[J].生物多样性,12(1):200-205.

杨兆平,欧阳华,宋明华,等,2010.青藏高原多年冻土区高寒植被物种多样性和地上生物量[J].生态学杂志,29(4):617-623.

姚檀栋,刘时银,蒲健辰,等,2004.高亚洲冰川的近期退缩及其对西北水资源的影响[J].中国科学D辑:地球科学,34(6):535-543.

姚檀栋,朴世龙,沈妙根,等,2017.印度季风与西风相互作用在现代青藏高原产生连锁式环境效应[J].中国科学院院刊,32(9):976-984.

姚檀栋,秦大河,沈永平,等,2013.青藏高原冰冻圈变化及其对区域水循环和生态条件的影响[J].自然杂志,35(3):179-186.

姚檀栋,朱立平,2006.青藏高原环境变化对全球变化的响应及其适应对策[J].地球科学进展,21(5):459-464.

叶笃正,高由禧,1979.青藏高原气象学[M].北京:科学出版社:1-278.

叶辉,王军邦,黄玫,等,2012.青藏高原植被降水利用效率的空间格局及其对降水和气温的响应[J].植物生态学报,36(12):1237-1247.

叶建圣,2010.青藏高原植被净初级生产力对气候变化的响应[D].兰州:兰州大学.

袁婧薇,倪健,2007.中国气候变化的植物信号和生态证据[J].干旱区地理,30(4):465-473.

张井勇,董文杰,叶笃正,等,2003.中国植被覆盖对夏季气候影响的新证据[J].科学通报,48(1):91-95.

张立杰,刘鹄,2012.祁连山林线区域青海云杉种群对气候变化的响应[J].林业科学,48(1):18-21.

张起鹏,王倩,张春花,等,2014.草地植被覆盖度变化及其驱动力——以甘南藏族自治州玛曲县为例[J].中国农业资源与区划,35(4):58-62.

张宪洲,杨永平,朴世龙,等,2015.青藏高原生态变化[J].科学通报,60(32):3048-3056.

赵林,丁永建,刘广岳,等,2010.青藏高原多年冻土层中地下冰储量估算及评价[J].冰川冻土,32(1):1-9.

郑度,张荣祖,杨勤业,1979.试论青藏高原的自然地带[J].地理学报,34(1):1-11.

中国科学院青藏高原综合科学考察队,1984.西藏气候[M].北京:科学出版社.

朱宝文,严德行,谢启玉,等,2011.青海湖地区气候变化对西北针茅生长发育和产量的影响[J].草业科学,28(7):1357-1363.

CHANG X F,WANG S P,LUO C Y,et al,2012. Responses of soil microbial respiration to thermal stress in alpine steppe on the Tibetan Plateau[J]. Eur J Soil Sci,63(3):325-331.

CHEN B X,ZHANG X Z,TAO J,et al,2014. The impact of climate change and anthropogenic activities on alpine grassland over the Qinghai-Tibet Plateau[J]. Agric For Meteorol,189/190:11-18.

CONG N,SHEN M G,PIAO S L,2017. Spatial variations in responses of vegetation autumn phenology to climate change on the Tibetan Plateau[J]. Journal of Plant Ecology,10(5):744-752.

GUO X,ZHANG F,DENG Y,et al,2012. Patterns and dynamics of tree-line response to climate change in the eastern Qilian Mountains, Northeastern China[J]. Dendrochronologia,30(2):121-126.

KATO T,TANG Y H,GU S,et al,2004. Carbon dioxide exchange between the atmosphere and an alpine meadow ecosystem on the Qinghai-Tibetan Plateau,China[J]. Agric For Meteorol,124:121-134.

KATO T,TANG Y H,GU S,et al,2006. Temperature and biomass influences on interannual changes in CO_2 exchange in an alpine meadow on the Qinghai-Tibetan Plateau[J]. Global Change Biology,12(7):1285-1298.

KLEIN J A,HARTE J,ZHAO X Q,2007. Experimental warming, not grazing, decreases rangeland quality on the Tibetan Plateau[J]. Ecol Appl,17(2):541-557.

KLEIN J,HARTE J,ZHAO X,2004. Experimental warming causes large and rapid species loss, dampened by simulated grazing, on the Tibetan Plateau[J]. Ecology Letters,7(2):1170-1179.

LAN C,ZHANG Y X,PIAO S L,et al,2016. Simulated annual changes in plant functional types and their responses to climate change on the northern Tibetan Plateau[J]. Biogeosciences,13(12):3533-3548. doi:10.5194/bg-13-3533-2016.

LEI Y,YANG K,WANG B,et al,2014. Response of inland lake dynamics over the Tibetan Plateau to climate change [J]. Clim Change,125(2):281-290.

LI B,ZHANG L,YAN Q,et al,2014. Application of piecewise linear regression in the detection of vegetation greenness trends on the Tibetan Plateau[J]. International Journal of Remote Sensing,35(4):1526-1539.

LIANG E,WANG Y,ECKSTEIN D,et al,2011. Little change in the fir tree-line position on the southeastern Tibetan Plateau after 200 years of warming[J]. New Phytol,190(3):760-769.

MAO D H,LUO L,WANG Z M,et al,2015. Variations in net primary productivity and its relationships with warming climate in the permafrost zone of the Tibetan Plateau[J]. J Geogr Sci,25(8):967-977.

PENG S S,PIAO S L,WANG T,et al,2009. Temperature sensitivity of soil respiration in different ecosystems in China[J]. Soil Biol Biochem,41(5):1008-1014.

PIAO S L,FANG J Y,CIAIS P,et al,2009. The Carbon balance of terrestrial ecosystems in China [J]. Nature,458(7241):1009-1013.

PIAO S L,TAN K,NAN H J,et al,2012. Impacts of climate and CO_2 changes on the vegetation growth and carbon balance of Qinghai-Tibetan grasslands over the past five decades[J]. Glob Planet Change,98/99:73-80.

PIAO S L,WANG X H,CIAIS P,et al,2011. Changes in satellite-derived vegetation growth trend in temperate and boreal eurasia from 1982 to 2006[J]. Glob Change Biol,17(10):3228-3239.

SHEN M G,PIAO S L,CONG N,et al,2015. Precipitation impacts on vegetation spring phenology on the Tibetan Plateau[J]. Glob Change Biol,21(10):3647-3656. doi:10.1111/gcb.12961.

SHEN M G,SUN Z Z,WANG S P,et al,2013. No evidence of continuously advanced green-up dates in the Tibetan Plateau over the last decade[J]. PNAS,110(26):E2329. doi:10.1073/pnas.1304625110.

SHEN M G,TANG Y H,CHEN J,et al,2011. Influences of temperature and precipitation before the growing season on spring phenology in grasslands of the central and eastern Qinghai-Tibetan Plateau[J]. Agricultural and Forest Meteorology,151(12):1711-1722. doi:10.1016/j.agrformet.2011.07.003.

SHEN M,ZHANG G,CONG N,et al,2014. Increasing altitudinal gradient of spring vegetation phenology during the last decade on the Qinghai-Tibetan Plateau[J]. Agric For Meteorol,189/190:71-80.

WANG S P,DUAN J C,XU G P,et al,2012. Effects of warming and grazing on soil N availability, species composition and ANPP in alpine meadow[J]. Ecology,93(11):2365-2376.

WANG Y,CAMARERO J J,LUO T,et al,2012. Spatial patterns of Smith fir alpine treelines on the southeastern Tibetan Plateau support that contingent local conditions drive recent treeline patterns[J]. Plant Ecol Divers,5(3):311-321.

WONG M,DUAN C,LONG Y,et al,2010. How will the distribution and size of subalpine Abies georgei forest respond to climate change? A study in northwest Yunnan,China[J]. Phys Geogr,31(4):319-335.

XU X,CHEN H,LEVY J,2008. Spatiotemporal vegetation cover variations in the Qinghai-Tibet Plateau under global climate change[J]. Chinese Science Bulletin,53(6):915-922.

YANG Y,FANG J,PAN Y,et al,2009. Above ground biomass in Tibetan grasslands[J]. Journal of Arid Environments,73(1):91-95.

YU H,LUEDELING E,XU J,2010. Winter and spring warming result in delayed spring phenology on the Tibetan Plateau[J]. Proc Nati Acad Sci USA,107:22151-22156.

ZHANG G,ZHANG Y,DONG J,et al,2013. Green-up dates in the Tibetan Plateau have continuously advanced from 1982 to 2011[J]. Proc Nati Acad Sci USA,110(11):4309-4314.

ZHAO L,LI Y N,XU S X,et al,2006. Diurnal,seasonal and annual variation in net ecosystem CO_2 exchange of an alpine shrub-land on the Qinghai-Tibetan Plateau[J]. Global Change Biology,12(10):1940-1953.

ZHAO L,LI Y N,ZHAO X Q,et al,2005. Comparative study of the net exchange of CO_2 in 3 types of vegetation ecosystems on the Qinghai-Tibetan Plateau[J]. Chinese Science Bulletin,50(16):1767-1774.

ZOU D F,ZHAO L,SHENG Y,et al,2017. A new map of permafrost distribution on the Tibetan Plateau[J]. The Cryosphere,11(6):2527-2542.

第13章
青藏高原水资源和生态系统保护的气候变化应对战略建议

13.1 青藏高原气候变化应对问题的战略思考

13.2 加强重大工程的安全保障，采取避让、预警和防御性工程等综合策略

13.3 青藏高原水资源和生态系统保护的气候变化应对建议

13.4 青藏高原气候变化应对策略与建议

13.5 本章小结

气候变化与青藏高原大气水分循环

13.1 青藏高原气候变化应对问题的战略思考

在国家自然科学基金委、科技部和中国科学院等项目支持下,对青藏高原的区域水环境和生态环境对气候变化产生的响应进行系统研究,全面剖析了青藏高原水圈、生物圈、冰冻圈的变化,构建多圈层复合研究体系。山地冰川消融以及冻土融化可能在未来几十年内增加向雅鲁藏布江、澜沧江和长江等河流上游的融水供水量,径流量增加,湖泊水位上升,但从更久远的未来而言,冰川消融将导致融水供水量减少,给流域水资源的调控和利用带来新的问题(姚檀栋等,2013)。应开展冰川融水影响地表水和冰川融水补给河流的水文过程与预测研究,科学规划水资源的利用与开发,正确认识其对地表水资源和区域气候的调控作用。

在冰冻圈作用区,未来重大工程建设必须考虑气候变化的影响。针对未来可能出现的由冰川泥石流、冰碛湖溃决洪水、多年冻土融化等引发的自然灾害,须在科学预测和普查的基础上评价灾害风险,在各类工程设计和建设前制定相应的适应措施,考虑采取避让、预警和防御性工程等综合防御策略。

张秀琴和王亚华(2015)认为气候变化背景下青藏高原水资源安全保障领域应包括:进行气候变化背景下水资源综合管理方式与集成研究,进行气候变化下水资源适应性管理机制研究。张宪洲等(2015)认为今后青藏高原生态系统研究应更加聚焦于以下两个重大科学问题:一是青藏高原生态系统的结构和功能对全球变化的响应是否更为敏感;二是如何量化辨识气候变暖和人类活动对生态系统的影响。今后迫切需要加强以下几个方面的工作:一是加强地面定位试验站和高寒地区定位研究网络建设。目前的定位研究很少,且大多分布在高原东部,在其广阔的西部腹地还存在盲点。二是加强遥感技术的应用。随着遥感技术的进步和大面积的监测精度进一步提高,遥感技术已经成为实现由点到面监测的最为重要的手段与途径,遥感技术通过与地面监测、模型模拟的结合,有利于解决区域性的一些不确定问题。三是加大大型生态保护工程建设的支持力度,强化落实国家生态补偿政策,整体提高高原地区应对全球变化的能力。

全面部署"区域水环境与生态环境屏障功能变化监测系统"的建设,要对高原区域水环境与生态环境安全屏障保护与建设项目实施效果、高原生态与环境的本底和变化以及对周邻区域的影响做出正确的判断和科学、客观的评价。

青藏高原生态功能保护区的生态类型以草甸、草原为主,其水源涵养和固碳功能的改善主要通过提高草甸、草原质量来实现,因此,生态环境建设,是适应气候变化的近中期目标,长期目标则是恢复生态功能、实现草原生态良性循环、提高草原涵养水源的能力,显然,近中期目标的实现是长期目标的基础和保障。长江、黄河源头地区为沼泽、湿地生态系统集中地,亦是中国最大天然沼泽分布区。21世纪前气候变化引起三江源湿地生态系统结构和功能发生变异,长江源区的部分山前坡地沼泽湿地已停止发育,出现沼泽泥炭地干燥裸露现象。湿地退化威胁生物多样性,引起长江河源地区地下水位明显下降。

在气候变化影响下,湿地生态系统功能退化、恢复将是水资源总量变化的重要"驱动"因素。另一方面值得关注的是,21世纪以来三江源区气候以暖湿为主,沼泽湿地生态系统结构与功能有所恢复,湖泊湿地数量和面积有所增加,草地生态系统功能亦有所改善,这表明气候变化周期性特征影响三江源湿地沼泽生态系统结构与功能的演变。

更为重要的是,随着植被与湿地生态系统的破坏,水源涵养能力急剧减退,导致中下游广大地区旱涝灾害频繁、工农业生产受到严重制约,并已直接威胁到了长江、黄河流域乃至东南亚诸国的生态安全。

上述青藏高原生态系统功能的"退化"与"恢复"的"转折"现状,亦表明生态环境的保护与建设工程效益正在逐步显现。例如,就三江源地区生态环境变化成因来看,西部的长江源和澜沧江源地区主要为自然气候变化主导区,三江源中部地区为气候变化叠加较强人类活动区,而东部地区则是人类活动主导区。长江源区高寒生态系统变化的驱动因素为:自然因素的作用占82%~86%,人为因素占14%~18%;黄河源区自然因素的作用占67%~69%,人为因素占31%~33%,黄河源高寒草甸与高寒草原退化速率高于长江源,高寒草甸和沼泽湿地退化速率远高于高寒草原。长期看,在应对策略上,长江源主要关注气候自然变化规律,尤其是降水的变化趋势,黄河源则更应主要关注人类活动对自然生态系统的破坏,侧重于如何减缓和适应气候变化。

大气-冰川(冻土)-积雪-生态过程综合监测及面临的挑战是:由于目前对青藏高原地区气候变化及其影响的科学认知明显不足,应从高原整体角度探讨大尺度水循环与生态保育问题,从多圈层相互作用角度探讨水在大气-冰川(冻土、积雪)-植被(生态)之间的转化关系,以便得出更加可靠的决策依据。近年随着青藏高原气象、水文、农林部门观测业务系统现代化的推进,尤其是青藏高原生态保护工程的实施,青藏高原已新建了气象-水文-生态系统基础站、跟踪监测站。但冰川、冻土、积雪监测站网建设仍是薄弱环节,站网布局几乎属"空白"状态。目前仅有有限冰川监测站;另外,三江源冻土监测站主要限于青藏铁路沿线,三江源大范围冻土区域也仅有个别监测站;积雪也仅在气象部门有限的站点进行观测。总体而言,青藏高原现有的冰川、冻土与积雪有限观测站点难以反映大范围冰川、冻土与积雪的显著变化趋势,更难以评估大气-冰川(冻土)-积雪-生态过程对青藏高原水循环及其水资源的影响,无法深入研究与制定科学合理的减缓和适应气候变化对策。针对青藏高原水资源变化综合监测网匮乏状况,需进一步整合三江源区域内气象、水文、中国科学院、环保部门、黄河水利管理委员会等单位水资源观测站点,形成统一、数据共享的青藏高原水资源观测网。以现有气象、水文监测站为依托,建设或按照合理布局实施降水、河流水文观测站网建设;将现有中国科学院短期冰川观测站改建为长期观测站,新增冰川长期监测站;加强青藏高原冻土观测站点建设,实施流域内长期冻土观测;选择区域内典型湖泊,新增湖泊水位、面积监测站点。

青藏高原作为地球的第三极,是"水-冰-气-生"多圈层体现最全且相互作用最强烈的地区。全球气候变化不仅影响到青藏高原本身的水圈与冰冻圈过程,改变青藏高原内部的生态系统与环境,影响该地区社会经济发展与人民生存条件,而且通过大气环流与水循环过程直接影响到东亚及周边国家的用水安全和自然灾害防御。中国科学院青藏高原研究所与其他相关单位一道正在整个青藏高原面上逐步建立"青藏高原观测研究平台",以研究该地区复杂地表的多圈层相互作用规律(马耀明,2012)。

青藏高原水资源变化的影响因子众多,而气候变化又使其影响过程更趋复杂,目前对影响机理的认识尚存在诸多不确定性,尤其是对青藏高原大气-水文-生态效应等多圈层过程及其相互作用机理的认知不足,对冰川、冻土和积雪等水文效应的研究还相对薄弱,如何准确把握青藏高原冰川、冻土、湖泊、湿地及其生态环境等因素的交互效应及其对气候变化的复杂响应,是科学界面临的重大难题。目前在青藏高原综合监测网、多源信息数据网络和跨部门共享平台、科学应对决策技术系统等诸多方面,将遇到重大挑战。

气候变化对青藏高原冻土环境变化和生态系统结构、功能退化与恢复的影响存在不确定性。青藏高原冰冻圈的变化主要是自然气候变化引起的,人类活动的影响有限。但未来可以采取一些人为干预措施减缓该地区气候变化引起的生态水文灾害,如人工增雨、生态和水源保护等措施。可以从科技、社会、经济和生态四个方面采取积极的战略和战术适应政策,具体包括:

科技方面:建立多学科研究与行政决策的沟通和衔接机制;编制寒区冰冻圈变化国家应对方案;实施寒区冰冻圈变化综合影响评估重大科学研究计划;加强青藏高原地区冰冻圈变化的水文和生态效应的研究等。

社会方面:实施长期的文化素质教育和职业技能培训战略,采取控制不合理人类活动、降低人口密度、增强抗灾救灾能力建设等措施。

经济方面:开展东西部地区对口经济支援和互帮政策;推进青藏高原地区畜牧业

的生态化和现代化,具体包括提高草地围栏面积、适度降低载畜密度、加快传统畜牧业的升级转化等。

生态方面:持续推进青藏高原地区自然保护区生态保护和建设工程;建立江河源区国家生态补偿机制试验区,具体包括推广草地综合管理技术、推广建设工程生态恢复技术、推广畜牧良种驯化技术等。

13.2 加强重大工程的安全保障,采取避让、预警和防御性工程等综合策略

针对生态环境保护与生态修复工程,青藏高原生态屏障区森林、草地、湿地为具有重要生态功能的生态系统,面临冰川退缩、草地退化、土地沙化、水土流失、生物多样性衰减等重要生态环境问题,应加强基本草原保护,继续实施禁牧休牧、退耕还林、围栏封育等生态保护工程和草地退化综合治理、防沙治沙、水土保持等生态修复工程,建立完备的草地、湿地监测管理体系,使草地、湿地等生态环境明显好转,生态功能得到有效恢复(牟雪洁和饶胜,2015)。

近年来,青藏高原生态功能保护区实施了一系列适应气候变化的措施,根据实施主体的不同,适应措施分为私人适应和公共适应,生态功能保护区的建设和管理更主要的是公共部门的行为,因此,适应措施评估和选择主要针对公共适应措施,但包括了由公共部门实施的对私人部门适应的指导措施(周景博等,2016)。

认真规划与设计青藏高原水环境与生态环境自然保护区,确定自然保护的重点,减少人为对水环境和生态环境的再次破坏;加大生态环境工程建设及治理力度,通过人为干预的方式适时对其水环境及生态恢复进行调节,从而发挥自然保护区生态功能。

建立气候长期监测系统,建立生态环境的气候监测、预测、预警和评估系统,建立青藏高原区域水资源变化动态综合监测、预警、监督和评估系统,加大科技投入力度。

做好青藏高原区域水资源利用和保护的统一规划,做好水资源优化配置,进一步提升对水资源适应性管理的认识、深化水资源适应性管理的理论研究、拓展水资源适

应性管理的实践行动。

把人与自然和谐共处的发展格局作为维系青藏高原区域水环境良性循环的主要前提；合理规划产业布局，严格限制污染产业发展。

加强水资源开发利用中的科研工作，加强环境、水文、气象、草原、林业、农牧跨部门联合攻关，建立健全青藏高原区域生态环境建设保护性法规。

气候变化预估及其旱涝灾害风险为：根据多个气候模式的预估结果，未来不同温室气体排放情景下三江源区的气温将持续上升，未来20 a(2011—2030年)青藏高原仍将维持较显著的增温趋势。大部分时期的降水呈现增加的趋势，虽然干旱日数将减少，但三江源地区水量的年际分布也将越来越不均匀，旱涝威胁日趋严峻。

自然灾害有着一定的演化过程，在不同的发展阶段有不同的表现形式，如目前阶段，长江源区某些冰川消融会导致径流增加，引起以冰川径流补给为主的湖泊水位上涨(事件)、湖泊周边草场被淹没、沼泽化加剧等现象，但到了一定阶段，冰川径流占整个流域比例非常小或冰川消融到一定"拐点"的情况下，冰川的消融不会带来上述现象，江河源区的湖泊面积就会一直呈持续缩减的状态，如目前黄河源区的湖泊。因此，需要辩证地看待三江源地区冰冻圈变化引起的后果，不同地区、不同气候变化背景下、不同人类活动干预程度下要有区别地分析和研究，并提出有针对性的适应和减缓对策。需进一步加强三江源地区未来气候变化情景预测研究、气候模型降尺度应用研究；加强源区冰川、冻土、湿地与气候系统之间相互作用的物理过程与反馈机制研究；加强未来气候与源区冰川、冻土、湿地之间水文响应与气候耦合模型研究；评估和量化过去和未来气候变化所导致的冰川、冻土湿地变化及其影响；加强气候变化背景下三江源水资源安全研究。

21世纪以来，青藏高原湖泊群出现面积增大、数量增多的现象，且在汛前期更为显著，导致高原湖泊水位上涨，水库溃坝风险加大，危及青藏铁路、公路、输电输油管线、光缆工程的运营安全，以及草地资源的恢复等。

加强青藏高原冻土环境保育与生态治理工程建设：重点加强青藏高原气候变化应对重点工程建设，在冻土退化区实施减缓荒漠化试验，加强草原鼠害治理工程。通过引进高层次科技骨干人才和先进技术手段，着力解决青藏高原冻土环境生态修复、治理及其草地和湿地水资源调蓄等系统工程的建设(马耀明等，2014)。

另外，人类工程活动亦会直接影响地区多年冻土的退化速率，过去几十年，由于冻胀和融沉破坏，青藏公路、高原东北冻土区铁路破坏率达30%以上。因此，气候变暖与人类活动对青藏高原冻土退化的影响均是气候应对不可忽视的重要因素。对冻土的水文效应研究还很不清楚，积雪水文研究薄弱且变率大。已有的研究结果表明，过去几十年，冻土带温度有上升趋势，但不同地域不同冻土类型表现有所差异，多年冻土活动层厚度增加，冻土有退化趋势。积雪年际变化较大，对积雪的水文效应研究还不深入。区域积雪日数显著减少，且积雪日数减少区域在不断扩大；积雪变化对生态系统有一定负面影响,大部分地区积雪深度较小,实际影响程度小于冻土变化。江河源区积雪变化对生态系统退化有一定作用,但其作用要小于冻土变化的影响。而冻土和积雪的水文效应远大于冰川,其变化对青藏高原的生态也有着重大的影响。需要通过科技项目尽快深入开展研究冻土和积雪变化引起的水文和生态效应,并对气候变化情景下冻土和积雪变化引起的水文变化进行预估;研究冻土消融对重大工程(青藏铁路等)影响的风险评估技术与应对决策系统。

冻土是冰冻圈的重要组成部分,在中国分布广阔,冻土变化对生态、水文、气候以及工程稳定性有重要影响。发育在严酷生境条件下的青藏高原多年冻土区的生态十分脆弱,一旦遭破坏就很难恢复。随着气候的进一步转暖和西部大开发的实施,人类活动的强度和范围将不断增大,从而对脆弱的青藏高原多年冻土区的环境造成更大的威胁。

13.3 青藏高原水资源和生态系统保护的气候变化应对建议

观测系统及其多源信息数据共享工程建设,将青藏高原水循环、碳循环观测纳入生态观测体系,构建青藏高原"大生态"观测系统。针对三江源代表性生态区(湿地、森林、草原与荒漠等)与水资源影响敏感区(冰川、冻土、积雪、湖泊、河流等关键区),实施青藏高原大气-水文-生态系统关键区综合观测示范工程建设。此综合观测网需突出跨部门设计,并采用高原地面观测系统和卫星观测系统相结合的技术途径,逐步实现以天基为主,地基、空基、天基一体化自动观测。实施对青藏高原大气-水文-冰川(冻土)及其代表性生态区长期综合立体监测。

目前,须收集整理分散于各部门的历史观测大数据资料,尤其是气象、水文、环境、草原、林业、农牧、水保与中国科学院在青藏高原设立的各类观测站网资料、长序列的遥感监测资料、三江源保护与建设工程相关资料、政府各类社会统计资料等,完善与优化青藏高原大气-水文-生态过程点-面结合的综合监测系统,推进青藏高原大气-水文-生态系统(冰川、冻土、湖泊、湿地、森林、草地)多源信息数据共享平台建设,建议水文、气象、环境、草原、林业、农牧、水保与中国科学院等部门联合组建青藏高原大气-水文-生态系统综合观测网及三江源跨部门"大生态"数据中心。

推进青藏高原多部门综合观测与数据共享工程:在现有基础上,推动高原区域冻土观测站点建设,完善气象、中国科学院系统现有冻土监测项目,加速推进青藏高原冻土、水文、生态环境卫星遥感与地面跨部门综合监测系统建设,建成多部门一体化综合观测网络平台及其多源观测信息共享系统。推进青藏高原大气-水文-生态过程相互作用机制研究,发展三江源水资源变化预估及其风险评估、决策技术系统。

加强陆地生态系统观测和监测:气候长期监测系统综合观测网的建立不仅是应对气候变化的一项战略性措施,还可提高极端天气、气候事件的预警、预估能力,是为青藏高原生态环境保护和建设,以及可持续发展做出重要贡献的切入点。①气象预报和缓解战略。生态系统碳的源-汇变化、病虫害过度繁殖、物种入侵、空气/水的质量和数量。②气候预测。利用地球系统模型改进的季内到季度到年代尺度的气候预报,包括水土流失、水资源与干旱预报,与天气相关的疾病(如疟疾、SARS、流感病毒等)预报。③气候变化对资源与生态系统影响评估及预测。生物多样性、森林和草地群落演替、草地生产力、湖泊和湿地的消长与演替等。④气候风险管理与决策。在生态系统水平上合理的畜牧业管理、未来利用土地开发和草地资源管理的气候决策支持工具;气候信息与评估的决策支持系统;未来气候减缓和适应研究的方案(包括土地利用变化格局与过程之间的相互作用、人与自然的相互作用)。⑤气候变化、气候变异性与生态系统。100 a时间尺度上,气候变化的生态学响应,长期气候波动和趋势,以及突发气候变化对生态系统结构与功能的影响,"大气圈-生态圈"的耦合作用。

要将青藏高原生态保护工作纳入国家重大战略规划,加强适应性管理,走低碳适应协同发展道路;制定青藏高原应对气候变化战略规划:首先要进一步强化生态文明建设理念;其次要加强青藏高原气候变化影响的评估工作,将保护成效提升到世界层面,争取国际与国内政府和民间组织在资金和政策上的支持,制定青藏高原适应气候变化路线图,为水资源安全、生态保护、减少气候灾害、减少气候贫困等目标的实现,建立青藏高原适应气候变化试验区。

主要通过建立生态系统适应示范区、农牧业及生态移民适应示范区、社区保护与可持续发展适应示范区、生态文明与绿色新城镇建设适应示范区、可再生能源、碳市场及碳融资试点项目等一系列的示范区,大胆创新,勇于实践,先行先试,为同类地区的生态保护提供经验。

加强适应性管理,走低碳适应协同发展道路,既要适应气候变化,也要实现可持续发展。因此,如何协同脱贫、减排与生态保护等多种发展目标就成为一个艰巨的挑战。对此,需要引进先进的管理理念,继续加强生态建设投资的同时,更要重视软实力和综合管理能力的提升。推进青藏高原生态环境良性循环体系的建设,加强气候变化对青藏高原生态环境的影响研究,建立动态、定量预估模型,完善青藏高原生态补偿体系。建立较完善的、长期稳定的生态环境补偿机制,成立"江河源区生态保护基金会"。

推动适应气候变化的青藏高原重大工程应对体系建设,建设跨部门青藏高原区国家重大工程综合决策、风险评估及其应对技术系统,强化青藏铁路、公路、工程、输油管道、光纤光缆、南水北调西线工程、下游三峡水库安全保障系统及其适应性工程等。

我国冻土研究成果已成功地在青藏高原各类工程项目中发挥了重要作用,如青藏铁路、青藏公路、青康与新藏公路、光纤光缆、输油管道工程、南水北调西线工程等。随着气候变暖背景下冰川、冻土融化加剧,高原冻土区的各类工程项目仍将面临严峻问题,要充分发挥跨部门大气-水文-生态系统综合观测基地及其站网"大数据"优势资源潜力,将青藏高原水资源变化预估及其风险评估的研究成果应用于生态环境可持续保障决策系统中。加强青藏高原水资源时空变化趋势预估及其生态环境风险评估技术系统研究;推进气候变暖背景下冰川、冻土对生态变化影响特征及其应对决策技术系统研究。针对湖泊、湿地、草地、冰川、冻土等生态系统开展应对气候变化的适用技术试验示范,进一步扩大人工增雨范围。建议构建跨部门青藏高原"大生态"环境保护研究与开发中心。加强青藏高原冻土、水文和生态过程及其相互作用问题研究,发展青藏高原冻土环境变化综合预估及其退化风险评估、决策技术系统,并形成青藏高原地区冻土环境、生态环境保护综合监测、研究与监管能力,建议组建多部门参与的青藏高原冻土环境研究与保育中心。

充分发挥跨部门大气-水文-生态系统综合观测基地及其站网"大数据"优势资源潜力,制定青藏高原应对气候变化战略规划;制定青藏高原适应气候变化路线图,建立永久性生态保护区与国家公园群。

保护青藏高原生态系统不仅是中国的责任,更是世界的责任。因此,通过国际合作平台,采取强化气候变化领域能力建设等措施引起世界关注,将青藏高原生态保护纳入全球气候变化治理框架。

气候变动预计会影响自然环境的各个方面,其中水资源是最为重要的一个方面,同时水资源对气候变化也最具敏感性,气候变化必然引起水文循环的变化,引起水资源在时空上的重新分布和水资源数量的改变,诸如频繁的洪涝和干旱的发生,其直接原因都是由于气候异常、ENSO现象而导致,进而影响到生态环境和社会经济的发展。正如现代气候模式预测的那样,过去100 a的变暖很可能是气候自身的变化,过去1000 a气候数据的重建亦指出,这种变化可能完全由自然因素引起,新的探测技术应用以及气候变化归因研究同时发现过去35~50 a气候变化的人为因素影响,单纯考虑自然强迫的气候模拟结果已不能解释20世纪后半叶的变暖问题。因此,未来气候变化对水资源的可能影响是非常值得关注的(陶涛等,2007)。

1987年世界气象组织出版的报告总结了水资源系统对未来气候和现代气候变化的敏感性问题:①气候变化对流域水量平衡的影响;②气候变化对区域可供水量和需水量的影响;③气候变化对洪水、干旱频率的影响;④气候变化对农业灌溉水量的影响;⑤气候变化对供水系统可靠性(reliability)、恢复性(resilience)和脆弱性(vanlnerability)的影响;⑥气候变化对水质的影响。研究结果因研究地区未来降水和气温变化不同而异(刘惠民和邓慧平,1999)。

在气候变化影响下,水资源问题将面临更大的不确定性和严峻的挑战性,如干旱和洪涝灾害等频发,温度和降雨量或蒸发量变化规律和趋势难以预测等问题突出。综合分析和总结相关文献,气候变化对水资源领域的影响主要表现在以下方面:干旱缺水、洪涝灾害、水环境恶化、水土流失、冰川积雪融水加剧等。

水资源领域响应和适应措施:水资源对气候变化的响应不仅是在水资源量上更加短缺,还包括水质量和水环境严重恶化,水资源灾害频发以及水资源供需平衡问题突出。综合分析和总结相关文献,水资源领域应对气候变化的响应和适应措施主要包括以下方面:发展节水集水技术、加强水利基础工程建设、有步骤地实施跨流域调水工程、开展污水治理和循环利用、加强水资源灾害防治、水资源保护立法和社会宣传等(刘燕华等,2013)。

加强气候变化下水资源适应性管理机制研究,中国面临的水资源均衡性管理,公众参与水资源适应性管理的政策制定,对减缓措施与水资源可持续发展的认识。主要的研究方法包括:适应气候变化的定性分析方法(多尺度适应综合分析方法)、成本效益分析方法等。适应性管理是目前应对气候变化伴随的不确定性问题的有效策略,未来应在分析中国各流域水资源不确定性问题的基础上,建立气候变化情景下适应气候变化的水资源适应性管理体制机制(图13.1)(张秀琴和王亚华,2015)。

建立以地面观测为主、航空和卫星遥感监测为补充的青藏高原气候变化监测服务系统;要继续加大水文站网、环境监测站网的建设力度,在重要江河和重点流域加强水文站点和雨量站点建设;充分利用各类综合观测资料,科学评估气候变化对青藏高原生态屏障区森林、草地、湿地等重要生态系统的影响,为青藏高原经济社会、生态环境的可持续发展提供科技支撑(柳荻等,2018)。

积极发挥政府的调节作用,加大水资源的科学管理:因地制宜建设一批山区水库,加大对径流的调蓄能力,解决灌区大面积春季牧草干旱的问题;加快水电工程建设,加大科技力量投入,努力解决工程中遇到的困难,在缺水区域大力开发利用云水资源;积极开展天然植被的保护工作,防止水土流失,保护现有水资源的稳定(崔鹏等,2015)。

调查显示,农牧民对云水资源和生态环境意识普遍表现在短期的利益上,对长期的可持续发展问题的认识还不深刻(陈勇等,2011)。因此,应采取各种形式,广泛开展群众性的宣传教育工作,向群众宣传积雪、云水资源等生态环境保护的长远利益。鼓励群众拒绝使用能够导致积雪和冰川退化的产品,绿色消费,节约能源、云水资源,绿色生活。对积雪消融和冰川退化的影响和危害更应大力宣传,加倍引起居民的重视,增强适应能力。

第13章
青藏高原水资源和生态系统保护的气候变化应对战略建议

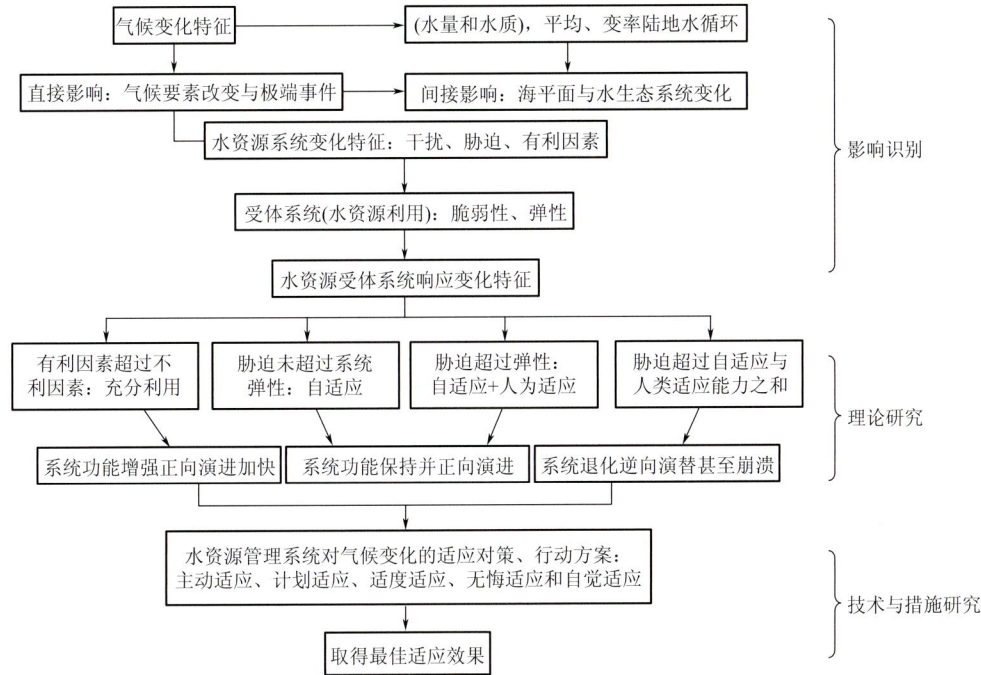

图 13.1 水资源系统适应气候变化的机制与工作系统（张秀琴和王亚华，2015）

青藏高原生态水资源问题不仅对当地经济社会发展起着至关重要的作用，而且对下游地区的工农业生产、经济发展、国防建设、人民生活水平的改善具有极其重要的现实意义和深远的历史意义。所以，必须以战略的姿态、发展的眼光，从永续利用水资源的角度来认识问题、研究问题、把握和解决问题。如何定量评估青藏高原气候变化及其引起的冰川、冻土融化等关键因素的综合影响，亦是三江源区域水资源变化与生态保护决策所面临和不可回避的重大难题之一。

青藏高原大气水分循环变化综合监测：高原东南部的湿热空气是高原水塔重要的水汽补给通道。墨脱大拐弯水汽通道位于青藏高原藏东南关键区，西起雅鲁藏布江下游，东抵横断山区中北部。该地区是以高山峡谷为主体的自然地理区域，雅鲁藏布江大峡谷独特的地形造就了青藏高原重要的水汽通道，是高原地区水汽输送的关键区。雅鲁藏布江是墨脱及藏东南地区重要的河流之一，也是青藏高原最大的水汽通道，但由于地处偏远、环境恶劣，故气象资料极其匮乏，而认识藏东南水汽通道季风强弱交替规律则必须研究该区域天气气候特征。为了提高藏东南气候变化过程及其对由南向北的水汽输送影响的认识，需要系统地开展科学考察与观测研究。以往研究也发现高原的数值模拟对降水是高估的，降水的高估是不是与模型中模拟的高原周围向高原输送的水汽偏多有关？值得探究。因此，采用更高分辨率的模型可以更准确模拟水汽的传输和降水。

综上所述,有必要在墨脱对"大拐弯水汽通道"进行科学观测及研究,具体目标如下:通过对雅鲁藏布江下游缺测区河谷地带进行系统观测(包括地气能量交换,大气垂直风、温、湿的变化等),结合中国气象局已有的观测数据和遥感数据,揭示近年来雅鲁藏布江区域水汽从南向北输送的演变规律;通过在墨脱大拐弯沿线沿海拔布设边界层梯度观测,形成墨脱地区的梯度观测网,反映与降水相关的大气水含量的空间分布规律,提高数值模拟的精度。同时,提升观测和研究手段,将多通道微波辐射计观测技术用于获取垂直大气分层的温、湿度廓线,并利用遥感手段反演整个区域的大气水汽含量和大气水汽输送变化。此外,选取大拐弯处的水汽通道作为研究对象,开展大气水汽含量的观测,构建水汽从水汽通道进入高原的传输机理,探讨水汽通道区域不同海拔高度的水热状况对该地区生态景观的控制机理,为未来构建水汽运移的物理模型打下基础。并利用激光测风雷达和地基GPS观测大拐弯水汽通道区域的大气水汽垂直分布,研究水汽通道开口、中段和末端的水汽总量变化和水汽运移特征;在墨脱典型下垫面近地层架设地表湍流观测系统,分析高山峡谷地区对垂直大气加热的海拔效应,研究山谷不同海拔加热差异造成的山谷环流对通道内水汽运移的影响。利用通道内布设的垂直大气风廓线仪研究三维风场的变化,为数值模拟水汽通道的水汽输送提供模型参数化优选方案。

与高原内部寒冷干旱地区相比,墨脱地区是青藏高原最湿润的地区,是青藏高原最大的水汽通道,冰川、河流分布较广泛,区域内水资源丰富,甚至关系到青藏高原作为"亚洲水塔"的影响和发展走向。目前,西藏自治区政府已筹划国家公园建设,需要加大对该地区全景观的保护力度,东南湿热水汽的向北输送对植被垂直带和生物多样性具有重要影响。

构建青藏高原冻土变化影响评估技术系统:构建多尺度融合研究冻土变化机理模型,改进与完善冻土变化与土壤水热、大气环流耦合模型,开展冻土与大气、水、生物的相互作用定量评估。加强冻土退化与高原水资源、植被退化之间耦合关系研究,通过植被保护、人工增雨等手段开展冻土保育技术研发与示范等。

提高对青藏高原冰川、冻土、湿地、河流、湖泊等水资源要素之间相互转化以及地表水资源与空中水资源相互转化等物理过程的理解;提高气候模型对青藏高原水资源过程的描述能力,以减少气候模拟和气候变化预测的不确定性;评估和量化过去和未来气候变化所导致的水资源各分量的变化及其影响;强化区域内水资源监测,以便开展其变化过程的模拟与诊断研究。

气候变化下,澜沧江源区可持续发展适应对策要合理使用水草资源、提高农业生产集约化;黄河源区要控制源区人口数量、合理规划产业布局;长江源区要建立三江源自然保护区的核心区、加大生态环境工程建设及治理力度(窦睿音,2016)。近些年青藏高原多年冻土发生了显著变化,活动层厚度有明显增大趋势,且高温多年冻土活动层厚度大于低温多年冻土活动层厚度,低温多年冻土区升温速率要大于高温多年冻土区(李旭,2008)。

高海拔地区冻土变化对工程建筑的影响分析如下:冻土退缩直接影响青藏高原工程建筑物的稳定性,人类活动加速了冻土退缩。20世纪80年代以来,冻土层上限下降,多年冻土下界附近的下降幅度尤其明显。沥青路面下的活动层厚度比天然状态下活动层厚度大 1.5~2.0 m,归因于地表反射率和蒸发条件的显著改变。大多数情况下,路堤中热量积累导致了融化深度过大,以至回冻无法冻透整个融化层,使冻土处于不衔接状态。随夏季融化层厚度的增加,热融沉陷和冻胀作用日益增大。1990年野外调查表明,青藏公路沿线热融沉陷所导致的破坏占总破坏的83%。相关研究资料显示,仅1985—1990年青藏公路冻土区段的整治就耗资1300万元。在青藏公路冻土区,其中一段长346 km的严重破坏地段第一期整治费用就高达6500万元。

冻土层融化影响分析如下:多年冻土对地面气温上升很敏感。未来的气候变暖可能引起或加速部分地区冻土层融化,对公路路面、铁路地基、桥梁、房屋建筑、输水渠道、水库坝基等带来潜在威胁。高原冻土环境监测站网建设仍处于薄弱环节,站网系统布局几乎处于"空白"状态。青藏高原冻土具有面积大、分布范围广等特点,且大多数为多年冻土和季节性冻土。然而,目前青藏高原仅有个别冻土监测站,仅限于京藏高速和京藏铁路沿线一带。面对青藏高原冻土消融(退化)、湿地退化乃至消失、草地沙化等一系列生态环境问题,青藏高原亟待构建冻土、水文和生态环境一体化综合观测试验站,同时,在气候变化敏感带的多年冻土区、季节性冻土区、岛状冻土区分别设置长期定位冻土实时监测试验点。

在积雪、云水相互作用区,针对可能出现的由冰川泥石流、冰碛湖溃决洪水、多年冻土融化等引发的自然灾害,要在科学预测和普查的基础上评估灾害风险,在重大工程设计和建设前制定相应的措施,应考虑采取避让、预警和防御性工程等综合防御策略(姚檀栋等,2013)。

13.4 青藏高原气候变化应对策略与建议

2020年9月22日,国家主席习近平在第七十五届联合国大会一般性辩论上发表重要讲话,提出:"中国将提高国家自主贡献力度,采取更加有力的政策和措施,二氧化碳排放力争于 2030 年前达到峰值,努力争取 2060 年前实现碳中和。"青藏高原作为全球气候变化的敏感区,在实现 2060 年碳中和目标中起着重要的作用。因此,需要进一步考虑完善应对青藏高原气候变化相关措施及其工程建设,在高原上加大清洁能源(太阳能和风能)的利用,将创新性低碳和负排放技术的长期发展纳入关键技术发展战略,如自然的减排措施、碳捕集利用与封存、生物质能结合碳捕集封存等在高原有效应用。加强青藏高原气候变化的科学研究(大气、海洋、陆地、生态等多个领域的相互作用),加强青藏高原观测系统以及数据反演体系的建立,完善青藏高原多圈层综合观测和大数据中心及共享平台和青藏高原自然灾害预警系统,用以支撑高原碳排放、碳源汇收支的精确核算与科学评估。力争为中国二氧化碳排放 2030 年前达到峰值,2060 年前实现碳中和提供科技支撑。

13.4.1 加强青藏高原气候变化的科学研究

青藏高原气候变化问题存在大量不确定因素,科学界对这些不确定因素存在不同认识,这是应对气候变化决策所面临的主要障碍。因此,需要揭示青藏高原气候变化的新事实,深入研究青藏高原大气水分循环过程及其结构,探索冰冻圈变化的水文和生态效应,对人类活动造成的气候变化未来情景进行科学预估,进行气候变化背景下水资源综合管理方式与集成研究及水资源适应性管理机制研究,开展冰川融水影响地表水和冰川融水补给河流的水文过程与预测研究,科学规划水资源的利用与开发,正确认识其对地表水资源和区域气候的调控作用。针对青藏高原复杂的多圈层特征,实施多学科交叉研究。

加强气候变化对青藏高原生态环境影响的研究,建立动态、定量预估模型,完善青藏高原生态补偿体系。建立较完善的、长期稳定的生态环境补偿机制,建议成立"江河源区生态保护基金会"。

13.4.2 加强青藏高原多圈层过程综合观测

相对我国东部地区而言,青藏高原气象台站还十分稀少,且建站时间短、资料积累不足。人们对青藏高原大气水分循环、水汽输送及陆面过程的认识和了解还很不够,需要加强青藏高原多圈层过程的综合观测,通过在雅鲁藏布江大拐弯河谷沿线沿不同海拔布设边界层梯度观测,形成墨脱地区的梯度观测网,特别要通过对雅鲁藏布江下游站网空白区河谷地带进行系统观测(包括地气能量交换,大气垂直风、温、湿三维结构及云降水过程等),揭示近年来雅鲁藏布江区域水汽从南向北输送的变化规律;以获取河谷复杂地形云降水多尺度时空变化特征,提升青藏高原复杂地形区域数值模式模拟能力及其精度。

以现有气象、水文监测站为依托,按照合理布局实施降水、河流水文观测站网建设;将现有短期冰川观测站改建为长期观测站,新增冰川长期监测站;加强青藏高原冻土观测站点建设,实施流域内长期冻土观测;选择区域内的典型湖泊,新增湖泊水位、面积监测站点。

13.4.3 建立青藏高原大数据中心及共享平台

发展青藏高原多源数据的融合及同化技术,推进青藏高原大气-水文-生态系统(冰川、冻土、湖泊、湿地、森林、草地)多源信息数据共享平台建设,建议中国气象局、中国科学院与水文、环境、草原、林业、农牧、水保等部门联合组建青藏高原大气-水文-生态系统综合观测网及跨部门的"大生态"大数据中心。在现有基础上,加速推进青藏高原冻土、水文、生态环境卫星遥感与地面跨部门综合监测系统建设,建成多部门一体化综合观测网络平台及多源观测信息共享系统。

13.4.4 建立青藏高原气象灾害预警系统

随着青藏高原气候变暖加剧,极端天气气候事件频繁发生,需要建立气象灾害预警系统,提高气象灾害预警能力;建立气候长期监测系统,建立水环境、生态环境的气候预测、预警和评估系统,建立青藏高原区域水资源变化动态综合监测、预警、监督和评估系统,加大科技投入力度。

13.4.5 推进青藏高原水环境与生态环境保护工程建设

持续推进青藏高原自然保护区生态保护和建设工程;建立江河源区国家生态补偿机制试验区。推广草地综合管理技术、推广建设工程生态恢复技术、推广畜牧良种驯化技术等。推进青藏高原地区畜牧业的生态化和现代化,提高草地围栏面积、适度降低载畜密度、加快传统畜牧业的升级转化等。

全面部署"区域水环境与生态环境屏障功能变化监测系统"的建设,要对高原区域水环境与生态环境安全屏障保护与建设项目实施效果、高原生态与环境的本底和变化以及对周邻区域的影响做出正确的判断和科学、客观的评价。

针对湖泊、湿地、草地、冰川、冻土等生态系统开展应对气候变化的适用技术试验示范,进一步扩大人工增雨的范围。建议组建多部门青藏高原冻土环境变化研究与保育中心;加强青藏高原冻土、水文和生态过程及其相互作用问题研究,开展青藏高原冻土环境变化综合预估及其退化风险评估,开发决策技术系统,提高青藏高原地区冻土环境、生态环境保护综合监测、研究与监管能力。

基于青藏高原气候演变及未来气候变化预估,建立重大工程影响评估系统。

13.5 本章小结

(1)加强青藏高原气候变化应对问题的战略思考。针对高原区域水环境和生态环境对气候变化的响应,以及高原水圈、生物圈、冰冻圈变化,构建多圈层复合研究体系。尤其是围绕高原大气-水文-生态效应等多圈层过程及其相互作用、高原冰川、冻土和积雪等水文效应、高原生态环境等交互效应及其对气候变化的复杂响应等重大科学难题,高原综合监测站网、多源数据信息网络和跨部门共享平台、科学应对决策技术系统等重大技术挑战开展战略研究。包括应对气候变化对高原冰冻圈的影响,分析冰川融水影响地表水和补给河流的水文过程,科学规划水资源的利用与开发,正确认识其对地表水资源和区域气候的调控作用;应对气候变化对未来重大工程的影响,在科学预测和普查基础上评价灾害风险,在工程设计和建设前期制定相应适应措施,采取避让、预警和防御性工程等综合防御策略;应对气候变化对高原水资源安全的影响,进行水资源综合管理方式与集成、水资源适应性管理机制研究;应对气候变化对高原生态系统的影响,研究高原生态系统的结构和功能对全球变化响应的敏感性,辨识量化气候变暖和人类活动对生态系统的影响。面对高原气候变化及其影响的科学认知明显不足,应从高原整体研究大尺度水循环与生态保育机制,应从多圈层相互作用探讨大气-水文-生态之间的转化关系;面对气候变化对高原冻土环境变化和生态系统结构、功能退化与恢复影响的不确定性及其应对问题,可从科技、社会、经济和生态四个方面采取积极的战略和战术适应政策;面对推进高原自然保护区生态保护和建设工程,应建立江河源区国家生态补偿机制试验区,应推广草地综合管理技术、建设工程生态恢复技术、畜牧良种驯化技术等。并且,生态环境建设是高原生态功能区适应气候变化的近中期目标,长期目标则是恢复生态功能、实现草原生态良性循环、提高草原涵养水源能力。长江源的长期应对策略主要是关注气候自然变化规律,尤其是降水变化趋势,黄河源则主要是关注人类活动对自然生态系统的破坏,侧重于减缓和适应气候变化。今后需要加强地面定位试验站和高寒地区定位研究网络建设,特别是高原冰川、冻土、积雪观测站点建设,推进遥感技术及其与地面监测、模型模拟结合的应用,加大大型生态保护工程建设支持力度,完善国家生态补偿政策。

(2)加强不同重大工程安全保障的综合策略思考。针对生态环境保护与生态修复工程,面临冰川退缩、草地退化、土地沙化、水土流失、生物多样性衰减等重要问题,应加强基本草原保护,继续实施禁牧休牧、退耕还林、围栏封育等生态保护工程和草地退化综合治理、防沙治沙、水土保持等生态修复工程,建立完备的草地、湿地监测管理体系。认真规划与设计高原水环境与生态环境自然保护区,减少人为对水环境和生态环境的再次破坏;加大生态环境工程建设及治理力度,通过人为干预方式适时调节其水环境及生态恢复,发挥自然保护区生态功能。建立气候长期监测系统、生态环境气候预测、预警和评估系统,建立高原区域水资源变化动态综合监测、预警、监督和评估系统。做好高原区域水资源利用和保护的统一规划,以及水资源优化配置,深化水资源适应性管理的理论与实践。合理规划产业布局,严格限制污染产业发展,实现人与自然和谐共处的发展格局。加强环境、水文、气象、草原、林业、农牧跨部门水资源开发利用的联合攻关,建立健全高原区域生态环境建设保护性法规。分析不同地区、不同气候变化下、不同人类活动干预程度下的区域生态和环境变化,提出有针对性、有区别的适应和减缓对策。加强高原冻土环境保育与生态治理工程建设,重点是高原气候变化应对工程,冻土退化区减缓荒漠化试验,草原鼠害治理工程,高原冻土环境生态修复、治理以及草地和湿地水资源调蓄等系统工程。深入研究冻土和积雪变化引起的水文和生态效应,并预估气候变化下冻土和积雪变化引起的水文变化,冻土消融对青藏铁路等重大工程影响的风险评估技术与应对决策系统。

(3)针对青藏高原气候变化应对战略的措施与建议。推进多部门高原综合观测系统与多源数据共享工程,构建包括水循环、碳循环的高原"大生态"大数据共享系统。通过水文、气象、环境、草原、林业、农牧、水保与中国科学院等组成的高原大气-水文-生态系统综合观测网及其关键区长期综合观测示范工程,推进高原大气-水文-生态过程相互作用机制研究,发展三江源水资源变化预估及其风险评估、决策技术系统,尤其是加强高原陆地生态系统观测,建立气候长期监测综合观测网,研究水资源领域的响应和适应措施,制定水资源的综合评价模型与适应性体制机制,发挥政府调节作用,加大水资源科学管理,考虑自然资源(水资源、能源等)变化及影响对策。通过发挥跨部门大气-水文-生态系统综合观测基地及其"大数据"优势资源潜力,发展生态环境可持续保障决策系统。将高原生态保护工作纳入国家重大战略规划,制定高原应对气候变化战略规划,加强适应性管理,走低碳适应协同发展道路,制定高原适应气候变化路线图,建立永久性生态保护区与国家公园群,重视提升软实力和综合管理能力。并通过国际合作，强化气候变化能力建设，将高原生态保护纳入全球气候变化治理框架。重点推进高原生态环境良性循环体系建设，加强气候变化对高原生态环境影响研究。推动适应气候变化的高原重大工程应对体系建设，形成跨部门高原区国家重大工程综合决策、风险评估及其应对技术系统，关注未来气候变化对水资源、生态环境和社会经济发展的影响。其中，针对气候变暖下未来可能出现的由冰川泥石流、冰碛湖溃决洪水、多年冻土融化等引发的自然灾害，形成高原冻土环境、生态环境保护综合监测、研究与监管能力，加强高原冻土变化及对生态环境影响机理、保育技术研究，基于灾害风险评估，采取避让、预警和防御等综合措施，强化青藏铁路、公路、工程、输油管道、光纤光缆、南水北调西线工程、下游三峡水库安全保障系统及其适应性工程；关于气候变化下可持续发展适应对策，澜沧江源区要合理使用水草资源、提高农业生产集约化，黄河源区要控制源区人口数量、合理规划产业布局，长江源区要建立自然保护区核心区、加大生态环境工程建设与治理力度。

（4）针对青藏高原气候变化应对的策略与建议。高原气候变化及其影响存在大量不确定因素，这是应对气候变化决策面临的主要障碍。针对高原复杂多圈层特征，设立跨部门高原"大生态"环境保护研究与开发中心、三江源跨部门"大生态"数据中心，组建多部门参与的高原冻土环境研究与保育中心，成立"江河源区生态保护基金会"。加强高原气候变化的多学科交叉研究，揭示高原气候变化的内在事实、高原"大气水塔"水分循环过程及其结构，探索冰冻圈变化的水文和生态效应，科学预估人类活动造成的气候变化的未来情景，开展气候变化下冰川融水影响地表水和补给河流的水文过程与预测研究，建立水资源综合管理、适应性管理机制；加强高原多圈层过程的综合观测，开展雅鲁藏布江下游缺测区河谷地带气象综合观测，以及墨脱大拐弯沿线大气边界层立体梯度观测，分析山谷不同海拔加热差异造成的山谷环流对通道内水汽运移影响，提高气候模型对高原水资源过程描述能力，减少模拟和预测的不确定性，评估和量化气候变化导致水资源的具体变化及其影响；建立高原大数据中心及共享平台，发展高原多源数据融合及同化技术，推进高原大气-水文-生态系统信息数据共享；建立高原气象灾害预警系统，尤其是气候长期监测、生态环境与水资源变化的综合监测、预警和评估系统；推进高原生态保护工程建设，推广先进实用的保护技术、恢复技术和管理技术。基于高原气候状况及未来气候变化预估，建立重大工程影响评估系统，正确判断和客观评价高原区域水环境与生态环境安全屏障保护与建设项目实施效果、高原生态与环境本底和变化及其对周边区域的重要影响。

参考文献

陈勇,周立华,孙希科,2011.青藏高原典型县域冰川退化情景下的适应对策研究[J].冰川冻土,33(1):205-213.

崔鹏,苏凤环,邹强,等,2015.青藏高原山地灾害和气象灾害风险评估与减灾对策[J].科学通报,60(32):3067-3077.

窦睿音,2016.近半个世纪三江源地区气候变化与可持续发展适应对策研究[J].生态经济,32(2):165-171.

李旭,2008.气候变化的响应研究概述[J].广东农业科学(3):47-48.

刘惠民,邓慧平,1999.全球气候变化影响研究进展[J].安徽师范大学学报(自科版),22(4):378-382.

刘燕华,钱凤魁,王文涛,2013.应对气候变化的适应技术框架研究[J].中国人口·资源与环境,23(5):1-6.

柳荻,胡振通,靳乐山,2018.生态保护补偿的分析框架研究综述[J].生态学报,38(2):380-392.

马耀明,2012.青藏高原多圈层相互作用观测工程及其应用[J].中国工程科学,14(9):28-34.

马耀明,胡泽勇,田立德,2014.气候变化对我国若干重大工程的影响[J].地球科学进展,29(2):207-215.

牟雪洁,饶胜,2015.青藏高原生态屏障区近十年生态环境变化及生态保护对策研究[J].环境科学与管理,40(8):160-164.

陶涛,信昆仑,刘遂庆,2007.全球气候变化对水资源管理影响的研究综述[J].水资源与水工程学报,18(6):7-12.

姚檀栋,秦大河,沈永平,等,2013.青藏高原冰冻圈变化及其对区域水循环和生态条件的影响[J].自然杂志,35(3):179-186.

张宪洲,杨永平,朴世龙,等,2015.青藏高原生态变化[J].科学通报,60(32):3048-3056.

张秀琴,王亚华,2015.中国水资源管理适应气候变化的研究综述[J].长江流域资源与环境,24(12):2061-2068.

周景博,杨小明,何霄嘉,2016.气候变化适应措施的选择与偏好分析——基于青藏高原生态功能保护区的调查[J].气候变化研究进展,11(6):484-493.